序

百余年来，不锈钢已经历从基础研究到广泛应用的多个发展阶段，目前全球不锈钢产销量已突破5000万吨/年。从最初的马氏体不锈钢、铁素体不锈钢到奥氏体不锈钢、双相不锈钢，通过采用多种、多元合金化设计思路，不锈钢的品种系列不断拓展，性能不断优化提升，已成为现代工业不可或缺的关键材料之一。

铌元素在低（微）合金钢中的（微）合金化作用非常明显，并已获得大量应用。长期以来，铌元素在不锈钢中的多种有益作用也得到了特殊关注和深入研究。例如，已发现铌通过形成稳定碳化物固碳，可改善不锈钢晶间腐蚀性能；铌既可通过析出强化，也可通过固溶强化来影响不锈钢的强韧性能；富铌析出相可用于耐热不锈钢的组织稳定性和热强性能设计。在含铌不锈钢中，含铌相的形成和演变一直是这类不锈钢研究和生产实践全过程的关注重点，含铌相也直接影响产品的质量和服役性能。含铌不锈钢的开发显著拓宽了不锈钢的应用场景。

本书从物理冶金基础原理出发，通过对铁素体、奥氏体、马氏体，以及铁素体-奥氏体双相等不同类型含铌不锈钢的分析，系统阐述了铌在不锈钢中的赋存状态、交互作用，揭示了铌在调控不锈钢微观组织、改善力学和耐蚀性能等方面的作用机制。同时，本书还紧密围绕最新研究进展，介绍了含铌不锈钢在汽车、超超临界火电机组、建筑装饰、家电家居、铁路货车、水处理系统、热交换器以及核电等多个领域的开发与应用情况。本书不仅注重理论研究的深度，更强调实践应用的广度。通过丰富的案例分析和数据支持，为读者提供了一套较为完整和系统的含铌不锈钢性能优化与应用指南。借此机会，也希望年轻一代钢铁科技工作者不断进取，在不久的将来把包括含铌不锈钢在内的现代不锈钢技术推进到新的高度！

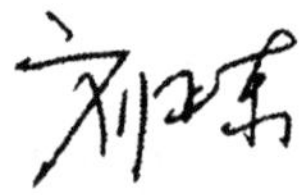

钢铁研究总院

2024 年 12 月

前　言

在众多不锈钢产品中，含铌不锈钢因其独特的性能脱颖而出。铌元素的加入不仅赋予了不锈钢新的生命力，显著提升了其耐蚀性、力学性能以及加工性能，还使得不锈钢的生产、加工和使用更加经济、高效和环保。

20年前，孟繁茂和付俊岩等老一辈钢铁专家，通过精心策划和深入研究，汇集了国际经验，推出了《现代含铌不锈钢》一书，为我国含铌不锈钢的发展奠定了坚实的理论和技术基础，并指明了发展方向。在这些专家前期工作的基础上，中信金属股份有限公司（以下简称“中信金属”）紧密依托中信微合金化技术中心，始终秉持“产学研用”一体化的研发理念，广泛联合国内主要钢厂、科研院所以及终端用户，成功搭建起200余个“产学研用”全产业链研发平台，其中在不锈钢领域约30项。在这些不锈钢研发平台上，研发团队深度聚焦汽车排气系统、火电锅炉、建筑装饰围护系统、白色家电等多个关键领域，开展含铌不锈钢的研发工作，并实现了国产化替代。与此同时，在行业协会、学会的指导下，中信金属举办了24次含铌不锈钢学术研讨会，与行业同仁分享含铌不锈钢前沿理念与研究成果，促进了铌技术的交流与传播，持续不断地培育和壮大含铌不锈钢的研发及生产队伍。在此，衷心感谢一直以来关心和支持中国铌科学技术发展的合作伙伴。正是大家秉持“功成不必在我、功成必定有我”的无私奉献精神，为中国铌科学技术的发展做出了卓越贡献。

经过20年的持续创新，我国含铌不锈钢取得了显著的进步，铌科学技术在不锈钢领域也取得了丰硕的成果。因此，本书作者重新编纂了《现代含铌不锈钢》一书，系统地回顾和总结了过去20年含铌不锈钢的发展成就，详细展示了铌科学技术在不锈钢领域的进步，为读者提供了一本具有参考价值的技术书籍，以此向老一辈钢铁专家致敬。

本书共分为4章，详细阐述了铌在各类不锈钢中的作用，丰富了含铌不锈钢的产品种类，记录了含铌不锈钢新产品研发的思路和过程。此外，作者还系统梳理了含铌不锈钢在多个领域的应用技术研发实例。本书语言简洁明了、实验数据丰富翔实，适合科研人员、材料专业师生、钢厂技术人员以及不锈钢终端用户等各类读者阅读。

在本书的编写过程中，作者参阅了大量国内外含铌不锈钢的研发资料，特别是来自我国钢铁企业、高校和科研院所的研究成果和技术资料。在此，作者特别感谢中国钢铁工业协会不锈钢分会、中国宝武钢铁集团有限公司、太原钢铁（集团）有限公司、青拓集团有限公司、鞍钢联众（广州）不锈钢有限公司、酒泉钢铁（集团）有限责任公司、大冶特殊钢有限公司、山东泰山钢铁集团有限公司、钢铁研究总院、北京科技大学、东北大学、中国科学院等单位的无私奉献。此外，本书还得到了巴西矿冶公司（CBMM）的支持，在本书完成之际，作者表示衷心的感谢。

在当今这个充满挑战和变化的世界中，我国钢铁行业的高质量发展为我们提供了坚实的支撑，让我们更有力量、更有信心应对复杂的国际形势。让我们继续前进，秉承坚定的使命感，以“四个面向”为指导，推动不锈钢和含铌不锈钢的高质量发展，为实现钢铁强国贡献力量。

诚望读者及同行不吝赐教，对本书的疏漏与不足之处给予指正与补充。

张　伟

2024年12月于北京

目　　录

1　现代含铌不锈钢的发展历程 …… 1

2　铌在不锈钢中的物理冶金基础及作用机制 …… 5

2.1　铌在不锈钢中的物理冶金基础 …… 5

2.1.1　溶度积 …… 5

2.1.2　铌在不锈钢中的赋存状态及其交互作用 …… 7

2.2　铌在铁素体不锈钢中的作用机制 …… 26

2.2.1　概述 …… 26

2.2.2　典型含铌铁素体不锈钢及成分特点 …… 27

2.2.3　铌在铁素体不锈钢中的赋存状态和析出行为 …… 30

2.2.4　铌对铁素体不锈钢组织结构的作用机制 …… 37

2.2.5　铌对铁素体不锈钢的强化效应 …… 45

2.2.6　铌对铁素体不锈钢耐蚀性能的作用机制 …… 49

2.2.7　铌对铁素体不锈钢韧性和脆性转变的作用机制 …… 51

2.2.8　铌对铁素体不锈钢成型性能的作用机制 …… 54

2.2.9　铌对铁素体不锈钢焊接性能的作用机制 …… 57

2.3　铌在奥氏体耐热不锈钢中的作用机制 …… 59

2.3.1　典型含铌奥氏体耐热不锈钢及其成分特点 …… 59

2.3.2　典型含铌奥氏体耐热不锈钢的组织结构特征及铌赋存状态 …… 62

2.3.3　富铌相对含铌不锈钢热强性能的影响机制 …… 69

2.4　铌在双相不锈钢中的作用机制 …… 84

2.4.1　铌对双相不锈钢微观组织的影响 …… 84

2.4.2　铌对双相不锈钢力学性能的影响 …… 86

2.4.3　铌对双相不锈钢耐腐蚀性能的影响 …… 89

2.5　铌在马氏体不锈钢中的作用机制 …… 90

2.5.1　铌对马氏体不锈钢微观组织的影响 …… 90

2.5.2　铌对马氏体不锈钢力学性能的影响 …… 95

2.5.3　铌对马氏体不锈钢耐腐蚀性能的影响 …… 98

2.5.4　铌在高强度不锈钢中的作用机制 …… 100

参考文献 …… 114

3　含铌不锈钢的开发与应用 …… 123

3.1　汽车用含铌不锈钢 …… 123
3.1.1　汽车用含铌不锈钢概况 …… 123
3.1.2　汽车排气系统用铁素体不锈钢及耐蚀性评价 …… 124
3.1.3　汽车排气歧管和涡轮增压器用含铌不锈钢 …… 160
3.1.4　汽车装饰条用含铌不锈钢 …… 174
3.2　超超临界火电机组用含铌耐热不锈钢 …… 181
3.2.1　超超临界机组锅炉管发展概况 …… 181
3.2.2　超超临界火电机组用含铌耐热不锈钢 …… 182
3.3　建筑装饰用含铌不锈钢 …… 188
3.3.1　电梯用含铌不锈钢 …… 188
3.3.2　建筑围护系统用含铌不锈钢 …… 201
3.4　家电家居用含铌不锈钢 …… 204
3.4.1　家电用含铌不锈钢 …… 204
3.4.2　太阳能热水器行业用含铌不锈钢 …… 211
3.5　铁路货车用含铌不锈钢 …… 218
3.5.1　铁路货车的发展概况 …… 218
3.5.2　铁路货车用不锈钢的特性和要求 …… 219
3.5.3　铁路货车用含铌不锈钢的开发 …… 221
3.5.4　铁路货车用含铌不锈钢的应用效果 …… 226
3.6　水处理系统用含铌不锈钢 …… 227
3.6.1　水箱用含铌不锈钢 …… 227
3.6.2　水管用含铌不锈钢 …… 230
3.7　热交换器用含铌不锈钢 …… 241
3.7.1　海水冷凝器用含铌超级铁素体不锈钢 …… 241
3.7.2　淡水冷凝器用含铌超纯铁素体不锈钢 …… 249
3.7.3　换热器用高韧性含铌铁素体不锈钢 …… 254
3.8　核电用含铌不锈钢 …… 265
3.8.1　核电用含铌不锈钢的冶炼工艺 …… 266
3.8.2　核电用含铌不锈钢的组织性能控制 …… 267
参考文献 …… 268

4　展望 …… 271

1　现代含铌不锈钢的发展历程

不锈钢是以铁铬、铁铬镍或铁铬锰为主成分合金的统称，因其铬含量（质量分数）超过10.5%而具有耐大气、耐酸、耐碱腐蚀的特性，故得名不锈钢。发展百年的不锈钢，已形成了铁素体不锈钢、奥氏体不锈钢、双相不锈钢（奥氏体+铁素体）、马氏体不锈钢及沉淀硬化不锈钢等五大系列，由于其出色的耐腐蚀及优良的力学性能而被广泛应用于石油、化工、航空、航天、船舶、家电、汽车、建筑、核电、火电、海洋等各个领域。与此同时，不锈钢产业在中国也得到了飞速发展，取得了举世瞩目的成绩：国内产量从2000年的65万吨，激增至2024年的3944万吨，年均复合增长率17.5%，占全球产量的62.98%；表观消费量从2000年的173万吨增长至2024年的3249.19万吨，年均增长率12.4%。

铌（Nb）在不锈钢中的应用可显著提升不锈钢品质，提高强度和耐蚀性能、增强持久和蠕变性能、改善成型和焊接性能、保障高水平表面质量等，因而含Nb不锈钢也逐渐被大众认可和广泛使用，深刻影响着不锈钢在中国发展的进程。同时，Nb在不锈钢中的广泛应用，也极大促进了铌科学在中国的发展，使Nb的赋存状态更多样、作用更清晰，与工艺等因素耦合机理更明了，从而使含Nb不锈钢的应用更广泛，应用环境更苛刻。例如，从409到439M再到436/441（本书涉及不同标准的不锈钢牌号，详见GB/T 3280—2015中的附录A“各国不锈钢牌号对照表”），汽车排气系统用含Nb铁素体不锈钢不断升级换代，已可满足国家第六阶段机动车污染物排放标准（简称“国六标准”）；Nb强化的430LX/430J1L等不锈钢在滚筒洗衣机上的应用，使洗衣机的转速可达1200 r/min甚至更高；含Nb的347/HR3C/Super304等耐热不锈钢的成功开发与应用，满足了超超临界锅炉600 ℃、24 MPa的苛刻使用环境要求，使锅炉燃煤效率显著提升45%；含Nb 445J2超纯铁素体不锈钢成功应用于青岛胶东机场、广州亚运会主场馆围护系统，为城市增添了亮丽风景；高表面质量的含Nb 443系列产品，为经济地生产抛光、拉丝各种高质量表面提供了可能，让电梯轿厢更加绚丽多彩；含Nb EN1.4003不锈钢成功应用于铁路货车车厢，使车厢减重17%的同时8年免维护，助力了中国铁路高速重载战略目标的实现。

含Nb不锈钢的快速发展和取得的成绩，离不开高校学者、钢厂工程师等一代又一代人的辛勤工作，有必要重新回顾他们的工作，以示敬意。

第一个把铌引进不锈钢世界的是德国克虏伯公司。他们于1930年在V2A钢中加入 Nb 和 Ta，改善了抗晶间腐蚀，并取得专利权（Ger643444 铁素体不锈钢）。当时德国生产炸药采用 V2A 钢制化学装置，产生了严重的“晶间溃蚀”。V2A 的化学成分 0.2C-20Cr-7Ni 是典型的奥氏体不锈钢，加入 1%～1.5%（Nb+Ta）后，形成 Nb 稳定化的 V2A 含 Nb 钢，有效解决了“晶间溃蚀”，是现代 347 耐热钢的原型钢。但在此后的 20 多年中，由于 Nb 尚属稀缺的贵金属，在微合金化钢中的应用一直无人问津。到 1965 年巴西矿冶公司（CBMM）的阿拉莎矿开始进行 Nb 的商业化生产，才把“稀有”的 Nb 变成富有和易得的奇特金属炉料——铌铁。

Nb 的早期应用受到脱碳技术尚不成熟的阻碍。按 Nb/C 质量比不小于 7.7 计，钢水中 Nb(C,N) 的溶度积较低，致使大量的 Nb(C,N) 液析或焊缝液析，并由此产生其他种种缺陷，使含 Nb 不锈钢的工业化生产及推广应用受阻。

含 Nb 不锈钢实现工业大生产是从 20 世纪 50 年代开始的，先是美国、英国、德国，后起之秀是日本。中国开始研究 Nb 在钢中的应用是 20 世纪 70 年代，以付俊岩、孟繁茂、东涛等老一辈科研工作者为代表，研究国防军工课题，研制高深冲加工用耐蚀（主要是大气腐蚀）、耐疲劳、抗应变时效不锈钢，研制成功的 00Cr15Ni6Nb（纳标牌号 F112）在航天工业中广泛应用并获国家发明奖。20 世纪 80 年代在航空工业领域，如直升机、斯贝发动机等，他们先后研制出多个含 Nb 马氏体耐热不锈钢，均获实际应用并纳标。因此，我国 Nb 在不锈钢中的应用研究起步较早且卓有实效，但终因我国 Nb 资源开发难以商业化，而导致 Nb 的应用进展缓慢。

中国经济在 21 世纪进入高速发展期，带动了中国不锈钢行业及下游用钢行业的蓬勃发展。其中，中国汽车行业产销量年均复合增长率达到 20%以上，为含 Nb 不锈钢的商业化应用提供了绝佳机会。太原钢铁（集团）有限公司（以下简称“太钢”）从 1999 年开始从事汽车排气系统用铁素体不锈钢（含 Ti 409）的研发。2004 年，中信金属股份有限公司（以下简称“中信金属”）与太钢、北京科技大学共同提出 Nb+Ti 复合稳定不锈钢研发方向，并依托中信微合金化技术中心平台采用“产—学—研—用”一体化研发思路进行新产品开发。经过十多年的努力研究，已对 Nb 影响铁素体不锈钢的耐蚀性能、抗蠕变性能、成型和焊接性能的作用机理有了全面且深刻的认识，成功开发出了 409、439M、436 和 441 等系列含 Nb 产品，满足了排气系统从低温端到高温端的用材需求，建立了腐蚀评价体系，可准确预测排气系统用不锈钢的使用寿命。针对不同级别汽车排气系统提供合理的选材方案，实现最优性价比设计，这些工作也为现代含 Nb 铁素体不锈钢的继续拓展提供了实验数据和理论支撑。

在交通运输领域，国家引导铁路向“高速重载”发展，综合铁路货车车体对材料性能各方面的要求，特别是对高耐蚀性的要求，高强不锈钢材料无疑是一种理想的高性价比材料。为满足我国铁路货车对材料强度和耐蚀性能需要，太钢自主开发出一种新型铁路车辆专用含 Nb 耐蚀材料 TCS 不锈钢，其 Cr 含量在 11.2%左右，C 含量低，添加有少量 Ni 和 Mn，具有马氏体+铁素体双相组织结构。该钢种不仅具有一定的强韧性、可焊性、耐湿磨性和滑动性，而且在耐蚀性和全生命周期成本方面要优于普通高强度耐候钢。同时，太钢通过独特的成分设计和工艺创新，在常规 Cr12 型铁素体不锈钢的基础上开发出具有铁素体和马氏体双相组织的低成本高强不锈钢（TSZ410），其屈服强度达 400 MPa 以上，断后伸长率不小于 20%，并具有一定的折弯、焊接等使用性能。因此，选用高强不锈钢作为铁路货车车体材料具有以下优点：（1）轻量化，采用高强不锈钢车体可比碳钢车体减轻车体质量的 15%~20%；（2）长寿命，不锈钢车体寿命比碳钢的要长一倍以上，降低维修成本；（3）绿色环保，可实现 100%回收再利用。

在传统能源领域，从 2006 年底我国浙江玉环第一台 600 ℃超超临界电站投运，到大唐郓城国家电力示范项目 100 万千瓦机组建设，我国已具备完全自主设计建设超超临界火电机组的技术和能力，火电平均供电煤耗也由 2011 年的 330 g/(kW·h) 持续下降至 2023 年的 302 g/(kW·h)，预计到 2025 年，全国火电平均供电煤耗将进一步降至 300 g/(kW·h) 以下，火电机组能效水平持续提升。电站锅炉不断向大容量、高参数、低排放发展，服役的主气压力已达 31~35 MPa，温度 600~615 ℃，再热气温为 620~630 ℃，并向参数更高的 650 ℃、700 ℃等级迈进，含 Nb 奥氏体耐热钢管 TP347H、Super304H 和 HR3C 产品发挥了重要作用。

在民生领域，含 Nb 不锈钢持续发挥积极作用。日本最先开发超纯铁素体不锈钢，通过大幅降低铁素体不锈钢中杂质和间隙元素含量，并添加 Nb 和 Ti 等稳定化合金元素，使得铁素体不锈钢的耐蚀性、焊接性和成型性都得到了大幅度提高。宝钢中央研究院不锈钢技术中心从 2007 年开始开发家电用含 Nb 铁素体不锈钢 B430LNT，通过成分优化和技术创新，使其各方面性能达到国际领先水平，解决了铁素体耐蚀性较差、易发生晶间腐蚀、焊接后焊缝的性能与母材产生一定差距以及成型性能不足等一系列问题，打破了国外钢企在该领域的垄断地位，为我国家电用不锈钢的换代升级奠定了基础。在电梯面板方面，443 不锈钢已替代 304 不锈钢成为主流产品，能满足 HL、No.4、2B、BA、8K、蚀刻等不同表面质量要求，成功应用于门板、轿壁板、扶梯侧板及层站召唤和轿内操纵箱面板等，有效避免了 304 价格随镍价的波动，降低电梯生产企业的原材料采购成本，减小了不锈钢生产企业的经营风险，获得了市场高度认可。在建筑围护系统方面，成功研制了 445 系列产品，有效解决了沿海地区金属屋面氯离子腐蚀、点蚀、应力腐蚀、晶间腐蚀等问题，充分利用其线膨胀系数低的特点解决了大跨度屋顶的热变形问题，其同时具有良好的力学性能、成型性和焊接性，保障了屋面抗风揭能力。

与此同时，含 Nb 不锈钢在其他领域也有大量的应用，如石油石化、海洋工程、建筑装饰、医疗制药等，成功案例不胜枚举，极大地促进了铌科学技术的发展与进步，新的应用也正不断被创造，强力助推行业发展。

不锈百余年，恰似风华正茂；铌钢数十载，正值豆蔻年华。在“双碳”目标的指引下，在人民对美好生活向往驱动下，不锈钢产品将加速迭代升级，以满足风、光、水、核等新能源行业高质量发展要求，满足新能源汽车、火车高速重载等交通运输行业高质量发展需求，满足冰箱、洗衣机、餐厨具、水管、水箱、换热器等民用领域高质量发展需求，满足石油化工、海洋工程、建筑装饰、医疗制药等各行各业的高质量发展需求。Nb 将继续在不锈钢产品的升级换代中扮演重要角色，为中国钢铁工业高质量发展持续贡献力量。

2 铌在不锈钢中的物理冶金基础及作用机制

2.1 铌在不锈钢中的物理冶金基础

2.1.1 溶度积

不锈钢由于具有较高 Cr 等合金元素含量，极易形成一些富 Cr 的 σ 相、α′相和 χ 相等金属间化合物，这些均会破坏钢的耐蚀性能、力学性能，同时也易形成 $Cr_{23}C_6$ 等析出相，尤其是在晶界上造成晶界敏化，从而恶化钢的耐蚀性能。为解决这些问题，钢中需要添加 Nb、Ti 等微合金化元素以固定间隙元素 C 和 N 来改善不锈钢的整体性能，如抗晶间腐蚀性能、抗起皱性能、抗氧化性能、耐高温蠕变性能、成型性能等。然而，在不锈钢中添加 Nb 等微合金化元素后尽管其会以碳氮化物如 NbC、NbN 等形式存在，降低钢中固溶 C 和 N 含量，但是也会以 Fe_2Nb、Fe_3Nb_3C、CrNbN 等形式存在，对其性能产生重要影响。

微合金化元素在钢中存在形式可以采用碳氮化物析出的平衡温度做出简单的分析，这些溶度积公式描述了某一基体中溶质元素在一定温度范围内的平衡浓度。因此，为深入理解不锈钢的微合金化原理，设计并优化不锈钢的生产工艺，以控制钢中形成有利于性能改善的析出相，需要建立精确的微合金化元素在不锈钢中的溶度积模型。目前，建立溶度积公式的方法有多种，一般先由热力学数据计算等温模型架构，然后通过实验数据进行修正而建立最终的计算模型；也可依靠相应的热力学方法进行推导。式（2-1）~式（2-13）列出了多种不锈钢的溶度积公式[1-7]。

（1）15%Cr、9%Ni 奥氏体不锈钢中析出相的溶度积公式：

$$\lg[w(\mathrm{Nb}) \times w(\mathrm{C})] = 2.96 - 7510/T \tag{2-1}$$

（2）347H 奥氏体不锈钢中析出相的溶度积公式：

$$\lg\{w([\mathrm{Nb}]) \times w([\mathrm{C+N}])\} = -7.600/T + 3.54w([\mathrm{NbC}]^2_{固溶}) \tag{2-2}$$

（3）18%Cr、10%Ni 奥氏体不锈钢中析出相的溶度积公式，对于 NbC 析出：

$$\lg\{w([\mathrm{Nb}]) \times w([\mathrm{C}])\} = -9350/T + 4.55 \tag{2-3}$$

（4）20%Cr、25%Ni 奥氏体不锈钢中析出相的溶度积公式，对于 NbC 析出：

$$\lg\{w([\mathrm{Nb}]) \times w([\mathrm{C}])\} = -8358/T + 4.07 \tag{2-4}$$

（5）18%Cr、10%Ni 奥氏体不锈钢（复合添加 Nb 和 Ti）中析出相的溶度积公式，对于（Ti,Nb)C 析出：

$$\lg\{2w([Ti]) + w([Nb]) \times w([C])\} = -7200/T + 3.3 \tag{2-5}$$

增加 N 含量后：

$$\lg[w(Nb) \times w(N)] = -11600/T + 4.48 \tag{2-6}$$

$$\lg w(Nb)\left[w(C) = \frac{6}{7}w(N)\right] = -6750/T + 3.21 \tag{2-7}$$

（6）单 Nb 稳定化的 19%Cr 铁素体不锈钢中析出相的溶度积公式：

1）对于 Fe_2Nb 析出：

$$\lg w([Nb]) = -3780.3/T + 2.4646 \tag{2-8}$$

2）对于 Fe_3Nb_3C 析出：

$$\lg\{w([Nb]) \times 3w([C])\} = -11613/T + 5.2178 \tag{2-9}$$

（7）SUS630 马氏体沉淀硬化不锈钢中析出相的溶度积公式：

$$\lg\{w([Nb]) \times w([C])\} = -7900/T + 3.43 \tag{2-10}$$

$$\lg\{w([Ti]) \times w([C+N])\} = -17600/T_g + 11.2 \quad (T_g\text{:晶粒粗化温度}) \tag{2-11}$$

（8）15%Cr、5%Ni 马氏体不锈钢中析出相的溶度积公式：

$$\lg\{w([Nb]) \times w([C])\} = -3770/T + 2.26 \tag{2-12}$$

$$\lg\{w([Nb]) \times w([N])\} = -10230/T + 4.04 \tag{2-13}$$

Nb 在钢中的溶解度首先取决于温度，温度越高溶解度越高；反之亦然。另一个决定因素是含 Nb 化合物中各个元素的浓度乘积，遵从质量作用定律。影响溶度积的除了温度和浓度以外，就是化合物所处的固溶体氛围。提高基体中 Nb、C、N 等活度的元素，均属于降低溶度积的元素。也就是说不参与化合物直接析出的元素对溶度积是有影响的，如在铁素体不锈钢中，因为 Cr、Mo 等均是强烈的碳、氮化物形成元素，势必影响微合金化元素与 C 和 N 的亲和力，会对沉淀析出行为产生影响。元素间相互作用系数为正的提高 Nb 或 C 的活度，从而降低溶解度；反之，相互作用系数为负的降低 Nb、C 的活度，从而提高溶解度。不锈钢中的 Nb 降低 C、N 的活度，从而提高了 Nb(C,N) 的溶度积。因此，对于同一含 Nb 析出相，不同合金体系不锈钢的溶度积公式是不同的。目前，虽然建立溶度积公式的方法有多种，但是共同点都是在一定的假定限制范围内实验或计算的产物。所以应用这些公式还没有达到理论上的数学模型，实际应用上只是具有一定的近似。尽管如此，在一些产品上溶度积公式仍然为实际生产工艺的精确设计提供了指导。

2.1.2 铌在不锈钢中的赋存状态及其交互作用

2.1.2.1 不锈钢中含铌第二相

A 碳化物

a NbC

为防止不锈钢中 Cr 与 C 结合形成铬碳化合物而引起的 Cr 浓度降低导致耐蚀性能下降，特别是引起晶间腐蚀，不锈钢中需要添加强烈的碳化物形成元素如 Nb 等。在一定的工艺条件下，含 Nb 不锈钢中将生成 NbC，与此同时由于商用不锈钢中往往也含有 0.005%以上的 N，N 与 Nb 的亲和力很强，极易形成 NbN。由于 NbC 和 NbN 的晶格类型相同，两者中 C 和 N 经常互相置换，因而在含 Nb 不锈钢中常常形成碳氮化铌（Nb(C,N)）。

NbC 是 MC 型碳化物，具有 NaCl 型简单面心立方晶体结构，单位晶胞中含 4 个金属原子，碳原子在晶体点阵中占据八面体的位置。其室温物理数据见表 2-1。

表 2-1 NbC 和 NbN 的室温物理数据

名称	结构	室温点阵常数/nm	理想化学配比	理论密度 /g·cm^{-3}	摩尔体积 /m^3·mol^{-1}	线膨胀系数 /K^{-1}	熔点 /℃
NbC	fcc	0.44699	7.735	7.803	1.345×10^{-5}	7.02×10^{-6}	3480
NbN	fcc	0.43940	6.633	8.371	1.277×10^{-5}	10.1×10^{-6}	2300

在不锈钢中，NbC 最易形成的温度为 850～900 ℃。随着 NbC 的形成，基体中的 C 被 Nb 固定，降低了 $Cr_{23}C_6$ 的析出温度并增加了析出孕育时间，最终减缓了 $Cr_{23}C_6$ 的形成，从而提高了钢的耐晶间腐蚀能力。与此同时，由于不锈钢中固溶 C 含量的减少，其韧性、成型性能也将得到明显提高，主要体现在韧脆转变温度（ductile-brittle transition temperature，DBTT）的降低和平均塑性应变比的增加。此外，与 $Cr_{23}C_6$ 主要集中于晶界处不同，NbC 通常均匀、弥散分布于基体上，这将有利于改善高温力学性能，同时也将阻碍晶粒长大，从而有助于提高钢的室温韧性并缓解高温脆性。

b Fe_3Nb_3C

Fe_3Nb_3C 是一种 M_6C 型的碳化物，具有金刚石立方结构，其空间群为 $Fd3m$，其结构常数见表 2-2。图 2-1 展示了单 Nb 稳定化铁素体不锈钢（19Cr-0.8Nb）经 1000 ℃时效处理 100 h 后组织中 Fe_3Nb_3C 的 TEM 分析[6]。由于 Mo 和 N 可促进这一碳化物的析出，所以在 Mo 和 N 含量较高的奥氏体不锈钢中极易形成。此外，当不锈钢中 Nb 含量较高时也将促进 Fe_3Nb_3C 的形成。图 2-2 展示了 347H 耐热钢和 Tempaloy A-1 耐热钢时效处理过程中的析出相行为[7]，表明了 347H 耐热钢在一定温度范围内时效处理时开始形成 M_6C 的时间。

表 2-2　含 Nb 不锈钢中存在的富 Nb 相的成分和晶体结构

相	成分	晶体结构	晶胞原子数/个	晶格常数/nm	性质
Laves	Fe_2Nb	密排六方	12	a=1. 115~1. 120 c=0. 772~0. 786	金属间化合物
G	$(Ni,Fe,Cr)_{16}Nb_6Si_7$	面心立方	116	a=1. 115~1. 120	
γ″	Ni_3Nb	体心四方	8	a=0. 3624 c=0. 7406	
δ	Ni_3Nb	斜方	8	a=0. 5116 b=0. 4259 c=0. 4565	
MC	NbC	面心立方	8	a=0. 44699	碳化物
M_6C	Fe_3Nb_3C	金刚石立方	112	a=1. 085~1. 128	
MN	NbN	面心立方	8	a=0. 4394	氮化物
Z	CrNbN	四方	6	a=0. 3037 c=0. 7391	

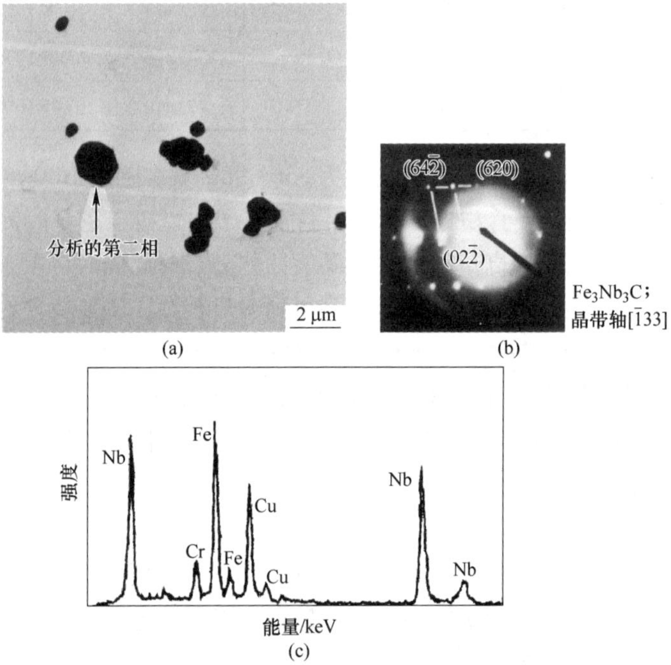

图 2-1　单 Nb 稳定化铁素体不锈钢（19Cr-0. 8Nb）经 1000 ℃时效处理 100 h 后组织中 Fe_3Nb_3C 的 TEM 分析[6]

（a）TEM 图；（b）电子衍射花样；（c）EDS 分析

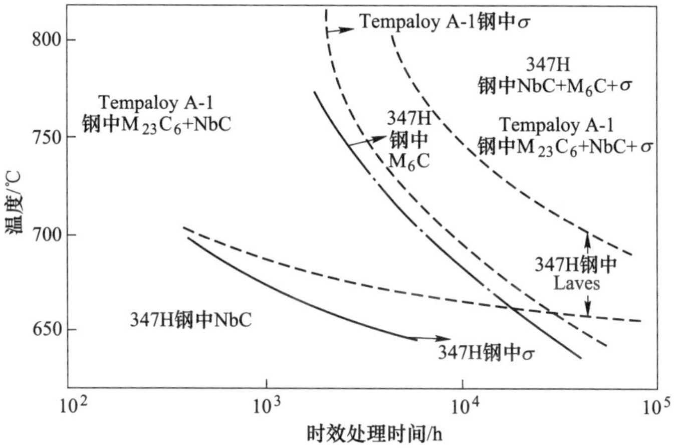

图 2-2 347H 耐热钢和 Tempaloy A-1 耐热钢时效处理过程中的析出相行为[7]

B 氮化物

a NbN

在含 Nb 不锈钢中，也极易形成 NbN，其成分数据见表 2-3。NbN 析出的分布形式与 NbC 的类似，均匀、弥散分布于含 Nb 不锈钢的基体中，并非集中于晶界。其中，这一氮化物中的 N 被 C 部分取代，同 NbC 中的 C 被 N 取代一样，这种氮化物常常以 Nb(C,N) 的形式出现，Nb(C,N) 的点阵常数介于 NbN 和 NbC 之间。

表 2-3 含 Nb 不锈钢中 NbN 成分的数据 (%)

元素	Nb	N	Fe	Cr	C
质量分数	55.927	8.719	10.343	23.365	0.270
原子数分数	31.9965	33.0819	9.8439	23.8838	1.1940

b CrNbN（Z 相）

CrNbN(Z 相) 是一种具有四方结构的氮化物，其易在含 Nb 不锈钢中形成。在 Nb 微合金化的奥氏体不锈钢中，CrNbN 与奥氏体基体之间存在如下取向关系：$[010]_Z//[110]_\gamma$，$[111]_Z//[100]_\gamma$，$[001]_Z//[001]_\gamma$。

CrNbN(Z 相) 通常在 N 含量大于 0.06%的不锈钢中形成。但是，研究表明即使当不锈钢中 N 含量（质量分数）较低（<0.01%）时，也可形成 CrNbN，如图 2-3 所示[8]。与 Nb(C,N) 一样，它需要高的固溶处理温度，而且析出很稳定。邓兆其[8]发现，单 Nb 稳定化的 AISI444 铁素体不锈钢在 1000 ℃下保温 24 h 后可形成 CrNbN。Ayer 等人[9]发现，在 1027 ℃固溶处理 1 h 后它不溶解于含有 0.3%Nb 和 0.09%N 的 18%Cr-12%Ni 钢。在 N 含量较高的钢中，可以

在很宽的温度范围内形成 Z 相。Robinson 和 Jack 认为[10]，Z 相在 Rex734 钢（0.05%C，0.27%Nb，0.38%N）中的溶解温度高于 1100 ℃，并且随着 Cr 含量的升高，Z 相的孕育期急剧降低；随着温度的升高，析出的 Z 相尺寸变大。因此，Cr 含量对 Z 相的析出过程起着重要的作用，随着 Cr 含量的上升，Z 相形成的驱动力增加。

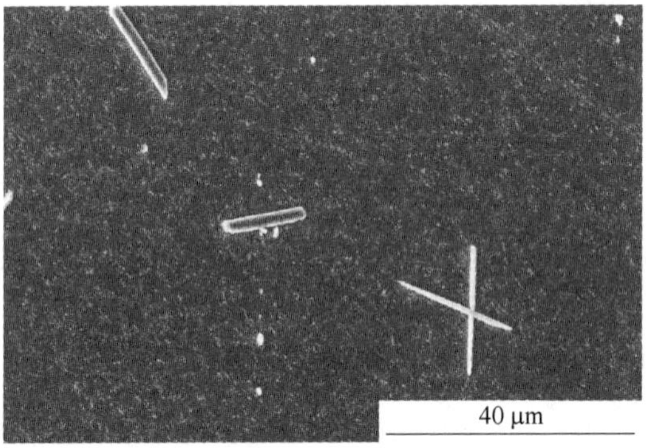

图 2-3　单 Nb 稳定化超纯铁素体不锈钢中的 CrNbN 及其相应 EPMA 定量分析[8]

在 Z 相形成初期，其尺寸较小且在基体中分布连贯，即使是它的形成消耗了 MC 相，仍然可以抑制再结晶发生，提高材料强度和蠕变性能。但是，由于 Z 相的形成速度大于 MC 型碳化物，并且随着 Z 相尺寸变大，Z 相会消耗大量 MC 相甚至发生相应合金元素的贫化，双重作用下 Z 相的形成和长大会恶化材料的蠕变性能和疲劳性能。

C　金属间化合物

含 Nb 不锈钢中通常存在一些金属间化合物，常见的有 Fe_2Nb(Laves 相）等，它们的基本特征结构见表 2-2。

a　Fe_2Nb(Laves 相)

在含 Nb 不锈钢中 Laves 相为 Fe_2Nb，该相为密排六方结构，晶体结构符号为 C14。形成温度为 550~900 ℃，形成速度与 σ 相和 χ 相相比较慢，数量也较少，主要是在晶内析出，呈球状或棒状，如图 2-4 所示。钢中 Mo、Nb 和 Si 等元素可促进 Fe_2Nb 的形成，使其形成数量明显高于 σ 相和 χ 相，尤其是 Mo 的效果更为显著。此外，冷加工也将加速 Fe_2Nb 的析出。

由于 Fe_2Nb 硬而脆，因而对不锈钢的塑、韧性有害。但是，由于其析出温度与碳化物、σ 相和 χ 相大体上相重合，因而在时效处理过程中，单独出现 Fe_2Nb 相析出的情况较为少见，它总是与碳化物、σ 相和 χ 相等第二相伴随出现，而且往往是次要相，所以这些相的形成对不锈钢耐蚀性和力学性能的影响常常被作为主要相的碳化物和 σ 相的作用所掩盖。

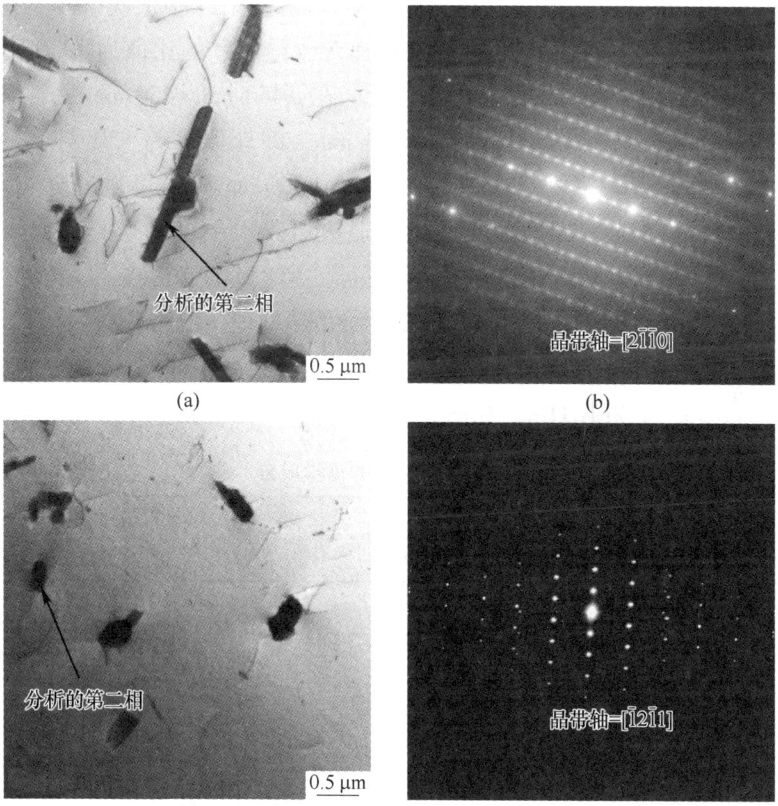

图 2-4 单 Nb 稳定化铁素体不锈钢经 1000 ℃时效处理 100 h 后组织中 Fe_2Nb 的 TEM 图[11]
(a) 棒状析出相；(b) 棒状析出相的衍射花样分析；(c) 球状析出相；(d) 球状析出相的衍射花样分析

b (Ni,Fe,Cr)$_{16}$Nb$_6$Si$_7$(G 相)

(Ni,Fe,Cr)$_{16}$Nb$_6$Si$_7$ 是具有复杂立方结构的硅化物，能够在铁素体不锈钢和奥氏体不锈钢中形成。研究发现，在含 Nb 的 20%Cr、25%Ni 奥氏体不锈钢中 G 相为 $Ni_{16}Nb_6Si_7$，其在晶界析出时的鼻尖温度约为 775 ℃[12]。

2.1.2.2 不锈钢中含铌第二相的交互作用

经过一定热变形或热处理后含 Nb 不锈钢中可形成多种第二相，如 Fe_2Nb、NbC 及 CrNbN 等，而这些析出相对不锈钢的力学性能、耐蚀性能等的影响明显不同。毋庸置疑，这些含 Nb 析出相的形核和长大均与 Nb 在不锈钢基体中的扩散密切相关。因此，这些含 Nb 析出相在形成和分解时必然存在强烈的相互作用，从而影响不锈钢的性能。为此，Liu 和高飞等人[13-14]以单 Nb 稳定化超纯铁素体不锈钢为实验材料，探讨了钢中第二相的交互作用。

实验所用的材料为实验室真空感应炉冶炼的超纯 17%Cr 铁素体不锈钢，主要化学成分见表 2-4。其中，Nb 含量与 C 和 N 含量之和的比值为 19.05。实验钢坯料经 1220 ℃保温 2 h 完成均匀化处理后，在 ϕ450 mm×450 mm 二辊可逆实验热轧机上热轧。经 7 道次热轧至厚度为 5 mm，终轧温度为 850 ℃。热轧板在 950 ℃保温 30 min 并经酸洗后在 ϕ110/350 mm×300 mm 四辊可逆实验冷轧机上冷轧至厚度为 1 mm。通过冷轧板不同温度退火后维氏硬度的变化研究再结晶行为（见图 2-5），由此可确定冷轧退火再结晶温度为 850 ℃。最终，冷轧板在 950 ℃保温 5 min 后缓冷至室温，完成第 1 阶段再结晶热处理，记为 RHT(recrystallization heat treatment)-1；再将部分 RHT-1 板加热至 750 ℃保温 5 min 后快冷至室温，完成第 2 阶段热处理，记为 RHT-2，如图 2-6 所示。

表 2-4　实验钢的化学成分　　（质量分数,%）

C	N	Nb	Cr	Si	Mn	Fe
0.0045	0.0060	0.2	17.0	0.23	0.23	余量

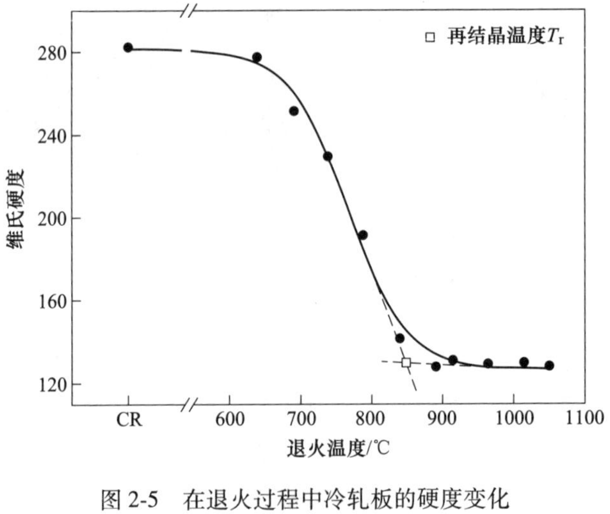

图 2-5　在退火过程中冷轧板的硬度变化

采用 JN-1/NHI-12 型真空高温葛氏摆在频率接近 1 Hz、加热速度为 0.05 ℃/s 的自由衰减方式下测定原位升温过程中冷轧退火板的内耗曲线。图 2-7 是在磁场强度大约为 0.03 T 的环境下，冷轧退火板 RHT-1 和 RHT-2 在 20 ℃升温至 500 ℃过程中的内耗谱。从该图中可看出，冷轧退火板 RHT-1 和 RHT-2 的内耗谱中均存在一个较宽的 Snoek 峰。内耗谱扣除背底后，经第 1 阶段热处理的冷轧退火板 RHT-1 的 Snoek 峰高度 Q^{-1}_{max} 为 2.67×10^{-4}；经第 2 阶段热处理的冷轧退火板 RHT-2 的 Q^{-1}_{max} 为 1.17×10^{-4}，降低大约 60%。

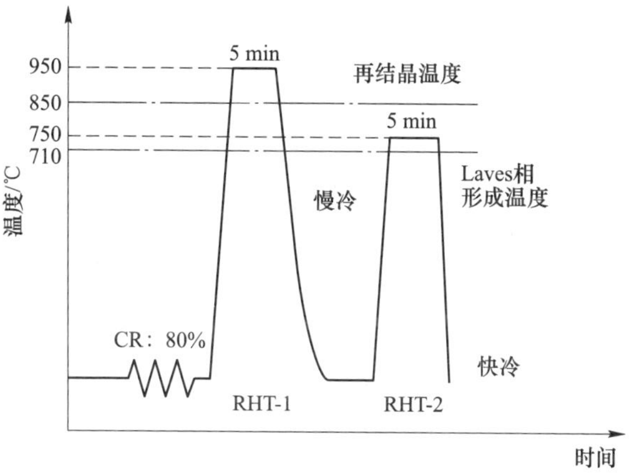

图 2-6 退火工艺图

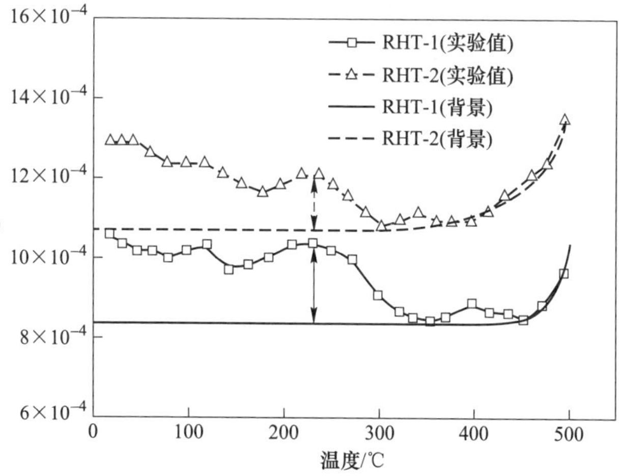

图 2-7 冷轧退火板 RHT-1 和 RHT-2 的内耗谱

高飞[14]发现，冷轧退火板的晶粒尺寸及织构等内在因素对 Snoek 峰高度存在一定影响：（1）组织细化利于 Snoek 峰高度的降低，γ 纤维再结晶织构强化利于 Snoek 峰高度的增加；（2）当晶粒尺寸粗化大约 22%，γ 纤维再结晶织构强点强度提高大约 30%时，Snoek 峰高度增加但不超过 6%。经组织和织构分析发现，冷轧退火板 RHT-1 与 RHT-2 的晶粒尺寸和 γ 纤维再结晶织构强点强度的差别分别为 10%和 15.4%，这种较弱的晶粒尺寸和再结晶织构强点强度变化并不足以引起 Snoek 峰高度的显著变化。因此，引起冷轧退火板 RHT-1 与 RHT-2 Snoek 峰高度明显差异的关键因素并不是晶粒尺寸和织构特征的不同，而是基体中固溶间隙原子含量的不同，即与 950 ℃退火处理后缓冷至室温的冷轧退火板相比，950 ℃

退火处理后在 750 ℃保温并快冷至室温的冷轧退火板中间隙固溶原子含量显著降低。

采用三维原子探针（3DAP）LEAP 3000HR 分析冷轧退火板中原子分布及相应含量。图 2-8 为采用三维原子探针得到的冷轧退火板 RHT-1 和 RHT-2 中 C 原子在三维空间中的分布，结果显示，冷轧退火板 RHT-1 和 RHT-2 中 C 的原子分数分别为（0.00283±0.00050）%和（0.00066±0.00029）%。可以看出，冷轧退火板 RHT-1 中的 C 含量明显高于冷轧退火板 RHT-2 的 C 含量，这与上述内耗谱的分析结果一致。

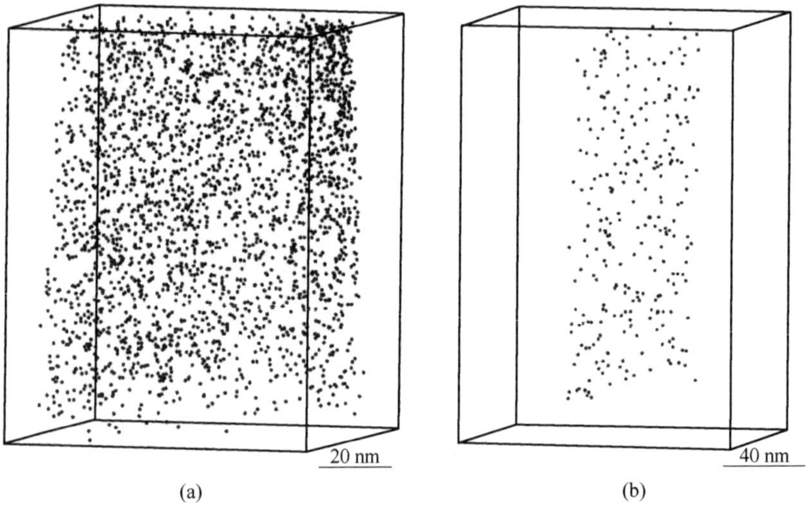

图 2-8　冷轧退火板中 C 原子在三维空间中的分布
（a）RHT-1；（b）RHT-2

采用 FEI Tecnai G^2 F20 型场发射透射电子显微镜观察冷轧退火板中析出相特征。图 2-9 为冷轧退火板 RHT-1 中析出相的 TEM 图，从图中可看出，在冷轧退火板 RHT-1 的晶粒内部和晶界附近均以两种类型的析出相为主：一种是大约 100 nm 宽、200 ~ 500 nm 长的“棒状”析出相（见图 2-9（a）（b）中的黑色箭头所指）；另一种是尺寸在 120 nm 左右（见图 2-9（a）中灰色箭头或（b）中白色箭头所指）或 10 nm 左右（见图 2-9（a）中的白色箭头所指）的“球形”或“椭球形”析出相。此外，在“棒状”析出相周围并无“球形”或“椭球形”析出相且在晶界上几乎不存在析出相，如图 2-9（b）所示。

图 2-10 为冷轧退火板 RHT-1 中粗大的“棒状”析出相的 TEM 图和相应的成分及结构分析图。其中，图 2-10（a）为明场像，图 2-10（b）为 STEM HAADF 图及元素分布图，从图中可看出，析出相中 Nb、Cr 含量明显高于基体中的，而析出相中 Fe 含量低于基体中的。经 EDX 能谱分析发现，这种粗大的“棒状”析

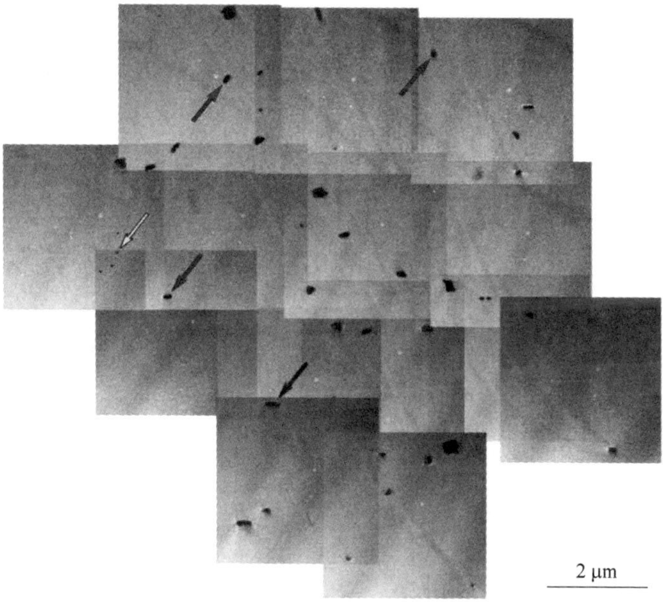

(a)

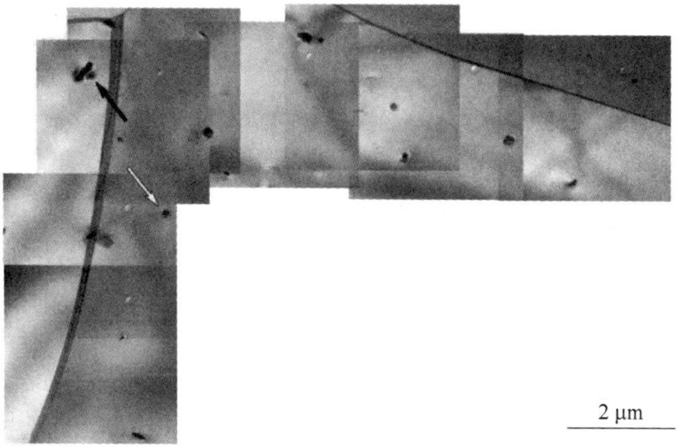

(b)

图 2-9 冷轧退火板 RHT-1 中析出相的 TEM 图
（a）晶内析出；（b）晶界析出

出相含 Nb、Cr 及 Fe 三种元素，且这三种元素的原子分数分别为 32.05%、27.8%、40.13%。图 2-10（c）和（d）分别为析出相的衍射花样及相应的示意图。经 SAD 分析发现，其为密排六方［$01\bar{1}0$］晶带轴。同时，从图 2-10（c）测量得到，该析出相（0002）晶面的面间距为 0.392 nm，非常接近 Fe_2Nb 相应面间距的理论计算值 0.3939 nm。最终，根据上述成分及结构分析，可确定这种粗大的“棒状”析出相为富含 Nb、Cr 及 Fe 的 Laves 相，即（Fe,Cr）$_2$Nb。

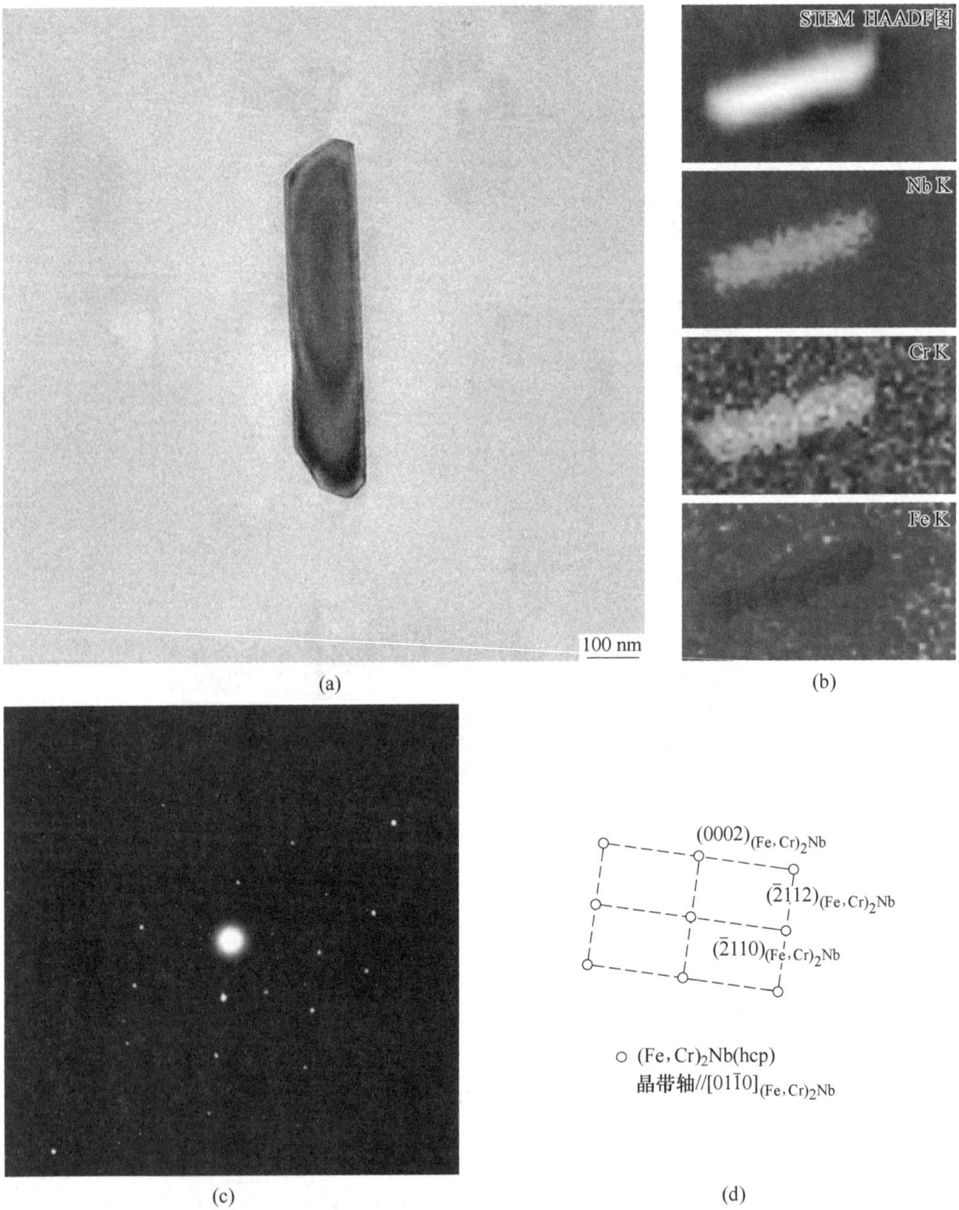

图 2-10　冷轧退火板 RHT-1 中粗大的“棒状”析出相的 TEM 图和相应的 STEM HAADF 图及元素分布图、衍射花样及其示意图

（a）“棒状”析出相的 TEM 图；（b）STEM HAADF 图及元素分布图；（c）衍射花样；（d）衍射花样的示意图

图 2-10 彩图

图 2-11 为冷轧退火板 RHT-1 中较大的“球形”析出相的 TEM 图和相应的成分分析图。图 2-11（a）为明场像，图 2-11（b）为 STEM HAADF 图及元素分布图。从图 2-11（b）中可看出，析出相中 Nb 含量明显高于基体中的 Nb 含量，而 Cr、Fe 含量低于基体中的 Cr、Fe 含量。经 EDX 能谱分析发现，这种“球形”析出相含 C、N、Nb、Cr 及 Fe 五种元素，且这几种元素的原子分数分别为 16.34%、12.09%、45.51%、6.53%、19.51%。由此可知，这种较大的“球形”析出相是富含 Nb 的析出相。

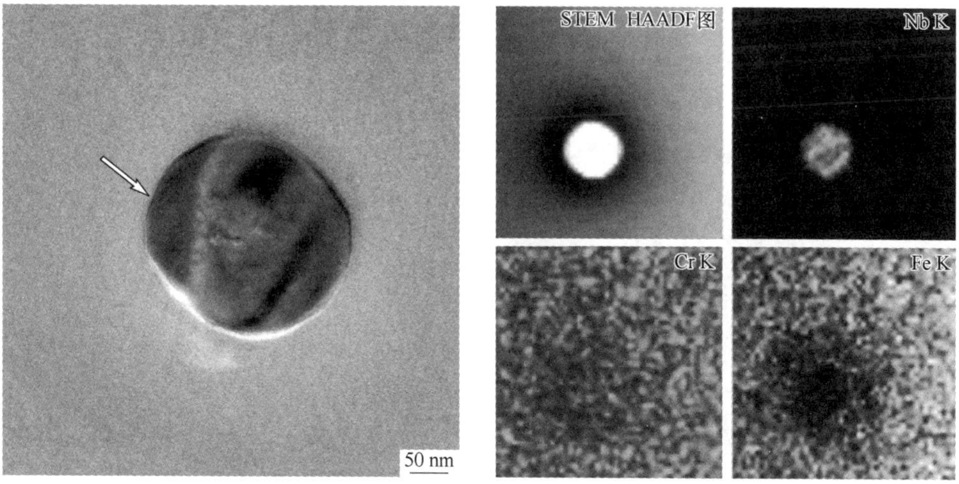

图 2-11　冷轧退火板 RHT-1 中“球形”析出相的 TEM 图（a）和相应的 STEM HAADF 图及元素分布图（b）

图 2-11 彩图

图 2-12 列出了图 2-11（a）中箭头所指区域，即“球形”析出相与基体界面附近的 HR-TEM 图和相应的傅里叶变换衍射图及其示意图。经傅里叶变换可知，基体的晶带轴为［$\bar{1}11$］，析出相为面心立方 fcc 结构，晶带轴为［001］。同时，该析出相晶面间距的测量值为 0.2226 nm，非常接近 NbC 或 NbN 相应面间距的理论计算值 0.2235 nm 或 0.2195 nm。最终，根据上述成分及结构分析可确定这种较大的“球形”析出相为 fcc 结构的 Nb(C,N)。

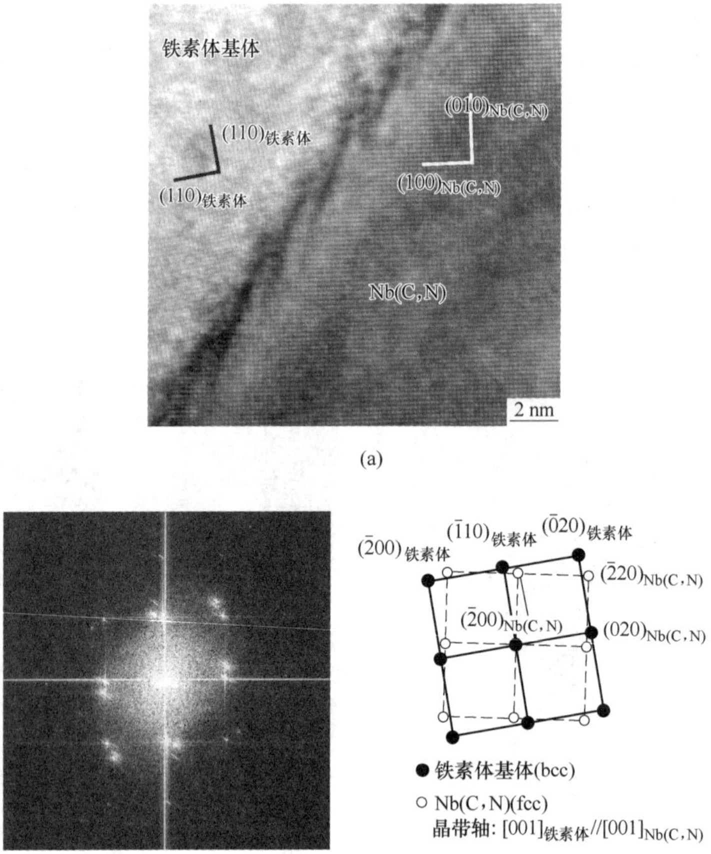

图 2-12　冷轧退火板 RHT-1 中“球形”析出相的 HR-TEM 图（a）和相应的傅里叶变换衍射图（b）及其示意图（c）

图 2-13 为冷轧退火板 RHT-1 中较大的“椭球形”析出相的 TEM 图和相应的成分分析图。图 2-13（a）为明场像，图 2-13（b）为 STEM HAADF 图及元素分布图。从图 2-13（b）中可看出，析出相中 Nb 含量明显高于基体中的，而 Cr、Fe 含量低于基体中的。经 EDX 能谱分析发现，这种“椭球形”析出相含 C、N、Nb、Cr 及 Fe 五种元素，且这几种元素的原子分数分别为 9.68%、8.67%、17.80%、18.32%、45.51%。由此可见，这种较大的“椭球形”析出相也是富含 Nb 的析出相。

图 2-14 列出了图 2-13（a）中箭头所指区域，即“椭球形”析出相与基体

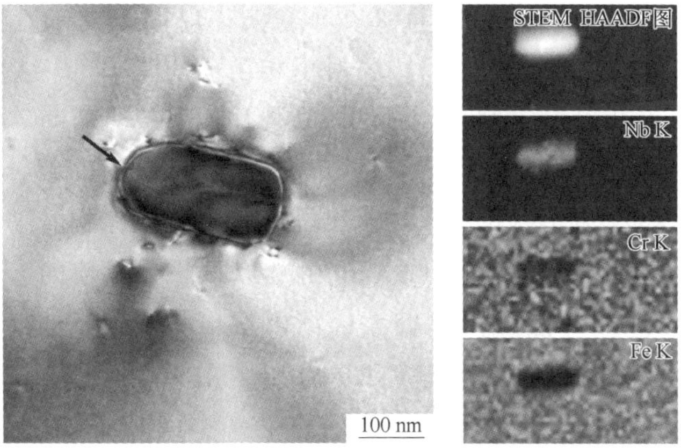

(a) (b)

图 2-13 冷轧退火板 RHT-1 中“椭球形”析出相的
TEM 图（a）和相应的 STEM HAADF 图及元素分布图（b）

图 2-13 彩图

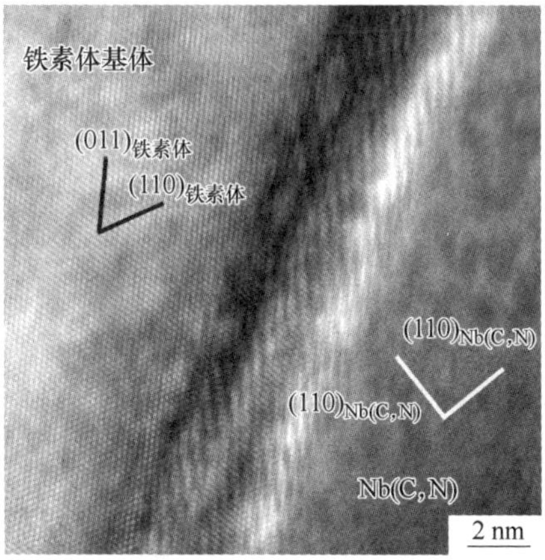

(a)

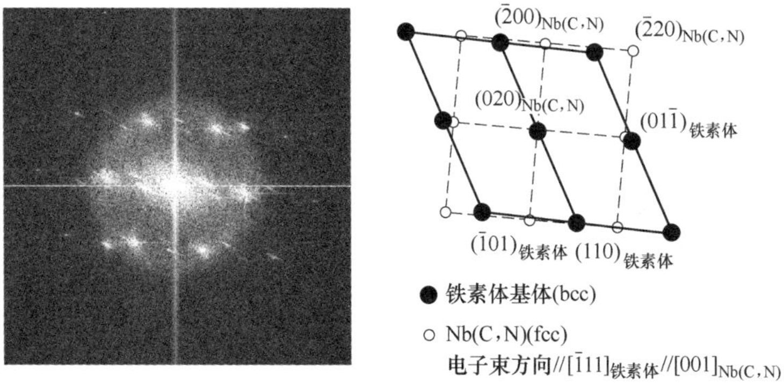

(b) (c)

图 2-14 冷轧退火板 RHT-1 中“椭球形”析出相的 HR-TEM 图（a）、
相应的傅里叶变换衍射图（b）及其示意图（c）

界面附近的 HR-TEM 图和相应的傅里叶变换衍射图及其示意图。经傅里叶变换可知，基体的晶带轴为［$\bar{1}11$］，析出相为面心立方 fcc 结构，晶带轴为［001］。同时，该析出相（$\bar{2}00$）晶面间距的测量值为 0.2230 nm，非常接近 NbC 或 NbN 相应面间距的理论计算值 0.2235 nm 或 0.2195 nm。最终，根据上述成分及结构分析可确定这种较大的“椭球形”析出相也为 fcc 结构的 Nb(C,N)。

图 2-15 为冷轧退火板 RHT-2 中析出相的 TEM 图及相应的 EDX 能谱分析。其中，图 2-15（a）为晶粒内部较大区域内析出相的 TEM 图，图 2-15（b）和（c）分别为晶粒内部粗大析出相上共生析出相的 TEM 图及相应的 EDX 能谱，

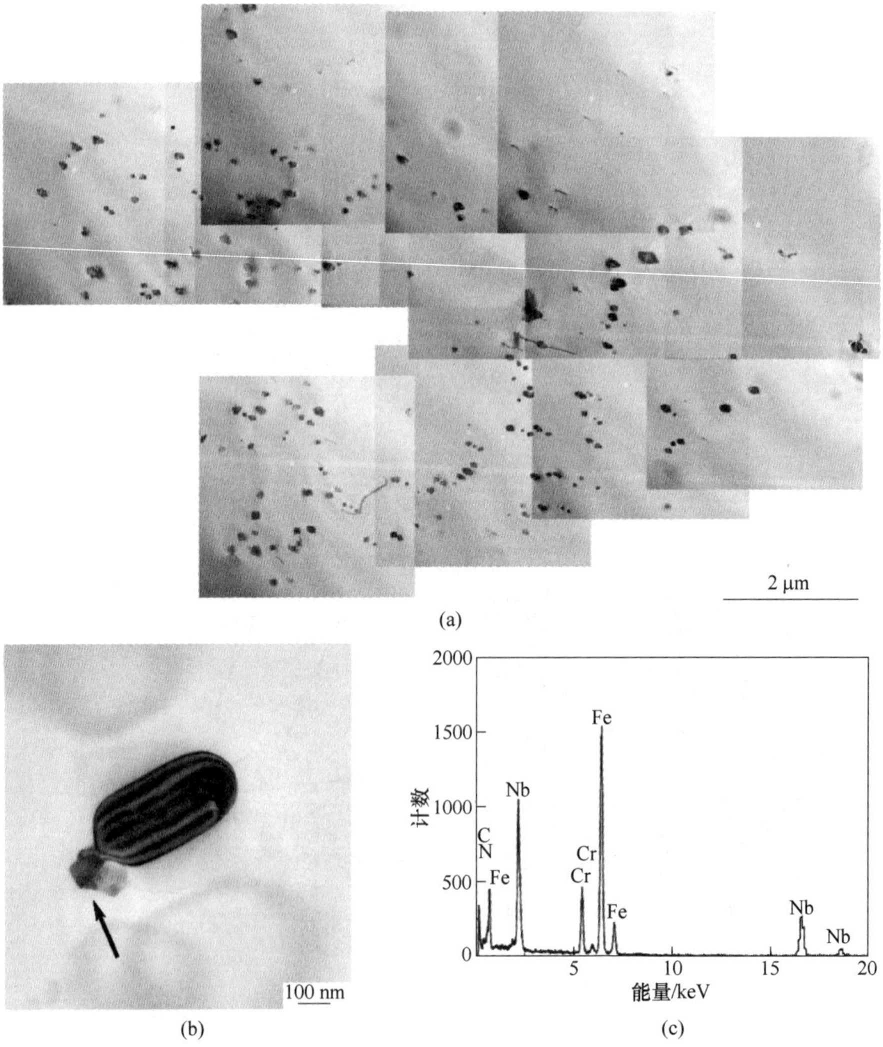

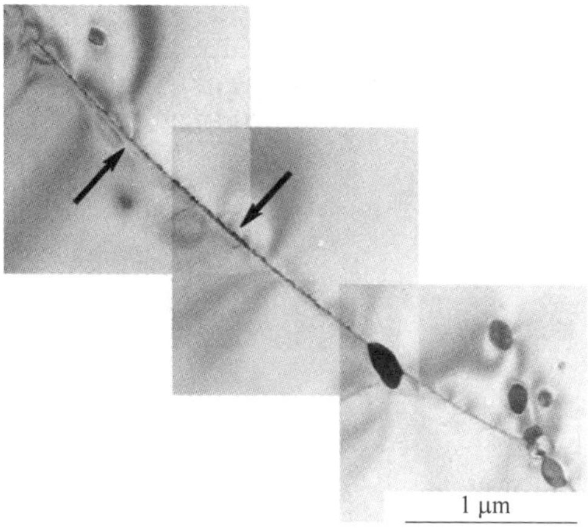

(d)

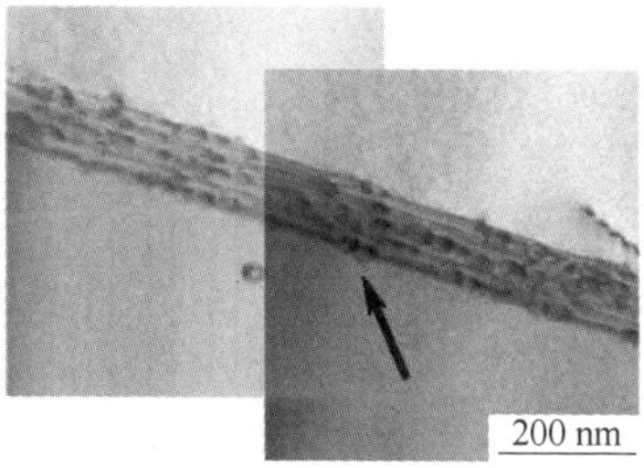

(e)

图 2-15 冷轧退火板 RHT-2 中析出相的 TEM 图及相应的 EDX 能谱分析
(a) 多区域析出相；(b) 其他析出相旁共生的含铌析出相；
(c) 含铌析出相的 EDS 分析；(d)~(e) 晶界及其附近的 Nb(C,N) 析出相

图 2-15（d）和（e）为晶界及其附近析出相的 TEM 图。在冷轧退火板 RHT-2 的晶粒内部以“球形”或“椭球形”Nb(C,N) 为主，并未发现“棒状”Laves 相，如图 2-15（a）所示。并且，晶粒内部部分粗大的 Nb(C,N) 上共生尺寸在 100 nm 左右的析出相，如图 2-15（b）中的黑色箭头所指。经 EDX 能谱分析发现，此共生析出相含 C、N、Nb、Cr 及 Fe 五种元素，且这几种元素的原子分数分别为 3.43%、2.54%、13.99%、14.38%、58.21%（见图 2-15(c)），可确定其为 Nb(C,N)。在冷轧退火板 RHT-2 的晶界上存在 10 ~ 40 nm 的细小 Nb(C,N)，如图 2-15（d）和（e）中的黑色箭头所指，或较大的 Nb(C,N)，并未发现“棒状”Laves 相，如图 2-15（d）和（e）所示。

为统计分析冷轧退火板 RHT-1 和 RHT-2 中析出相的尺寸分布，采用图像分析软件进行定量分析。图 2-16 列出了冷轧退火板 RHT-1 和 RHT-2 的析出相尺寸统计分布。从该图中可看出，冷轧退火板 RHT-1 的析出相尺寸主要集中在 80 ~ 340 nm，大尺寸的析出相较多，析出相的平均尺寸大约为 103 nm；冷轧退火板 RHT-2 的析出相尺寸主要集中在 60 ~ 160 nm，小尺寸的析出相较多，析出相的平均尺寸大约为 81 nm。与冷轧退火板 RHT-1 相比，冷轧退火板 RHT-2 中存在大量小尺寸的析出相，而大尺寸的析出相较少。

可见，冷轧退火板 RHT-1 和 RHT-2 具有明显不同的析出相特征。采用 950 ℃ 退火处理后缓冷至室温时，冷轧退火板 RHT-1 的晶粒内部及晶界附近存在“球

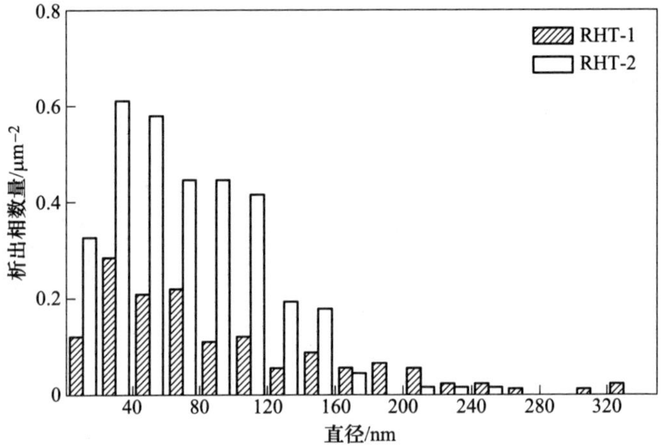

图 2-16　冷轧退火板 RHT-1 和 RHT-2 析出相尺寸统计分布

形”或“椭球形”Nb(C,N)及粗大的“棒状”Laves 相（$(Fe,Cr)_2Nb$，在 $(Fe,Cr)_2Nb$ 周围没有 Nb(C,N)，而且在晶界上无细小析出相形成；采用 950 ℃ 退火处理后在 750 ℃保温并快冷至室温时，冷轧退火板 RHT-2 的晶粒内部及晶界上存在粗大的 Nb(C,N) 且未发现 Laves 相的形成。同时，细小的 Nb(C,N) 或共生于晶内粗大的 Nb(C,N) 上或存在于晶界上。

为进一步研究冷轧退火过程中的析出行为，采用场发射透射电子显微镜观察经 950 ℃退火处理并淬火至室温后冷轧退火板中析出相，如图 2-17 所示。从该图中可看出，冷轧退火板的组织中仅仅出现粗大的“球形”析出相，表明经 950 ℃退火处理并淬火至室温后，仅在冷轧退火板的晶粒内部及晶界附近形成粗大的析出相而晶界上无析出相形成。经第 2 阶段热处理，即 750 ℃保温并快冷至室温后，不仅在冷轧退火板 RHT-2 的晶粒内部形成 Nb(C,N)，而且在晶界上存在细小 Nb(C,N)，如图 2-15（d）和（e）所示，表明这些形成于晶界上的细小析出相可能是在低温阶段或 750 ℃保温阶段形成的。虽然冷轧退火板 RHT-1 同样在退火过程中经历了低温区间，但是仅在晶粒内部及晶界附近存在 Nb(C,N) 及粗大的（$(Fe,Cr)_2Nb$，晶界上并无细小的析出相，如图 2-17 所示。

图 2-18 为利用 JMatPro 计算的平衡状态时实验钢中相组成随温度的变化情况。由该图可知，当温度处于 1200 ℃以下，实验钢不存在奥氏体-铁素体相变，但会形成 Nb(C,N)、Laves 相、Z 相及 σ 相等第二相。当温度达到 1185 ℃时，组织中开始析出 Nb(C,N)，随着温度降低其析出的量不断增加并在达到710 ℃时，Nb(C,N) 析出的量开始降低并最终达到稳定状态。当温度达到 710 ℃时，开始

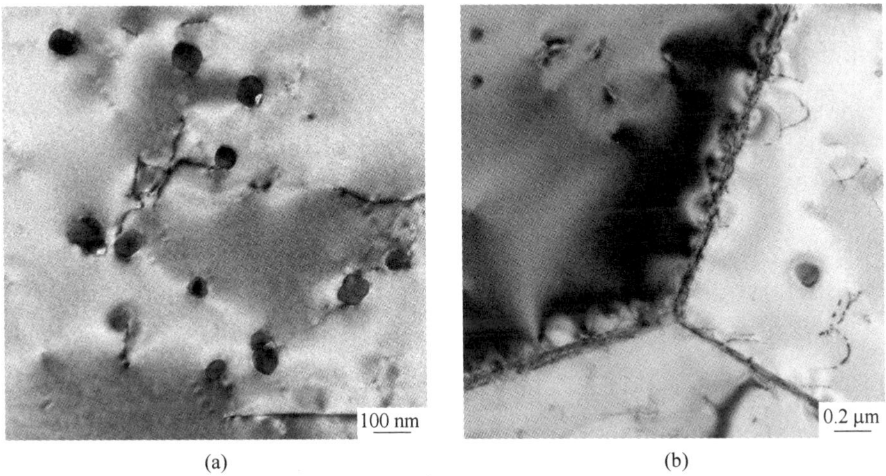

图 2-17 经 950 ℃退火处理并淬火至室温后冷轧退火板中析出相的 TEM 图
(a) 晶内析出；(b) 晶界析出

析出 Laves 相及 Z 相，并且在 Laves 相或 Z 相形成过程中，Nb(C,N) 含量逐渐降低。这表明由于 Laves 相、Z 相的形成，导致了 Nb(C,N) 的溶解。从 Laves 相的开始形成温度至 500 ℃的过程中，组织中 Nb(C,N) 的质量分数大约由 0.1%变为 0.05%，即大约有 50%的 Nb(C,N) 发生溶解。Z 相经常出现在富含 N 及 Cr 的奥氏体不锈钢中。同时，冷轧退火板 RHT-1 和 RHT-2 中均未观察到 Z 相，这可能是由于实验钢中 N 含量极低。可见，对于本实验钢，Nb(C,N) 的溶解是由于 Laves 相的形成。

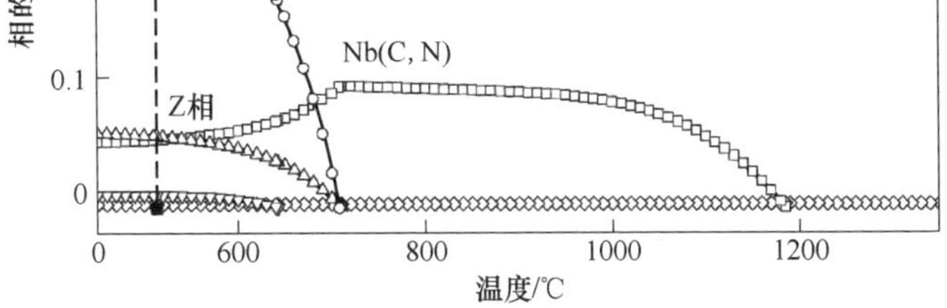

图 2-18 JMatPro 计算平衡状态时实验钢中相组成随温度的变化情况

在冷轧退火过程中，析出相的大小、分布及类型等特征将通过析出相的溶解、形核和长大这一过程的不断循环达到一种新的平衡状态。同时，在这一新的平衡过程中这些析出相也将不断地发生溶解和形核、长大[15]。在 950 ℃退火处理后缓冷至室温的过程中，形成 Nb(C,N) 及 Laves 相的热动力学条件得到满足，有利于 Nb(C,N) 及 Laves 相 $(Fe,Cr)_2Nb$ 的形核；在随后的析出相长大过程中，Nb(C,N) 及 $(Fe,Cr)_2Nb$ 之间势必发生对主要形成元素 Nb 的“争夺”。在冷轧退火板 RHT-1 中，粗大 $(Fe,Cr)_2Nb$ 的形成及在其周围并无细小 Nb(C,N) 的形成，表明形核后的 Nb(C,N) 由于在随后的长大过程中并没有得到足够的 Nb 而发生溶解消失，如图 2-17 所示。在 Fe-Cr 合金中，$(Fe,Cr)_2Nb$ 和 Nb(C,N) 这些析出相的长大主要是受 Nb 扩散能力的控制。另外，理论计算结果表明[16-18]，$(Fe,Cr)_2Nb$ 长大速率常数是 Nb(C,N) 的 2~3 个数量级。这表明与 Nb(C,N) 相比，虽然 $(Fe,Cr)_2Nb$ 形成的温度较低，但其长大速率明显要快，如图 2-17 所示。由此可知，超纯铁素体不锈钢中 Laves 相析出对细小 NbC 析出的影响机理（见图 2-19）是：一旦 $(Fe,Cr)_2Nb$ 形核，在随后的长大过程中，$(Fe,Cr)_2Nb$ 将消耗其近程及长程范围内大量的 Nb，造成形核后 Nb(C,N) 周围 Nb 的缺乏。最终，由于 Nb 的缺乏而使形核后 Nb(C,N) 发生溶解，进而释放间隙原子，形成柯氏气团。这些柯氏气团在拉伸过程中钉扎位错，容易产生屈服点延伸，即产生吕德斯应变。

相反，在 750 ℃保温后快冷至室温的过程中，由于在高于 $(Fe,Cr)_2Nb$ 的形成温度下快冷，抑制 $(Fe,Cr)_2Nb$ 的形成（见图 2-15）及 Nb 的扩散。这将消除由 $(Fe,Cr)_2Nb$ 形成而引起的 Nb(C,N) 溶解这一现象的发生，从而不致引发 C、N 间隙原子的释放。另外，在 950 ℃退火处理的过程中，间隙原子将沿着晶界产生偏聚[19-20]；而在 750 ℃的保温过程中，这些沿晶界偏聚的间隙原子将与 Nb 元素发生作用，形成细小的 Nb(C,N)，图 2-15（d）和（e）证明了这一机制的发生。由于保温阶段时在晶界上及晶粒内部粗大的 Nb(C,N) 上形成的细小 Nb(C,N) 将进一步消耗基体中固溶间隙原子，这将抑制柯氏气团的形成，致使拉伸过程中发生连续屈服，即 950 ℃退火处理后缓冷至室温的冷轧退火板中固溶间隙原子含量明显高于 950 ℃退火处理后在 750 ℃保温并快冷至室温的原子含量。内耗测量、三维原子探针表征结果及热动力学分析，均证实了 $(Fe,Cr)_2Nb$ 形成过程中 Nb(C,N) 溶解的发生。

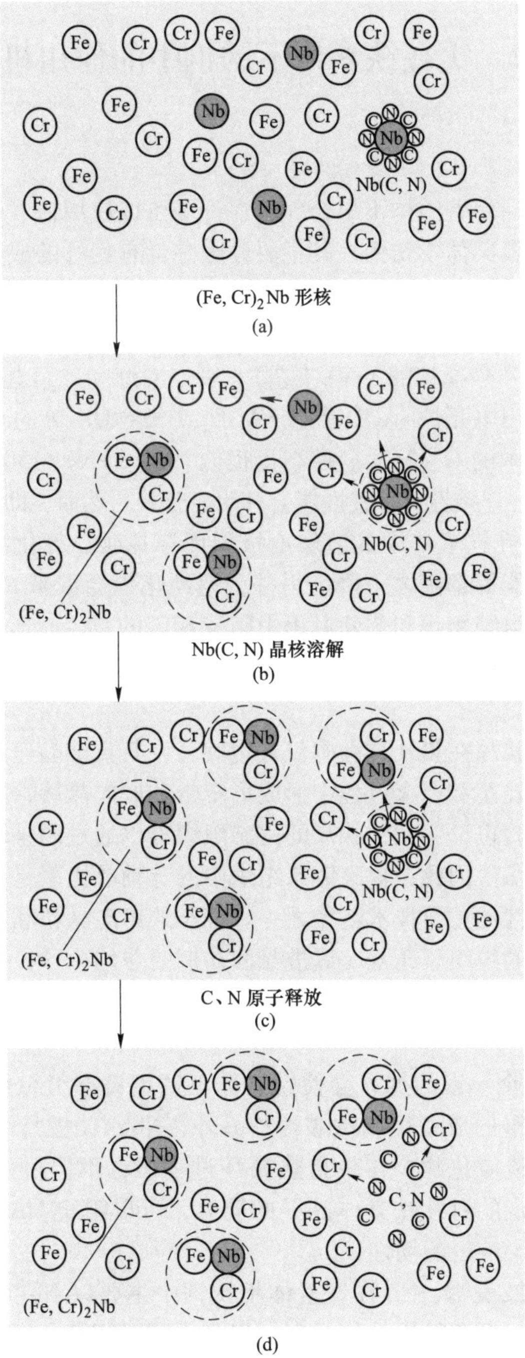

图 2-19 超纯铁素体不锈钢含 Nb 相析出机理

(a) 在再结晶退火过程中 Nb(C,N) 形核；(b) $(Fe,Cr)_2Nb$ 形核、长大并导致 Nb 的缺乏；(c) Nb(C,N) 发生溶解；(d) 间隙原子释放

2.2 铌在铁素体不锈钢中的作用机制

2.2.1 概述

我国不锈钢产品消费结构不尽合理，在许多可以使用铁素体不锈钢品种的领域却只选用含镍的奥氏体不锈钢，其主要原因是具有良好的成型性、抗皱性、耐腐蚀性能和焊接性能的高性能铁素体不锈钢未形成有效供给。随着不锈钢精炼技术的发展，AOD(argon-oxygen decarburization)、VOD(vacuum oxygen decarburization)(包括 SS-VOD，即强烈搅拌的 VOD 工艺)、真空冶炼和连续电子束炉冶炼等工艺的出现，国内外采用电弧炉+AOD 脱碳+AOD 或 SS-VOD 等的真空精炼三步法工艺已能经济地把钢中的 C、N 含量控制得很低（$w(C+N)<150\times10^{-4}\%$），此时钢的成型性、抗皱性、焊接性等各种性能会有明显改善。然而，即使在 $w(C+N)<90\times10^{-4}\%$时，因 C、N 在铁素体中的溶解度极低而存在碳、氮化物的析出，造成钢的韧性和耐腐蚀性能等都随之下降。另外，超纯化也会带来一系列的其他问题。首先，易引起铸造组织粗化和热轧过程中因 γ 相区的减少而形成带状组织，促进表面皱褶的形成。其次，焊接过程中易产生焊接热影响区（HAZ）组织的粗化而使焊缝处韧性恶化。

研究发现，柱状晶在热轧过程中仅发生旋转，其再结晶速度明显低于等轴晶组织，且易在后续轧制和退火过程中形成形变带和取向晶簇，恶化成型性能和抗皱性能。此外，实验也证明，柱状晶的铸态组织难以通过调整轧制工艺来获得均匀而细小的轧态组织。因此，提高铸态组织中的等轴晶比率是提高超纯铁素体不锈钢成型性和抗皱性的主要技术途径之一。细小的铸态晶粒和高比例的等轴晶组织是人们希望得到的组织。通常，促进凝固初期的非均质形核是获得细小等轴晶铸态组织的重要手段之一，向钢中添加强碳氮化物形成元素是实施这一手段的有效途径。

Nb、Ti 等微合金元素的加入会使铁素体不锈钢铸态组织细化并等轴化，从而改善铁素体不锈钢的成型性和抗皱性；另外，Nb、Ti 极易与铁素体不锈钢中的 C、N 反应生成碳氮化物，在焊接热循环过程中，不但可以提高晶间腐蚀性能，而且因其有一定的钉扎铁素体晶界的能力，可以阻止 HAZ 的晶粒粗化，改善铁素体不锈钢热影响区的韧性。

已有的研究结果表明，Nb 在铁素体不锈钢中主要以 Nb(C,N）第二相粒子和固溶态形式存在，具有阻止晶粒长大、提高再结晶温度、降低 {001} 织构强度且提高 {111} 织构强度、沉淀强化等作用。Nb 可提高铁素体不锈钢的抗热疲劳性能、局部腐蚀性能、室温及高温强度，同时不会明显地降低塑性和韧性。据测定，当中铬铁素体不锈钢中 Nb 含量从 0.5%~3.0%逐渐增加时，基体的显微

硬度和 $M_{23}C_6$ 碳化物的量会逐渐下降，而韧性会逐渐增加。

最新研究表明，在铁素体不锈钢中，Nb 还可以消除屈服点，防止应变时效，降低和消除敏化，抗蠕变，抗麻纹与起皱，抗氧化，改善表面质量，改善成型过程中的模具磨损。

Ti 在铁素体不锈钢中主要以碳氮化物的形式存在，也有少量固溶于基体中。Ti 在铁素体不锈钢中具有细化晶粒、提高再结晶温度以及沉淀强化等作用，因而获得了广泛的应用。Ti 是强碳氮化物形成元素，特别是 Ti 的氮化物是在钢水凝固阶段形成的，有利于控制铸锭的晶粒尺寸；向铁素体不锈钢中加入 Ti 时，过饱和的 C 和 N 优先与 Ti 结合生成 Ti(C,N)，这样就不与 Cr 结合，不会引起晶界贫 Cr，从而避免了晶间腐蚀。

TiN 可在液态金属中析出，细小的 TiN 可用来作为铁素体非均匀形核的核心。Nb 比 Ti 更容易与 C 结合，NbC 稳定性高于 TiC，所以 Nb 稳定化温度区间比 Ti 宽得多，Nb 的析出物相对于 Ti 更不容易粗化，Nb 稳定化钢具有比 Ti 稳定化钢优越得多的晶粒组织。碳化物的高温析出，有利于织构的形成，改善热轧质量。

2.2.2 典型含铌铁素体不锈钢及成分特点

表 2-5 列出了典型含 Nb 铁素体不锈钢的成分，可以看出，典型含 Nb 铁素体不锈钢的成分主要含有 C、Si、Mn、Cr、Nb、Mo（Cr-Mo 系铁素体不锈钢）等合金元素，部分还含有少量 Ti、Ni、Cu 等元素。但是，因对耐蚀性能、成型性能的要求不同，这些合金元素的含量也不同。以下主要分析这些合金元素的作用，以揭示不同合金成分的特点。

表 2-5 典型含 Nb 铁素体不锈钢的成分 （质量分数，%）

<table>
<tr><th>牌号</th><th>C</th><th>Si</th><th>Mn</th><th>P</th><th>S</th><th>Cr</th><th>Mo</th><th>Ti</th><th>Nb</th><th>其他</th></tr>
<tr><td>409L</td><td>0.03</td><td>1.0</td><td>1.0</td><td>0.04</td><td>0.02</td><td>10.5~11.7</td><td>—</td><td>0.05~0.2</td><td>0.18~0.4</td><td>Ni 0.5</td></tr>
<tr><td>410L</td><td>0.006</td><td>1.0</td><td>1.0</td><td>0.04</td><td>0.03</td><td>12~13</td><td>—</td><td>—</td><td>9(C+N)~0.6</td><td>—</td></tr>
<tr><td>430J1L</td><td>0.025</td><td>1.0</td><td>1.0</td><td>0.04</td><td>0.03</td><td>16.0~20.0</td><td></td><td></td><td>9(C+N)~0.8</td><td>Cu 0.3~0.8</td></tr>
<tr><td>430LX</td><td>0.03</td><td>0.75</td><td>1.0</td><td>0.04</td><td>0.03</td><td>16.0~20.0</td><td>—</td><td colspan="2">0.1~1.0</td><td>Ni 0.6</td></tr>
<tr><td>439</td><td>0.03</td><td>1.0</td><td>1.0</td><td>0.04</td><td>0.03</td><td>17.0~19.0</td><td></td><td colspan="2">0.2+0.4(C+N)~0.75</td><td>Ni，Al</td></tr>
<tr><td>441</td><td>0.03</td><td>1.0</td><td>1.0</td><td>0.04</td><td>0.03</td><td>17.5~18.5</td><td></td><td>0.1~0.6</td><td>9C+0.3~1</td><td>Ni 1.0</td></tr>
<tr><td>R429EX</td><td>0.01</td><td>0.9</td><td>0.2</td><td></td><td></td><td>14.0~16.0</td><td></td><td></td><td>0.5</td><td>Cu 0.3~0.8</td></tr>
<tr><td>436</td><td>0.025</td><td>1.0</td><td>1.0</td><td>0.04</td><td>0.03</td><td>16.0~19.0</td><td>0.75~1.25</td><td colspan="2">8(C+N)~0.8</td><td></td></tr>
<tr><td>436J1L</td><td>0.025</td><td>1.0</td><td>1.0</td><td>0.04</td><td>0.03</td><td>17.0~20.0</td><td>0.4~0.8</td><td colspan="2">8(C+N)~0.8</td><td></td></tr>
<tr><td>444</td><td>0.025</td><td>1.0</td><td>1.0</td><td>0.04</td><td>0.015</td><td>17.0~20.0</td><td>1.8~2.5</td><td colspan="2">4(C+N)+0.15~0.8</td><td></td></tr>
<tr><td>445</td><td>0.02</td><td>1.0</td><td>1.0</td><td>0.04</td><td>0.012</td><td>19.0~21.0</td><td></td><td></td><td>10(C+N)~0.8</td><td>Cu 0.3~0.6，Ni 0.6</td></tr>
</table>

续表 2-5

牌号	C	Si	Mn	P	S	Cr	Mo	Ti	Nb	其他
445J1	0.025	1.0	1.0	0.04	0.03	21.0~24.0			0.7~1.5	
443	0.025	1.0	1.0	0.04	0.03	19		0.1	0.2	Cu 0.3~0.8
R430CuN	0.02	1.0	1.0	0.04	0.03	19			8(C+N)~0.8	Cu 0.5
446	0.01	0.4	0.4	0.02	0.02	25.0~27.5	0.75~1.5		0.05~0.2	Cu 0.2, Ni 0.5

2.2.2.1 Cr

Cr 是使不锈钢具有不锈性和耐蚀性能的重要元素。不锈钢在氧化介质中表面会迅速形成一层富 Cr 的钝化膜，钝化膜致密且稳定，可以阻止钢材的进一步氧化，这层膜即使被破坏也会迅速修复。此外，Cr 固溶于钢中能显著提高基体的电极电位，从而提高钢耐电化学腐蚀的性能。Kazuhide 等人[21]研究了 Cr 和 Cu 含量对铁素体不锈钢点蚀电位的影响，如图 2-20 所示。由此可见，Cr 含量低于 20%时，铁素体不锈钢的点蚀电位要低于 SUS304 奥氏体不锈钢。只有当 Cr 含量提高到 21%并添加 0.4%的 Cu 后，抛光试样和挂片 1.5 年后的铁素体不锈钢试样点蚀电位都高于 SUS304，即耐蚀性能达到 SUS304 奥氏体不锈钢耐蚀性能的水平。

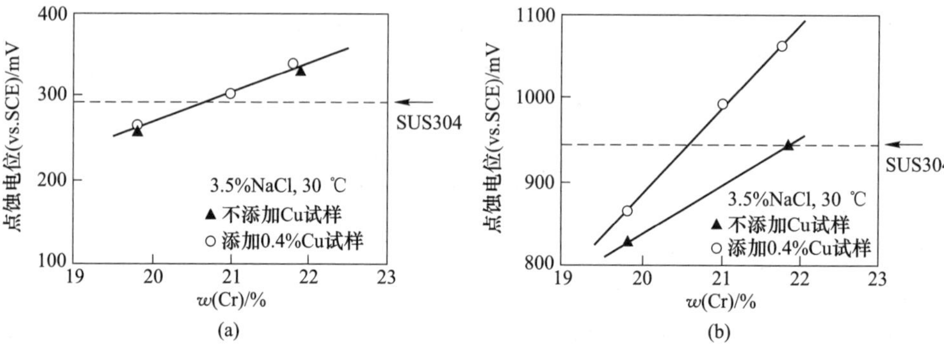

图 2-20　Cr 和 Cu 含量对（20%~22%）Cr-0.3%Ti 不锈钢点蚀电位的影响[21]
（a）抛光试样；（b）挂片 1.5 年后的试样

值得注意的是，随着 Cr 含量的增加，铁素体不锈钢中形成富 Cr 析出相的倾向增加，对铁素体不锈钢的性能产生不利影响。Fe-Cr-C 三元相图显示，在高 Cr 钢中存在 $M_{23}C_6$ 的富 Cr 碳化物区域，$M_{23}C_6$ 为面心立方结构，在晶界处沉淀会消耗基体中的 Cr 造成区域内 Cr 的贫化，使得晶间腐蚀倾向增加和室温韧性降低[22-25]。Cr 与钢中的 N 也同样具有亲和力，会形成 Cr_2N 析出，对钢的耐蚀性和韧性不利[26-27]。此外，Cr 含量较高的铁素体不锈钢在 500~800 ℃长期加热或停留会析出富含 Fe 和 Cr 的 σ 相，恶化韧性和耐蚀性能，Cr 含量越高，形成的 σ 相越多。σ 相的形成速度非常缓慢（通常在几百到几千小时以上），并且受应力影响，在常规轧制和退火过程中不会出现，只要避免在此温度下长期服役就可避免 σ 相的生成[28]。

2.2.2.2 C、N 间隙元素

除能使钢强化外，不锈钢中的 C、N 对于其他性能几乎都是有害的，如韧脆转变温度高、焊后耐蚀性和韧性低、具有中高温脆性、晶间腐蚀性能低等[29-36]。降低钢中的 C、N 含量，可以避免铁素体不锈钢中形成富 Cr 的碳氮化物，提高耐晶间腐蚀性能和韧性。随着不锈钢精炼技术的发展，现已能够生产 C、N 总含量小于 $150\times10^{-4}\%$的纯净钢水[37-38]。

即使在含量很低的情况下，C、N 对铁素体不锈钢的性能也有影响。Yazawa 等人研究了 C、N 含量对含 18%Cr 铁素体不锈钢平均塑性应变比（$\bar{r}$）和成型过程中表面起皱的影响，结果如图 2-21 所示[39]。在 $w(\mathrm{C+N})\leqslant200\times10^{-4}\%$时，铁素体不锈钢的成型性能随 C、N 含量的降低而提高，且 C 的影响更为显著；表面起皱则随着 C、N 含量的降低而恶化。由此可知，在超纯化范围内，C、N 含量对成型性能和表面起皱存在明显影响，且相互矛盾。因此，对于铁素体不锈钢，要想获得良好的成型性能和表面抗起皱性能，需要在超纯化范围内合理调整钢中 C、N 含量。总体而言，为提高耐腐蚀和成型等性能，铁素体不锈钢应采用超纯化路线（$w(\mathrm{C+N})\leqslant150\times10^{-4}\%$）。

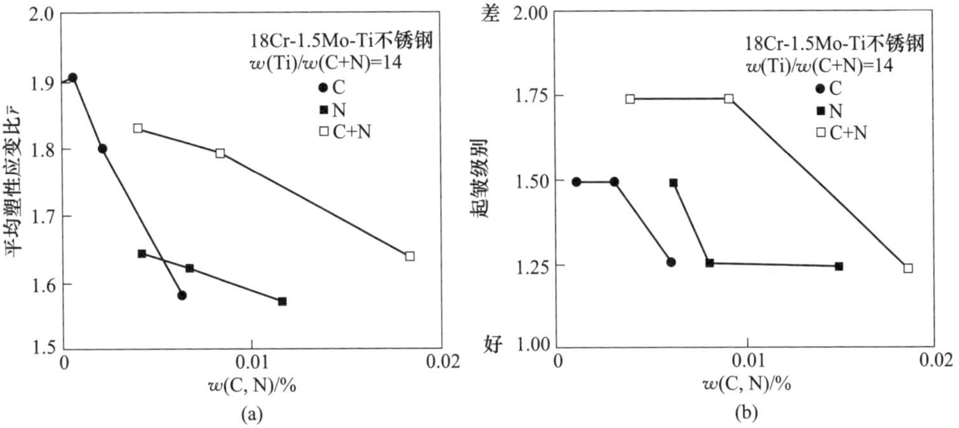

图 2-21 $w(\mathrm{C,N})$ 含量对 $\bar{r}$ 值和表面起皱的影响[39]

（a）$\bar{r}$ 值；（b）起皱级别

2.2.2.3 Nb、Ti 微合金元素

工业生产条件下，铁素体不锈钢 C、N 含量达到超纯化（$w(\mathrm{C+N})\leqslant150\times10^{-4}\%$）后，若要进一步降低 C、N 含量，不仅相当困难，而且即使能够达到，生产成本也会很高。向钢中添加 Nb、Ti 使铁素体不锈钢中游离的 C、N 与 Nb、Ti 结合，形成 Nb、Ti 的碳氮化物，可以抑制富铬碳氮化物的形成，提高铁素体不锈钢的耐晶间腐蚀性能。此外，通过添加 Nb、Ti 元素还可以抑制焊接接头晶粒长大，改善接头韧性和耐蚀性能，提高铁素体不锈钢的焊接性能。

1961 年 Ford 首先采用添加 Ti 的 409 铁素体不锈钢作为汽车排气管用钢，其添加量为C 含量的6 倍，提高了 409 铁素体不锈钢的耐蚀性能。而 Robert[40] 在对铁素体不锈钢表面质量的研究中发现，在液相和高温生成的 TiN 会造成铁素体不锈钢表面质量缺陷，故应控制钢中 Ti 的添加量。对于 Ti 稳定化铁素体不锈钢，通常选择的 Ti 添加量按 $w(\mathrm{Ti})=0.08+8w(\mathrm{C})+w(\mathrm{N})$ 计算。

单 Ti 稳定化铁素体不锈钢由于 Ti 含量过高常会造成表面缺陷，于是采用 Nb、Ti 复合添加方式被更多研究人员认可[41-43]。其稳定化机理为：Ti 主要用以固定钢中的 N，而余下的 C 用 Nb 来固定，当钢中 N 形成 TiN 后，NbC 就更加稳定。通常采用 C、N 的稳定度（$[w(\mathrm{Ti})/6+w(\mathrm{Nb})/8]/w(\mathrm{C+N})$）确定 Nb、Ti 的添加量，稳定度为 1 时的微合金元素添加量比较合理[41]。Nb 的添加还可以提高不锈钢的强度、优化织构、改善成型性能。值得注意的是，在含 Nb 的铁素体不锈钢中，Fe 与 Nb 容易结合形成 Laves 相（Fe_2Nb），Laves 相的形成会削弱 Nb 对 C 的固定作用，使成型性能降低且恶化韧性[31,44-48]。在添加 Nb 后，应密切注意铁素体不锈钢中的 Laves 相析出。目前，铁素体不锈钢产品中主要有单一添加 Ti 和复合添加 Nb、Ti 两种微合金元素添加方法，添加量也不尽相同。

2.2.2.4　其他元素

除上述元素外，铁素体不锈钢中还含有 Cu 或 Mo 等合金元素，且铁素体不锈钢中通常还含有脱氧用的 Si、Mn 和 Al 等元素。

Cu 是弱的奥氏体形成元素，21%Cr 铁素体不锈钢中添加少量的 Cu 可以提高耐蚀性和冷加工成型性。

Mo 是铁素体不锈钢中的重要元素，Mo 能促进 Fe-Cr 合金的钝化，提高其耐蚀性，特别是耐点蚀、耐缝隙腐蚀等性能。Mo 对提高局部腐蚀抗力的效果约为 Cr 的 3.3 倍。但因为 Mo 的价格也相对较贵，目前多数 21%Cr 铁素体不锈钢中都没有添加 Mo。

Mn、Si 和 Al 等是不锈钢中不可避免的元素。Al 和 Si 主要可以提高铁素体不锈钢的高温抗氧化能力，但对铁素体不锈钢的韧性不利。专利 US5462611 通过循环氧化实验指出，控制 $w(\mathrm{Mn})/w(\mathrm{Si})\approx 1$ 时铁素体不锈钢的高温抗氧化能力最高[49]。

2.2.3　铌在铁素体不锈钢中的赋存状态和析出行为

铁素体不锈钢的微观组织主要由铁素体基体和分布于其上的析出相组成，析出相的种类除了碳氮化物以外，还包含一些金属间化合物，见表 2-6。加入 Nb、

Ti 一方面会改变原有碳氮化物的成分，使含 Fe、Cr 等的碳氮化物转变为（Ti，Nb）（C，N），另一方面会产生新的析出相，如 Laves 相等。Nb、Ti 都是强碳氮化物形成元素，Nb 在钢中易形成稳定的 Nb(C,N)、Fe_2Nb、Fe_3Nb_3C 等化合物；Ti 则易形成 TiN，可在液态金属中析出。在 Nb、Ti 复合稳定钢中，析出的碳化物为（Ti,Nb)C，在高温下复生于 TiN 析出。

表 2-6 铁素体不锈钢中常见的金属间化合物

析出相	结构	构型及成分	析出条件	特性
σ 相	体心四方 bct，D8b，30 个原子/晶胞	AB 或 A_xB_y，FeCr 或 FeCrMo	w(Cr) = 25% ~ 30% 600~1050 ℃	硬，脆，富 Cr
χ 相	体心立方 bcc，A12，30 个原子/晶胞	α-Mn，$Fe_{36}Cr_{12}Mo_{10}$ 或 $(Fe,Ni)_{36}Cr_{18}Mo_4$	w(Mo) = 15% ~ 25% 600~900 ℃	硬，脆，富 Cr，富 Mo
Laves 相	密排六方 hcp，C14 或 C36	AB_2，Fe_2Ti、Fe_2Nb 或 Fe_2Mo	650~750 ℃	硬
α′相	体心立方 bcc	Fe-Cr，富 Cr	w(Cr)>15% 371~550 ℃(475 ℃)	硬，脆，富 Cr

对含 Nb 的 17%Cr 超纯铁素体不锈钢平衡相图的计算结果显示，随着 Nb 的加入，钢中出现 MX 和 Laves 相等析出相，随着 Nb 含量的增加，MX 的析出温度随之提高。此外，随着 Nb、Ti 含量的增加，钢的液、固相线温度下降，固相线温度下降的速度要大于液相线，使得固、液相线之间的凝固温度区间增大，如图 2-22 所示。Nb 元素增大固-液两相区温度区间的作用远强于 Ti，如图 2-23 所示。

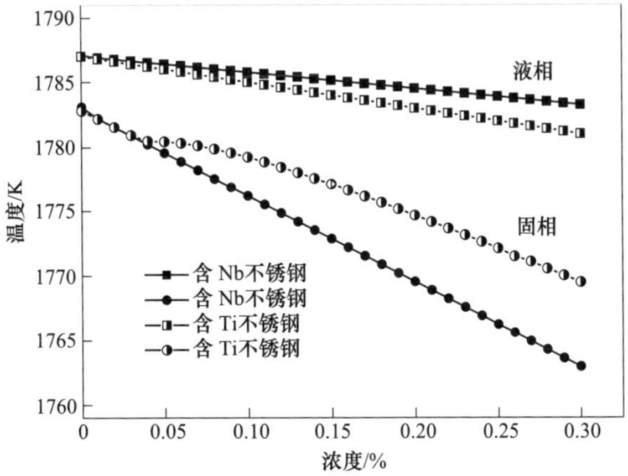

图 2-22 Nb、Ti 含量对超纯铁素体不锈钢液、固相线的影响
（其他元素的参考成分（质量分数,%）：C 0.005，N 0.007，Si 0.25，Mn 0.25，Cr 16.4，Ti 0.06，Fe 为余量）

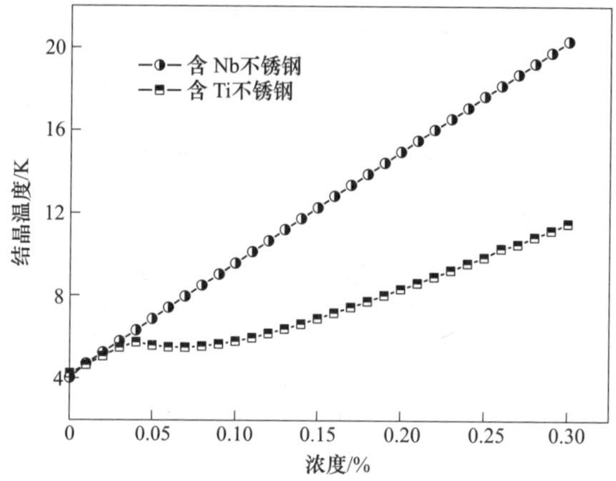

图 2-23　Nb、Ti 含量对超纯铁素体不锈钢结晶温度范围的影响
（其他元素的参考成分（质量分数,%）：C 0.005，N 0.007，Si 0.25，
Mn 0.25，Cr 16.4，Ti 0.06，Fe 为余量）

钢中 C、N 含量对含 Nb、Ti 超纯铁素体不锈钢析出相及液、固相线的影响如图 2-24 和图 2-25 所示。在 $w(\mathrm{C})<150\times10^{-4}\%$范围内，随着 C 含量增加，液相线温度变化不大，固相线温度显著降低；同时，(Nb,Ti)C 的析出温度逐渐升高，TiN 析出温度逐渐降低。在 $w(\mathrm{N})<100\times10^{-4}\%$范围内，N 含量对液、固相线温度几乎无影响；随着 N 含量增加，TiN 析出温度快速升高，(Nb,Ti)C 的析出温度显著降低；当 N 含量超过一定值后，TiN 在液-固两相区析出，析出温度增速变缓。

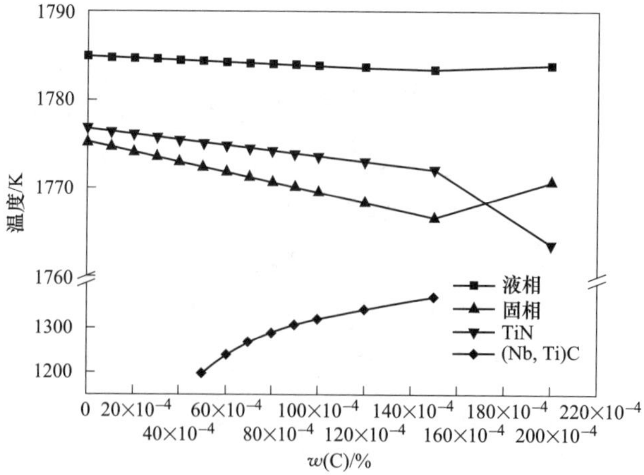

图 2-24　C 含量对超纯铁素体不锈钢析出相及液、固相线的影响
（其他元素的参考成分（质量分数,%）：N 0.007，Si 0.25，
Mn 0.25，Cr 16.4，Ti 0.06，Nb 0.12，Fe 为余量）

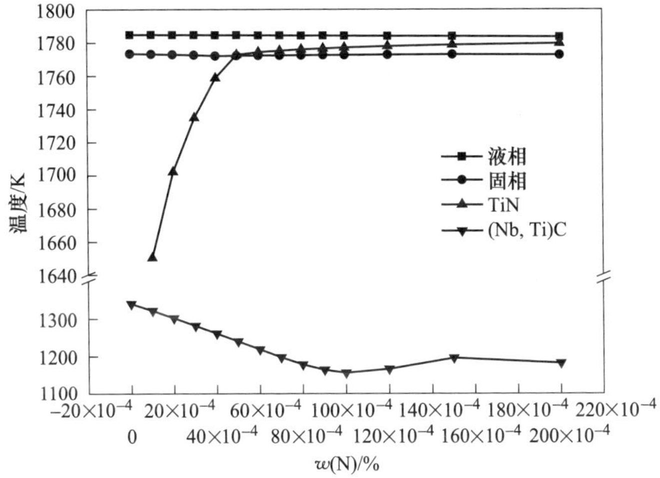

图 2-25　N 含量对超纯铁素体不锈钢析出相及液、固相线的影响
（其他元素的参考成分（质量分数,%）：C 0.005，Si 0.25，
Mn 0.25，Cr 16.4，Ti 0.06，Nb 0.12，Fe 为余量）

图 2-26 为 Thermo-Calc 软件计算得到的 Nb 对铁素体不锈钢平衡稳态相比例图的影响。对于超纯 21%Cr 铁素体不锈钢，添加 Ti 稳定化元素后，在液相线以下实验钢主要为单相铁素体组织，实验钢在凝固过程中有含 Ti 析出物析出，并随着温度的下降其析出量略有增加，析出总量摩尔分数小于 0.1%。Ti 单一稳定

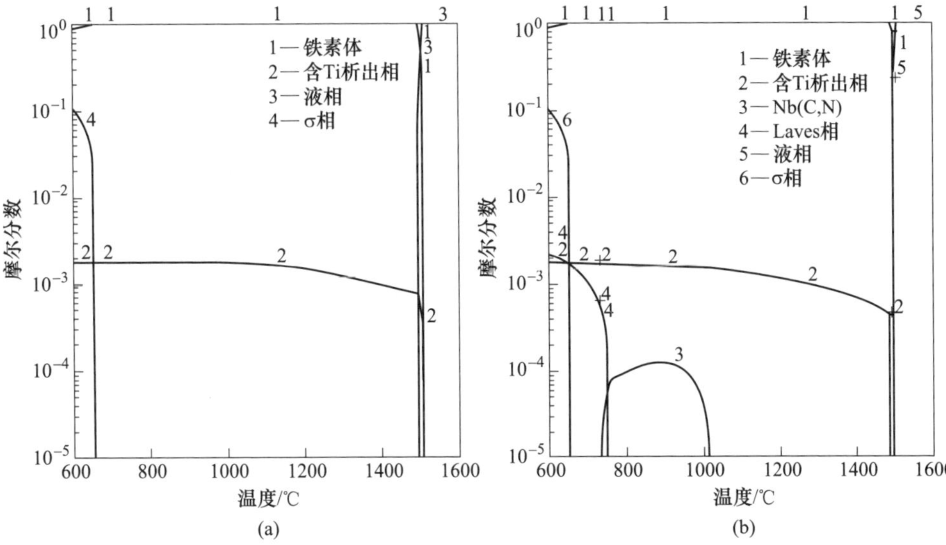

图 2-26　Thermo-Calc 软件计算得到实验钢的平衡稳态相比例图
（a）Ti 稳定化实验钢；（b）Nb、Ti 稳定化实验钢

化实验钢在 660 ℃时开始有 σ 相析出，随着 σ 相析出量的增加，铁素体的含量会减少。对于 Nb、Ti 复合稳定化实验钢，其在冷却过程中同样有含 Ti 析出物析出，在 1018~727 ℃范围内实验钢中有 Nb(C,N) 析出，最大析出量（摩尔分数）小于 0.01%，实验钢在 754 ℃以下有 Laves 相析出，654 ℃有 σ 相析出。该图为平衡相图，σ 相的析出需要较长时间的孕育期以保证 C 原子和金属元素的扩散，实际工艺条件下实验钢中 σ 相的含量很少。

图 2-27 为 Ti 单一稳定化铁素体不锈钢中含 Ti 析出物中所含成分的摩尔分数。可以看到，在 1500~1600 ℃，含 Ti 析出物主要包含 Ti 和 N，随着温度的下降，析出物中 C 元素的含量增加。计算结果表明，实验钢在凝固过程中析出 TiN 粒子后，在随后向室温冷却过程中部分 N 会溶进基体，同时一部分 C 进入析出物粒子，形成 Ti(C,N) 形式的析出物。采用扫描电镜很难观察到这一变化，通常我们仍将这种析出物称为 TiN 粒子。Thermo-Calc 软件并没有计算出独立 TiC 析出相的存在。

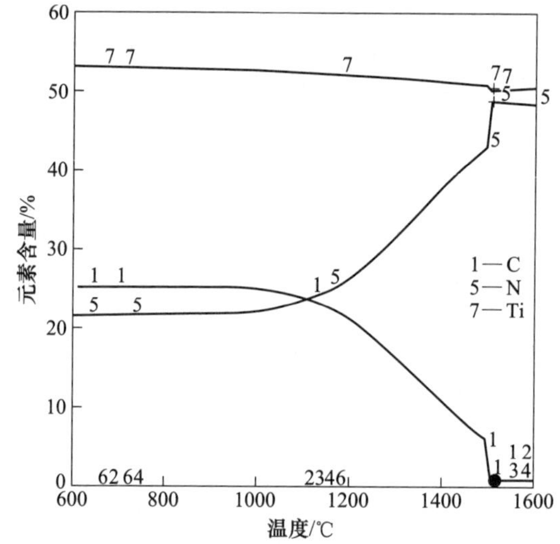

图 2-27　Thermo-Calc 软件计算 Ti 稳定化实验钢中含 Ti 析出相的成分随温度变化
（图中图例 2、3、4、6 是含量极低的元素，此处无须标注）

对于尺寸较小的析出物，需要采用透射电子显微镜进行观察。图 2-28 为 Ti 单一稳定化铁素体不锈钢热轧板中细小析出物的 TEM 图。双喷减薄试样显示，析出物呈棒状，长轴长度在 50~100 nm，短轴长度在 20~50 nm，容易聚集在亚晶粒的边界处，成分分析显示析出物中含有大量的 Ti 元素。通过碳膜复型实验进一步确定了析出物中 Ti 为主要元素，因此，可以确定该析出物主要是 TiC 析出相。图 2-29 为 TiC 析出相与基体的高分辨图，高分辨像显示在 TiC 的边界处存在很多的位错结构。通过析出物观察，确定了 Ti 单一稳定化实验钢中含有 TiC 析出物，对 Thermo-Calc 软件的计算结果进行了弥补。

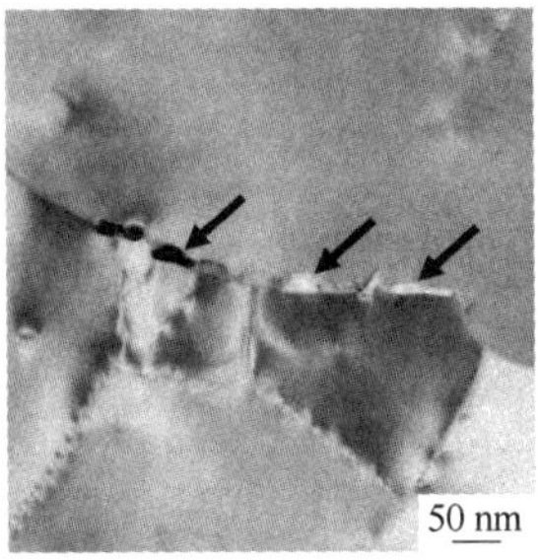

(a)

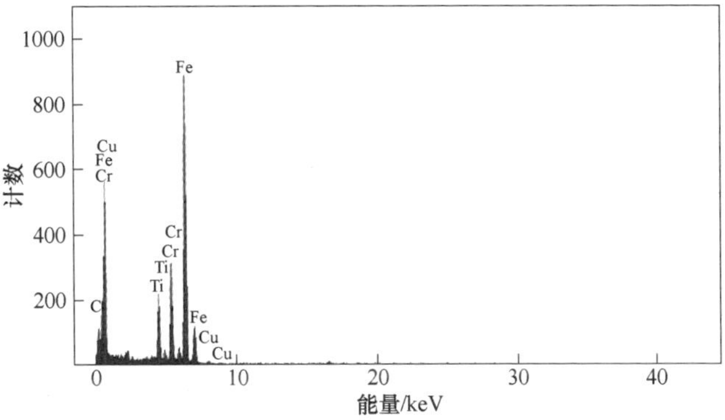

(b)

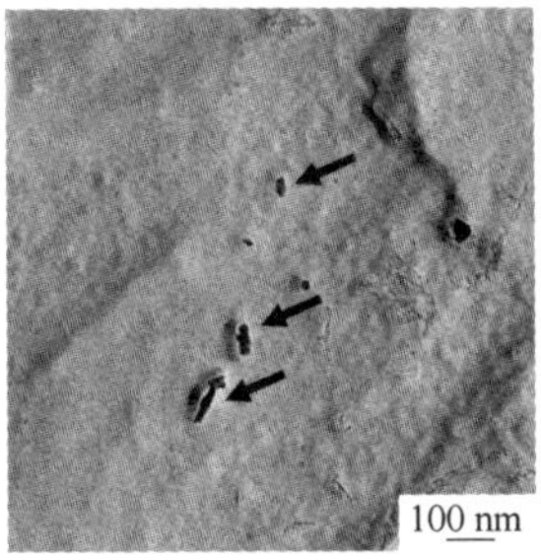

(c)

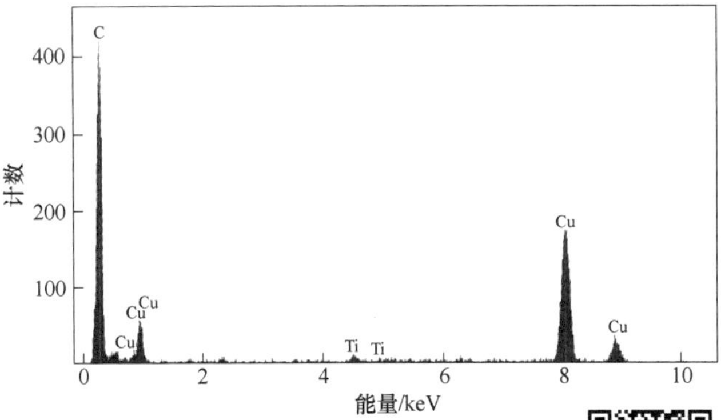

(d)

图 2-28 Ti 稳定化实验钢热轧板中 TiC 析出物的 TEM 图及能谱分析

（a）双喷减薄试样，TiC 析出物的 TEM 形貌；（b）双喷减薄试样，能谱分析；
（c）碳膜复型试样，TiC 析出物的 TEM 形貌；（d）碳度型试样，能谱分析

图 2-28 彩图

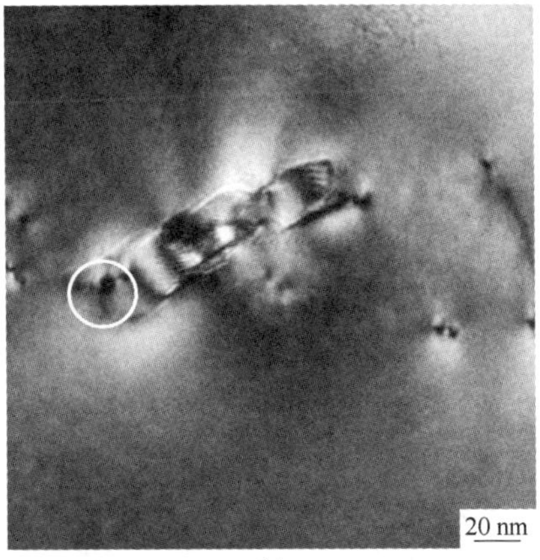

(a)

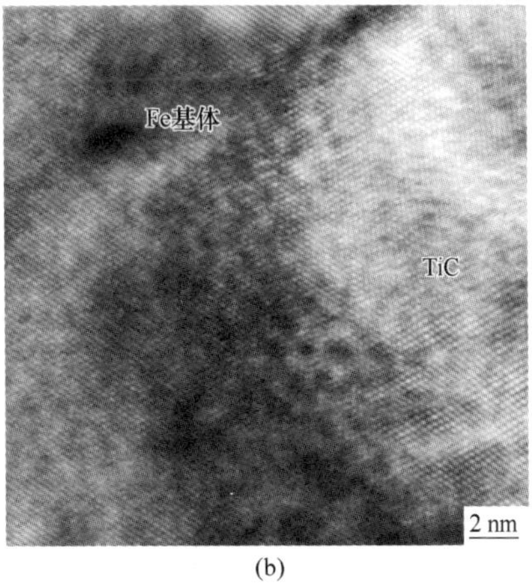

(b)

图 2-29 Ti 稳定化实验钢热轧板中 TiC 的 TEM 高分辨图

（a）TiC 的明场像；（b）基体与 TiC 交界处的高分辨像

图 2-30 为 Nb、Ti 复合稳定化铁素体不锈钢中含 Nb 析出相的 TEM 图及能谱分析，析出物的形貌多为椭球形，倾向于在亚晶界处析出（见图 2-30（a）），成分分析显示其中包括 Nb 和 Ti，而且 Nb 含量高于 Ti 含量。通过碳膜复型试样进一步确定了析出物中含有 Nb 和 Ti 两种元素，也显示出析出相主要为椭球状，还有少量呈细棒状。Nb 和 Ti 的析出物倾向于在一起共同形成这种（Nb,Ti）(C,N) 复合析出相，这种复合析出相与 Thermo-Calc 软件计算得到的 Nb(C,N) 相对应。

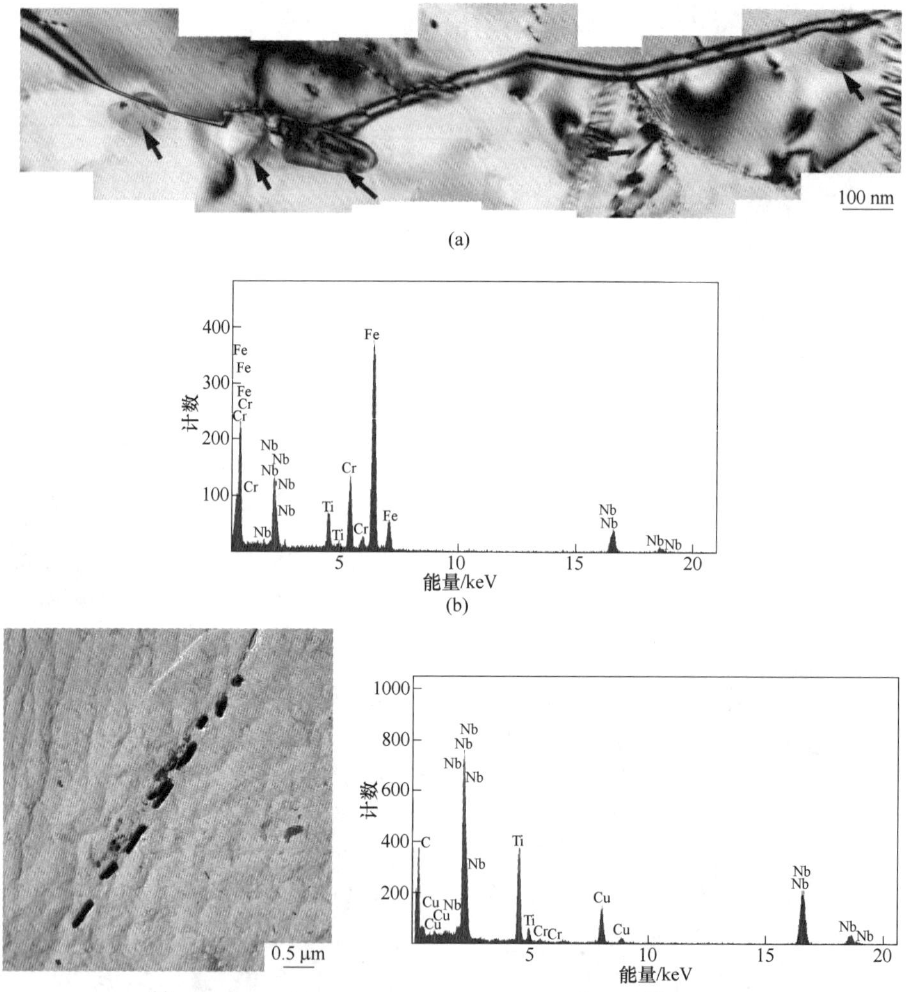

图 2-30　Nb、Ti 复合稳定化实验钢热轧板中（Nb,Ti)(C,N) 的 TEM 图及能谱分析

（a）双喷减薄试样，(Nb,Ti)(C,N) 的 TEM 形貌；（b）双减薄试样，能谱分析；（c）碳膜复型试样，(Nb,Ti)(C,N) 的 TEM 形貌；（d）碳膜复型试样，能谱分析

图 2-30 彩图

图 2-31 为 Nb、Ti 复合稳定化实验钢中 Laves 相（Fe_2Nb）的 TEM 图，采用 TEM 获得析出物的选区衍射谱（SADP），通过标定确定其主要为 Fe_2Nb 相，主要形态为细棒状。

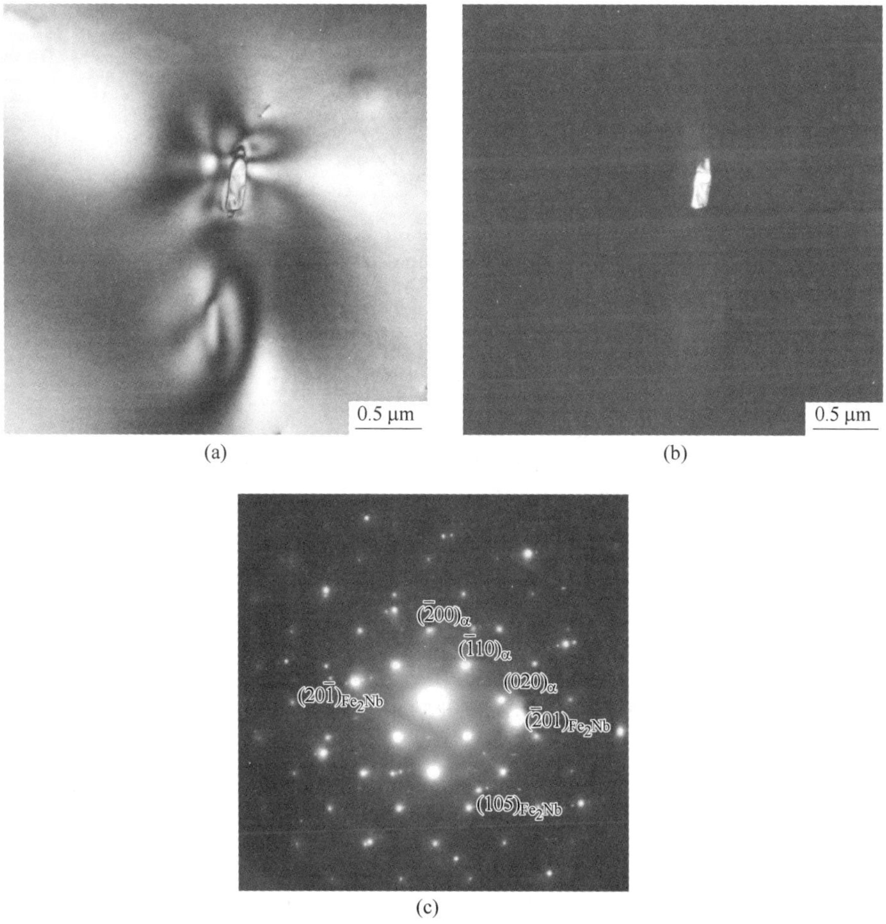

图 2-31 Nb、Ti 复合稳定化实验钢热轧板中 Laves 相（Fe_2Nb）的 TEM 图
（a）明场像；（b）暗场像；（c）衍射斑标定

2.2.4 铌对铁素体不锈钢组织结构的作用机制

2.2.4.1 铌对铁素体不锈钢相变行为的影响

Nb 是铁素体形成元素，它的加入将使 Fe-Cr 二元合金相图（见图 2-32）中封闭 γ 相区的铬含量向低铬含量方向移动，即 α+γ 两相共存区向低铬含量方向移动。因此，通常含 Nb 铁素体不锈钢为单一铁素体组织。

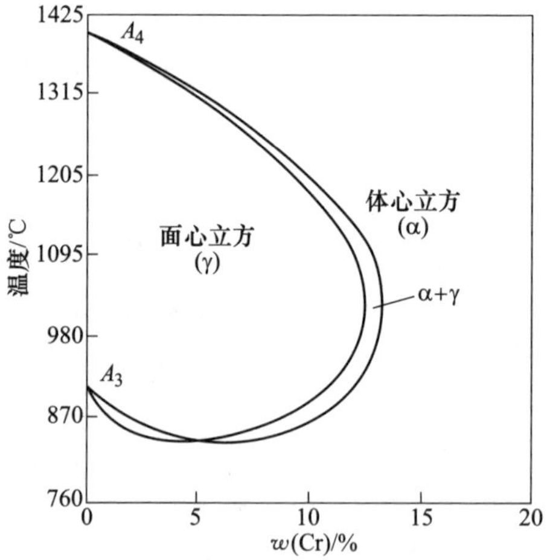

图 2-32　Fe-Cr 二元合金平衡相图中的富 Fe 部分[64]

2.2.4.2　铌对铁素体不锈钢凝固组织的影响

东北大学刘振宇等人[50]采用单 Nb 稳定化超纯铁素体不锈钢材料开展了系统研究。实验所用的材料为真空感应炉冶炼的 AISI444 铁素体不锈钢，主要化学成分见表 2-7。图 2-33 示出了 Nb 含量为 0.07%、0.26%和 0.46%实验钢铸锭的凝固组织。由图可见，铸锭心部存在大量等轴晶，中间部分存在大量柱状晶，边部存在厚度较薄的等轴晶层。当 Nb 含量较低时，凝固组织比较粗大，柱状晶较多，等轴晶较少，如图 2-33（a）所示。当 Nb 含量增加时，等轴晶比率有所增加，柱状晶区域有所减少，且等轴晶晶粒尺寸降低，柱状晶宽度变窄，凝固组织得到细化。

表 2-7　不同 Nb 含量 AISI444 铁素体不锈钢的化学成分

（质量分数,%）

序号	C	N	O	Si	Mn	Cr	Mo	Nb	V	Ni	Al	Cu
1	0.005	0.0078	0.0016	0.04	0.01	18.50	1.86	0.07	0.12	0.78	0.04	0.52
2	0.008	0.0041	0.0007	0.05	0.01	18.50	1.80	0.14	0.05	0.92	0.06	0.43
3	0.005	0.0057	0.0035	0.03	0.01	18.39	1.86	0.26	0.11	0.87	0.05	0.52
4	0.007	0.0038	0.0022	0.06	0.01	18.25	1.92	0.46	0.11	0.93	0.05	0.51

为定量分析凝固组织的变化规律，分析了不同 Nb 含量下凝固组织中等轴晶和柱状晶比例，以及等轴晶的平均晶粒尺寸与柱状晶的平均宽度，见表 2-8。可以看出，随着 Nb 含量的增加，等轴晶占比从 26%增加到了 47.7%，而等轴晶的平均尺寸从 4.1 mm 降至 2.6 mm，柱状晶的平均宽度从 3.7 mm 降至 1.9 mm。

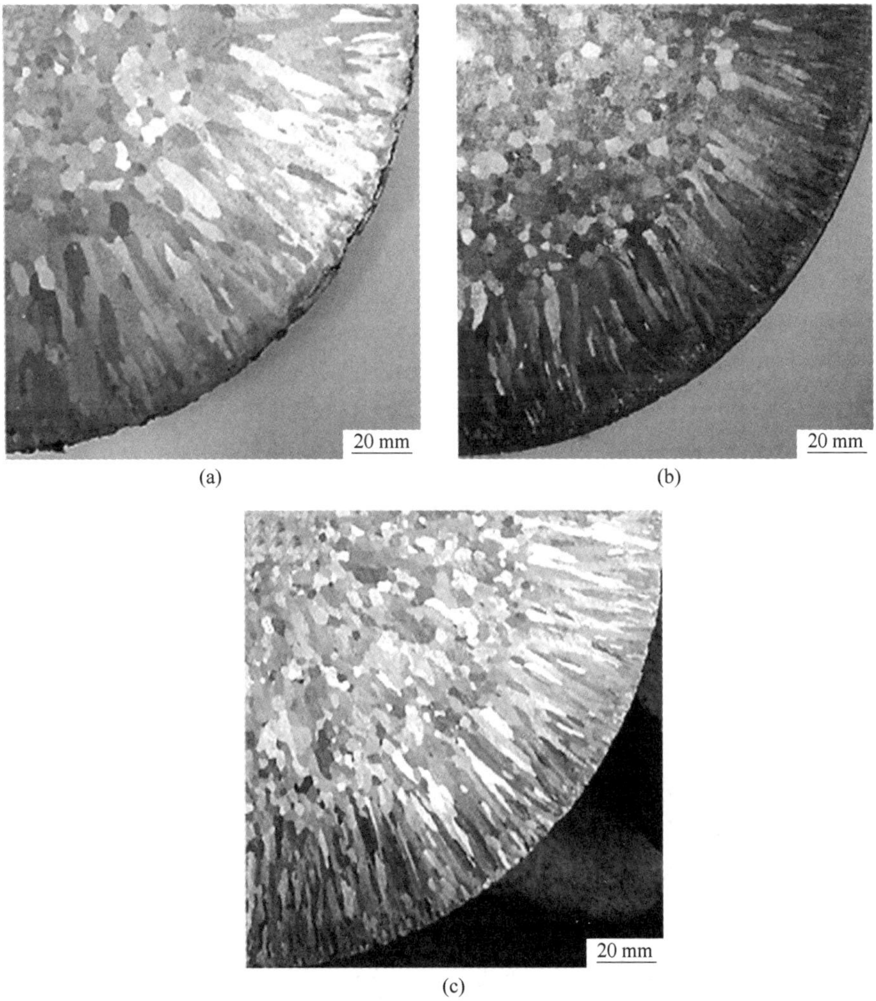

图 2-33　不同 Nb 含量 AISI444 铁素体不锈钢凝固组织的宏观图像
(a) 0.07%Nb；(b) 0.26%Nb；(c) 0.46%Nb

表 2-8　不同 Nb 含量 AISI444 铁素体不锈钢凝固组织的分析

Nb 含量/%	等轴晶占比/%	等轴晶晶粒平均尺寸/mm	柱状晶平均宽度/mm
0.07	26.0	4.1	3.7
0.26	43.0	3.0	2.1
0.46	47.7	2.6	1.9

单亚廷等人研究了 Nb 对 17%Cr 超纯铁素体不锈钢铸态凝固组织晶粒形貌的影响，结果如图 2-34 所示[51]。该结果表明，复合添加 Nb 和 Ti 达到了最好的晶

粒细化效果，单独添加 0.18%Nb 的铸锭晶粒细化效果优于单独添加 0.08%Ti 的铸锭。另外，没有添加 Nb 和 Ti 的钢铸锭内部存在大量的柱状晶，仅有 9.32%的等轴晶。通过向钢中分别添加 0.08%Ti 或 0.18%Nb，等轴晶比率分别上升到 82.49%或 92.61%；通过复合添加 Nb 和 Ti，等轴晶比率达到了 92.98%。由此可见，Nb 对铸态晶粒的细化和等轴化效果非常显著。

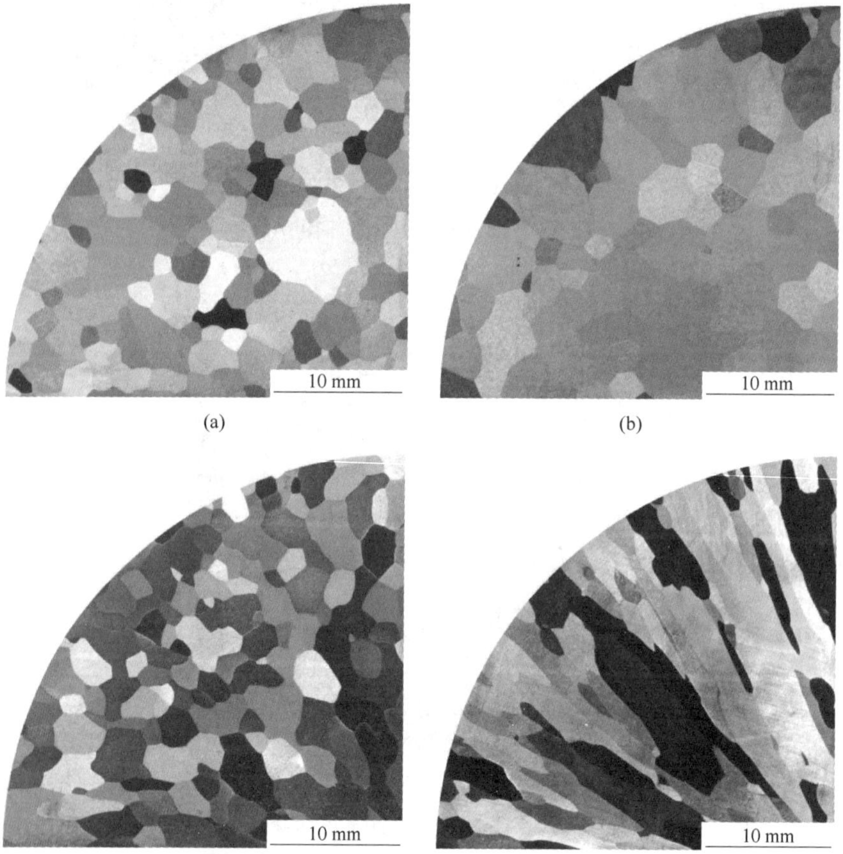

(a)　(b)　(c)　(d)

图 2-34　Nb 对 17%Cr 超纯铁素体不锈钢铸态凝固组织的影响[51]

（a）复合添加 0.06%Ti+0.12%Nb；（b）添加 0.08%Ti；（c）添加 0.18%Nb；（d）不添加 Ti 和 Nb

刘静等人研究了 Nb 以及 C、N 对 11%Cr 超纯铁素体不锈钢铸态凝固组织晶粒形貌的影响[52]，研究结果如图 2-35 所示，其中等轴晶比率最高的是图 2-35（c）和（d）所示的含 Nb 钢，分别达 96%和 92%；平均晶粒直径最小的也是这两个成分的钢，分别为 1.13 mm 和 0.81 mm。这一方面表明微量的 Nb 对钢的铸态组织具有非常好的细晶化和等轴化效果，另一方面也显示在 C、N 含量略高一点时效果更好。

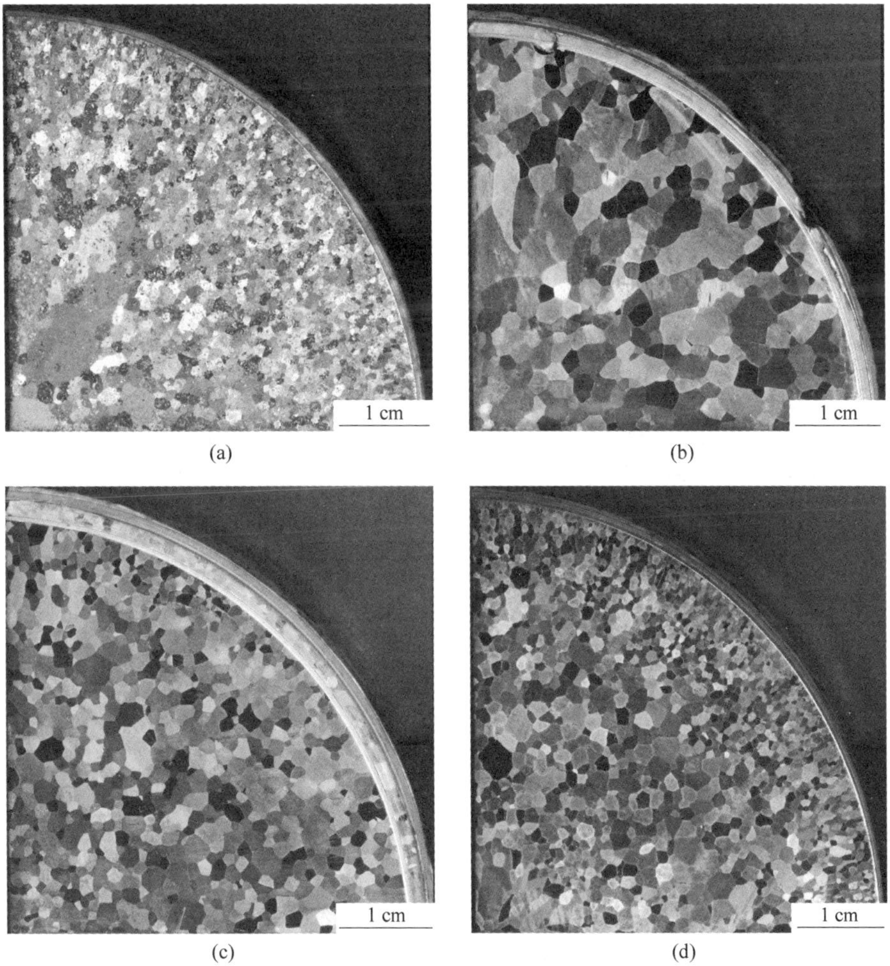

图 2-35 Nb 对 11%Cr 超纯铁素体不锈钢铸态凝固组织的影响[52]

(a) 不添加 Ti 和 Nb；(b) 添加 0.048%Ti；(c) 添加 0.07%Ti+0.16%Nb 和 0.0027%C+0.0024%N；
(d) 添加 0.078%Ti+0.07%Nb 和 0.011%C+0.0053%N

图 2-36 为 Thermo-Calc 软件计算的不同 Nb 含量 AISI444 铁素体不锈钢在高温凝固过程中的平衡相比例图。由该图可知，在凝固过程中，除了形成铁素体并没有其他相形成。随着 Nb 含量的增加，相图中液相线和固相线温度均有所降低，相比之下固相线降低速度更快，这使得固液相线之间的温度间隔增大。这也就是说，结晶开始温度随着 Nb 含量的增加变化不是很明显，但是，结晶终了温度却有很大变化；当 Nb 含量为 0.07%时，结晶终了温度大约为 1495 ℃；当 Nb 含量为 0.14%时，结晶终了温度大约为 1483 ℃；当 Nb 含量为 0.26%时，结晶终了温度大约为 1475 ℃；当 Nb 含量为 0.46%时，结晶终了温度大约为 1465 ℃。可以

看出，随着 Nb 含量的增加，AISI444 铁素体不锈钢的结晶区间变宽。

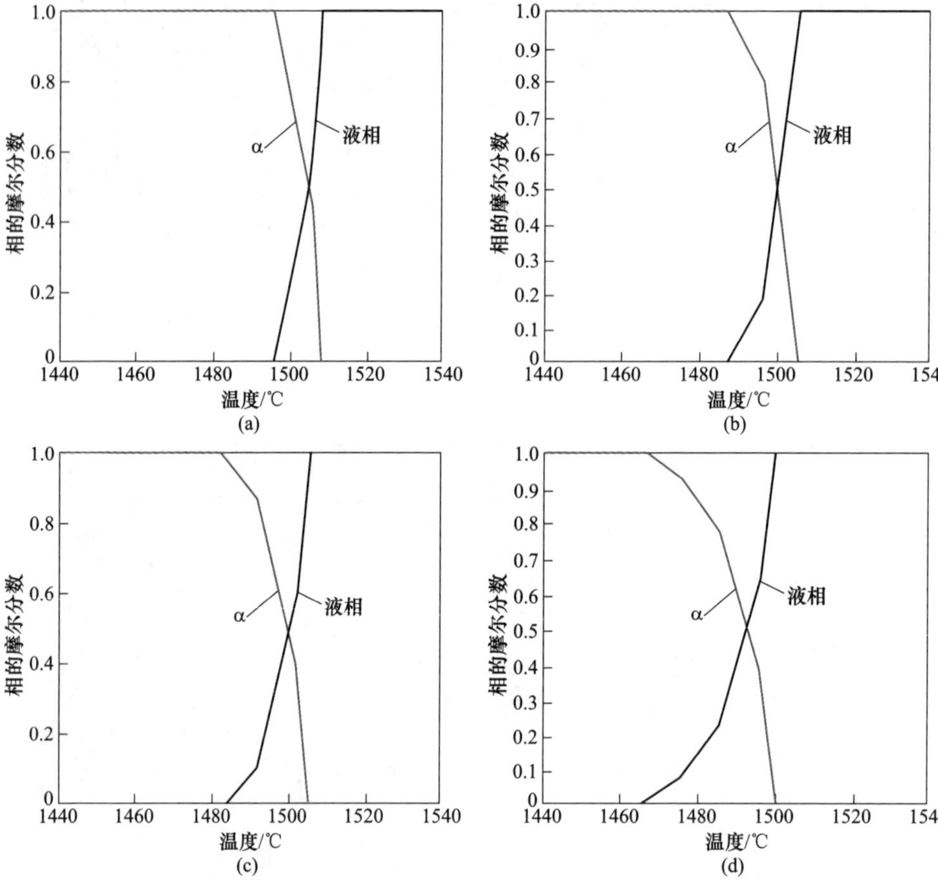

图 2-36 Thermo-Calc 软件计算的不同 Nb 含量 AISI444 铁素体不锈钢在高温凝固过程中的平衡相比例图

（a）0.07%Nb；（b）0.14%Nb；（c）0.26%Nb；（d）0.46%Nb

图 2-37 为 Thermo-Calc 软件计算的 Nb 含量为 0~0.5%时 AISI444 铁素体不锈钢的固相线和液相线。由该图可知，随着 Nb 含量的增加，结晶开始温度从 1509.5 ℃下降到 1503 ℃，结晶终了温度从 1501 ℃下降到 1466 ℃，即铁素体不锈钢的结晶区间变宽。随着稳定化元素 Nb 含量增加，AISI444 铁素体不锈钢的结晶区间变宽，导致浇铸过程中糊状区宽度增加，从而有助于提高柱状晶前沿过冷度，增加非均质形核的概率，促进等轴晶的生成，进而使得铸态组织中等轴晶比例提高，晶粒尺寸减小。通过上述分析可知，AISI444 铁素体不锈钢凝固组织的等轴晶比率与它的结晶区间相关，采用热力学软件 Thermo-Calc 得到的计算结果与实验获得的凝固组织中的等轴晶率存在对应关系。适当提高铁素体不锈钢中的

Nb 含量，可以提高铁素体不锈钢初始凝固组织的等轴晶率。

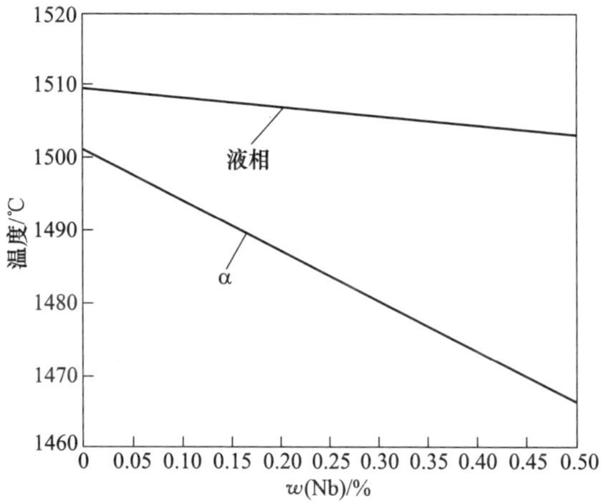

图 2-37 Thermo-Calc 软件计算得到的 0~0.5%Nb 含量实验钢凝固过程中的平衡相比例图

钢的铸态组织晶粒形貌与其凝固过程中的形核和长大密切相关，提高形核率并抑制形核核心生长对细化铸态组织非常有利。向熔体中加入异质形核核心是提高形核率的一个极其有效而又非常普遍的方法。在含 Nb、Ti 超纯铁素体不锈钢中，当温度冷却到固-液两相区时，由于 Nb、Ti 和 N 元素在初生高温铁素体相中溶解度低，会被排挤到液固界面前沿，并析出 TiN，因而会减缓晶粒的生长速度。另外，由于 TiN 在液相析出，大大增加了异质形核的概率，会促进液相中出现大量的细小晶核。除了上述因素之外，Nb、Ti 拓宽凝固过程中的结晶温度范围（ΔT）是晶粒细化的另一个重要原因。研究结果表明，忽略异质形核核心和冷却速率因素的影响，合金的晶粒尺寸随着结晶温度范围的增大而单调减小。结晶温度范围变宽，凝固过程中枝晶根部变细，从而增大了被温度起伏溶解的可能性。另外，结晶温度范围变宽，枝晶尖端前方的过冷区域加大，熔断的枝晶会残存在过冷区内成为形核核心的来源。相比之下，Nb 虽然没有使熔体中的高熔点析出相增多，但是它带来的晶粒细化效果并不比 Ti 差，这是因为在相同含量的基础上，Nb 拓宽结晶温度范围的能力要强于 Ti。另外，低温析出的富 Nb MX 相在以后的热加工过程中对抑制晶粒长大起到了至关重要的作用。

Nb、Ti 提高等轴晶率的原因主要来源于两方面：一方面，Nb、Ti 导致结晶温度范围 ΔT 增大，熔体成分过冷度加深，晶体生长速度增大，促进等轴晶区形成；另一方面，TiN 颗粒在固-液两相区形成，增加了非均匀形核的衬底粒子数，使柱状晶前方液相中形成的晶核数量增多，限制柱状晶的生长，促进等轴晶区发展。

2.2.4.3　铌对铁素体不锈钢成品组织的影响

东北大学刘振宇等人[50]研究发现，随着 Nb 含量的增加，单 Nb 稳定化超纯铁素体不锈钢热轧退火组织逐渐细化，如图 2-38 所示。

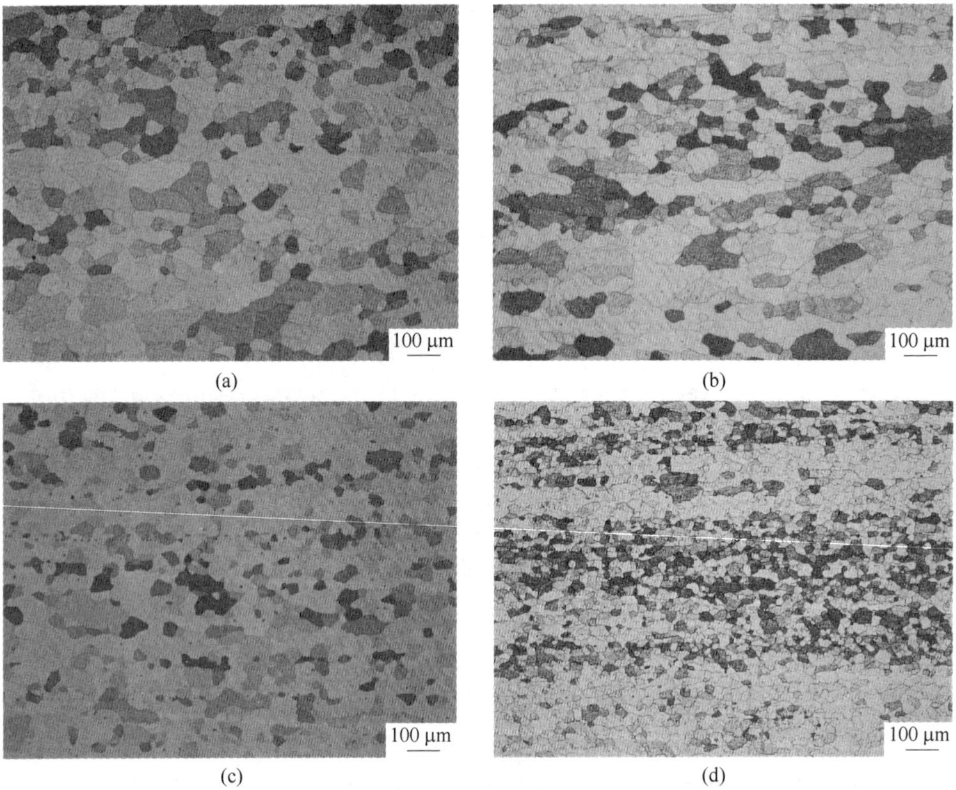

图 2-38　不同 Nb 含量铁素体不锈钢的热轧退火组织
(a) 0.07%Nb；(b) 0.16%Nb；(c) 0.26%Nb；(d) 0.46%Nb

这主要是由于：其一，因为遗传作用，Nb 含量越高，铸态组织越细，所以热轧退火组织也得到相应细化；其二，随着 Nb 含量的增加，钢中细小碳氮化合物析出相增加，这些细小析出相可钉扎晶界、位错和阻止亚晶界迁移，对晶粒长大具有强烈的阻碍作用，抑制晶粒长大；其三，固溶铌易在晶界偏析，随着 Nb 含量的增加，晶界处 Nb 的偏析量逐渐增加，而固溶铌具有强烈拖曳晶界移动的能力，抑制晶粒长大；最后，铁素体不锈钢在热变形过程中主要发生回复软化，微合金化元素 Nb 能阻碍位错迁移，抑制回复的发生，进而增加铁素体不锈钢热变形组织的储存能，即随着 Nb 含量的增加，铁素体不锈钢热轧组织中的储存能较高，这将增加退火过程中的再结晶驱动力。因此，随着 Nb 含量的增加，铁素体不锈钢热轧退火组织逐渐细化。

2.2.5 铌对铁素体不锈钢的强化效应

在 Nb 对铁素体不锈钢的强度改善方面，与其他微合金元素相比，Nb 展现出最为显著的效果，即 Nb 可产生显著的强化效果，从而显著提高铁素体不锈钢的室温强度、高温强度和热疲劳性能。

2.2.5.1 铌对铁素体不锈钢室温强度的影响

东北大学郑淮北等人采用 12CrNi 铁素体不锈钢，系统研究了 Nb 对铁素体不锈钢室温强度的影响[53-54]，见表 2-9。可以看出，随着 Nb 含量的增加，钢的室温强度逐渐增加。这是由于 12CrNi 铁素体不锈钢热轧态组织由马氏体和少量条带状 δ 铁素体组成，如图 2-39 和图 2-40 所示。添加 0.28%的 Nb 将抑制热轧组织中部分 α 相的再结晶，退火后组织中有大量细小的 α 相亚晶颗粒，从而提高了钢的室温强度；当 Nb 含量提高到 0.49%时，退火时钢中的再结晶被强烈抑制，退火后组织为高温回火马氏体，其微观结构由细小的 α 相亚晶胞组成，因此，铁素体不锈钢的室温强度显著增加。

表 2-9 Nb 含量对 12CrNi 铁素体不锈钢退火板力学性能的影响

Nb 含量/%	屈服强度 $R_{p0.2}$/MPa	抗拉强度 R_m/MPa	伸长率 A_{50}/%
0	285	443	35.3
0.28	288	470	31
0.49	625	703	19

图 2-39 12CrNi 铁素体不锈钢的热轧态组织

2.2.5.2 铌对铁素体不锈钢高温强度的影响

研究发现[55]，当 Nb 含量小于 0.2%时，Nb 的添加对高温强度没有显著的影响；当 Nb 含量大于 0.2%时，随着 Nb 含量的增加，高温强度也明显增加，基本

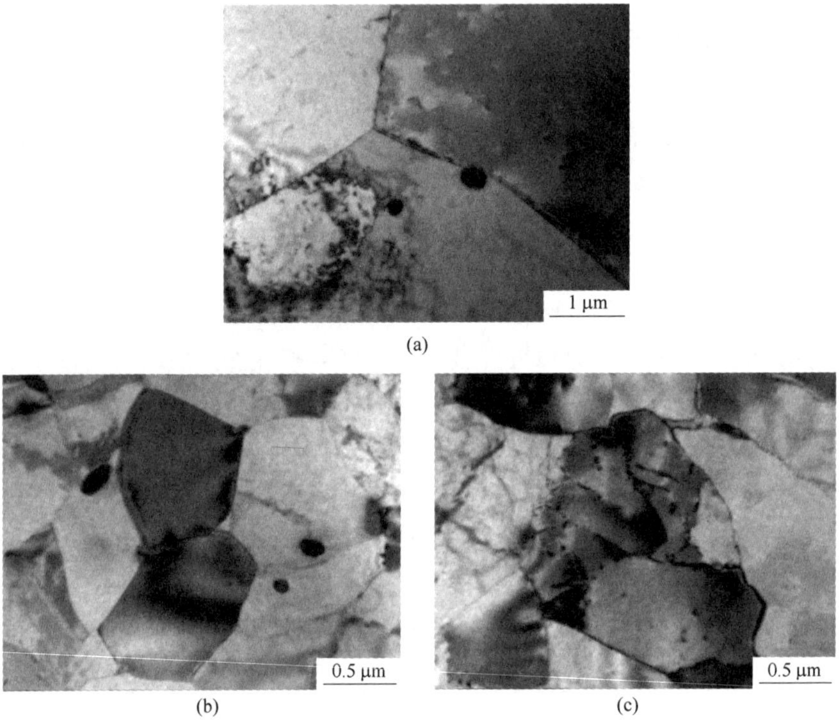

图 2-40　不同 Nb 含量下 12CrNi 铁素体不锈钢退火板显微组织的 TEM 图

（a）不含 Nb；（b）0.28%Nb；（c）0.49%Nb

呈线性关系，如图 2-41 所示。高温强度的增加，是由于 Nb 的固溶强化结果。此外，复合稳定化较 Nb 单稳定化具有更高的强化效果，如图 2-42 所示。

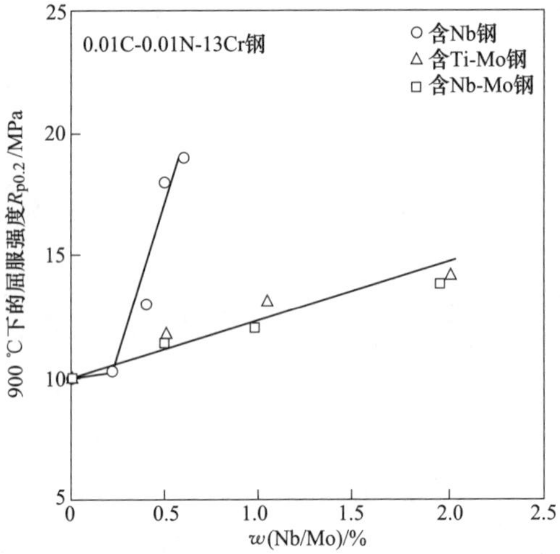

图 2-41　Nb 含量对铁素体不锈钢 900 ℃屈服强度的影响[55]

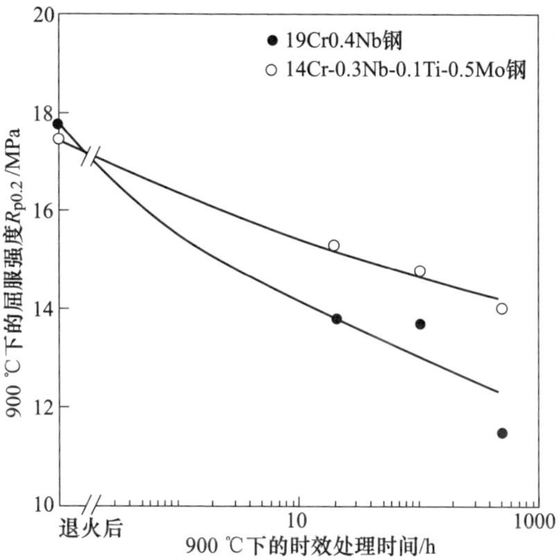

图 2-42 900 ℃时效处理对 Nb 单稳定化和 Nb、Ti 复合稳定化铁素体不锈钢屈服强度的影响[55]

这是由于当 Nb 单稳定化铁素体不锈钢在 900 ℃时效处理一段时间后，发现由于在晶界处析出大量 Fe_3Nb_3C，导致基体中的固溶 Nb 含量显著降低，高温强度也将显著降低；然而，在 Nb、Ti 复合稳定化不锈钢中，NbC 的析出开始温度较单稳定化的铁素体不锈钢高出很多，主要形成附着在 TiN 颗粒上的 NbC（见图 2-43），钢中的 C、N 完全被稳定，抑制了 Fe_3Nb_3C 的形成与粗化，降低了基体中发生沉淀析出的 Nb 含量，从而导致基体中固溶铌含量较单稳定化的要高（见图 2-44），最终强化了 Nb 的固溶强化效果。

(a) (b)

图 2-43 NbC 在 TiN 上附着析出的二次电子像（a）和背散射电子像（b）[56]

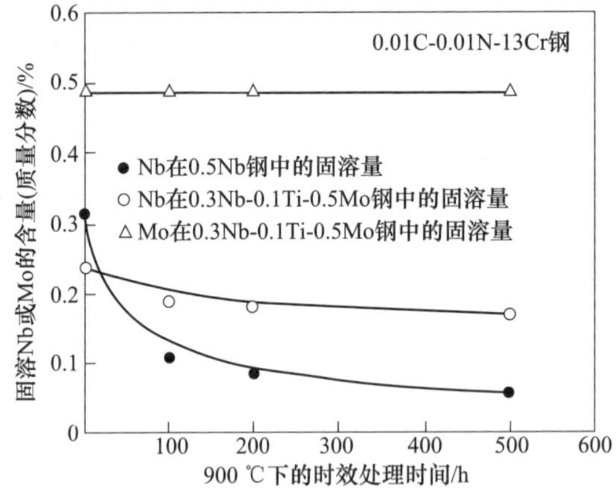

图 2-44　900 ℃下时效处理对 Nb 单稳定化和 Nb、Ti 复合稳定化铁素体不锈钢中固溶 Nb 含量的影响[55]

此外，Nb 对铁素体不锈钢高温强度的影响也将受到时效处理时间的影响。图 2-45 为不同 Nb 含量铁素体不锈钢 700 ℃下的屈服强度随时效处理时间的变化[5]。可以看出，Nb 的强化效果随着时效处理时间的增加逐渐减弱。在时效处理初期，含 Nb 铁素体不锈钢的强度明显高于不含 Nb 的不锈钢，这是由于 Nb 固溶强化的结果。随着时间的增加，高温强度开始下降，并与不含 Nb 不锈钢的强度接近。这是由于时效处理时间增加后，在含 Nb 不锈钢中析出了金属间化合物 Fe_2Nb（从图 2-45 上看，含 Nb 钢在时效处理后期的高温强度还是较不含 Nb 钢强度高 20~30 MPa，这应该是 Nb 的金属间化合物析出的结果）。

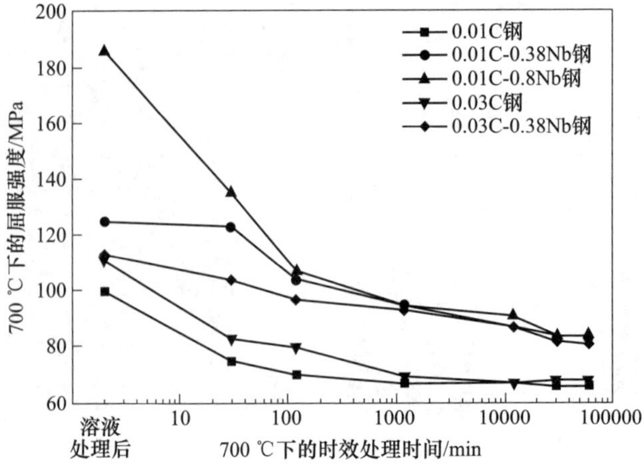

图 2-45　不同 Nb 含量铁素体不锈钢 700 ℃下的屈服强度随时效处理时间的变化[5]

Nb 对铁素体不锈钢的强化效果也将受到 Nb 含量的影响。图 2-46 为 Nb 含量对 18%Cr 铁素体不锈钢显微硬度的影响规律[57]。可以看出，Nb 的强化效果并不是随着 Nb 含量的增加而增加。当 Nb 含量为 0.5%时，可以显著增加不锈钢的显微硬度；当 Nb 含量大于 0.5%时，随着 Nb 含量的增加，对显微硬度没有明显影响。这主要是由于 Nb 含量大于 0.5%时 NbC 相长大，没有达到强化目的，如图 2-47 所示。

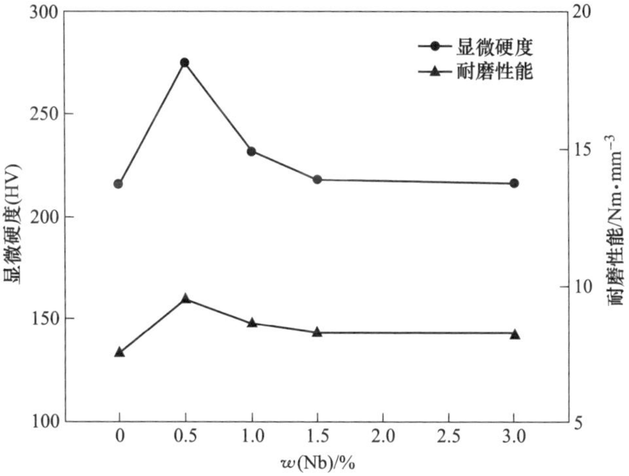

图 2-46 不同 Nb 含量 18%Cr 铁素体不锈钢的显微硬度和耐磨性能[57]

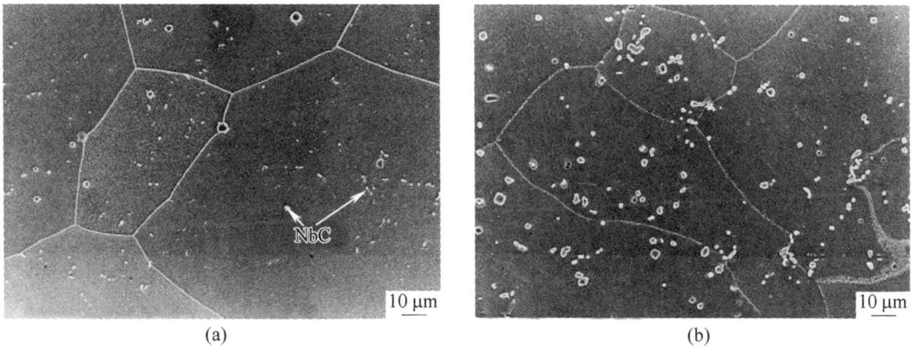

图 2-47 不同 Nb 含量 18%Cr 铁素体不锈钢中析出相 SEM 图[57]
(a) 0.5%Nb；(b) 3.0%Nb

2.2.6 铌对铁素体不锈钢耐蚀性能的作用机制

在铁素体不锈钢中加入 Nb 等稳定化元素以改善它的耐晶间腐蚀性能是 Nb 稳定化最基本目的。众所周知，C、N 在铁素体中的溶解度与在奥氏体中的溶解度相比极低，而 C、Cr 在体心立方晶格中的扩散速率比在面心立方晶格中的快，因此，铁素体不锈钢中更容易生成碳化铬和氮化铬等析出相，并且与奥氏体不锈钢相比其晶间腐蚀对 C、N 的含量更为敏感。即使铁素体不锈钢中 C、N 总含量降至 0.009%，晶间腐蚀仍不可避免。为防止和消除铁素体不锈钢的晶间腐蚀，需向钢中加入 Nb 等强碳氮化物形成元素，促使钢中 C、N 形成 Nb 的碳氮化物，抑制铬的碳氮化物的形成，降低晶界处贫 Cr 区形成概率，从而提高铁素体不锈钢的耐晶间腐蚀性能，如图 2-48 所示。

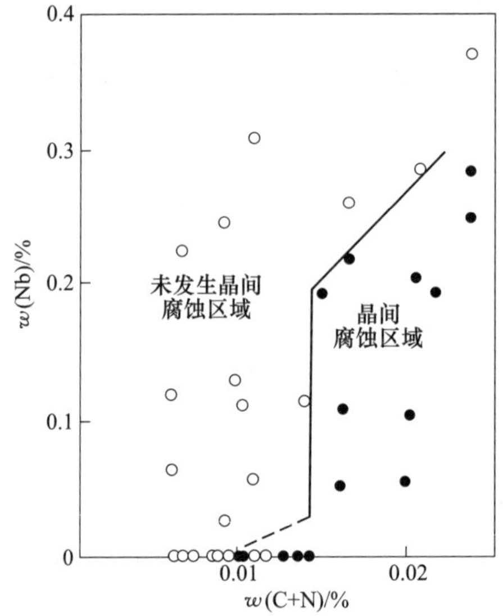

图 2-48　C、N 和 Nb 对 19Cr-2Mo 铁素体不锈钢耐晶间腐蚀性能的影响[4]

除改善耐晶间腐蚀性能外，Nb 的添加还可改善铁素体不锈钢的耐点蚀性能，如图 2-49 和图 2-50 所示。这是由于 Nb 能提高钝化膜中的 Cr 浓度、降低 Fe 浓

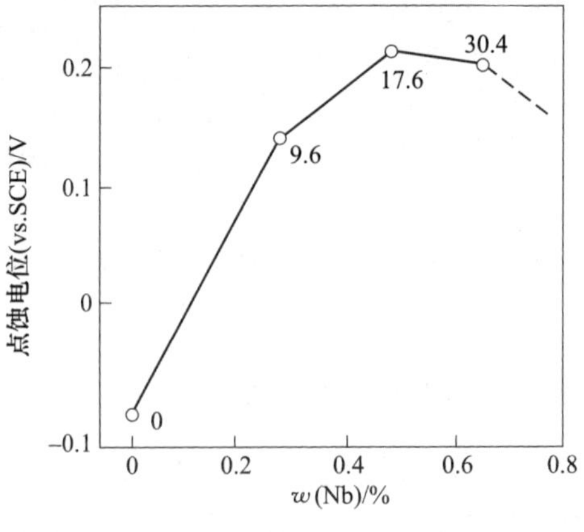

图 2-49　Nb 对低 C-17Cr-0.5Cu 铁素体不锈钢点蚀电位的影响[4]

（点蚀介质：0.01 mol/L NaCl，60 ℃；曲线上数字为 $m(Nb)/m(C+N)$）

度（见图 2-51），从而提高钝化膜的稳定性。此外，Nb 还可降低 Ti 稳定化铁素体不锈钢析出相尺寸，导致在冷凝液腐蚀环境中表面钝化膜的耐腐蚀能力和自修复能力增强，即钝化膜的化学稳定性增强，从而使点腐蚀速度降低，改善耐点蚀性能。

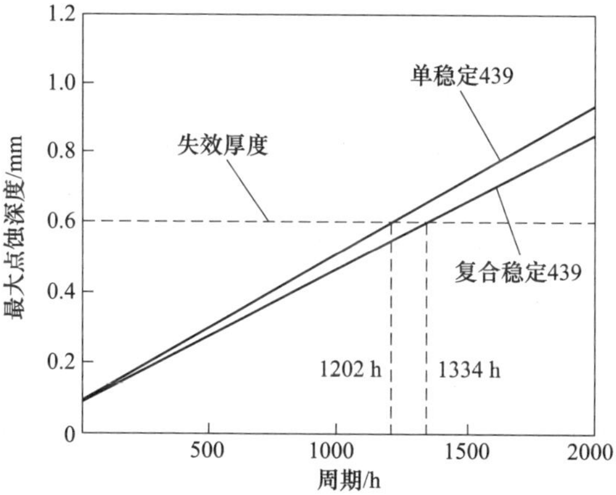

图 2-50 Ti 单稳定和 Nb、Ti 复合稳定化 439 铁素体不锈钢的最大点蚀深度与汽车排气系统耐冷凝液腐蚀实验周期关系[58]

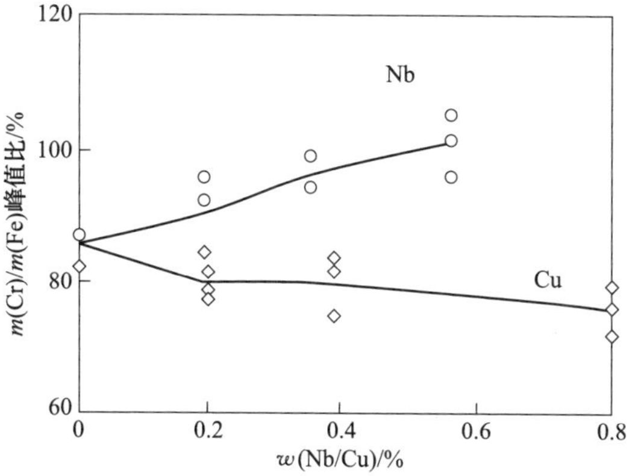

图 2-51 Nb、Cu 对 17%Cr 铁素体不锈钢钝化膜中 Cr 和 Fe 浓度的影响[4]

2.2.7 铌对铁素体不锈钢韧性和脆性转变的作用机制

2.2.7.1 铌对铁素体不锈钢韧性的影响

东北大学郑淮北等人采用单 Nb 稳定化 12CrNi 铁素体不锈钢材料开展了系统研究[53-54]。实验所用的材料为真空感应炉冶炼的 12CrNi 铁素体不锈钢，主要化学成分见表 2-10。

表 2-10　不同 Nb 含量 12CrNi 铁素体不锈钢的化学成分

（质量分数,%）

序号	C	N	O	S	Si	Mn	Cr	Ni	Nb
N0	0.011	0.010	0.008	0.006	0.39	0.99	12.10	1.00	0
N1	0.012	0.008	0.008	0.006	0.35	1.11	12.07	0.98	0.28
N2	0.010	0.008	0.010	0.006	0.35	1.14	11.27	0.93	0.49

图 2-52 为 Nb 含量对 12CrNi 铁素体不锈钢各温度下冲击韧性的影响。由该图可知，Nb 含量 0.28%的 12CrNi 铁素体不锈钢在-40 ℃以上的各温度冲击功均低于不含 Nb 的，两者在-60 ℃以下均完全脆化。Nb 含量 0.49%的 12CrNi 铁素体不锈钢的室温、0 ℃和-20 ℃的冲击功都明显低于不含 Nb 的；Nb 含量 0.49%的 12CrNi 铁素体不锈钢的韧脆转变温度低于不含 Nb 的，不含 Nb 的 12CrNi 铁素体不锈钢在-60 ℃已完全脆化；Nb 含量 0.49%的 12CrNi 铁素体不锈钢在-80 ℃的冲击功略低于 20 J。随着 12CrNi 铁素体不锈钢 Nb 含量的增加，抑制了其退火过程中的再结晶，因而降低了其韧性；同时，随着 Nb 含量的增加，热力学计算的析出相（如 Nb(C,N) 和 Fe_2Nb）的总体积分数由 0.2%增加到 0.8%，析出相体积分数的显著增加也降低了实验钢的冲击韧性，因此，实验钢的冲击功随着 Nb 含量的增加而降低；另外，随着 Nb 含量的增加，实验钢的再结晶受到抑制，晶粒大小逐渐降低，因此，其 DBTT 随着 Nb 含量的增加、晶粒的细化而降低。

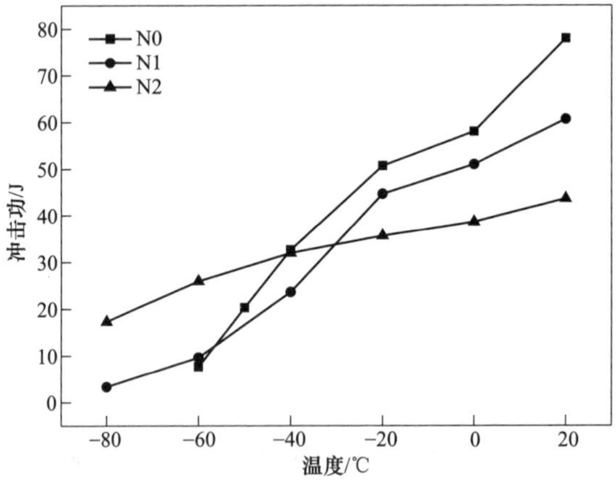

图 2-52　Nb 对 12CrNi 铁素体不锈钢退火态冲击功的影响

除对相变型铁素体不锈钢的韧性具有显著影响，Nb 含量对无相变铁素体不锈钢的冲击韧性也有显著影响。东北大学刘振宇等人开发了高韧性铁素体不锈钢，并系统研究 Nb 含量对开发钢种冲击韧性的影响[50]。图 2-53 展示了 Nb 含量对铁素体不锈钢 DBTT 的影响。由该图可知，不同 Nb 含量铁素体不锈钢的上平台冲击功变化不是很大，但是 DBTT 变化很大，Nb 含量分别为 0.07%、0.14%、

0.26%和 0.46%时，新开发铁素体不锈钢的 DBTT 分别为-26.2 ℃、-48.8 ℃、-22.1 ℃和-5.6 ℃，即随着 Nb 含量的增加，DBTT 先降低随后逐渐升高，韧性先提升后降低。

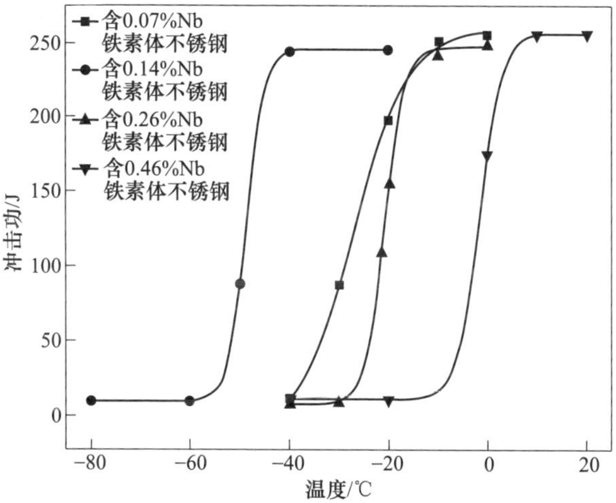

图 2-53 Nb 含量对铁素体不锈钢 DBTT 的影响
（7.5 mm×100 mm V 形缺口试样）

2.2.7.2 铌对铁素体不锈钢 DBTT 的作用机制

在 Nb 含量较低时，一方面，随着 Nb 含量增加，实验钢退火板的组织得到细化，众所周知，晶粒细小的金属中，由于应力集中少，裂纹不易萌生和扩展，断裂过程中可吸收更多能量；另一方面，由于 Nb 的稳定化作用，钢中固溶 C、N 含量降低，所以随着 Nb 含量的增加，DBTT 下降。

在 Nb 含量较高时，随着 Nb 含量的继续升高，一方面偏聚于晶界处的固溶 Nb 元素的含量较高，另一方面基体中的析出相增多。根据铁素体不锈钢产生脆性裂纹临界条件的科垂尔-佩奇（Cottrell-Petch）关系式，对于给定晶粒尺寸的材料，DBTT 随 K_y 的增加和 γ 的减少而增加，其中，钢中的碳化物、碳氮化物均可以减少 γ 而增加脆性断裂倾向，增加 DBTT。合金元素在晶界处的偏聚，以及析出相的增加，均明显减少形成断裂的有效表面能，增加脆性断裂倾向。因此，随着 Nb 含量的增加，DBTT 又逐渐增加。

$$T_C(\mathrm{DBTT}) = D + \frac{1}{\beta}\ln d^{\frac{1}{2}} \tag{2-14}$$

$$D = \frac{1}{\beta}[BK_y/(C\mu\gamma - K_y^2)] \tag{2-15}$$

式中，T 为绝对温度；B、β 分别为实验常数；C 为与应力状态相关的常数；γ 为形成一个断裂面所做的功；μ 为剪切模量；K_y 为 Petch 斜率；d 为晶粒尺寸。

2.2.8　铌对铁素体不锈钢成型性能的作用机制

工业生产条件下，铁素体不锈钢中的 C、N 含量达到超纯化（C、N 总含量小于 $150\times10^{-4}\%$）后，若要进一步降低 C、N 含量，不仅相当困难，而且即使能够达到，生产成本也会相当高。添加 Nb 可以使铁素体不锈钢中游离的 C、N 与 Nb 结合，形成 Nb 的碳氮化物，从而降低基体中固溶的 C、N 含量，同时添加 Nb 元素可以抑制晶粒长大，最终这两方面因素共同作用，有望实现成型性能的显著提升。

东北大学刘振宇、张驰等人系统分析 Ti 单稳定化和 Nb、Ti 复合稳定化对超纯 21%Cr 铁素体不锈钢成型性能和表面起皱的影响[5,59]。表 2-11 列出了两种铁素体不锈钢的性能参数。由表可知，一方面与 Ti 的单稳定化相比，Nb、Ti 复合稳定化铁素体不锈钢成品板的 $\bar{r}$ 提高了 5%，而凸耳参数 Δr 降低了 35%，成型性能得到提高；另一方面，与 Ti 的单稳定化相比，Nb、Ti 复合稳定化铁素体不锈钢的成品板经拉伸 15%后表面最大起皱高度下降 24%，表明薄板的抗起皱性增强。他们认为这主要是由于添加稳定化元素 Nb 后铁素体不锈钢成品板的 γ 纤维再结晶织构的强度提高，中心层处的晶粒簇宽度减小，晶粒簇分布减弱。

表 2-11　Ti 单稳定化和 Nb、Ti 复合稳定化对铁素体不锈钢 *r* 值与抗起皱性的影响

钢种	$r_{0°}$	$r_{45°}$	$r_{90°}$	$\bar{r}$	Δr	$R_p/\mu m$
含 Ti 铁素体不锈钢	1.82	1.40	1.95	1.64	0.49	6.49
含 Ti 和 Nb 铁素体不锈钢	1.78	1.56	1.98	1.72	0.32	4.90

图 2-54 为 Ti 单稳定化和 Nb、Ti 复合稳定化的 21%Cr 铁素体不锈钢成品板中心层的宏观织构。由该图可知，Ti 单稳定化和 Nb、Ti 复合稳定化的成品板中

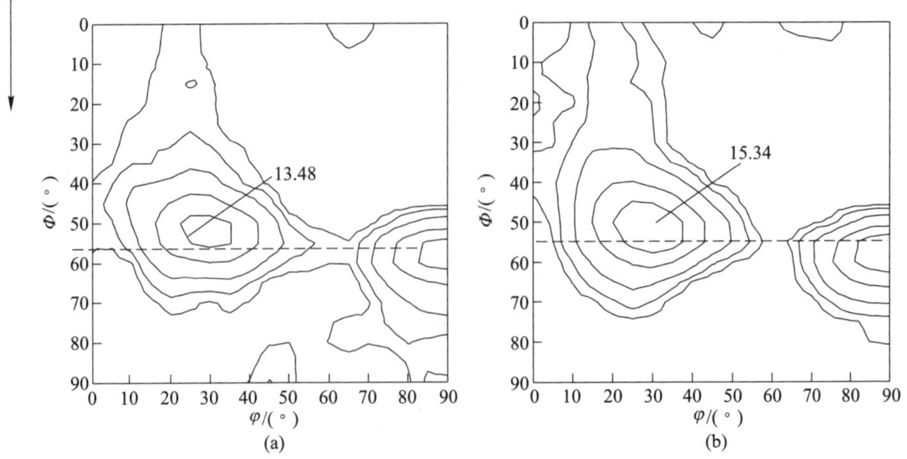

图 2-54　Ti 单稳定化和 Nb、Ti 复合稳定化铁素体不锈钢冷轧退火板中心层的织构

(a) Ti 稳定化实验钢；(b) Nb、Ti 稳定化实验钢

γ 纤维再结晶织构的取向密度峰值分别为 $f(g)=13.48$ 和 $f(g)=15.34$，后者高于前者。铁素体不锈钢的成型性能可以用拉伸试验得到的平均塑性应变比 $\bar{r}$ 进行衡量，而其与铁素体不锈钢成品板的织构分布密切相关。{111} 再结晶织构越多，即 γ 纤维织构越强，$\bar{r}$ 值越大。因此，添加 Nb 稳定化元素后铁素体不锈钢成品板获得的 $\bar{r}$ 值更高，成型性能更好。

研究表明，铁素体不锈钢中心层的晶粒簇是引起铁素体不锈钢在成型过程中发生表面起皱的主要原因。图 2-55 示出了 Ti 单稳定化和 Nb、Ti 复合稳定化的 21%Cr 铁素体不锈钢成品板中心层的晶粒取向分布图和特定晶粒取向分布图。由

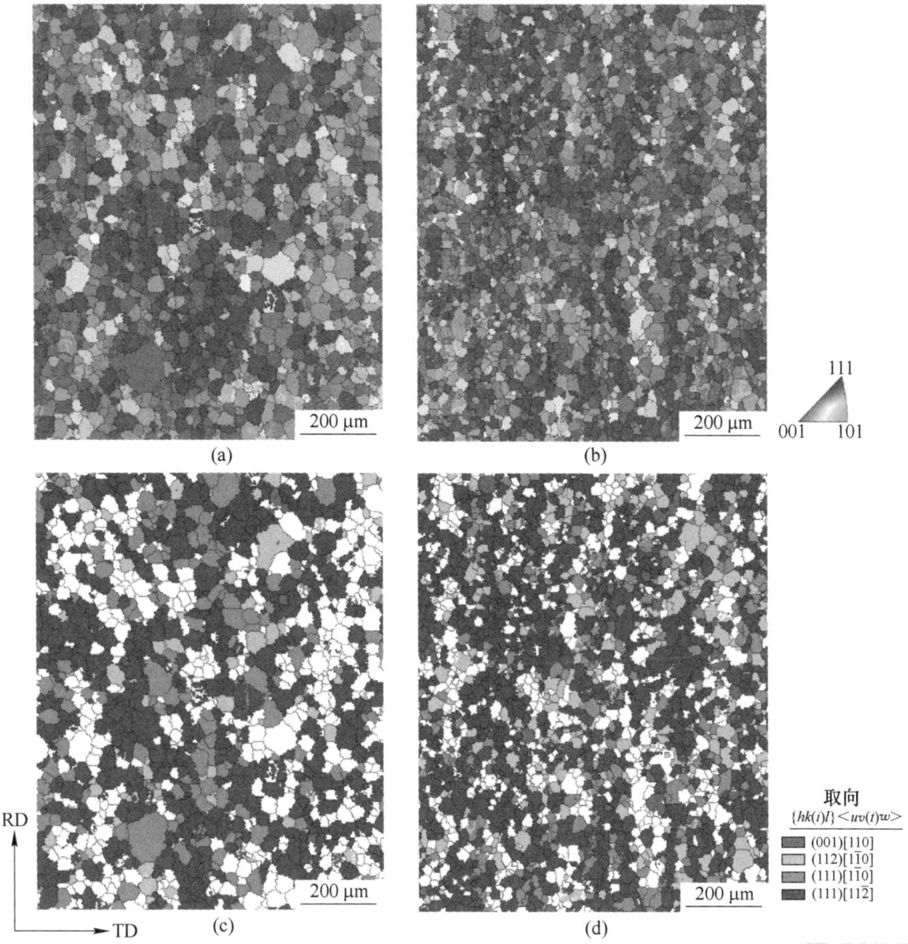

图 2-55 Ti 单稳定化和 Nb、Ti 复合稳定化铁素体不锈钢成品板中心层的晶粒取向分布图和特定取向分布图

（a）Ti 单稳定化实验钢晶粒取向分布图；（b）Nb、Ti 复合稳定化实验钢特定取向分布图；（c）Ti 单稳定化实验钢晶粒取向分布图；（d）Nb、Ti 复合稳定化实验钢特定取向分布图

图 2-55 彩图

该图可知，在晶粒尺寸方面，Ti 单稳定化成品板的平均晶粒尺寸要大于 Nb、Ti 复合稳定化的，这与添加 Nb 稳定化元素提高实验钢的再结晶温度相关。两种成品板的中心层中主要含有取向接近 {111}//ND 的晶粒和取向接近 {001}//ND 的晶粒，相近取向的晶粒沿轧向呈带状分布，构成了取向晶粒簇。但是，Ti 单稳定化的晶粒簇宽度要大于 Nb、Ti 复合稳定化的，且在 Nb、Ti 复合稳定化成品板中 {111}//ND 取向晶粒更多，将一些具有 α 纤维取向的晶粒和其他取向晶粒分割开，对晶粒簇起到了削弱作用。由此可见，添加 Nb 稳定化元素的铁素体不锈钢成品板中心层处的晶粒簇宽度减小，晶粒簇分布减弱。因此，添加 Nb 稳定化元素后铁素体不锈钢成品板在变形后表面起皱要相对较轻，抗起皱性更优。

虽然添加 Nb 后铁素体不锈钢的成型性能得到显著改善，但在添加 Nb 的同时应密切注意钢中的 Laves 相析出。图 2-56 为 Nb 含量对低碳低氮低硅的 Cr 含量 16.5%的铁素体不锈钢成型性能的影响。从该图中可以看出，在 Nb 含量较小范围内，随着 Nb 含量的增加，铁素体不锈钢的平均塑性应变比逐渐增加，成型性能得到改善；但 Nb 含量继续增加时，平均塑性应变比降低。在含 Nb 的铁素体不锈钢中，Fe 与 Nb 容易结合形成 Laves 相（Fe_2Nb），Nb 含量较高时将大大促进 Laves 相的形成；同时，由于 Laves 相与 NbC 相互作用，Laves 相的形成会削弱 Nb 对 C 的固定作用，使成型性能降低且恶化韧性[13,59]。

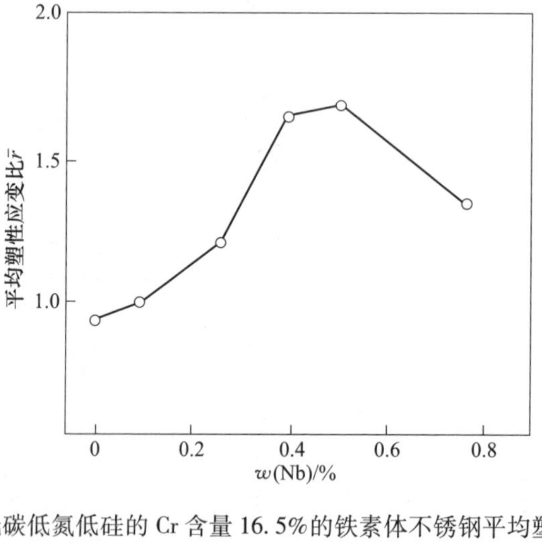

图 2-56　Nb 含量对低碳低氮低硅的 Cr 含量 16.5%的铁素体不锈钢平均塑性应变比的影响[60]

此外，研究发现，Nb、Ti 含量对 16%Cr 铁素体不锈钢表面皱折具有明显影响，如图 2-57 所示。由该图可知，随着 Ti 含量与 C、N 含量比值的提高，表面皱折逐渐减轻；随着 Nb 含量与 C、N 含量比值的提高，倾向于恶化表面皱折。这主要是由于 Ti 对 N 的化学亲和性比铌强：一方面，连铸凝固阶段析出的少量 TiN 颗粒，细化了凝固组织；另一方面，TiN 颗粒较粗大，对晶界的阻碍作用没有 Nb 的碳氮化物强，因而含 Ti 不锈钢在热轧过程中更易于发生再结晶。这两方面共同决定了含 Ti 不锈钢具有更好的抗皱折性。然而，Nb 含量的增加会导致皱折程度的恶化这一结论仍然值得商榷。添加 Nb 后，一方面固溶铌在晶界处富集，具有强烈的拖曳晶界移动的能力，这种作用远高于固溶钛；另一方面，细小、弥散分布的 Nb(C,N)，能够钉扎位错和阻止亚晶界迁移，对晶粒长大具有强烈的阻碍作用，这两方面均导致添加 Nb 后铁素体不锈钢的再结晶温度升高。因此，添加 Nb 的铁素体不锈钢在热轧后依然是未再结晶组织，凝固组织中具有相同取向的晶粒簇经过热轧后并没有消除，而是得到了保留甚至增强。然而，起皱的发生是由铁素体不锈钢成品板中取向晶粒簇而导致的，最终导致随着 Nb 含量与 C、N 含量比值的提高，铁素体不锈钢抗皱折性恶化。这也说明对于 Nb 稳定化铁素体不锈钢选用合理的热轧退火制度显得尤为重要，即为了保证优异的抗皱折性，在添加 Nb 后不宜以简单地调整合金元素作为实现这个目的的手段，在调整合金元素后相应的生产工艺条件也需进一步优化。

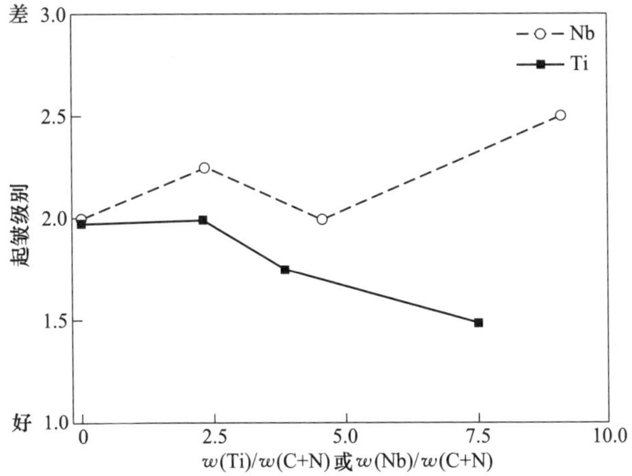

图 2-57 Nb、Ti 含量对 16%Cr 铁素体不锈钢表面皱折的影响[61]

2.2.9 铌对铁素体不锈钢焊接性能的作用机制

单亚廷、罗兴宏等人采用 TIG 焊和热模拟机研究了 Nb、Ti 对 17%Cr 超纯铁素体不锈钢焊缝组织和焊接 HAZ 的影响，焊缝微观组织如图 2-58 所示[60]。可以发现，含 Nb 钢焊缝组织晶粒明显小于不含 Nb 的钢，而 Ti 对焊缝组织的影响则不明显。这表明在焊接这种快速加热和冷却不锈钢的冶金过程中，由于来不及溶入或析出，TiN 颗粒的细晶效果弱化，而 Nb 扩大固-液两相区的效果仍能发挥细晶的作用。

图 2-59 所示为不同峰值温度热循环后钢的晶粒尺寸变化曲线，可以发现，

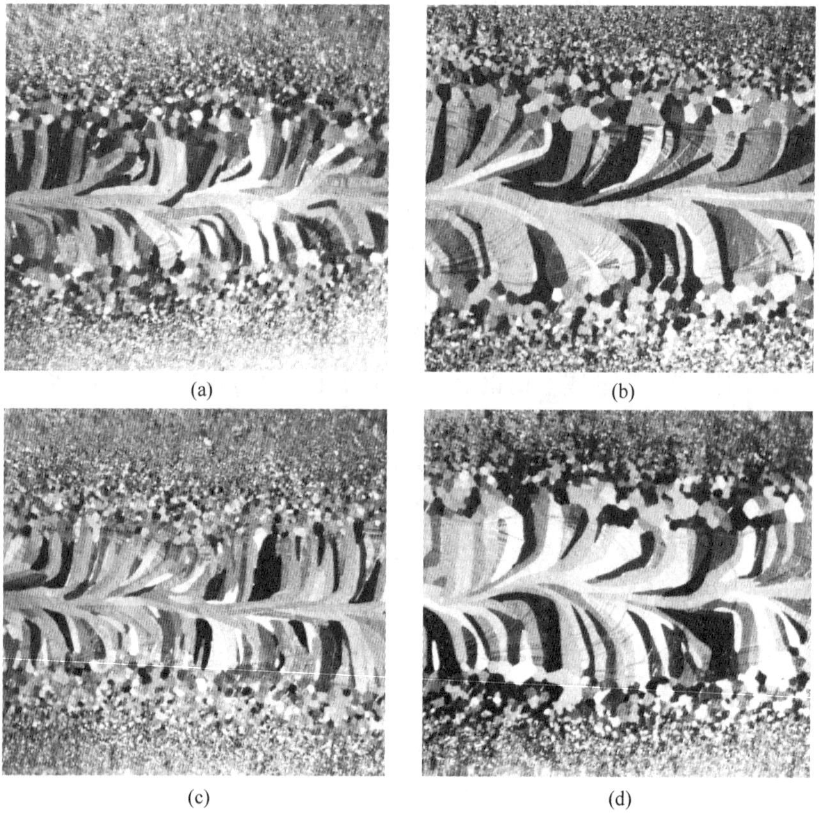

图 2-58　Nb、Ti 对 17%Cr 超纯铁素体不锈钢铸态焊缝组织的影响
（a）复合添加 0.06%Ti+0.12%Nb；（b）添加 0.08%Ti；（c）添加 0.18%Nb；（d）不添加 Ti 和 Nb

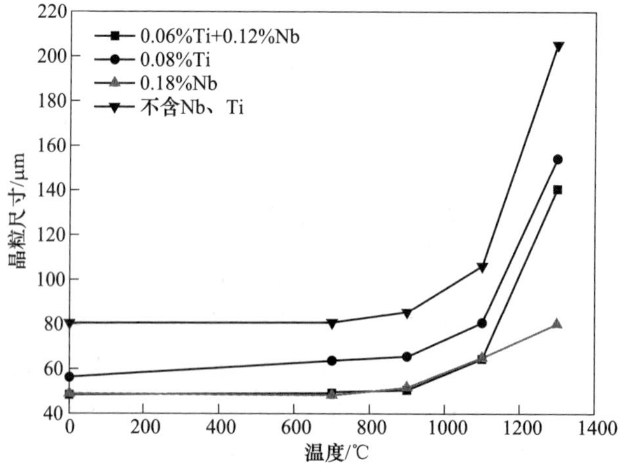

图 2-59　17%Cr 超纯铁素体不锈钢晶粒尺寸与热循环峰值温度的关系

添加0.08%Ti元素对17%Cr超纯铁素体不锈钢热影响区晶粒尺寸的抑制作用不明显，添加0.06%Ti-0.12%Nb对该钢晶粒长大有一定的阻碍作用，而添加0.18%Nb可以起到很好的细化效果。尤其当峰值温度达到1300 ℃时，其他钢的晶粒尺寸快速增大，而含0.18%Nb的钢晶粒虽然也长大，但长大速度变化不大，表明对晶界的钉扎作用犹存。因此，在阻碍HAZ晶粒长大作用方面，Nb的作用比Ti强，而且Nb含量越高，含Nb的MX析出相高温稳定性越好，对抑制晶粒长大越有利。

2.3　铌在奥氏体耐热不锈钢中的作用机制

本节从成分设计、热力学计算、奥氏体耐热不锈钢中Nb的赋存状态，以及Nb在钢中作用机制几个方面，试图从多角度认识Nb对奥氏体耐热不锈钢的作用机理。

2.3.1　典型含铌奥氏体耐热不锈钢及其成分特点

2.3.1.1　18Cr-(8~13)Ni型含铌奥氏体耐热不锈钢

从表2-12中数据可以看出，几种典型18Cr-(8~13)Ni型含Nb奥氏体耐热不锈钢均包含C、Si、Mn、Cr、Ni、Nb，C含量范围基本相同，Tempaloy AA-1和Super304H两种钢中的C含量略高，Super304H耐热钢中的成分较复杂，其适用的蒸汽条件更苛刻。TP347H和TP347HFG钢中的合金元素种类几乎没有差别，后者为提高钢的抗蒸汽腐蚀性能，需要处理成细晶粒钢。因此，在实际生产中Nb的含量比前者高，前者一般控制在0.50%~0.65%，后者控制在约0.8%；不过，从成分设计理念看，两种均是依赖富Nb的MC相维持其高温强度。Tempaloy AA-1和Super304H耐热钢不仅依赖富Nb的MX相（NbC和NbN），还依赖高温下尺寸稳定的富Cu相作为强化相；另外，这两种钢中均加入了微量的B来改善$M_{23}C_6$相颗粒高温尺寸的稳定性，以提高$M_{23}C_6$相颗粒维持高温强度的作用。

表2-12　18Cr-(8~13)Ni型含Nb奥氏体耐热不锈钢的化学成分

（质量分数,%）

牌号	C	Si	Mn	P	S	Cr	Ni	Nb	Cu	N	B	Al
TP347H	0.04~0.10	≤0.75	≤2.00	≤0.040	≤0.030	17.0~20.0	9.00~13.00					
TP347HFG	0.06~0.10	≤0.75	≤2.00	≤0.040	≤0.030	17.0~20.0	9.00~13.00					

续表 2-12

牌号	C	Si	Mn	P	S	Cr	Ni	Nb	Cu	N	B	Al
Tempaloy AA-1	0.07~0.14	≤1.00	≤2.00	≤0.040	≤0.010	17.5~19.5	9.00~12.0		2.5~3.5		0.0010~0.0040	
Super304H	0.07~0.13	≤0.30	≤1.00	≤0.040	≤0.010	17.0~19.0	7.50~10.50	0.30~0.60	2.5~3.5	0.05~0.12	0.001~0.0100	0.003~0.030

注：TP347H 和 TP347HFG 其他元素含量为 $8\times w(C) \leqslant w(Nb+Ta) \leqslant 1.00\%$；Tempaloy AA-1 其他元素含量为 $2.0 \leqslant w(Nb+Ti)/w(C) \leqslant 4.00$，$0.10\% \leqslant w(Co+Ta) \leqslant 0.40\%$，$0.10\% \leqslant w(Ti) \leqslant 0.25\%$。

值得一提的是，从对国内外 TP347H 和 TP347HFG 钢的成分分析可知，这两个钢种的成品管材中均含约 $200\times10^{-4}\%$的 N，进口钢管中的 N 含量还稍偏高。

2.3.1.2　25Cr-20Ni 及 20Cr-25Ni 型含铌奥氏体耐热不锈钢

由表 2-13 的数据可知，与 18Cr-8Ni 型奥氏体耐热不锈钢相比，HR3C 和 NF709 耐热不锈钢均含有较高含量的 Cr 以保证其抗高温蒸汽的能力，一般认为 22.5%Cr 足以保证钢的抗高温蒸汽腐蚀的能力，Ni 含量较高是为保证奥氏体基体组织的稳定性。与 NF709 相比，HR3C 耐热不锈钢成分体系较简单，除标准要求的成分之外，进口 HR3C 钢管中含有微量的 B，以提高 $M_{23}C_6$ 相的稳定性，其主要依赖富 Nb 的 Z 相、NbN 及 NbC 相来维持其高温蠕变强度。NF709 合金成分体系较复杂，添加 W 和 Mo 可发挥其固溶强化的作用，提高基体 Fe 的扩散激活能，其他成分设计目的基本相同。

表 2-13　25Cr-20Ni 型含 Nb 奥氏体耐热不锈钢化学成分

（质量分数,%）

牌号	C	Si	Mn	P	S	Cr	Ni	Nb	N
HR3C	0.04~0.10	≤0.75	≤2.00	≤0.030	≤0.030	24.0~26.0	17.0~23.0	0.20~0.60	0.15~0.35
NF709	≤0.10	≤1.00	≤1.50	≤0.030	≤0.030	19.5~23.0	23.0~26.0	0.10~0.40	0.10~0.25

注：NF709 钢中其他成分为 W 1.5%~2.6%，Mo 1.0%~2.0%，B 0.002%~0.010%，Ti≤0.20%。

2.3.1.3　近几年发展起来的新型奥氏体耐热不锈钢

表 2-14 中的 Sanicro25 是提出比较早的钢种，也已经被纳入相应国际通用标准，其在成分设计上与 C-HRA-5 钢有相似的地方，后者在前者的基础上添加了微量的 B，缩小了 C 含量范围，以及扩大了 Cr、Ni、Cu、W、Co 等成分的范围，这些合金元素成分范围的扩大会使钢在组织和析出相方面获得更大调整空间。但是究其设计理念而言，这一钢种还是依靠富 Nb 相，如 Z 相、NbC、NbN，以及富 Cu 相的沉淀强化作用，高 Cr 含量能起到抗高温蒸汽的氧化腐蚀作用，高 Ni 含量可起到稳定奥氏体组织的作用，W 元素的加入使钢中引入了 Laves 相强化，Co 元素既能起到稳定奥氏体作用又能提高抗蒸汽氧化腐蚀的能力。相对而言，

SP2215 在成分设计上更节约原料，没有贵重的 W 和 Co 合金元素，利用 Cu 和 N 元素稳定奥氏体，降低 Ni 的含量，Cr 含量达到 22%，满足抗蒸汽氧化腐蚀的能力，利用富 Nb 相、富 Cu 相及 B 稳定 $M_{23}C_6$ 相颗粒，获得高的高温蠕变强度。

表 2-14 最新研发的含 Nb 奥氏体耐热不锈钢化学成分

（质量分数,%）

牌号	C	Si	Mn	P	S	Cr	Ni	Nb	Cu	W	Co	N	B
Sanicro25	0.04~0.10	≤0.40	≤0.60	≤0.030	≤0.015	21.5~23.5	23.5~26.5	0.30~0.60	2.0~3.5	2.0~4.0	1.0~2.0	0.15~0.35	
C-HRA-5	0.03~0.08	≤0.40	≤0.50	≤0.025	≤0.008	18.0~25.0	21.5~31.5	0.30~0.65	2.0~4.0	1.0~5.0	1.0~4.0	0.10~0.35	0.003~0.009
SP2215	0.07	0.75	2	0.03	0.01	22	15	0.30~0.70	3.5	—	—	0.15~0.35	0.004

值得一提的是，C-HRA-5 和 SP2215 两个钢的牌号是由我国自主设计的，说明国内在奥氏体耐热不锈钢成分设计方面取得了较大的进步。最近几年，美国、日本、韩国等国家在奥氏体耐热不锈钢的原型钢种设计方面也有一些进展，比如近几年研究比较热门的 AFA 奥氏体耐热不锈钢，含有 MX 相、Laves 相、NiAl 相和 Ni_3Al 相等尺寸较稳定的第二相。我国学者或参与这一钢种开发，或已经展开对该钢的独立研究。国内学者在奥氏体耐热不锈钢发展方面需要提高原型钢种在设计上的关注度，在奥氏体耐热不锈钢材料基因工程方面加紧工作，构建涵盖成分设计-冶炼工艺-铸造工艺-热加工-冷加工-热处理-高温服役性能的贯穿模型，为原型钢种的成分设计提供支撑。

从上述奥氏体耐热不锈钢成分设计的角度看，不仅要考虑高温持久强度，其依赖于组织的稳定性（位错、时效强化、固溶强化、细晶强化以及微观组织的转变和相转变等因素），还要考虑钢的抗介质腐蚀能力。换句话说，成分设计的任务在于高温服役时既要保持基体组织的长期稳定，又要利于强化因素的及早出现和不利组织退化或相转变的延迟出现或不出现。比如，C、N、Ni、Cu、Co 等元素能起到稳定奥氏体组织的作用同时抑制有害脆性相 σ 相的析出，其中 Cu 元素既能稳定奥氏体组织又能析出细小、弥散分布的富 Cu 相；Nb、Ti、V 等元素是钢中 Z 相、MX 相等强化因素的主要贡献者，但其消耗钢中的 C 和 N 元素，间接促进 σ 相的形成，处理不好容易形成大块的、分布不理想的一次性富 Nb 相，危害钢的力学性能；Cr 元素使钢具有高的电极电位和抗氧化腐蚀能力；加入表面活性元素 B 可降低界面能，延迟 $M_{23}C_6$ 相颗粒的长大速度，间接使 $M_{23}C_6$ 相颗粒分布更加弥散；有的钢中加入 W、Mo 等合金元素，能够增加固溶强化效果，形成一定数量的 Laves 相，起到一定的沉淀强化作用。

2.3.2　典型含铌奥氏体耐热不锈钢的组织结构特征及铌赋存状态

2.3.2.1　含铌相析出的热力学研究

A　析出温度

表2-15中计算成分采用标准规定成分的中限值或生产中常用的控制目标成分。由表中数据可知，含Al和Ti的Super304H和Tempaloy AA-1钢中容易形成一次相，即一次相的结晶析出温度较高，比凝固终了温度高150～180 ℃。在非平衡和平衡凝固中，各钢种的一次相开始析出温度相差不大，有的钢种前者高些，有些后者稍高；非平衡凝固终了温度比平衡凝固终了温度低50～150 ℃。随着合金化程度的提高和成分体系的复杂化，钢中析出的一次相种类增多，可能从液相中直接析出NbN、CrNbN和Laves相，甚至有一次的富Cu相，但未见一次CrNbN相、一次Laves相和一次富Cu相的相关报道。

表2-15　典型奥氏体耐热不锈钢一次富Nb相平衡/非平衡结晶析出的温度

牌号	计算成分（质量分数）/%	T_1/℃	T_2/℃	凝固开始/终了温度/℃
TP347H	0.06C-0.40Si-1.0Mn-18.5Cr-10.0Ni-0.65Nb-0.02N	1324.26	1329.35	1329.35/1260
TP347HFG	0.06C-0.40Si-1.0Mn-18.5Cr-10.0Ni-0.80Nb-0.02N	1324.03	1307.84	1322.65/1260
Super304H	0.10C-0.20Si-0.5Mn-18Cr-9Ni-0.4Nb-0.08N-3Cu-0.05B-0.015Al	1497.93	1497.93	1326.68/1180
Tempaloy AA-1	0.10C-0.40Si-1.0Mn-18Cr-10.5Ni-0.35Nb-3Cu-0.002B-0.3Co-0.15Ti	1502.16	1497.93	1331.47/1180.0
HR3C	0.07C-0.40Si-1.0Mn-24Cr-20Ni-0.40Nb-0.25N	1347.66	1334.03	1343.21/1235.0
NF709	0.07C-0.40Si-0.7Mn-22Cr-25Ni-0.25Nb-0.15N-2W-1.5Mo-0.005B	1263.21	1297.93	1313.28/1245.83
Sanicro25	0.07C-0.10Si-0.2Mn-22Cr-25Ni-0.40Nb-0.25N-3W-2.5Cu-1.5Co-0.005B	1324.27	1282.09	1315.26/1200.0
C-HRA-5	0.05C-0.20Si-0.2Mn-22Cr-26Ni-0.40Nb-0.25N-3W-3Cu-2.5Co-0.006B	1303.86②		1322.446/1185.0
SP2215	0.05C-0.75Si-2Mn-22Cr-15Ni-0.35Nb-0.25N-3.5Cu-0.004B	1330.83①		1317.73/1170.0

注：T_1为平衡凝固MX或CrNbN相的开始析出温度；T_2为非平衡凝固MX相或CrNbN相的开始析出温度。SP2215钢液中析出来的首先是Z相，然后是Laves相。

①钢中Z相、MN（金属氮化物）、M(C,N)（金属碳氮化物）以及Laves相的析出温度分别为1315.30 ℃、1284.03 ℃、1250.27 ℃和1189.49 ℃。

②钢中Z相、MN（金属氮化物）、M(C,N)（金属碳氮化物）以及Laves相的析出温度分别为1305.35 ℃、1266.09 ℃、1245.00 ℃和1293.24 ℃。

B 析出量

表2-16中数据表明，大部分典型含Nb奥氏体耐热不锈钢凝固过程中会形成一定量的一次富Nb相；在平衡凝固状态下，TP347H和NF709钢中不出现一次相，但在非平衡凝固过程会析出少量的一次富Nb相。除平衡状态下没有一次相析出以外，非平衡凝固条件下析出的一次富Nb相的量通常少于平衡状态下析出的数量，平衡状态下析出的一次富Nb相的种类多于非平衡凝固条件下析出的种类。平衡凝固条件下，钢中一般仅析出NbX、TiX或AlX相，而在非平衡凝固条件下，会有多种一次相析出。在凝固末端液相中，Nb的偏析程度没有明确的规律，HR3C钢中Nb的凝固偏析程度最大，其次是NF709钢，再次是TP347H耐热不锈钢。

表2-16 典型奥氏体耐热不锈钢一次富Nb相平衡/非平衡结晶析出量及凝固结束时液相中Nb的含量

牌号	平衡凝固时一次富Nb相含量(质量分数)/%	平衡凝固条件下Nb最大浓度/%	平衡凝固条件下Nb偏析系数	非平衡条件下凝固时一次富Nb相含量(质量分数)/%	非平衡条件下析出相中Nb含量/%	非平衡条件下凝固结束时液相中Nb含量(质量分数)/%	开始凝固温度/℃	平衡凝固温度范围/℃
TP347H	0	7.73	11.89	0.0112+0.000797	11.56	17.78	1446.62~1445.0	117.27
TP347HFG	0.00596	9.43	11.79	0.000775	11.60	14.50	1443.98~1445.0	121.33
Super304H	0.0942	5.26	13.15	0.0067+0.00135+0.00135	6.13	15.33	1429.42~1430.0	102.74
Tempaloy AA-1	0.0937	4.63	13.23	0.00548+0.00137+0.00127	6.01	17.17	1425.79~1425.0	94.32
HR3C	0.0777	5.6	14.00	0.00394+0.00107+0.000507	11.68	29.20	1426.04~1426.04	82.83
NF709	0	3.01	12.04	0.00516+0.000779	6.84	27.36	1416.0~1415	102.72
Sanicro25	0.26	3.11	7.78	0.019+0.00179	3.60	9.00	1393.57~1395.0	78.31
C-HRA-5	0.0429	2.69	6.73	0.0191+0.00275	3.17	7.93	1388.36~1388.36	65.914
SP2215	0.25	2.00	5.71	0.00336+0.0015	4.90	14.00	1395.58~1395.58	77.85

注："+"前后仅表示两种一次富Nb相在凝固结束时的含量，并不代表一次富Nb相析出先后。

比较而言，25-20型、20-25型奥氏体耐热不锈钢在凝固过程中Nb的偏析程度高于18-8型奥氏体耐热不锈钢，新型的含Nb的奥氏体耐热不锈钢如Sanicro25、C-HRA-5和SP2215的偏析程度较低。考察一次相的形态和分布状况时，还要考虑凝固温度范围，结合表2-15与表2-16中的数据显示，可以推测一次相在铸锭或铸坯中的赋存状态；当然还要参考铸造工艺条件，如果在铸造过程中出现热裂纹，由于补缩，极有可能产生大块的一次富Nb相。

C　含铌奥氏体耐热不锈钢的成分设计

由表 2-16 中的数据可知，成分体系越复杂、合金化程度越高的钢，开始凝固的温度越低；新型的含 Nb 奥氏体耐热不锈钢在成分设计中，在缩小钢的凝固温度范围方面下了功夫，使得凝固温度区间变窄，这有助于改进一次富 Nb 相的分布形态。成分体系越复杂，在凝固过程中析出多种一次相的可能性越大，而且多数一次相在凝固末端形成，这些一次相之间相互作用，可能会导致后续的热处理难度加大。有必要指出，对同一种钢而言，随着奥氏体耐热不锈钢中 Nb 含量的增大，其他成分相同的情况下，其熔点会略微降低，富 Nb 相析出温度降低[62]。因为在高温服役过程中，奥氏体耐热不锈钢中容易产生与基体不共格的脆性 σ 相，对其高温蠕变性能有害；在成分设计时，还必须根据一定的标准（通过 Cr 当量控制 σ 相生成的倾向性[63-64]，利用 d 电子轨道和电子空位数来预测 σ 相生成的倾向性[65]）配比各种成分，以抑制、延缓或消除 σ 相析出；为了达到抑制或消除 σ 相析出须重点考虑 Nb、Ti 等特殊碳氮化物形成元素与 C、N 含量的关系，从而保证奥氏体不锈钢的高温蠕变性能和抗高温蒸汽氧化腐蚀的性能。

2.3.2.2　含铌相的赋存状态及影响因素

在奥氏体耐热不锈钢中，含 Nb 相是指以 Nb 为主要形成元素的一次相和二次相。从严格意义上来讲，一次含 Nb 相是指液相中结晶析出的异于金属基体的富含 Nb 元素的晶体颗粒，二次含 Nb 相是指从固相中脱溶析出的异于金属基体的富含 Nb 元素的颗粒。在实际生产中，一般把奥氏体耐热不锈钢中经高温固溶处理后残留在基体中的大颗粒富 Nb 相称为一次含 Nb 相，将经高温固溶处理和时效处理后钢中弥散分布的含 Nb 相颗粒称为二次含 Nb 相，这可能与严格区分一次含 Nb 相和二次含 Nb 相比较困难，而且也没有实际生产意义有关。

A　热处理制度及铌含量

高温固溶处理能够显著降低钢中一次相颗粒的含量。Super304H 耐热钢分别经历 1250 ℃ 和 1200 ℃ 的固溶处理，其中一次相颗粒的含量分别为 0.260% 和 0.343%；经过高温固溶，钢中大颗粒的一次富 Nb 相含量降低，再经历 1150 ℃ 短时的处理，既可以获得所期望的细晶组织，又可以获得弥散程度大、含量较高的颗粒细小的 Nb(C,N) 相[66]。

表 2-17 中的数据表明，HR3C 钢中富 Nb 相含量随着固溶处理温度升高而降低，大概在 1230 ℃，钢中的富 Nb 相大幅度溶解[67]。

表 2-17 经不同温度固溶处理的 HR3C 钢中残余的富 Nb 相的成分和数量

试样状态	析出相种类	相中各元素占钢的质量分数/%					
		Nb	Cr	Fe	Ni	N	Σ
1200 ℃×21 min 水淬	CrNbN+NbN	0.092	0.080	0.017	0.002	0.020	0.211
1230 ℃×21 min 水淬	CrNbN+NbN	0.072	0.041	0.027	0.002	0.019	0.161
1260 ℃×21 min 水淬	CrNbN+NbN	0.052	0.037	0.012	0.002	0.013	0.116

Nb 含量对钢中大颗粒富 Nb 相的数量影响较大。经 1200 ℃×2 h 固溶处理，22Cr25NiWCuCo(Nb)(Sanicro25) 奥氏体耐热不锈钢中大颗粒富 Nb 相的含量随钢中平均 Nb 质量分数的增大而增大，如图 2-60 所示[62]。对不同 Nb 含量的 22Cr25NiWCuCo(Nb) 钢进行 1200 ℃×6 h 的固溶处理，发现随着 Nb 含量的增加，富 Nb 相颗粒的尺寸增大，富 Nb 相颗粒的体积分数也增大，如图 2-61 所示[62]。奥氏体耐热不锈钢中的 Nb 含量增大，有助于 NbX 相沉淀析出，在高温固溶处理时，MX 相可能被 CrNbN 相取代。

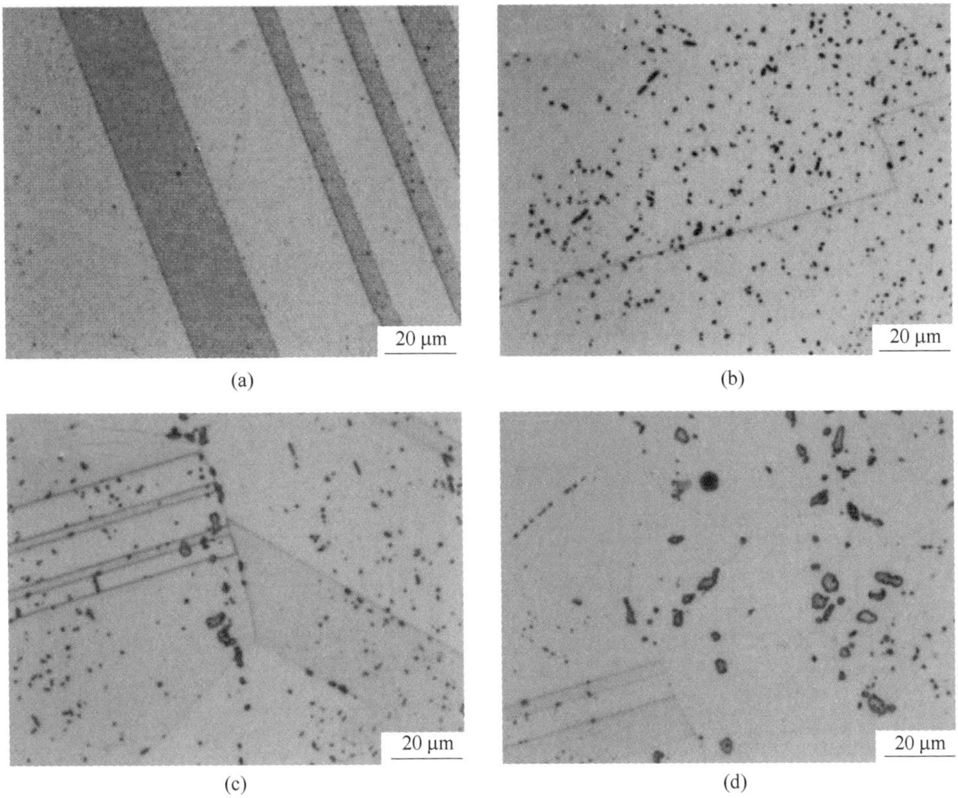

图 2-60 经 1200 ℃×2 h 固溶处理的不同铌含量的 22Cr25NiWCuCo(Nb) 钢中富 Nb 析出相的形貌

(a) 不含 Nb；(b) 0.3%Nb；(c) 0.6%Nb；(d) 0.9%Nb

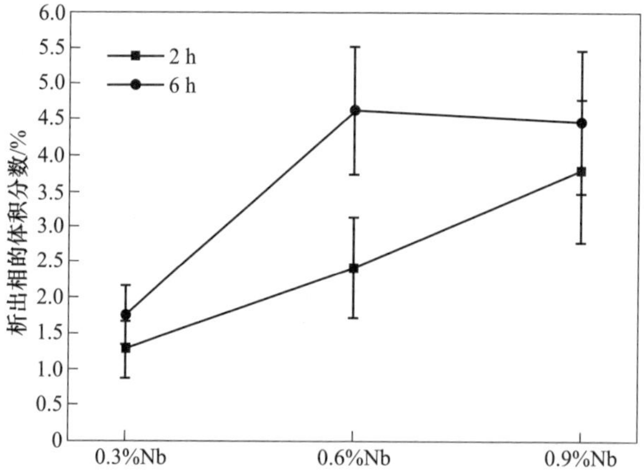

图 2-61　经 1200 ℃×2 h 和 6 h 固溶处理的 22Cr25NiWCuCo(Nb) 钢中富 Nb 相体积分数随含 Nb 量的变化

经固溶处理的 HR3C 钢中也得到与文献[62]同样的结果，如图 2-62 和图 2-63 所示。随着 Nb 含量增大，钢中大颗粒的富 Nb 相颗粒增多，其尺寸为 10 μm。

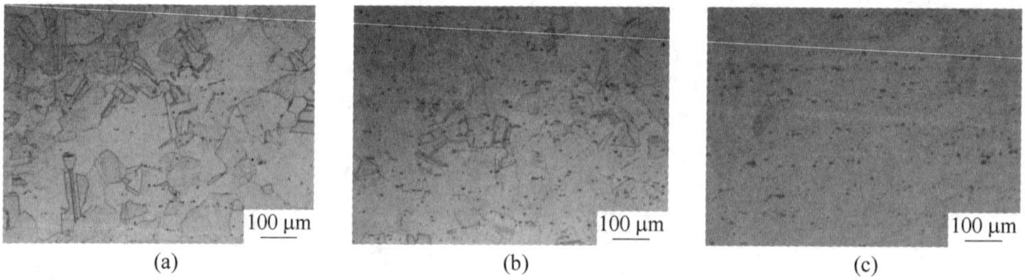

图 2-62　Nb 含量对固溶态 HR3C 钢微观组织的影响（1250 ℃×30 min 水淬）[67]

（a）0.23%Nb；（b）0.40%Nb；（c）0.56%Nb

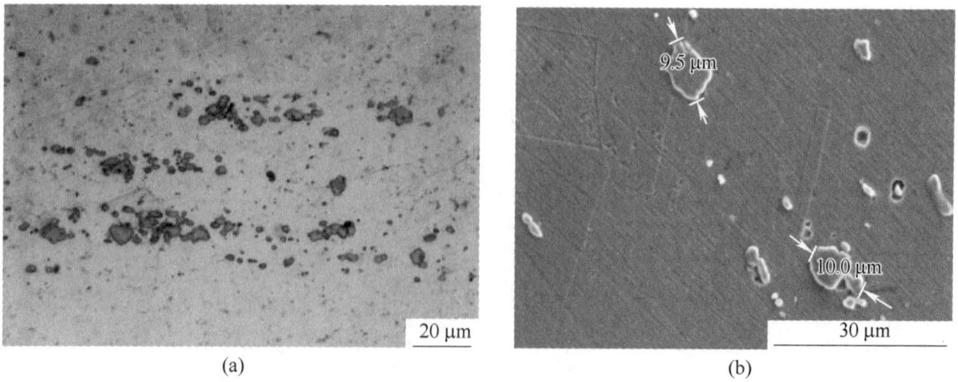

图 2-63　HR3C 钢（含 0.56%Nb）中成簇的含 Nb 析出相[68]

（a）光学显微组织；（b）SEM 图

塑性变形和热处理后仍然残留的一次性富 Nb 碳氮化物尺寸较大，其行为和夹杂物相似[68]。文献[69]报道了 SA312-TP347 钢的断裂韧性与大块 NbC 之间的关系，断裂韧性与 Nb 含量相关，0.04%C-0.45%Nb-0.06%N 钢的断裂韧性高于 0.06%C-0.78%Nb-0.12%N 钢的断裂韧性。因此，在考察沉淀强化的效果时，不但要考虑钢中第二相的体积分数与第二相颗粒的尺寸，还要考虑钢中第二相的分布形态对韧性的影响。

表 2-18 中的数据表明，随 Nb 含量变化，HR3C 钢中含 Nb 相的数量显著变化，0.56%Nb 实验钢中含 Nb 相的数量远大于 0.23%Nb 实验钢，1000 h 时效状态下，前者中富 Nb 相的含量相当于后者的 2.8 倍；0.40%Nb 实验钢中的富 Nb 相的数量居于两者之间，相当于 0.23%Nb 实验钢的 1.87 倍和 0.56%Nb 实验钢的 0.67 倍。

表 2-18 700 ℃时效状态下 HR3C 钢中 CrNbN+MX 相中合金元素含量的变化[67]

（质量分数，%）

C-Nb 含量	时效时间/h	Nb	Cr	V	Fe	Ni	N	Σ
0.055%C-0.23%Nb	10	0.037	0.020	痕	0.0073	0.0004	0.0057	0.070
	100	0.064	0.035	痕	0.013	0.0006	0.0096	0.122
	300	0.138	0.076	0.0018	0.027	0.0013	0.022	0.266
	1000	0.189	0.104	0.0084	0.037	0.0018	0.028	0.368
	3000	0.172	0.095	0.013	0.034	0.0016	0.026	0.342
	6000	0.183	0.101	0.011	0.036	0.0018	0.028	0.361
	10000	0.230	0.101	0.0050	0.030	0.0035	0.035	0.404
0.062%C-0.40%Nb	10	0.177	0.031	0.0047	0.070	0.0025	0.027	0.312
	100	0.272	0.048	0.0062	0.108	0.0039	0.041	0.479
	300	0.381	0.067	0.0081	0.152	0.0054	0.057	0.670
	1000	0.391	0.069	0.0087	0.156	0.0056	0.059	0.689
	3000	0.394	0.069	0.0087	0.157	0.0056	0.059	0.693
	6000	0.398	0.070	0.0091	0.158	0.0057	0.060	0.701
	10000	0.400	0.071	0.010	0.158	0.0058	0.060	0.705
0.070%C-0.56%Nb	0	0.217	0.087	痕	0.053	0.0094	0.031	0.397
	10	0.226	0.129	痕	0.037	0.011	0.034	0.437
	100	0.203	0.115	痕	0.033	0.0099	0.031	0.392
	300	0.497	0.297	0.013	0.081	0.024	0.075	0.987
	1000	0.515	0.308	0.017	0.084	0.025	0.078	1.027
	3000	0.528	0.316	0.025	0.086	0.026	0.080	1.061
	6000	0.557	0.334	0.030	0.091	0.027	0.084	1.123
	10000	0.557	0.192	0.0087	0.088	0.0099	0.084	0.940

经 1250 ℃×30 min 固溶处理，0. 56%Nb 实验钢中有大量尺寸较大的富 Nb 相颗粒，呈簇状分布，长度方向与锻造延伸方向一致，如图 2-63（a）所示。有些尺寸较大的富 Nb 相颗粒达 10 μm 以上，如图 2-63（b）所示。未固溶到基体里的富 Nb 相，如果呈块状或簇状分布，可能使钢的性能恶化[69]。因此，在成分设计时，须特别关注钢中 Nb 的含量，避免过多的大颗粒富 Nb 相的形成；但也要注意，在高温时效处理和服役过程应有足够的二次富 Nb 相颗粒的形成，以保证钢中具有足够的维持高温强化的因素。

B　二次富铌相的赋存状态及其与一次相间的关系

当 Nb 含量越高时，以一次相形式存在的富 Nb 相越多，以二次相形式存在的富 Nb 相就越少，而且有越多的二次富 Nb 相依附在一次相上析出，并没有强化作用。因此，要尽量减少一次富 Nb 相数量或者尽量使一次富 Nb 相均匀分布。

表 2-18 中的数据表明，在 Z 相和 MX 相中主要含有 Nb、Cr、N 三种元素，含有微量的 V、Fe 和 Ni 元素。随时效处理时间增加，含 Nb 相中 Nb、Cr、N 的比例逐渐增加，与富 Nb 相占钢质量比例的变化规律一致。时效处理过程中，Z 相和 MX 相中 V 的含量呈增加趋势。经 700 ℃时效处理 10000 h，钢中的 Nb 几乎全部以第二相的形式析出，说明 700 ℃平衡状态下，Nb 在基体中固溶度非常小，经长时间时效处理后 Nb 在 HR3C 钢中主要以析出相的形式存在。表 2-18 中数据表明，10000 h 时效处理后，CrNbN+MX 中的 N 含量为钢中 N 平均质量分数的 1/6～1/3，随 Nb 含量增加，固溶于基体中的 N 元素减少，固溶强化效果降低，而沉淀强化可能增强。综合 $M_{23}C_6$ 相和 NbN+CrNbN 相中的 N 含量，经 10000 h 时效处理后，仍有 2/3 的 N 固溶于基体，发挥间隙固溶强化的作用，与 Cr 形成 Cr-N 结构，阻碍位错运动。

图 2-64 是 Nb 含量对实验钢中 CrNbN+MX 相含量随时效处理时间变化的影响。700 ℃时效 300 h，钢中的富 Nb 相析出的速度较快，时效处理时间超过 300 h，富 Nb 相的比例变化较小。很明显，钢中 Nb 含量对含 Nb 相的数量影响显著，0. 56%Nb 的实验钢中富 Nb 相的比例是 0. 23%Nb 实验钢中的 3. 11 倍（6000 h 时效态）。1250 ℃×30 min 水淬固溶态情况下，0. 56%Nb 实验钢中富 Nb 相的质量分数已经达约 0. 397%，与 0. 23%Nb 实验钢经历 10000 h 时效处理后的含量相当。固溶到基体中的 Nb，在随后的时效处理过程中会弥散析出，有利于改善钢的性能。

热处理制度和 Nb 含量对含 Nb 奥氏体耐热不锈钢中大颗粒富 Nb 相的数量或富 Nb 相的含量影响明显，随着 Nb 含量的增大，钢中大颗粒富 Nb 相明显增多，富 Nb 相颗粒的尺寸随着 Nb 含量的增大而增大。钢中平均 Nb 质量分数一定的情况下，一次富 Nb 相的数量越多，能够形成二次富 Nb 相就越少，而且一次富 Nb 相含量越大，二次富 Nb 相析出时会更多地依附在一次富 Nb 相上析出，失去弥

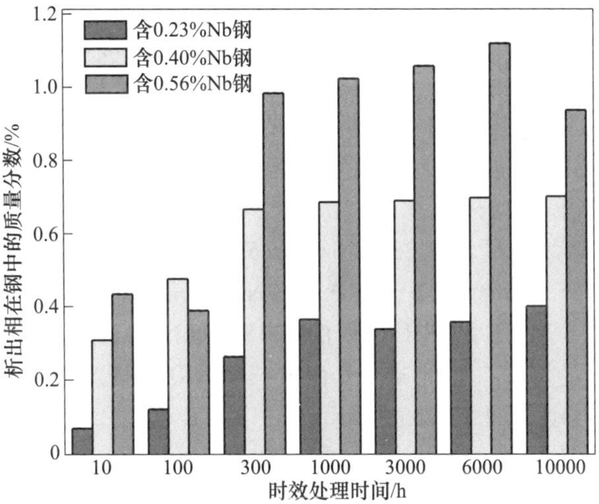

图 2-64 Nb 含量对实验钢中 CrNbN+MX 相含量随时效处理时间变化的影响[67]

散强化的效果。因此，从改善钢的高温力学性能的角度出发，应尽量减少一次富 Nb 相的含量，提高一次含 Nb 相的分散程度。

2.3.3 富铌相对含铌不锈钢热强性能的影响机制

2.3.3.1 铌含量对热强性能的影响

图 2-65 表明，在相同应力条件下，随着 Nb 含量增加，HR3C 钢的持久寿命非单调增大。700 ℃、245 MPa 条件下，含 0.40%Nb 的 HR3C 钢的持久寿命最

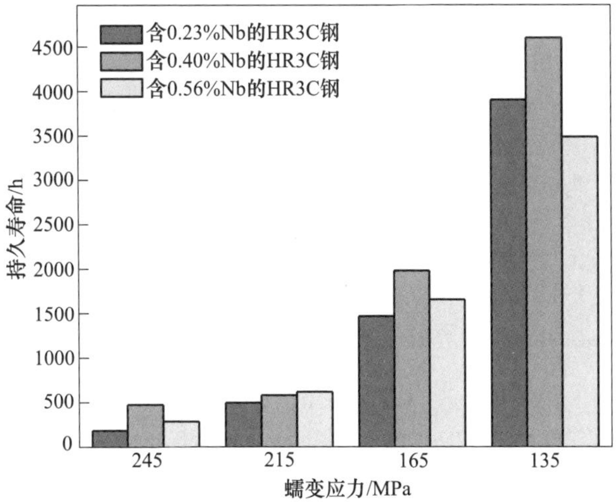

图 2-65 Nb 含量和试验应力对 HR3C 钢持久寿命的影响[67]

长，比含 0.23%Nb 和 0.56%Nb 的 HR3C 钢的持久寿命分别高 158.1%和 65.9%。700 ℃、215 MPa 条件下，三种 Nb 含量钢的持久断裂寿命相差不明显。在高应力（高于试验温度下的短时拉伸屈服强度）条件下，不同 Nb 含量 HR3C 钢的持久寿命波动较大，未显出明确的趋势。当持久试验应力低于其屈服强度时，三种不同 Nb 含量 HR3C 钢的持久寿命都显著延长，而且相同应力下，含 0.40%Nb 的 HR3C 钢的持久断裂寿命最长。700 ℃、165 MPa 条件下，含 0.40%Nb 的 HR3C 钢的持久断裂寿命分别是含 0.23%Nb 和 0.56%Nb 的 HR3C 钢的 1.35 倍和 1.20 倍；在 700 ℃、135 MPa 条件下，含 0.40%Nb 的 HR3C 钢的持久断裂寿命分别是含 0.23%Nb 和 0.56%Nb 的 HR3C 钢的 1.18 倍和 1.32 倍。在较低的应力水平下，含 0.40%Nb 的 HR3C 钢的持久寿命最长，含 0.56%Nb 和 0.23%Nb 的 HR3C 钢持久寿命略有波动，如图 2-65 所示。

2.3.3.2　一次富铌相对热强性能的影响

在含 Nb 的奥氏体耐热不锈钢中，一次富 Nb 相颗粒大致可分为两大类，一类在二次枝晶间从液相中析出，一类在凝固末端晶界处液相析出。与凝固末端晶界处析出的富 Nb 相相比，在二次枝晶间液相析出的一次富 Nb 相颗粒尺寸小，如图 2-66 所示。图 2-66（b）中红色较重的区域是大颗粒含 Nb 相集中析出的区域，而绿色较重的区域中分布着大量二次枝晶间的一次富 Nb 相颗粒。需要说明的是，在铸坯规格较大和冷却速度不大的情况下，铸坯表层为晶粒尺寸较小的薄层等轴晶区，往里为柱状晶区，中心部位为粗大的等轴晶区，其中在柱状晶区能分辨出明显的二次枝晶，二次枝晶间有一次富 Nb 相颗粒。铸坯中心粗大的富 Nb 相，虽经后续的加热、热塑性加工/冷加工和热处理，沿着塑性加工方向被拉断，

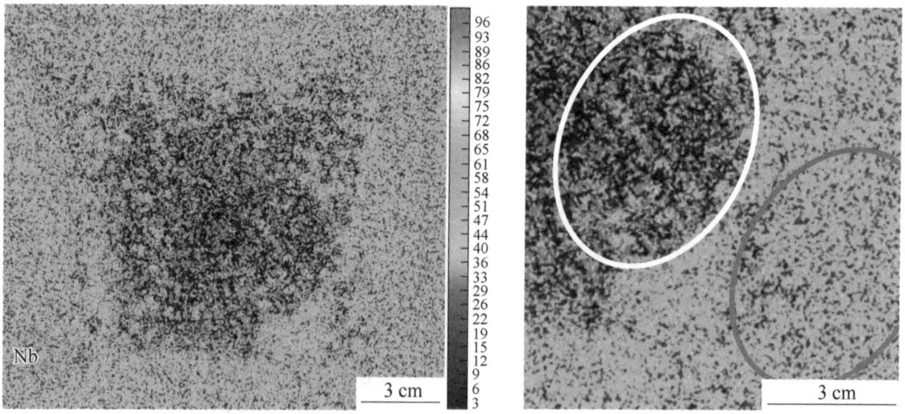

(a)　　(b)

图 2-66　TP347H 耐热不锈钢 180 mm×180 mm 铸坯横断面微束荧光分析的元素强度分布图

（a）全横断面微束荧光分析；（b）部分区域放大

图 2-66 彩图

但由于其形成温度高，仍然为粗大的颗粒，而二次枝晶处的小颗粒一次富 Nb 相经冷热加工后多数仍然为小颗粒的一次相。

固溶态 C-HRA-5 奥氏体耐热不锈钢试样中有微米级的 Z 相颗粒，随着 700 ℃时效处理时间的延长，微米级的 Z 相颗粒的尺寸比较稳定，观察还发现存在 200~500 nm 大小的一次 Z 相颗粒[70]。

A 大颗粒一次富铌相对热强性能的影响

大块簇状分布的一次富 Nb 相颗粒是 HR3C 钢在 700 ℃下拉伸塑性较低且试样表面出现龟裂的原因，改善富 Nb 相颗粒的形态，有助于提高固溶态 HR3C 钢的短时高温拉伸塑性[71]。在 C-HRA-5 钢的原位拉伸试验中发现，晶粒内部大尺寸的富 Nb 相颗粒容易成为断裂前的裂纹源，起源于晶界处 $M_{23}C_6$ 相颗粒的裂纹与晶粒内部的富 Nb 相颗粒处的裂纹连接到一起，形成穿晶断裂。晶粒内部和晶界处析出相颗粒间裂纹的形成与扩展如图 2-67 所示[72]。该图表明，尺寸较大的富 Nb 相颗粒间容易形成裂纹，随着拉伸变形而逐渐长大扩展，三岔晶界处受到的拉应力较大，如有脆性的颗粒也容易形成裂纹。对添加 W 和 Cu 元素改性的 HR3C 钢的研究也表明，大颗粒的一次富 Nb 相会使其在蠕变疲劳试验中过早断裂[73]。

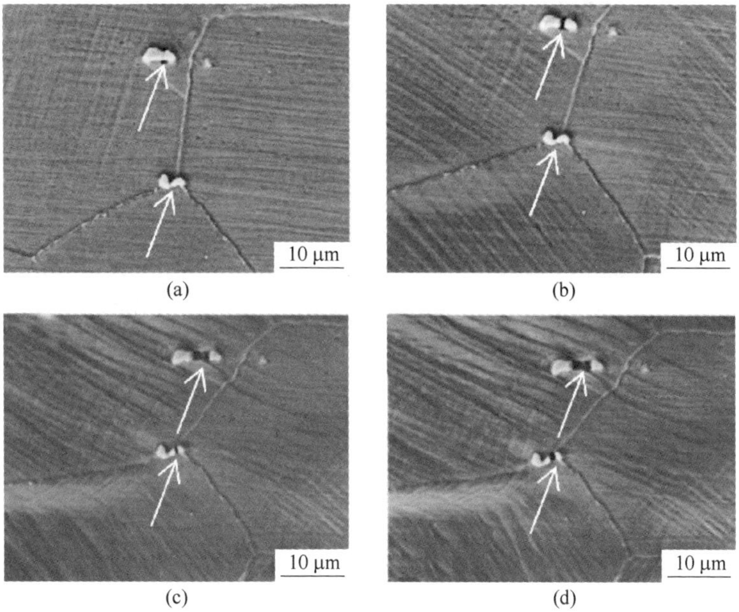

图 2-67 C-HRA-5 钢室温原位拉伸组织演变[72]

(a) 无应变；(b) 应变量为 0.356；(c) 应变量为 0.768；(d) 应变量为 0.863

NF709 合金高温拉伸试样的断口上大韧窝的底部是大颗粒一次 CrNbN 相，小韧窝的底部是细小的二次 CrNbN 相颗粒，裂纹起源于粗大的一次 CrNbN 相颗粒，裂纹容易沿着带状分布的一次相颗粒扩展，在垂直于受力方向连续或断续呈链状分布粗大的一次相颗粒之间容易形成裂纹，如图 2-68 所示[74]。在对高温蠕变的 TP347H 耐热不锈钢试样的研究中发现，大颗粒的一次 NbC 相是蠕变过程空位、裂纹形成的源头之一，如图 2-69 所示[75]。在 HR3C 钢的高温持久试样中，发现大颗粒的一次富 Nb 相可能成为蠕变断裂的源头[67]。

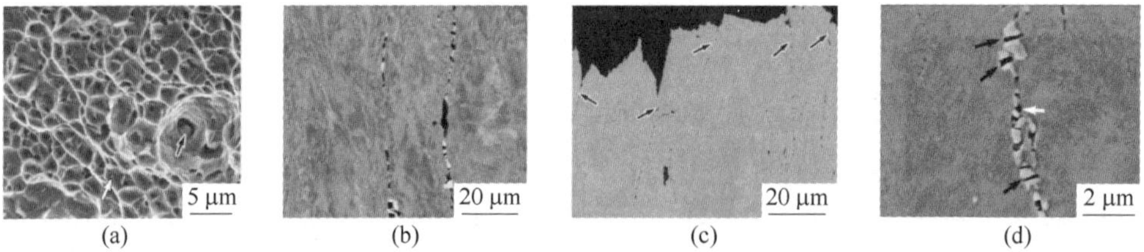

图 2-68　高温拉伸断裂的 NF709 合金试样的断口状态和断面裂纹在一次相处的形成状况[74]
(a) 断口上的大小韧窝；(b) 断面上与一次 Nb(C,N) 有关的裂纹状态；
(c) 断口形状与一次相析出颗粒的关系；(d) 一次相颗粒上的裂纹

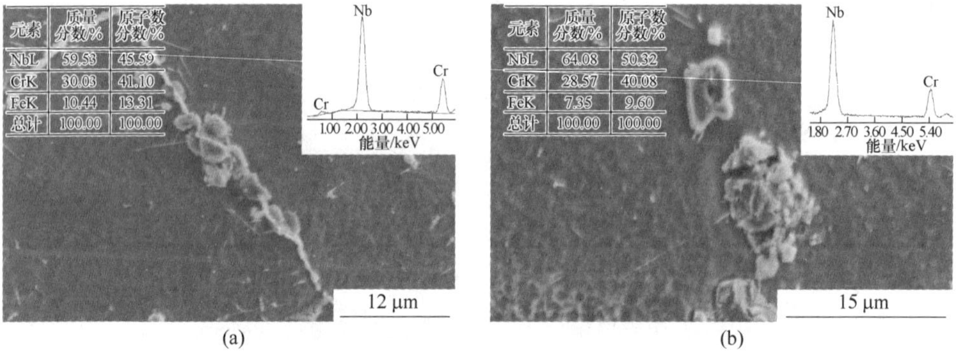

图 2-69　经 700 ℃、140 MPa、2395 h 蠕变断裂的 HR3C 钢试样中呈簇状的富 Nb 相颗粒[67]
(a) 晶界处成簇的含 Nb 相；(b) 晶粒内部大块的含 Nb 相

B　小颗粒一次富铌相对热强性能的影响

经 700 ℃×10 h 时效处理，HR3C 钢中纳米级的 MX 相颗粒陷入位错的包围之中（说明位错与颗粒有强烈的相互作用），能够阻碍位错的运动，如图 2-70 所示[76]。在 700 ℃×3000 h 时效态的 HR3C 钢试样中发现 500 nm 的 CrNbN 相颗粒，如图 2-71 所示[76]；在其周围的组织中还有呈一定方向性的位错塞积现象，说明球形小颗粒的一次富 Nb 相具有一定的强化作用。

2.3.3.3　二次富铌相对热强性能的影响

A　二次富铌相颗粒的析出行为及强化机理

图 2-72 表明，经 700 ℃×1000 h 时效处理，HR3C 钢中弥散分布着大量细小

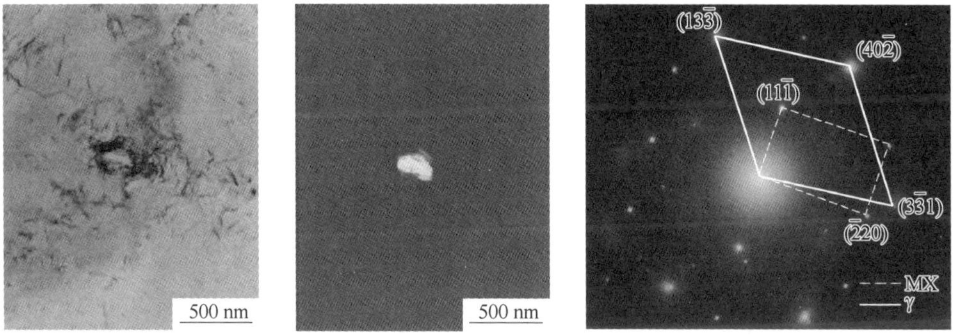

(a)　(b)　(c)

图 2-70　晶粒内纳米级 MX 相颗粒

（a）暗场像；（b）明场像；（c）衍射斑

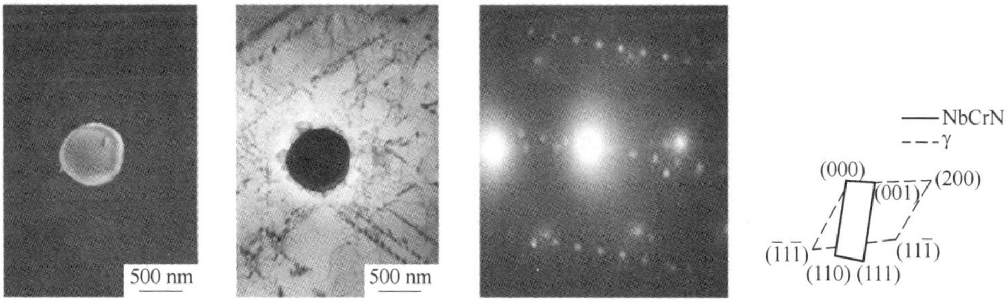

(a)　(b)　(c)　(d)

图 2-71　700 ℃×3000 h 时效态 HR3C 钢试验中的 CrNbN 相颗粒[76]

（a）暗场像；（b）明场像；（c）衍射斑；（d）标定

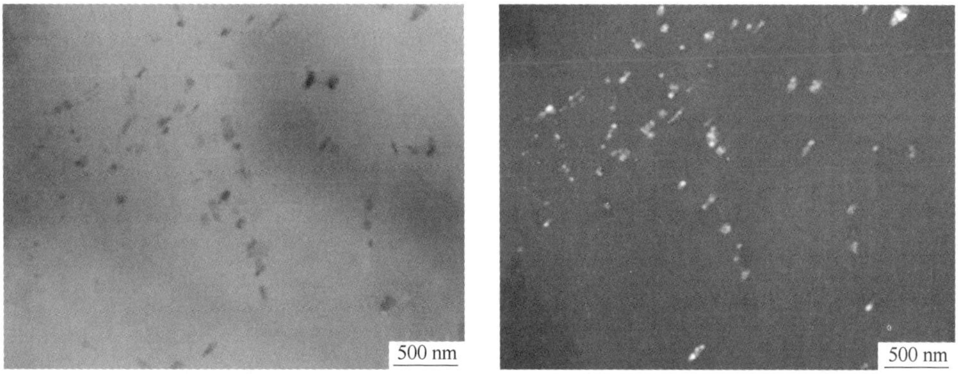

(a)　(b)

图 2-72　晶粒内细小析出相颗粒的 TEM 图[67]

（a）明场像；（b）暗场像

（700 ℃×1000 h）

的第二相颗粒，颗粒的尺寸为 30～100 nm[67]。随着时效处理时间延长，钢中析出的二次 MX 相和 Z 相增多，而且非常细小（约为 30 nm），并较为弥散，如图 2-73 所示[67]。析出相颗粒呈绺状分布，这可能与钢中的易滑移方向有关，MX 相或 Z 相容易在易滑移面上的位错塞积处析出；成簇分布的析出相可能与钢中先存在的相颗粒有关，后析出的颗粒以环绕位错线为形核核心，围绕变形前已经存在的颗粒析出，因而呈簇状分布[67]。NF709 合金在高温时效过程中得到时效强化，硬度、抗拉强度在 650 ℃、700 ℃时效处理一段时间后分别达到最大值，Z 相、MX 相在晶粒内部的析出对材料起到强化作用[77]。

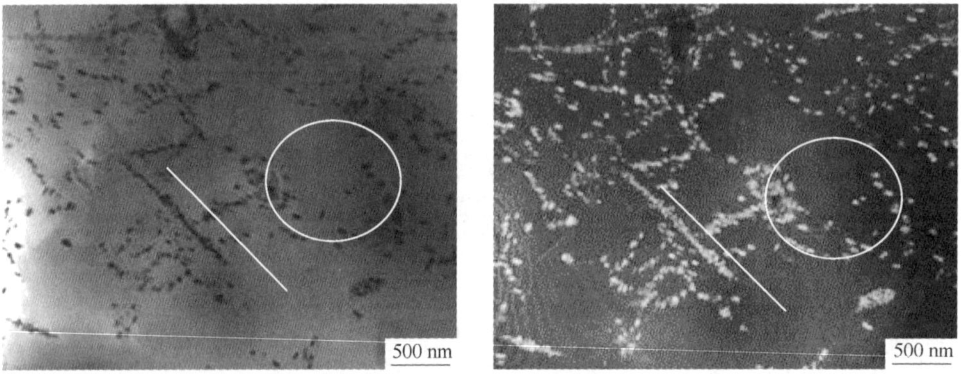

图 2-73　700 ℃×2000 h 时效态试样中细小的 MX 相或 Z 相[67]

（a）明场像；（b）暗场像

图 2-74 表明，HR3C 耐热不锈钢经不同条件的蠕变试验后，晶粒内部有很多位错缠结，缠结的中心为细小 NbX 相颗粒，位错和细小的 CrNbN 相之间相互作用形成虾状的缠结（电子入射方向为 [100]）和串状的位错缠结（电子入射方向为 [110]），串状的位错缠结主要分布在孪晶界处，这种相互作用是 650 ℃蠕变过程中使钢得以强化的关键因素[78]。Yang 等人[79]认为，HR3C 钢在 650 ℃蠕变过程中，第二相 CrNbN 颗粒对沉淀强化的贡献率在 75%以上。同时，细小的 CrNbN 相颗粒与位错相互作用时所呈现出的缠结具有一定的方向性。基体内沿位错线分布着细小的 Z 相颗粒，具有显著的沉淀强化作用，而且这种与基体共格的碳氮化物颗粒在长期蠕变过程尺寸非常稳定，呈 $[001]_{\gamma}//[101]_{Z}$、$[001]_{\gamma}//[021]_{Z}$、$(001)_{\gamma}//(111)_{Z}$ 关系[80]。

Super304H 耐热不锈钢在蠕变过程中出现两次蠕变速率最小值（见图 2-75），第一次与晶粒内部析出的 NbX 相及组织的动态变化相关，第二次最小蠕变速率与晶界处 $M_{23}C_6$ 相、NbX 相、富 Cu 相的析出以及晶粒内部富 Cu 相的析出相关[81]。

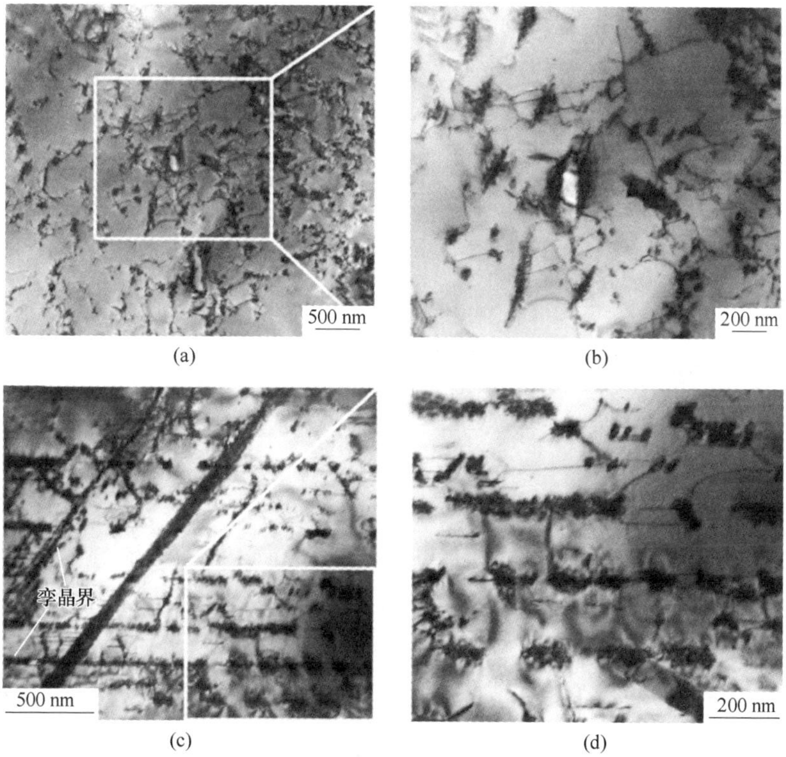

图 2-74 HR3C 耐热不锈钢在 650 ℃、150 MPa 条件下服役 13730 h 后的 TEM 图[78]
(a)(b)电子沿 $[100]_\gamma$ 方向入射；(c)(d)电子沿 $[110]_\gamma$ 方向入射

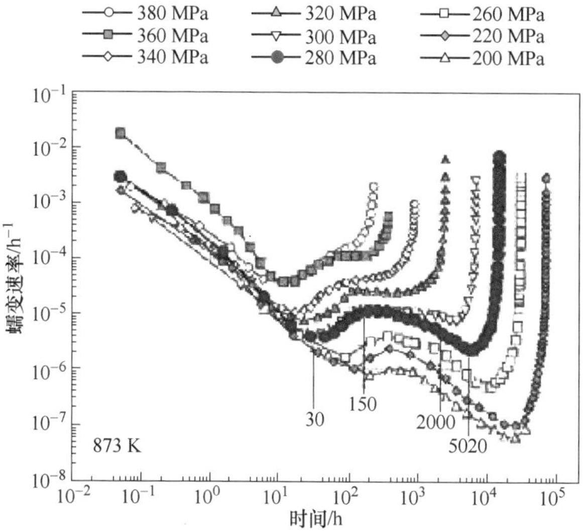

图 2-75 彩图

图 2-75 Super304H 耐热不锈钢的蠕变速率与时间的关系[81]

图 2-76 表明，固溶态的 Super304H 耐热不锈钢中有较多的颗粒尺寸小于 1 μm 的富 Nb 相，随着蠕变时间延长，晶粒内部位错线上析出大量的 NbX 相颗粒，晶界处也开始析出 $M_{23}C_6$ 相和 NbX 相，而且 $M_{23}C_6$ 相长大较快，同时晶粒内部和晶界处析出富 Cu 相[81]。NbX 相颗粒的尺寸稳定，发挥着稳定良好的沉淀强化作用。添加 0. 18%V 的 Super304H 耐热不锈钢中，不仅晶粒更加细小，而且二次析出 MX 相颗粒增多，同时，由于添加 V 元素使钢中的 Z 相更多，会使钢的强度和硬度更大[82]。

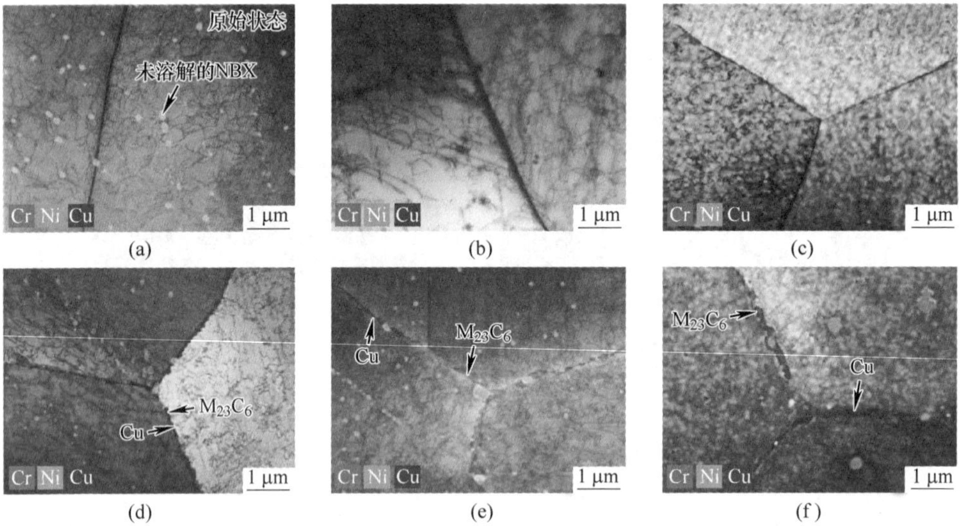

图 2-76　Super304H 固溶态试样和 600 ℃×280 MPa 蠕变时效试样中晶界和晶粒内部的 STEM-EDS 分析图[81]

(a) 固溶态；(b) 0 h；(c) 30 h；(d) 150 h；(e) 2000 h；(f) 5020 h（Cr（红色）、Nb（绿色）和 Cu（蓝色））

图 2-76 彩图

C-HRA-5 奥氏体耐热不锈钢经 700 ℃×(817 h、5015 h、15627 h) 时效处理后，钢中纳米级别的二次 Z 相颗粒的尺寸分别变为 50 nm、60 nm 和 75 nm，尺寸比较稳定，如图 2-77 所示[70]。由此可知，小颗粒且稳定的 Z 相起到稳定的强化作用。

Hong 等人[83]在对经 750 ℃×80 MPa 蠕变试验的 TP347H 耐热不锈钢试样的观察中发现，小颗粒的 MC 相与基体间的位向有两种共格关系，一种是立方-立方共格关系，另一种是与基体呈孪生关系，如图 2-78 所示。在小颗粒与基体呈共格关系时，位错在通过颗粒时遵循切过机制，使钢中的界面增多，体系能量升高，需要更大的外力做功，宏观层面表现为强度升高；孪生关系实际上也是比较

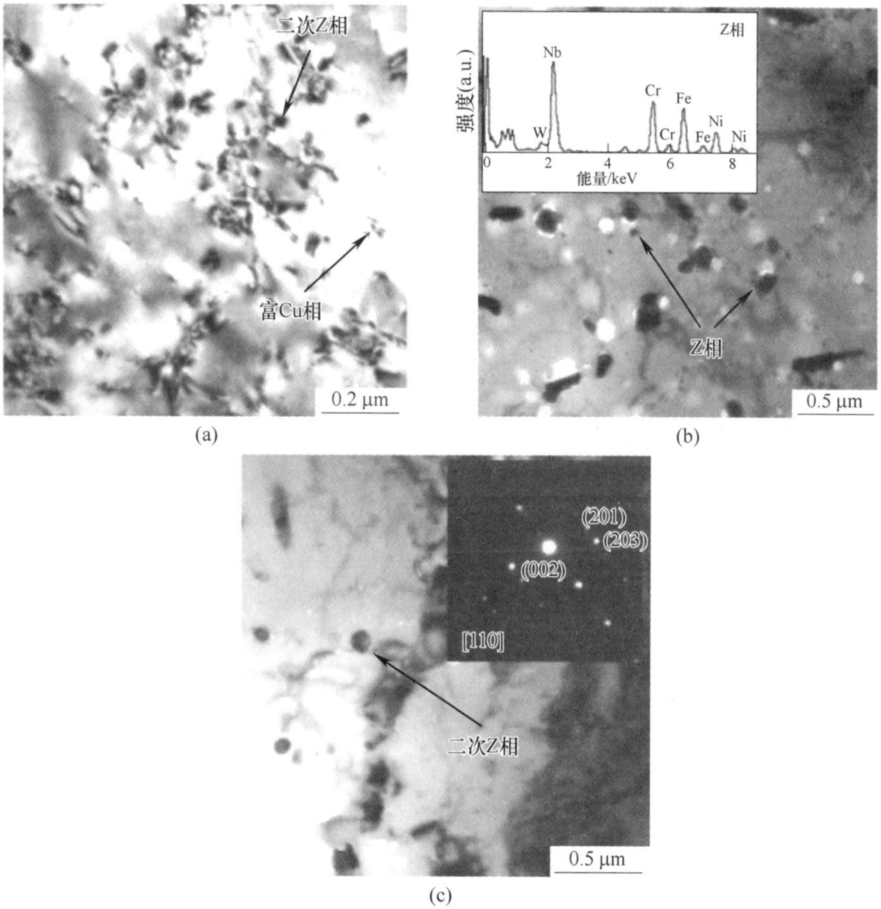

图 2-77 经 700 ℃×15627 h 时效处理的 C-HRA-5 钢中的 Z 相形态[70]
（a）817 h；（b）5015 h；（c）15627 h

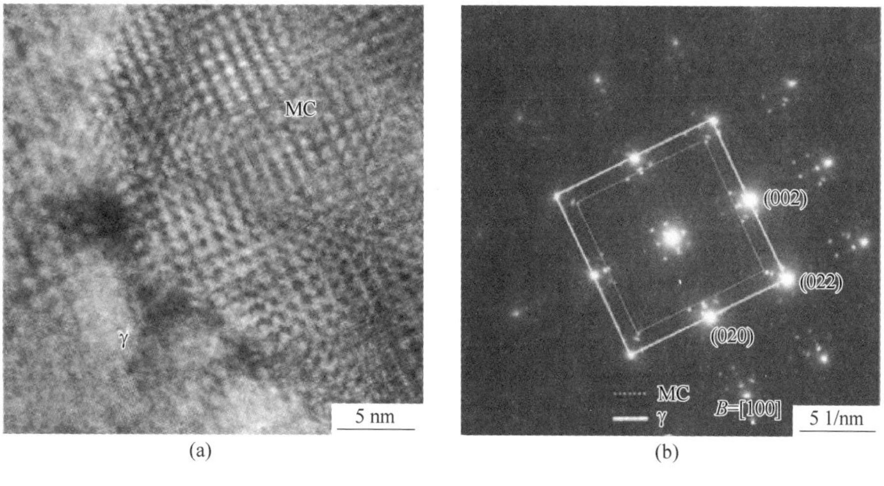

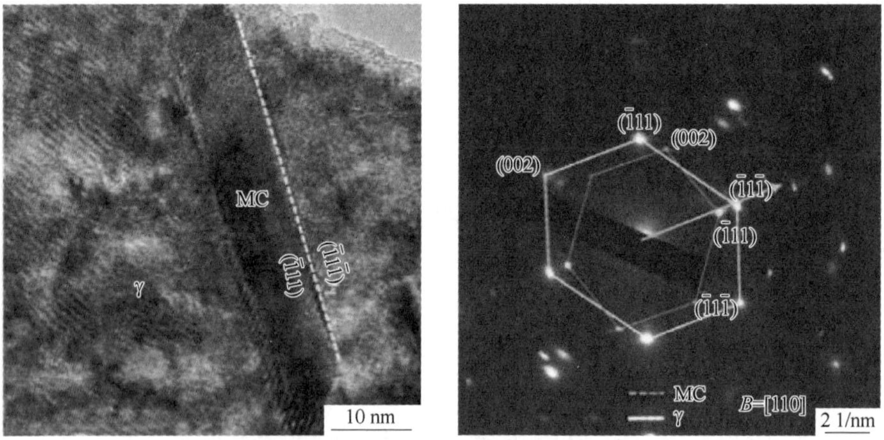

(c)　　(d)

图 2-78　经 750 ℃×80 MPa 蠕变试验的 TP347H 耐热不锈钢中 MC 与基体间的位向关系[83]

（a）高分辨像；（b）MC/γ 界面立方-立方共格关系的选区衍射花样；（c）MC/γ 孪生界面高分辨相；（d）MC/γ 孪生界面的选区衍射花样

图 2-78 彩图

强的共格关系，一般当位错的滑移受到限制时，晶体的两个部分发生孪生，改变晶格与外力之间的关系，需要消耗高于位错滑移所需的能量，因此，孪生关系也会使钢的抵抗变形能力增强。

但在 TP347H 耐热不锈钢中，随着高温蠕变时间延长，MC 相颗粒会长大或者原有大尺寸的一次 MC 相颗粒与奥氏体基体失去或不具有共格或孪生关系（见图 2-79），且原来平行晶面的偏差角度随着颗粒尺寸的长大而增大[83]。

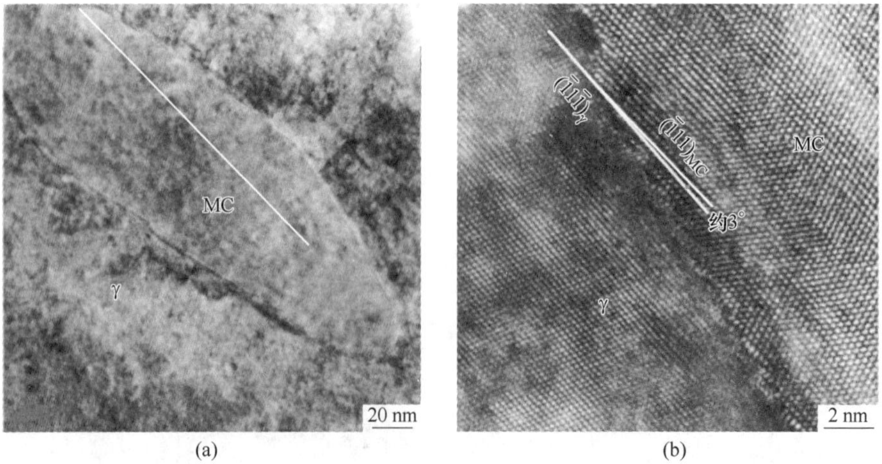

(a)　　(b)

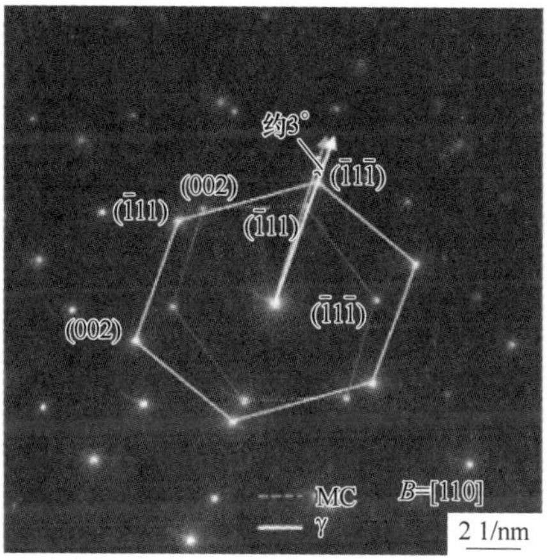

(c)

图 2-79 经 750 ℃×80 MPa 蠕变断裂的试样中大颗粒 NbC 与基体的关系[83]
（a）低放大倍数像；（b）MC/γ 界面高分辨像；（c）MC/γ 界面选区衍射花样

图 2-79 彩图

Sanicro25 钢的焊缝经历不同应变幅（$\Delta\varepsilon t/2=0.2\%$，$0.3\%$，$0.4\%$）的低周疲劳试验，其断裂前沿的 Z 相颗粒周围分布着不同密度的位错缠结，如图 2-80 所示[21]。可以看出，在焊接状态下，Sanicro25 钢焊缝处的 CrNbN 相颗粒周围缠绕着密度较低的位错线（焊后热处理试样中位错密度会大幅度降低），但随着应变幅增大，试样断裂前沿中的位错密度升高，位错缠结增多，也就是说，随着应变幅增大，位错和 CrNbN 颗粒作用增强，导致试样疲劳循环硬化随应变幅的增大而增强。考虑位错与析出相、位错与位错间的相互作用对循环屈服强度的影响，分别建立了基于位错与析出相颗粒间相互作用的循环硬化模型和基于位错缠结的焊接接头循环硬化模型[84]。

在 NF709 合金的高温拉伸试样中可看到 CrNbN 相颗粒对位错的钉扎作用，即在高温拉伸变形中，晶粒内部析出的细小 CrNbN 相颗粒阻碍位错运动，从而起到强化钢的作用，而且在高温变形过程中固溶于基体的 Cr 原子可以获得足够快的扩散速度从而对移动中的位错起到拖拽作用[74,85]。其实，TP347H 耐热不锈钢中[86]，NbX 相和位错的作用机制与 NF709 合金中的相似，如图 2-81 所示。

图 2-82 表明，在持续高温应力作用下，HR3C 钢中有大量的位错。700 ℃、160 MPa、470 h 条件下持久断裂的试样中有位错墙存在，700 ℃、120 MPa、4331 h 条件下持久断裂的试样中有大量的位错缠结在一起形成一个个位错发团[67]。

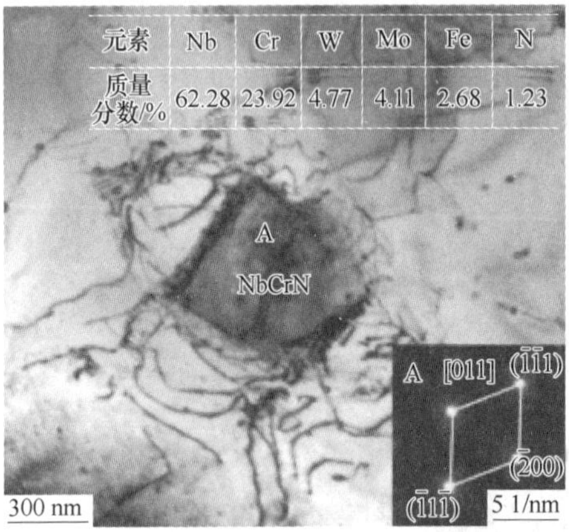

(a)

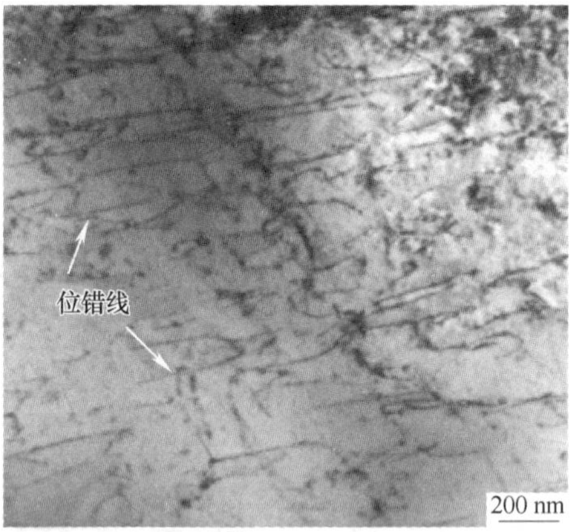

(b)

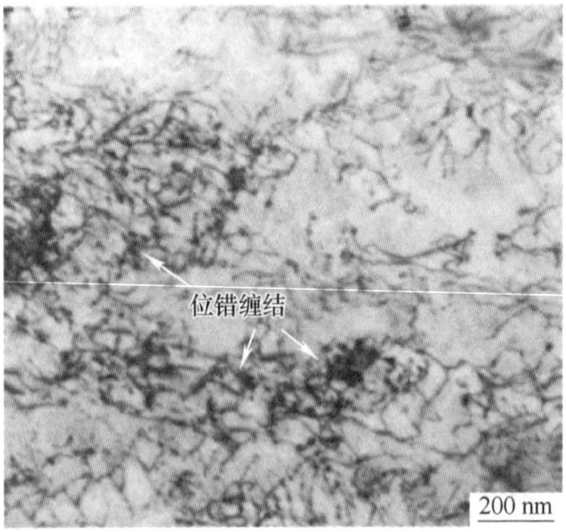

(c)

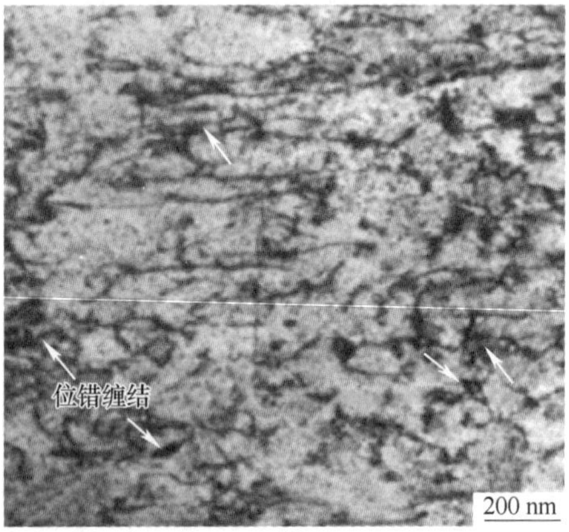

(d)

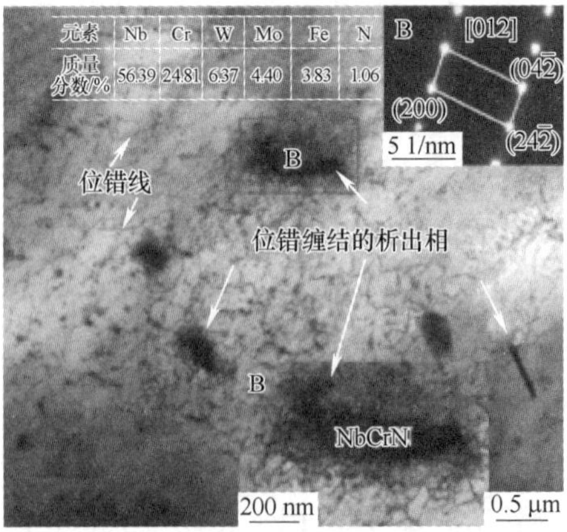

(e)

图 2-80　经历不同处理的 Sanicro25 钢焊缝处的位错与 CrNbN 间的作用形态

(a) 焊后未热处理态；(b)～(e) 应变幅分别为 0.2%、0.3%、0.4%、0.5%

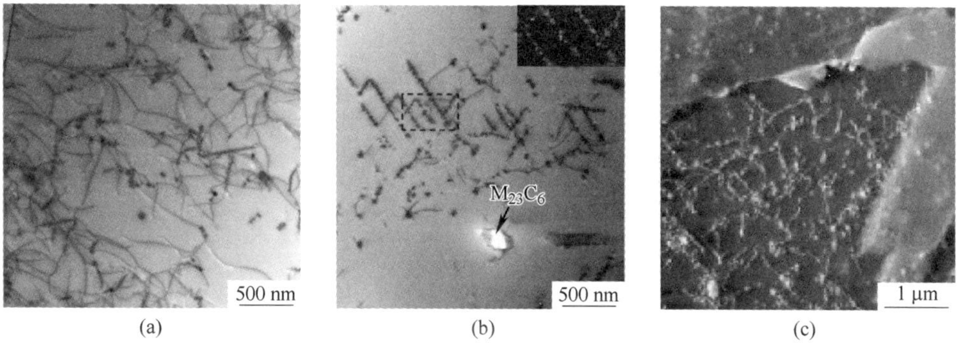

图 2-81 两种钢的 NbX 相和位错作用机制[22,74,86]

（a）NF709 合金在 750 ℃下的高温拉伸试样中位错与小颗粒 CrNbN 相的相互作用；
（b）NF709 合金经 750 ℃×500 h 的时效处理；（c）TP347H 耐热不锈钢在 585 ℃下蠕变试样的微观组织

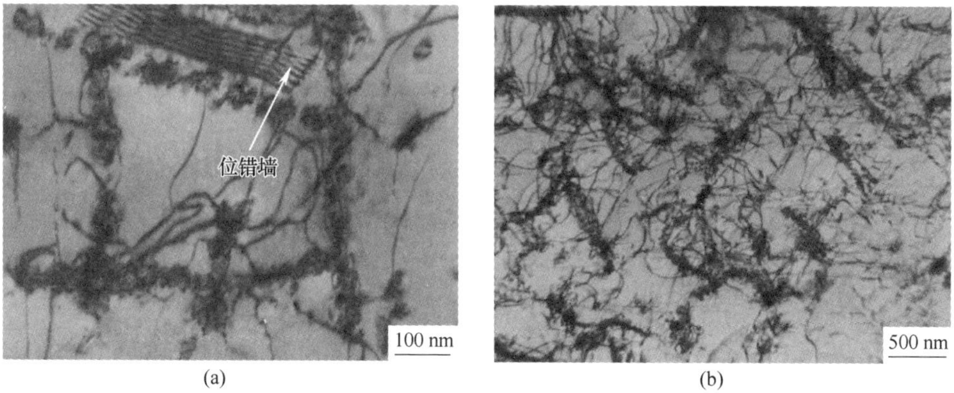

图 2-82 持续高温应力作用下 HR3C 钢中的位错组态[67]

（a）位错墙（700 ℃、160 MPa、470 h 条件下持久断裂的试样中）；
（b）位错缠结（700 ℃、120 MPa、4331 h 条件下持久断裂的试样中）

B 二次富铌相颗粒长大的动力学行为

Wang 等人[87]的研究表明，HR3C 钢在 700 ℃的长期时效处理过程中，晶粒内部析出的 Z 相颗粒长大及其在钢中的质量分数随时间延长呈现出图 2-83 所揭示的规律。可以看出，在 650～750 ℃时效处理条件下，Z 相长大速度均比较缓慢，在时效处理早期阶段，温度高有助于钢中 Z 相的质量分数快速增大；但是超过 4000 h，Z 相的质量分数基本保持不变。

Yang 等人归纳了 650 ℃蠕变条件下 HR3C 钢中 Z 相的体积分数随时间变化的规律，如图 2-84 所示[79]。

根据式（2-16）[88]，在位错和颗粒之间的作用遵循绕过机制时，颗粒数量越多，间距越小，其强化效果越明显。因此，在奥氏体耐热不锈钢制造过程中，要

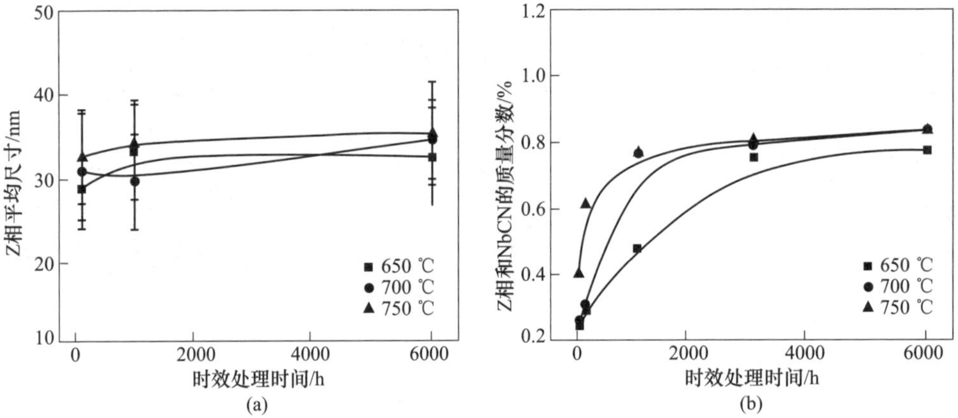

图 2-83　不同时效处理温度下 HR3C 钢中 Z 相的颗粒尺寸（a）及质量分数（b）随时间的变化规律[87]

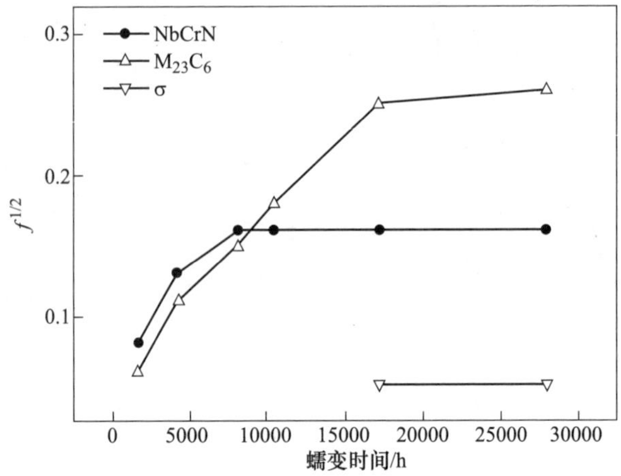

图 2-84　HR3C 钢 650 ℃蠕变时效处理条件下析出相尺寸和体积分数的变化[79]

尽量多地使 Nb 固溶于基体中，使大尺寸的一次富 Nb 相颗粒尽量减少，这样才能在高温服役过程中析出更多弥散分布的二次富 Nb 相颗粒，按照式（2-16）可以判断沉淀强化的效果。

$$\tau_P = \frac{Gb}{2\pi K} \times \frac{f^{1/2}}{0.854 - 1.2f^{1/2}} \times \ln\frac{d}{2\boldsymbol{b}} \tag{2-16}$$

式中，G 为钢的剪切模量；$\boldsymbol{b}$ 为位错的柏氏矢量；K 为与位错类型有关的常数，当全为螺型位错时，$K=1$；d 和 f 分别为第二相粒子的平均直径和体积分数。

综上所述，Nb 对奥氏体耐热不锈钢热强性能的影响可大致分为两个方面：一是破坏作用，二是强化作用。当富 Nb 相颗粒尺寸达到微米甚至微米级以上且分布非常不均匀，即富 Nb 相颗粒大且簇集在一起时对钢的室温和高温力学性能都是有害的；当在高温时效处理或服役过程中弥散析出基体中的二次富 Nb 相对维持钢在高温下的蠕变强度是有益的，依附在大颗粒富 Nb 相析出的二次富 Nb 相对钢的高温性能也无补益。通常一次富 Nb 相可以分为两种类型：一类是凝固末端（晶界）处析出的富 Nb 相，其尺寸通常比较粗大，因为析出温度高，在随后的热加工、热处理工序只能部分地回溶于基体和改变其分布形态，仍然保持其较粗大的颗粒形态；另一类是在二次枝晶间结晶析出的一次富 Nb 相颗粒，这类颗粒在铸坯中结晶析出时的尺寸较小，在随后的热加工过程也不能完全固溶进基体中，其尺寸和分布形态会有所变化。这两种一次富 Nb 相颗粒，对钢的高温强度而言，前者是害多益少，后者是害少益多。要使钢中保持足够的 Nb 含量，必然会产生一定数量的大颗粒富 Nb 相粒，当然这也是符合凝固规律的，小颗粒一次富 Nb 相虽然本身具有一定阻碍位错运动的作用，但是，高温服役过程中析出的第二相依附在这种小颗粒上，其阻碍位错的作用就会降低。在高温受力状态下，二次富 Nb 相沿着位错线析出，阻碍钢中位错的运动，使高温强度得以提高和维持，成为含 Nb 奥氏体耐热不锈钢中主要的强化因素。

随着服役条件越来越苛刻，含 Nb 奥氏体耐热不锈钢的成分体系越来越复杂。热力学计算数据表明，20-25 和 25-20 型奥氏体耐热不锈钢中 Nb 的偏析程度高于 18-8 型含 Nb 奥氏体耐热不锈钢。含 Nb 奥氏体耐热不锈钢中 Nb 的赋存状态大致可分为四类：第一类是形成于凝固末端晶界处的大颗粒一次富 Nb 相；第二类是形成于二次枝晶处的尺寸稍小些的一次富 Nb 相；第三类是高温服役或高温时效处理过程中沿着位错线析出且尺寸细小的二次富 Nb 相；第四类是在高温服役过程仍固溶于奥氏体基体中的 Nb。前三类按照对高温蠕变强度有益性大小可排列为：第一类<第二类<第三类，对于固溶于奥氏体耐热不锈钢基体中的 Nb 强化情况仍然未见报道，但最近有关于固溶于铁素体耐热不锈钢基体的 Nb 强化机理的报道可供参考[89]。第一类富 Nb 相不仅消耗了 Nb，还形成了钢中的有害因素，应尽量避免出现，如果确实没办法避免，应该降低服役参数，避免因为钢的质量影响高温部件的安全运行；第二类不可避免，害处不大，设法使第一类在凝固过程中转变为第二类应该不无可能；第三类在第一类和第二类比较少的情况下才会大量析出和利用。因此，在制造含 Nb 奥氏体耐热不锈钢的时候要从钢的全寿命周期考虑，从成分设计开始，平衡成分匹配，考虑尽量减少大颗粒一次富 Nb 相形成的倾向，在熔炼控制中要保持适当的第二类富 Nb 相颗粒数量，在热处理或热加工过程中要保持 Nb 在奥氏体基体中的高固溶度，以保证服役过程中大量弥散相的析出。

总而言之，设计 Nb 含量、控制 Nb 赋存状态属于系统工程，通过控制 Nb 在奥氏体耐热不锈钢中的赋存状态，既可以提高 Nb 的使用效率，又可以保证奥氏体耐热不锈钢的高温力学性能。

2.4　铌在双相不锈钢中的作用机制

前文 Nb 对铁素体不锈钢和奥氏体不锈钢的影响已进行了广泛的研究，并形成了一定的理论体系。但是，Nb 在双相不锈钢中的应用及 Nb 的作用机理研究相对较少，相关理论体系还不成熟。目前，Nb 在双相不锈钢中的作用可概括为：（1）提高屈服强度和抗拉强度；（2）增加固溶处理过程中铁素体含量，又因铁素体在鼻尖温度可迅速分解成二次奥氏体和 σ 相，从而提高 σ 相析出敏感性；（3）抑制高温敏化现象，改善钢的耐晶间腐蚀性能；（4）提高耐局部腐蚀性能和耐应力腐蚀性能。此外，Nb 能抑制双相不锈钢焊接组织中富 Cr 氮化物的析出，改善焊接热影响区的耐腐蚀性能。

2.4.1　铌对双相不锈钢微观组织的影响

2.4.1.1　铌对 Z 相析出行为的影响

双相不锈钢 Nb 合金化后，钢中会析出大量细小弥散的含 Nb 析出 Z 相。随着 Nb 含量提高，Z 相数量逐渐增多，尺寸明显增大，形状逐渐趋于球形或椭球形（见图 2-85）[90]。Z 相为四方结构，富含 Nb、Cr、Mo、N 等元素，主要在铁素体内部和铁素体/奥氏体相界面处析出。Z 相在双相不锈钢中的析出机制：在凝固过程中，铁素体优先从液相中析出；随着凝固进行，Nb、Cr、Mo、N 等元素会发生正偏析，在残余液相中逐渐富集；当这些元素富集到一定程度时，即以 Z 相形式开始析出；在凝固末端，Z 相维持不断地析出与生长。通常，Z 相的初始析出温度较高（1250～1350 ℃），因此，在后续的热加工和热处理过程中，Z 相能够一直稳定存在而不会溶解。同时，热加工过程中的应变诱导析出效应和热处理过程中的等温时效析出效应均会进一步促进 Z 相的析出与生长。

2.4.1.2　铌对 Z 相包裹夹杂物的影响

Z 相除了在铁素体内部和铁素体/奥氏体相界面处析出外，还会以夹杂物（$MgAl_2O_4$、MnS 和 $MgAl_2O_4$-MnS 等）为核心析出并将夹杂物逐渐包裹起来，并且随着 Nb 含量提高，Z 相包裹夹杂物的程度提高，如图 2-85 中的放大图所示（图中白色圈内为单独存在的夹杂物，黄色圈内为夹杂物被 Z 相部分包裹，红色圈内为夹杂物被 Z 相完全包裹）。Z 相与 $MgAl_2O_4$ 和 MnS 异质形核的有效性可通过 Bramfitt 二维错配度模型计算[91]：

$$\delta_{(hkl)_n}^{(hkl)_s} = \sum_{i=1}^{3} \frac{\left| (d_{[uvw]_s}^{i}\cos\theta) - d_{[uvw]_n}^{i} \right|}{3 \times d_{[uvw]_n}^{i}} \times 100\% \tag{2-17}$$

式中，$(hkl)_s$ 和 $(hkl)_n$ 分别为基体和形核相的低指数晶面；$[uvw]_s$ 和 $[uvw]_n$ 为基体 $(hkl)_s$ 晶面和形核相 $(hkl)_n$ 晶面的低指数方向；$d_{[uvw]_s}$ 和 $d_{[uvw]_n}$ 为沿 $[uvw]_s$ 晶向和 $[uvw]_n$ 晶向的原子间距，nm；θ 为 $[uvw]_s$ 和 $[uvw]_n$ 两个晶向的夹角，(°)。

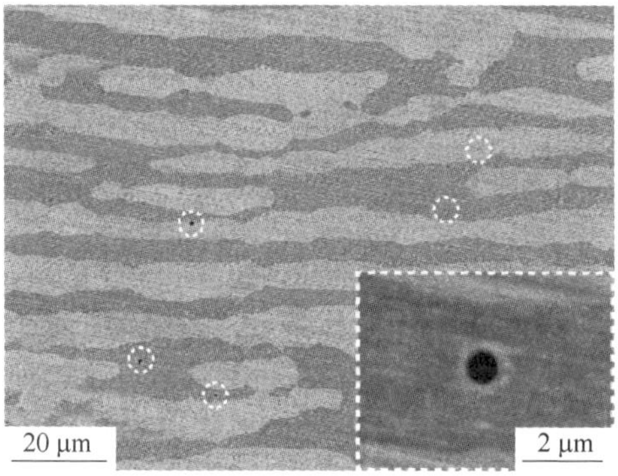

(a)

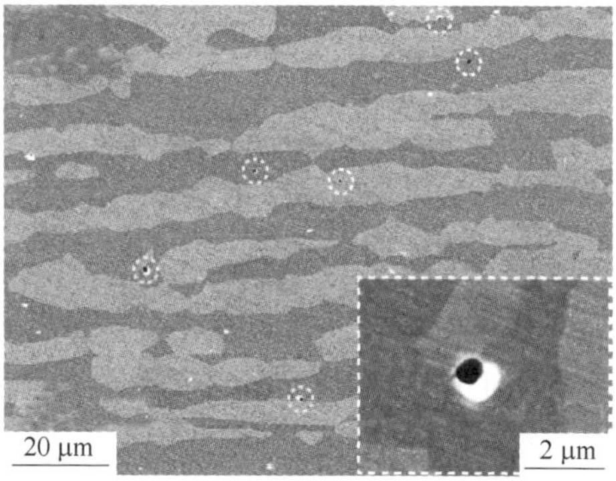

(b)

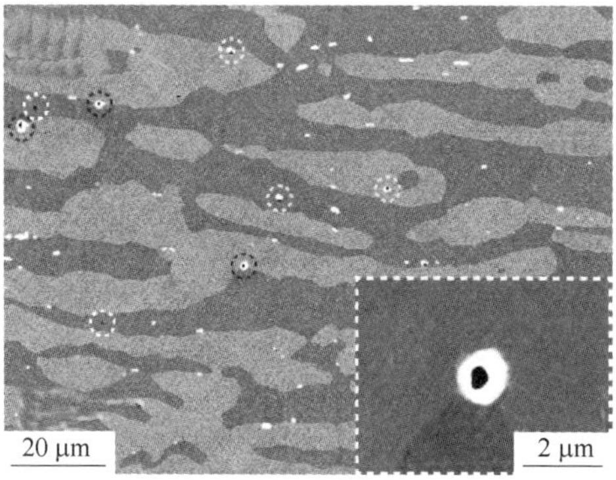

(c)

图 2-85 彩图

图 2-85 经 Nb 微合金化处理的 2205 双相不锈钢在热轧态的固溶组织
（a）不含 Nb；（b）0.10%Nb；（c）0.25%Nb

根据 Bramfitt 二维错配度理论，$\delta<6\%$时，异质形核十分有效；δ 在 6%～12%时，异质形核有一定的有效性；$\delta>12\%$时，异质形核基本无效。表 2-19 为 Z 相与 $MgAl_2O_4$ 和 MnS 夹杂物的二维错配度。由此可见，Z 相与 $MgAl_2O_4$ 夹杂物在两个低指数晶面上的错配度均小于 6%，说明 Z 相非常容易以 $MgAl_2O_4$ 为核心析出；Z 相与 MnS 夹杂物在两个低指数晶面上的错配度也比较低，说明二者异质形核的有效性也很高。因此，Z 相与夹杂物较低的错配度为其形核与生长提供了有利的条件，从而形成了 Z 相包裹夹杂物析出的特征。

表 2-19　Z 相与夹杂物的二维错配度计算结果

夹杂物	晶格常数/nm	形核对	匹配界面	错配度/%
$MgAl_2O_4$	$a=0.8169$	$Z//MgAl_2O_4$	$(001)_Z//(100)_{MgAl_2O_4}$	4.59
			$(110)_Z//(110)_{MgAl_2O_4}$	5.31
MnS	$a=0.5240$	Z//MnS	$(110)_Z//(111)_{MnS}$	3.17
			$(110)_Z//(110)_{MnS}$	6.35

2.4.2　铌对双相不锈钢力学性能的影响

2.4.2.1　铌对拉伸性能的影响

双相不锈钢经 Nb 合金化后，强度会得到明显提升。在 2205 双相不锈钢中添加 0.10%Nb，钢的横向室温屈服强度由 522 MPa 提升至 573 MPa，纵向室温屈服强度由 490 MPa 提升至 544 MPa（见图 2-86）[90]。Nb 在双相不锈钢中的强化机理主要为固溶强化、细晶强化、析出强化和位错强化，四种强化作用可利用以下经验公式进行计算：

$$\sigma_y = \sigma_0 + \sigma_{SS} + \sigma_{GB} + \sigma_P + \sigma_{DIS} \tag{2-18}$$

式中，σ_y 为屈服强度；σ_0 为纯铁的摩擦应力，一般取 54 MPa[92]；σ_{SS}为固溶强化；σ_{GB}为细晶强化；σ_P 为析出强化；σ_{DIS}为位错强化。

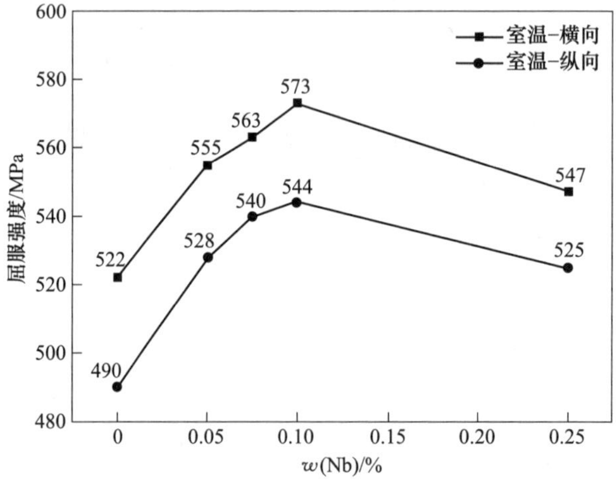

图 2-86　经 Nb 微合金化处理的 2205 双相不锈钢的室温屈服强度[90]

固溶强化：Nb 的原子半径为 0.294 nm[4]，大于常见合金元素的原子半径。因此，固溶的 Nb 原子能引起强烈的晶格畸变，增大材料变形时位错运动的阻力，从而在一定程度上提高材料强度。固溶强化强度可用下式进行计算[92]：

$$\sigma_{SS}(\mathrm{MPa}) = 496w([\mathrm{N}]) + 356.5w([\mathrm{C}]) + 20.1w([\mathrm{Si}]) + 3.7w([\mathrm{Cr}]) + 14.6w([\mathrm{Mo}]) + 12.7w([\mathrm{Al}]) + 40.3w([\mathrm{Nb}]) \quad (2\text{-}19)$$

细晶强化：固溶 Nb 常偏聚在晶界，对晶界产生明显的拖曳作用，同时 Nb 还能与 C、N 等元素结合形成细小弥散的析出相，钉扎晶界，抑制晶粒长大[93-94]。在材料变形过程中，晶界有效阻碍位错运动，从而提高材料强度。因此，晶界数量越多，阻碍位错运动效果越明显，材料强化效果越显著。细晶强化与晶粒尺寸满足 Hall-Petch 关系，公式如下：

$$\sigma_{GB} = k_y \times d^{-0.5} \quad (2\text{-}20)$$

式中，k_y 为比例系数，根据 Noriaki Hirota 的回归分析结果[95]，铁素体的 k_y 值为 90.9 MPa/μm$^{0.5}$，奥氏体的 k_y 值为 163 MPa/μm$^{0.5}$；d 为晶粒尺寸，μm。

析出强化：细小的含 Nb 析出相会扰乱组织的应力分布，在其周围形成应力场，应力场与滑移位错线的交互作用产生强化效果，其强化大小可由式（2-21）进行计算[96]：

$$\sigma_P = \frac{0.538Gbf^{1/2}}{d}\ln\frac{d}{2\boldsymbol{b}} \quad (2\text{-}21)$$

式中，G 为剪切模量，铁素体取 81600 MPa，奥氏体取 75000 MPa；$\boldsymbol{b}$ 为柏氏矢量，铁素体取 0.248 nm，奥氏体取 0.254 nm；f 为析出相体积分数，取直径小于 100 nm 的析出相为有效析出相；d 为析出相平均直径，nm。

位错强化：位错强化是滑移位错运动时与邻近位错产生相互作用，使其运动受阻而产生的强化效果。通过测定钢的 XRD 谱图，再根据式（2-22）计算出位错密度[97-98]，可获得位错强化效果，公式如下[99]：

$$\rho = \frac{\beta^2}{4.35 \times b^2} \quad (2\text{-}22)$$

$$\sigma_{DIS} = \alpha MG\boldsymbol{b}\rho^{0.5} \quad (2\text{-}23)$$

式中，ρ 为位错密度，cm^{-2}；β 为衍射峰的半高宽，（°）；α 为经验常数，0.23；M 为泰勒常数，2.9；G 为剪切模量，铁素体取 81600 MPa，奥氏体取 75000 MPa；$\boldsymbol{b}$ 为柏氏矢量，铁素体取 0.248 nm，奥氏体取 0.254 nm。

综上所述，Nb 在双相不锈钢中的强化机理可归结为固溶强化、细晶强化、析出强化和位错强化的综合作用。图 2-87 为不同 Nb 含量下 2205 双相不锈钢中的强化作用效果[90]。随着 Nb 含量提高，固溶强化、细晶强化和位错强化效果基本不变，而析出强化效果首先逐渐增强，随后急剧减弱。主要原因是：随着 Nb 含量提高，细小弥散 Z 相的体积分数逐渐提高，析出强化效果越明显；但当 Nb 含量过多时，Z 相加速 Ostwald 熟化，尺寸显著增大，诱发微裂纹萌生和扩展，导致其强化效果急剧减弱。

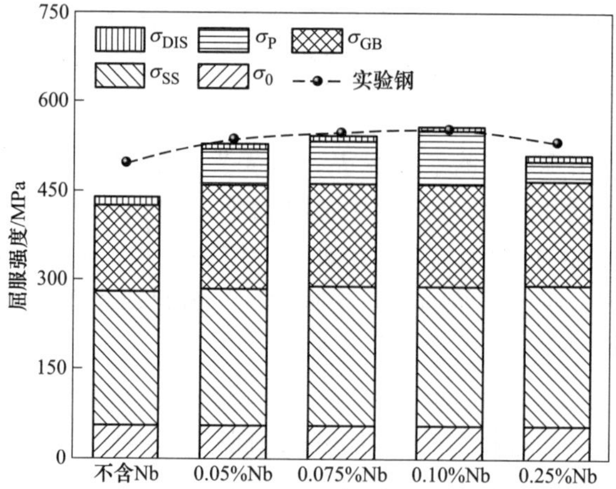

图 2-87　经 Nb 微合金化处理的 2205 双相不锈钢的屈服强度理论计算结果[90]

2.4.2.2　铌对冲击性能的影响

在 2205 双相不锈钢中添加 0.05%Nb，钢在-40 ℃的横向和纵向冲击功均得到了明显提升，但继续提高 Nb 含量后，钢的冲击功急剧下降（见图 2-88）[90]。Nb 对双相不锈钢冲击韧性的影响比较复杂，通常固溶 Nb 和含 Nb 析出 Z 相会降低冲击韧性，而 Nb 的细化晶粒作用又会提高冲击韧性。固溶 Nb 会造成其周围基体发生强烈的晶格畸变，增大位错运动阻力，导致位错缠结、堆积等，从而造成应力集中，促使变形开裂[100]。Z 相是一种脆性相，其韧性远低于基体。尽管 Z 相多为球状或椭球状，与其他棱角分明的二次相相比，对韧性的危害较小，但当 Z 相聚集长大或集中分布时，同样会显著恶化韧性。当承受外力时，塑性变形主要发生在基体中，Z 相变形能力很小，限制了塑性变形区域的发展；同时，Z 相与基体的结合力较弱，导致微裂纹易在 Z 相和基体界面萌生和拓展，进而降低

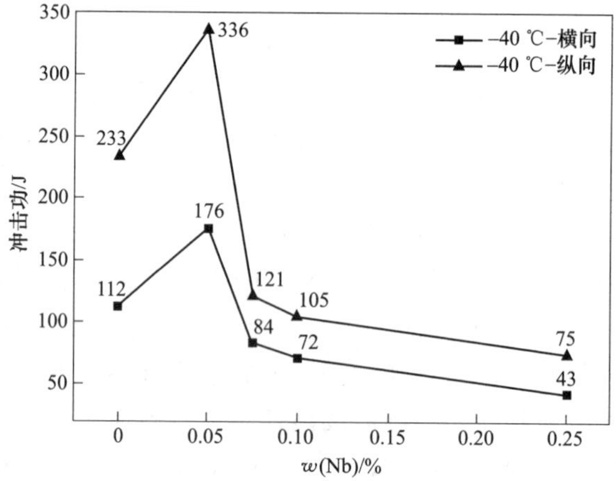

图 2-88　经 Nb 微合金化处理的 2205 双相不锈钢在室温的冲击功[90]

钢的韧性。众所周知，晶粒细化是唯一一种能够同时提高强韧性的措施。晶粒细化可以增加晶界面积，阻碍裂纹扩展，减少晶界处位错塞积，降低应力集中，从而提升冲击韧性。因此，Nb 的细化晶粒作用是提高冲击韧性的主要原因。然而，当 Nb 含量过高时，大尺寸 Z 相会急剧恶化冲击韧性，其恶化作用远高于晶粒细化对冲击韧性的提升作用，最终表现为冲击韧性显著降低。

2.4.3 铌对双相不锈钢耐腐蚀性能的影响

通常，夹杂物是导致不锈钢腐蚀失效的罪魁祸首，主要是由于夹杂物与其周围基体存在明显电位差，会引起接触电偶腐蚀。根据电化学理论，电位低的相作为阳极，电位高的相作为阴极，导致阳极的不断溶解[101]。因此，当夹杂物电位低于基体时，夹杂物会优先快速溶解；当夹杂物电位高于基体时，会导致基体快速溶解。此外，一些夹杂物与基体的力学性能也存在明显差异，其在加工过程中不能与基体协调变形，导致其周围形成微缝隙。当腐蚀性介质进入微缝隙时，基体就会发生快速溶解，导致缝隙内阳离子浓度不断提高，为了平衡电荷，介质中 Cl^- 会快速渗透到缝隙内以保持电中性，引起持续缝隙腐蚀，加速腐蚀坑的拓展[102]。

在 2205 双相不锈钢中添加微量 Nb 后，钢的耐腐蚀性能得到明显提高（见图 2-89），这主要是由于含 Nb Z 相将夹杂物有效包裹起来，避免了由夹杂物引起的腐蚀问题[1]。添加 Nb 后，Z 相以夹杂物为核心析出，形成 Z 相包裹夹杂物的结构，如图 2-90（a）所示。首先，Z 相将夹杂物与腐蚀性介质隔绝，避免了夹杂物与基体之间的接触电偶腐蚀以及夹杂物周围的缝隙腐蚀。其次，Z 相主要富含 Nb、Cr、Mo、N 等元素，是一种高耐腐蚀的析出相，其自身不会发生腐蚀。同时，Z 相中 Cr 元素含量与基体相当，其形成不会引起周围基体发生 Cr 贫化。此外，

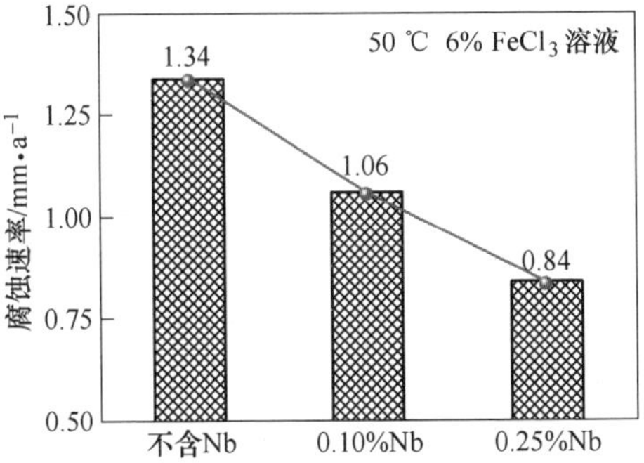

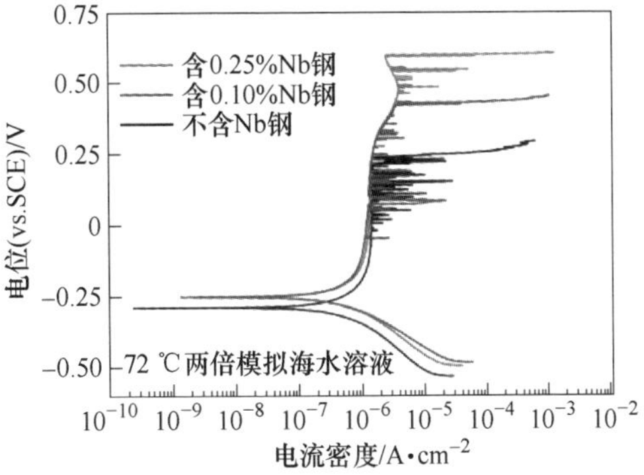

图 2-89 经 Nb 微合金化处理的 2205 双相不锈钢的耐腐蚀性能
（a）浸泡腐蚀速率；（b）动电位极化曲线

图 2-89 彩图

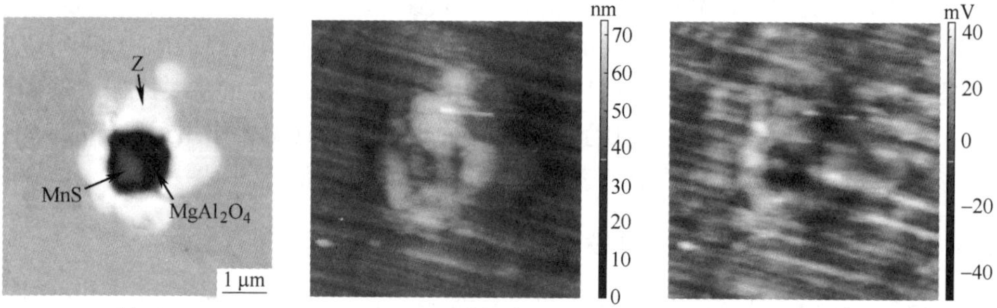

(a) (b) (c)

图 2-90 Z 相包裹夹杂物结构的 AFM 及 SKPFM 结果图

（a）SEM 图；（b）AFM 图；（c）SKPFM 表面电势分布

图 2-90 彩图

Z 相与基体的电位也基本相当（图 2-90（c）），两者不容易形成接触电偶腐蚀。因此，当 Z 相将夹杂物完全包裹时，既避免了由夹杂物引起的腐蚀，其自身和周围基体又不容易被腐蚀，从而显著提高了双相不锈钢的耐腐蚀性能。

2.5 铌在马氏体不锈钢中的作用机制

2.5.1 铌对马氏体不锈钢微观组织的影响

2.5.1.1 铌对析出行为的影响

Nb 对马氏体不锈钢析出行为有非常显著的影响。张凯强等人[103]利用 Thermo-Calc 软件计算了 Nb 在 650 ℃平衡状态下对 1Cr16Co5Ni2Mo1WVNbN 马氏体耐热不锈钢析出相含量和析出温度的影响，结果如图 2-91 所示，其中 Nb 含量范围为 0.21%～0.35%。由图 2-91（a）可以看出，钢中主要析出相为 MX、Laves 相、$M_{23}C_6$ 和 Z 相。随着 Nb 含量提高，MX 析出量明显增大，而 $M_{23}C_6$ 析出量明显减小，这是由于 Nb 优先与钢中的 C 结合形成 NbC，降低了基体中的 C 含量，从而降低了 $M_{23}C_6$ 的析出量。由于优先析出的 $M_{23}C_6$ 会限制 Laves 相的形核，当 $M_{23}C_6$ 的析出量降低时，Laves 相的析出量会略有提高。此外，MX 和 Z 相的形成均需要消耗 Nb，因此，MX 的大量析出导致 Z 相含量逐渐降低。由图 2-91（b）可以发现，随着 Nb 含量提高，MX 和 Laves 相的析出温度略有升高，$M_{23}C_6$ 和 Z 相的析出温度略有降低。MX 的析出温度约为 1360 ℃，表明钢中 MX 相在原始铸态组织中已经开始析出。另外，$M_{23}C_6$ 的析出温度高于 Laves 和 Z 相。

从图 2-91 还可以发现，随着 Nb 含量提高，$M_{23}C_6$ 的含量和析出温度同时降低，而 Laves 相的含量和析出温度均有所提高，增大了 Laves 相的析出倾向。在一定应力和温度下，Laves 相的粗化速度高于 $M_{23}C_6$ 碳化物，而强化作用远低于

$M_{23}C_6$。Laves 相的析出也会消耗基体中的 Mo、W 等固溶强化元素，在长期蠕变过程中，Laves 相会优先成为蠕变空洞的形核点而导致脆性开裂。另外，Z 相的析出温度随 Nb 含量提高逐渐降低，长期服役条件下 Z 相的形成会消耗 NbC，NbC 为 Z 相提供 Nb 的同时还会释放出 C，促使 $M_{23}C_6$ 进一步长大。

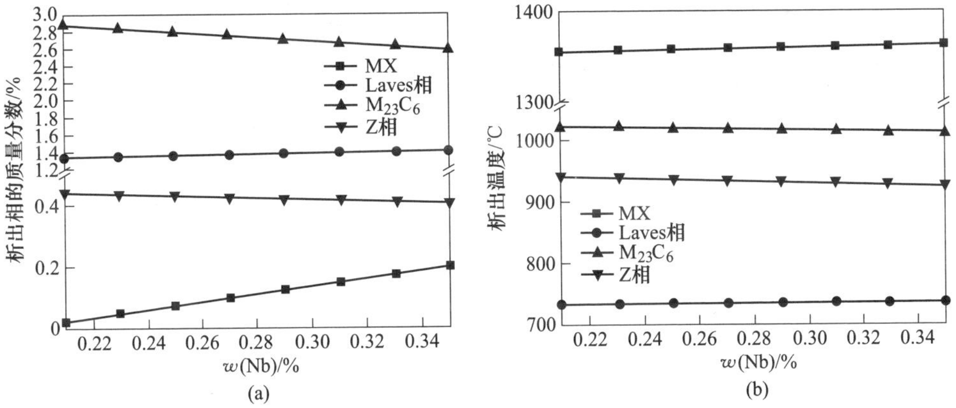

图 2-91 Nb 在 650 ℃平衡状态下对 1Cr16Co5Ni2Mo1WVNbN 马氏体耐热不锈钢析出行为的影响[103]

（a）析出相含量；（b）析出温度

除了影响析出相的类型、含量和析出温度以外，Nb 还会影响析出相的形态，进而显著影响钢的性能。研究发现，添加少量 Nb 可在一定程度上促进马氏体不锈钢中形成碳化物，改善钢的性能；添加过量 Nb 会使碳化物聚集成链状，恶化钢的性能，并且这一变化规律与钢中 C 含量有关[104]。在低 C 含量的含 Nb 马氏体不锈钢中，易形成链状碳化物，随着 C 含量增加，碳化物更倾向于单独形核。

图 2-92 为 Nb 对马氏体不锈钢碳化物的影响机制示意图[104]。通常，元素在钢中的微观分布是不均匀的，即存在浓度梯度，当 C 与合金元素在某一区域的浓度超过碳化物形核的临界浓度时就会形成碳化物，碳化物在 C 与 Cr 富集的区域形核析出，如图 2-92（a）和（b）所示。当 Nb 含量在合理范围内时（见图 2-92（c）和（d）），富 Nb 的碳化物与富 Cr 的碳化物通常会复合在一起，钢中碳化物尺寸略有增大，同时在其他浓度达到临界值的区域也会形成新的碳化物，因此出现了在合理的 Nb 含量添加下促使碳化物形成，并且碳化物尺寸略微增大的现象。当 Nb 含量达到 0.4%时，1Cr13Nb0.4 与 3Cr13Nb0.4 中的碳化物形态出现了较大的差别。从图 2-92（e）和（f）可以看出，在 C 含量较低的 1Cr13 中，C 的富集区域比较少，即大部分区域内元素的浓度未达到临界浓度，碳化物形核阻力较大，因此碳化物更趋向于长大链接而非形核。图 2-92（e）中链状碳化物的两端含有充足的形核元素，而中间段的元素含量不足以形成新的碳化物，但是在沉

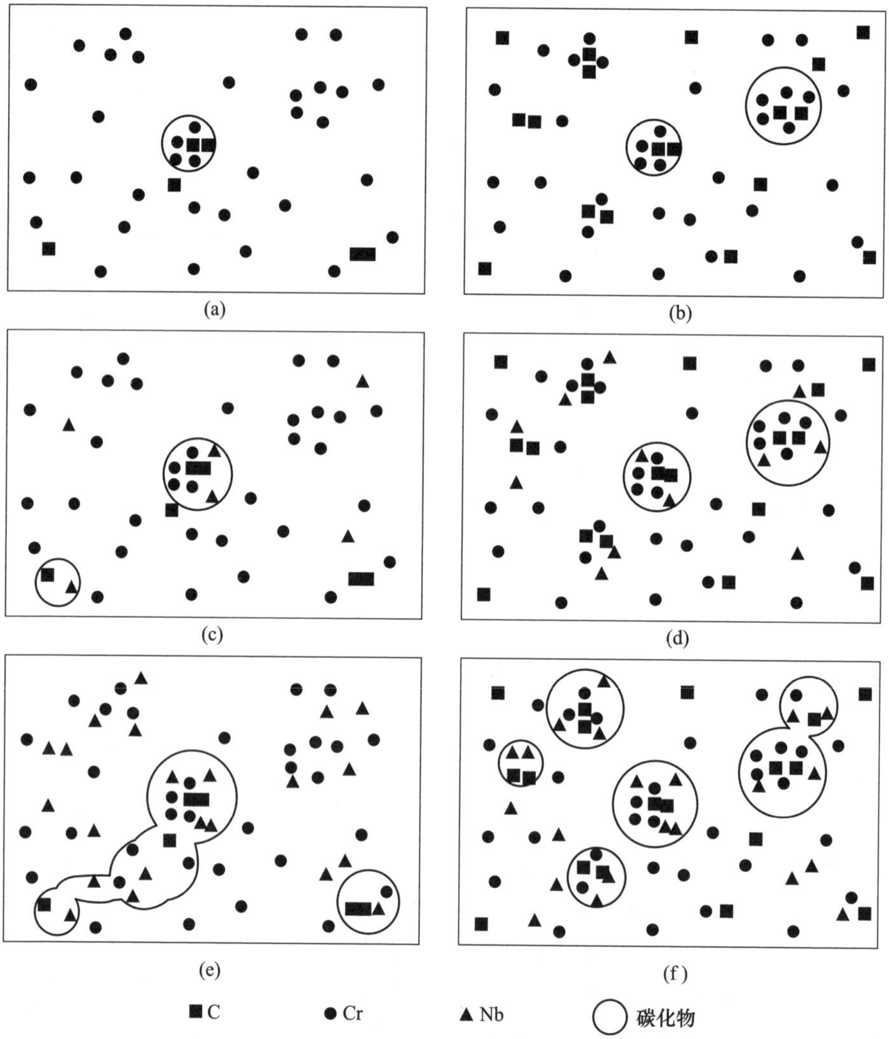

图 2-92　Nb 对 Cr13 系列马氏体不锈钢碳化物的影响机制示意图[104]

(a) 1Cr13；(b) 3Cr13；(c) 1Cr13Nb0.1；(d) 3Cr13Nb0.1；(e) 1Cr13Nb0.4；(f) 3Cr13Nb0.4

淀前元素的扩散作用能够使这一区域的平均元素含量达到沉淀形核的临界浓度，因此极易形成链状碳化物。链状碳化物会在试样内部造成应力集中，严重影响钢的力学性能，因此过高的 Nb 会恶化 1Cr13 马氏体不锈钢的力学性能。然而，在 C 含量更高的 3Cr13 中，C 的富集区域更多，同样添加 0.4%的 Nb 后，因为达到临界浓度的区域较多，碳化物直接形核的阻力较小，因此不会出现链状碳化物。由于碳化物尺寸进一步增大，部分距离较近的碳化物会因逐渐长大聚合而形成短棒状碳化物。因此，C 含量更高的 Cr13 系列马氏体不锈钢能够容纳更多的 Nb 元素而不恶化钢的性能。同时，Nb 能促进碳化物沉淀，达到弥散强化的效果，而马氏体基体中的 C 元素过饱和度降低，能够改善钢的韧性。

另外，在上述不同 Nb 含量的 1Cr13 和 3Cr13 马氏体不锈钢中，析出相的变化将对 Nb 的强化效果产生影响。图 2-93 为不同 Nb 含量 1Cr13 与 3Cr13 马氏体不锈钢的硬度结果[104]。由此可以看出，两种不同 C 含量马氏体不锈钢的硬度均随着 Nb 含量提高逐渐降低，这主要是由于碳化物沿晶界呈链状析出，弥散强化效果不明显。随着 Nb 含量提高，碳化物聚集长大现象更加明显，大量碳化物析出使试样基体 C 含量降低，因此出现了硬度下降的现象。

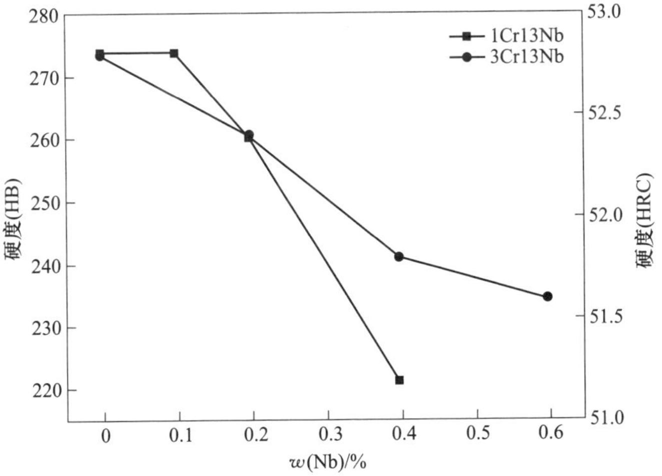

图 2-93 Nb 含量对 1Cr13 和 3Cr13 马氏体不锈钢硬度的影响[104]

图 2-94 为不同 Nb 含量 1Cr13 马氏体相和铁素体相的硬度变化[104]。由此可以看出，马氏体相的硬度随着 Nb 含量提高逐渐降低，而铁素体相则正好相反。

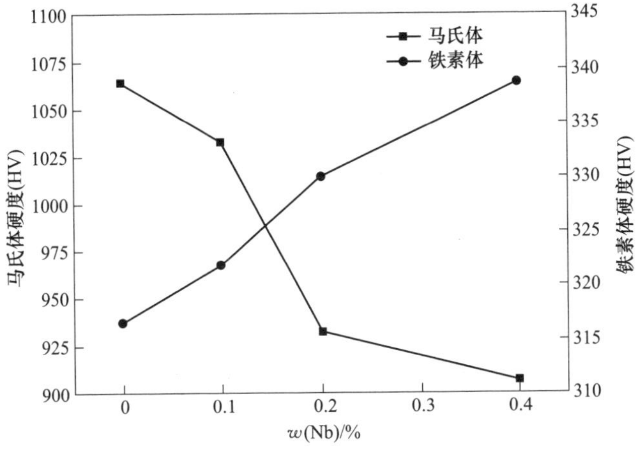

图 2-94 Nb 含量对 1Cr13 钢中马氏体相与铁素体相硬度的影响[104]

这主要是由于随着 Nb 含量提高，碳化物的数量逐渐增多，尺寸逐渐增大，降低了马氏体相内碳元素的过饱和度，因此马氏体相的硬度逐渐降低，而碳化物在铁素体相内弥散分布使其硬度略有提高。但由于碳化物尺寸较大，并且逐渐形成棒状和链状，因此碳化物的强化效果并不明显。Nb 含量提高后，试样中铁素体相内 Nb 含量逐渐升高，这也是促使其硬度提高的原因之一。马氏体相硬度的迅速降低显著影响了试样的硬度，即 1Cr13 钢的硬度随着 Nb 含量提高逐渐降低（见图 2-93）。从上述 Nb 对马氏体不锈钢析出行为与力学性能的影响可以看出，需要结合钢中 C 含量范围，合理控制马氏体不锈钢中 Nb 的添加量。

2.5.1.2 铌对逆转变奥氏体的影响

Nb 对马氏体不锈钢逆转变奥氏体也有非常显著的影响。东北大学刘春明和马小平等人系统研究了 Nb 含量对 0Cr13Ni(4,5)Mo 钢逆转变奥氏体的影响[105-106]。图 2-95 为 0Cr13Ni5MoNb 和 0Cr13Ni4Mo 两种马氏体不锈钢在连续加热过程中奥氏体转变体积分数随加热温度的变化曲线。可以看出，添加 Nb 使 0Cr13Ni5MoNb 钢的变化曲线向高温方向偏移，即相同温度下 0Cr13Ni4Mo 钢中奥氏体的体积分数高于 0Cr13Ni5MoNb 钢中奥氏体的体积分数，说明 Nb 对奥氏体的转变过程有抑制作用。这是由于添加 Nb 抑制了奥氏体形成过程中间隙原子的扩散，从而抑制了整个相变的进程。另外，0Cr13Ni5MoNb 和 0Cr13Ni4Mo 的奥氏体开始转变温度约为 860~870 ℃（见图 2-95（a）），但在 600 ℃下保温 3 h 后，两种钢中奥氏体的体积分数随保温时间的延长呈线性减小趋势（见图 2-95（b））。这一现象说明，两种钢在 600 ℃保温过程中也发生了奥氏体相变。随着时间的延长，0Cr13Ni5MoNb 钢的奥氏体体积分数的减小速率比 0Cr13Ni4Mo 钢慢，即在相同保温时间内，0Cr13Ni5MoNb 钢中奥氏体体积分数小于 0Cr13Ni4Mo 钢，这同样证明添加 Nb 对钢中奥氏体转变有抑制作用。

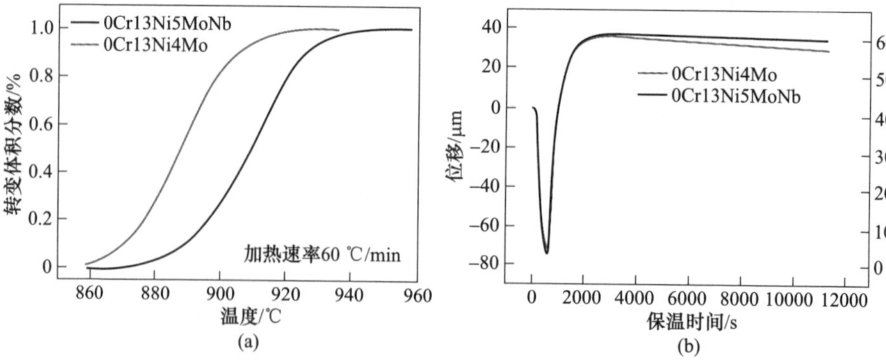

图 2-95 钢中加热过程的相变行为

（a）以 60 ℃/min 连续加热时两种钢中奥氏体转变体积分数随温度的变化曲线；（b）以 60 ℃/min 加热至 600 ℃保温 3 h 过程中膨胀量随保温时间的变化曲线[105-106]

图 2-95 彩图

图 2-96 为室温下 0Cr13Ni5MoNb 和 0Cr13Ni4Mo 两种马氏体不锈钢逆转变奥氏体体积分数随回火温度的变化[105-106]。很明显，当回火温度低于 625 ℃时，0Cr13Ni5MoNb 钢逆转变奥氏体体积分数低于 0Cr13Ni4Mo 钢中逆转变奥氏体体积分数；当回火温度高于 650 ℃时，0Cr13Ni5MoNb 钢中逆转变奥氏体体积分数更高。这都归因于 Nb 对逆转变奥氏体形成的抑制作用。在较低回火温度范围内，回火过程中形成的大部分逆转变奥氏体都能在冷却过程中稳定保存至室温。由于 Nb 对奥氏体形成的抑制作用，回火后冷却至室温过程中，0Cr13Ni4Mo 钢中的逆转变奥氏体体积分数始终高于 0Cr13Ni5MoNb 钢。相比之下，在较高回火温度范围内，回火过程中逆转变奥氏体体积分数显著提高，但其稳定性下降，在回火后冷却至室温过程中只有少部分被保留下来。由于 Nb 对逆转变奥氏体的形成具有抑制作用，尽管回火冷却前含 Nb 钢中的逆转变奥氏体体积分数低于无 Nb 钢中逆转变奥氏体体积分数，但相同温度回火时含 Nb 钢中逆转变奥氏体的稳定性高于无 Nb 钢，从而使回火冷却后含 Nb 钢中残留的奥氏体体积分数高于无 Nb 钢。

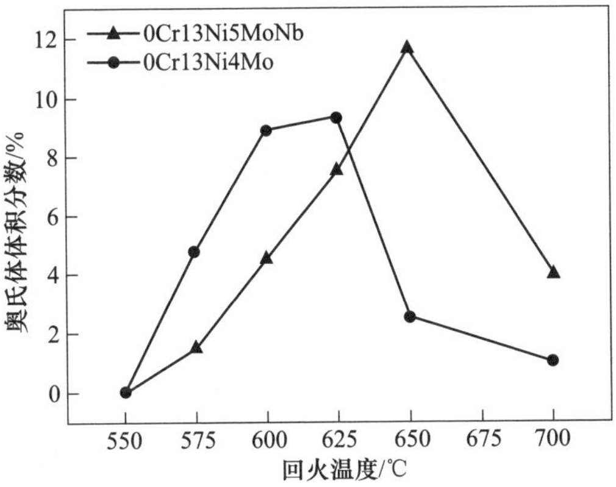

图 2-96　室温下两种马氏体不锈钢中逆转变奥氏体体积分数随回火温度的变化[105-106]

2.5.2　铌对马氏体不锈钢力学性能的影响

2.5.2.1　铌对拉伸性能的影响

关于 Nb 对马氏体不锈钢拉伸性能的影响，东北大学马小平等人系统研究了含 Nb 和无 Nb 0Cr13Ni(4,5)Mo(1,2) 马氏体不锈钢的强度[105-106]。图 2-97 和图 2-98 分别为 Nb 对不同温度回火后 0Cr13Ni4Mo[105,107] 和 00Cr13Ni5Mo2[108] 钢屈服强度和抗拉强度的影响。由此可以看出，在较低回火温度下，两种马氏体不锈钢的屈服强度和抗拉强度均随回火温度的升高逐渐降低。但与无 Nb 钢相比，含 Nb 钢的强度下降趋势较为平缓。研究表明，马氏体不锈钢在 550~700 ℃范围内回火处理是一个较为复杂的过程，微观组织变化主要包括沉淀和相变，钢的力学性能是一系列复杂反应的综合结果。在回火过程中发生板条马氏体的回复、碳氮化物的析出和逆转变奥氏体的形成，其中板条马氏体的回复和逆转变奥氏体的形成能降低屈服强度和抗拉强度，而碳氮化物的析出可能使屈服强度和抗拉强度保持不变或升高。

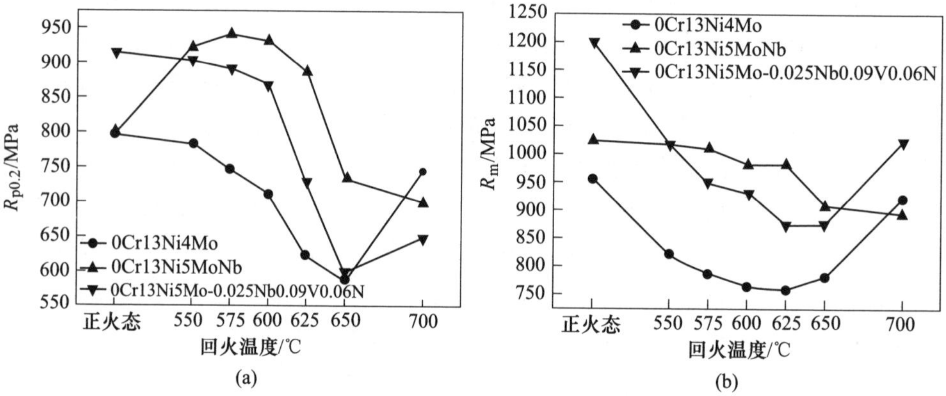

图 2-97　三种马氏体不锈钢在不同温度回火后的强度[105,107-108]

（a）屈服强度；（b）抗拉强度

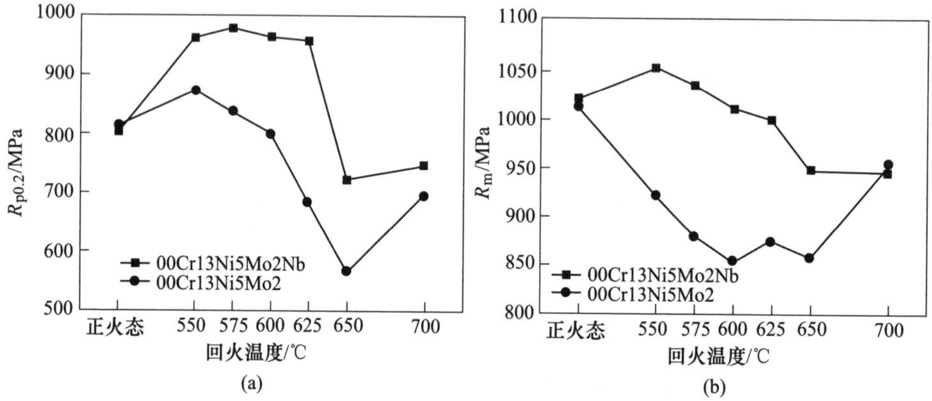

图 2-98　两种马氏体不锈钢在不同温度回火后的强度[105,107-108]

（a）屈服强度；（b）抗拉强度

添加 Nb 后，钢中固溶 Nb 的原子尺寸大于 Fe 原子尺寸，易在位错线上偏聚，并且回火过程中位错、原奥氏体晶界（prior austenite grain boundary，PAGB）和板条边界处析出更弥散、更细小的碳氮化物（见图 2-99），从而对位错运动起到很大钉扎作用，阻碍了钢的回复[105]。添加 Nb 还抑制了钢中逆转变奥氏体的形成，促进了纳米尺度的碳氮化铌析出和弥散分布（见图 2-99），而无 Nb 钢中的析出相主要为尺寸较为粗大的球状 $Cr_{23}C_6$。根据第二相强化的 Orowan 模型，当析出相尺寸为 5 ~ 10 nm 时，即使 Nb(C,N) 第二相颗粒体积很小（< 0.0005%），强度提升幅度也会超过 100 MPa，并且第二相越细小、越弥散，其强化作用越强。因此，随着回火温度升高，含 Nb 马氏体不锈钢强度缓慢下降。

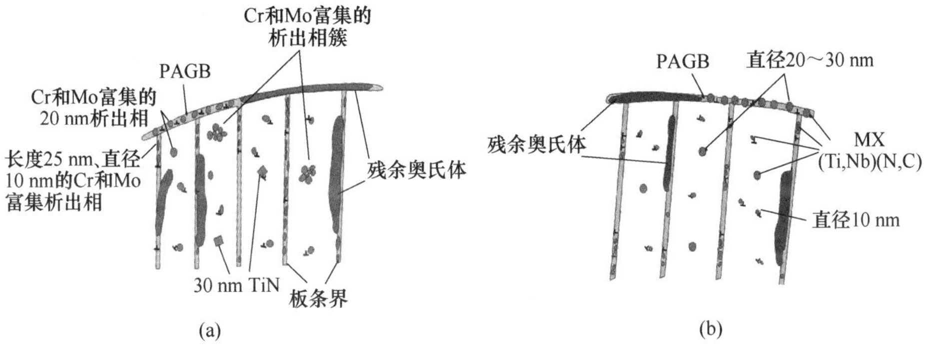

图 2-99 600 ℃回火后马氏体不锈钢中析出相类型、大小和分布示意图[109,111-112]

(a) 00Cr13Ni5Mo2；(b) 00Cr13Ni5Mo2Nb

2.5.2.2 铌对力学性能的影响

Nb 对马氏体不锈钢的强化效果也受 Nb 含量的影响[109-110]。随着 Nb 含量提高，硬度下降趋于缓慢（见图 2-100），即马氏体不锈钢的抗回火性能随着 Nb 含量提高而增强[4]。如果同时添加 Nb 和 N，可进一步提高马氏体不锈钢的抗回火性能，这是由于 Nb(C,N) 的析出强化作用。但 Nb 对马氏体不锈钢的强化效果并不是随着 Nb 含量的提高而一直增强。

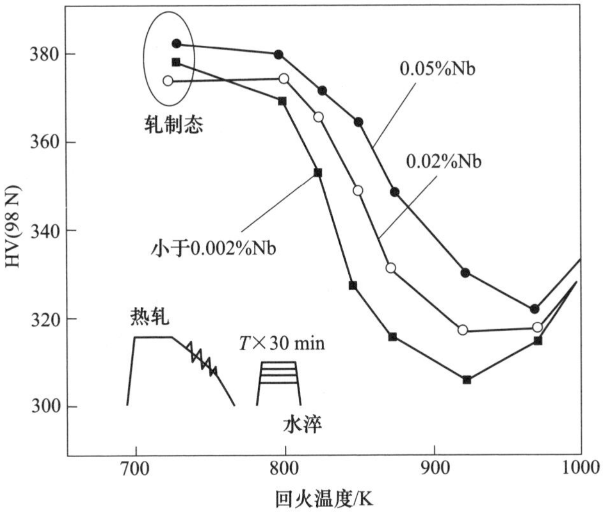

图 2-100 Nb 含量对回火马氏体不锈钢硬度的影响

从图 2-101 可以看出，当 Nb 含量由 0 增加至 0.2%时，30Cr13 马氏体不锈钢的抗拉强度提高，继续增加 Nb 含量至 0.4%和 0.6%时，钢的抗拉强度明显降低[109]，这主要是由于 Nb 含量不低于 0.4%时，弥散分布的碳化物转变为链状并沿晶界析出，同时大量碳化物的形成导致基体中 C 含量显著降低，从而降低了析出强化和固溶强化效果，最终导致马氏体不锈钢的强度降低。上述研究表明，马氏体不锈钢中 Nb 含量应控制在一定范围内，以保证 Nb 不恶化钢的强度。

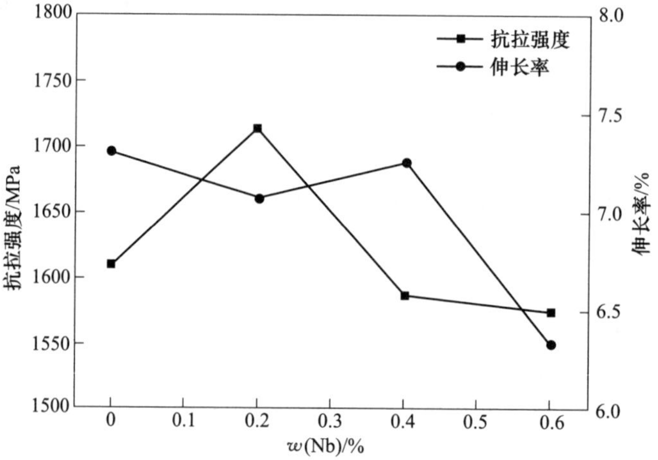

图 2-101　Nb 含量对 30Cr13 马氏体不锈钢抗拉强度和伸长率的影响[109]

2.5.3　铌对马氏体不锈钢耐腐蚀性能的影响

Nb 对 600 ℃回火后的 0Cr13Ni(4,5)Mo(1,2) 马氏体不锈钢点蚀电位的影响如图 2-102 所示[105,110]。由此可以看出，添加 Nb 提高了钢的点蚀电位，并且 Nb 对 00Cr13Ni5Mo2 钢点蚀电位的提升幅度大于 0Cr13Ni4Mo 钢。这可归因于两方面：一方面，逆转变奥氏体不利于点蚀电位提高，而添加 Nb 可抑制钢中逆转变奥氏体的形成；另一方面，无 Nb 马氏体不锈钢回火后马氏体板条界面析出大量尺寸较大且富 Cr、富 Mo 的碳氮化物，从而造成碳氮化物周围 Cr 和 Mo 贫化。而添加 Nb 后，Nb 与间隙原子 C 和 N 发生极为强烈的相互作用，从而抑制了富 Cr、富 Mo 碳氮化物的形成（见图 2-103）[4]和其周围 Cr 和 Mo 贫化，减少了点蚀源的数量，提高了 0Cr13Ni4Mo 和 00Cr13Ni5Mo2 马氏体不锈钢的耐点腐蚀性能。此外，在 600 ℃回火后 00Cr13Ni5Mo2 钢中碳化物的体积分数明显高于 0Cr13Ni4Mo 钢，从而使 Nb 对 00Cr13Ni5Mo2 钢点蚀电位的提升作用大于对 0Cr13Ni4Mo 钢的提升作用。因此，Nb 可有效改善马氏体不锈钢的耐腐蚀性能，其改善效果与 Nb 对碳氮化物的抑制程度有关。

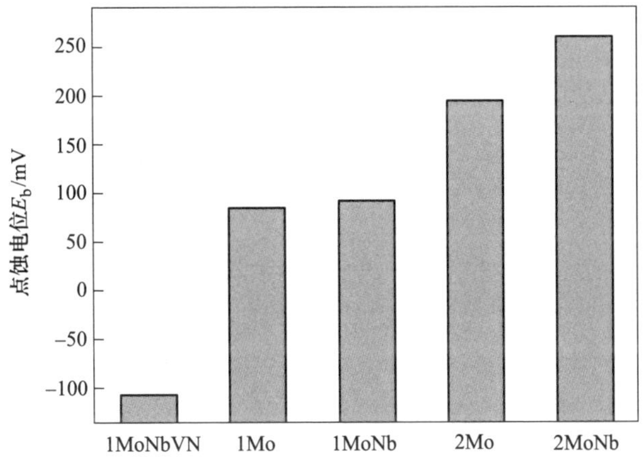

图 2-102 600 ℃回火后 0Cr13Ni5Mo0.025Nb0.09V0.06N(1MoNbVN)、0Cr13Ni4Mo(1Mo)、0Cr13Ni5MoNb(1MoNb)、00Cr13Ni5Mo2(2Mo) 和 00Cr13Ni5Mo2Nb(2MoNb) 马氏体不锈钢的点蚀电位[105,110]

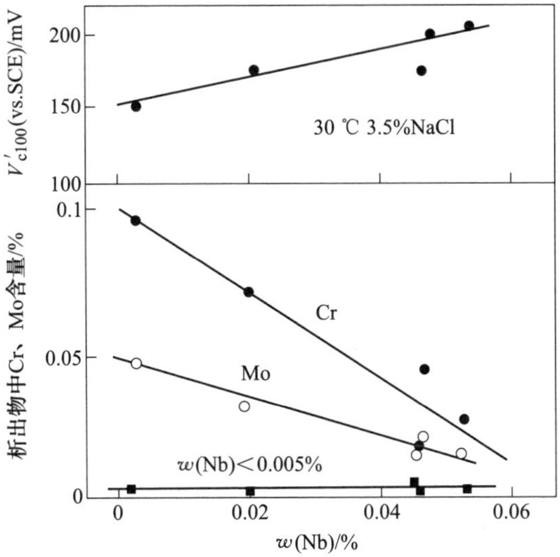

图 2-103 Nb 含量对马氏体不锈钢点蚀电位及析出相中 Cr 和 Mo 含量的影响[117]

此外，马氏体不锈钢的耐腐蚀性能也受 Nb 含量的影响[111]。图 2-104 和表 2-20 为 Nb 含量对激光熔覆制备马氏体不锈钢点蚀电位的影响。当 Nb 含量由 0.5%提高至 1%后，粗大的含 Nb 析出相沿晶界析出，促进了晶界发生点蚀，最终恶化钢的耐腐蚀性能。上述研究表明，尽管添加 Nb 可抑制富 Cr、富 Mo 析出相的形成，阻止析出相周围 Cr 和 Mo 的贫化，改善耐腐蚀性能，但为保证 Nb 对马氏体不锈钢耐腐蚀性能的改善效果，Nb 含量应控制在一定范围内。

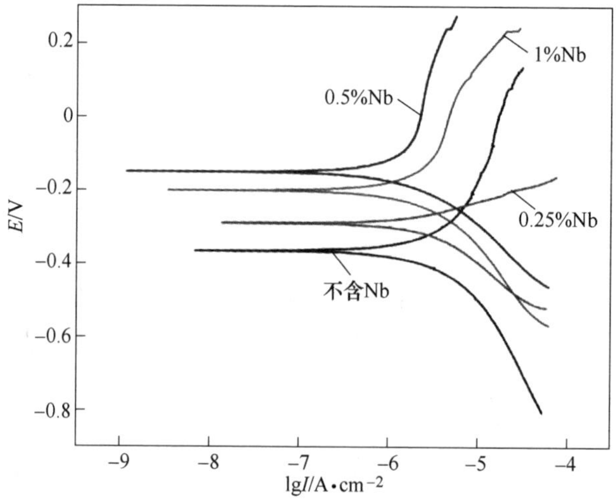

图 2-104　Nb 含量对激光熔覆制备马氏体不锈钢点蚀电位的影响

表 2-20　激光熔覆制备马氏体不锈钢的自腐蚀电位和腐蚀电流密度

试样中添加的 Nb 含量/%	自腐蚀电位（vs. SCE）/V	腐蚀电流密度/A · cm^{-2}
0	-0.36	7.00×10^{-6}
0.25	-0.29	3.10×10^{-6}
0.5	-0.15	2.69×10^{-6}
1.0	-0.20	6.99×10^{-6}

2.5.4　铌在高强度不锈钢中的作用机制

高强度不锈钢之所以具有高强度和高韧性是因为高温固溶处理可使钢中的强化合金元素充分均匀地溶解在马氏体中，经此热处理后可形成提高钢强韧性的超细马氏体板条，为后续的时效处理做好组织上的准备。时效处理后会在钢中析出第二相起到析出强化的作用，从而提高钢的强韧性。对于高强度不锈钢来说，单纯提高其强度，并不具有实际的应用意义，而提高其强度的同时兼顾优良的塑韧性才是此类钢种发展的永恒主题，晶粒细化是目前已知同时提高钢强韧性最有效的途径之一。研究表明，在钢中添加微量的 Nb 和 Ti，可通过形成对晶界有钉扎作用的 NbC 析出相或对晶界有拖曳作用的溶质原子，抑制晶粒的长大进而提高钢的强韧性。

采用真空感应+真空自耗的双真空熔炼工艺进行实验钢的冶炼，熔炼后的钢锭经过 1160 ℃ 均匀化处理后锻造成直径为 450 mm 的圆棒。所用的实验钢有

1900 MPa 级不锈钢（原始钢）及在其原有化学成分基础上分别添加不同含量 Nb 的对比钢，实验钢的化学成分见表 2-21。

表 2-21 实验钢的化学成分 （质量分数,%）

成分	C	Cr	Mo	Co	W	Nb	Fe
原始钢	0.12	13.53	5.36	14.55	0.71	—	余量
0.02%Nb 钢	0.13	13.55	5.31	14.51	0.73	0.02	余量
0.06%Nb 钢	0.13	13.56	5.38	14.53	0.76	0.06	余量
0.11%Nb 钢	0.12	13.51	5.33	14.57	0.75	0.11	余量

2.5.4.1 铌对高强度不锈钢微观组织的影响

A 铌对高强度不锈钢平衡态相图的影响

通过 Thermo-Calc 软件和 TCFE9 数据库计算得到的 0.02%Nb 钢、0.06%Nb 钢和 0.11%Nb 钢的平衡相图如图 2-105 所示。从图 2-105（a）和（b）中可以看出，在 0.02%Nb 钢中第二相为 M_6C 碳化物，其中 M_6C 的全固溶温度约为 1071 ℃。值得注意的是，在 0.06%Nb 钢中的第二相主要为 M_6C 和 NbC，其中 M_6C 和 NbC 的全固溶温度分别约为 1077 ℃和 1113 ℃，如图 2-105（c）和（d）所示。在 0.11%Nb 钢中除了基体外主要的第二相为 M_6C 和 NbC，其中 M_6C 和 NbC 的全固溶温度分别约为 1075 ℃和 1220 ℃。在温度为 1080 ℃左右时，0.11%Nb 钢中 M_6C 几乎全部溶解而 NbC 的摩尔分数达到最大值，如图 2-105（e）和（f）所示。由计算结果可知，随着钢中 Nb 含量的增加，NbC 的全固溶温度范围和摩尔分数均逐渐增大。此外，通过对比不同 Nb 含量钢的相图可以发现，随着钢中 Nb 含量的增加，NbC 的全固溶温度逐渐升高。关于 NbC 在奥氏体中的固溶度，可以用微合金元素 Nb 在奥氏体中的固溶度积来描述，而最常用的固溶度积公式如下：

$$\lg\{w([\mathrm{Nb}]) \times w([\mathrm{C}])\}_{\gamma} = 3.42 - \frac{7900}{T} \tag{2-24}$$

式中，$w([\mathrm{Nb}])$和$w([\mathrm{C}])$分别为 Nb 和 C 元素在奥氏体相中的质量分数。

从式（2-24）中可以看出，C 和 Nb 作为 NbC 的形成元素，二者含量的增加，均会提高其全固溶温度。因此，Nb 含量的升高会提高 NbC 的全固溶温度。

B 铌对高强度不锈钢显微组织的影响

图 2-106 是不同 Nb 含量实验钢经不同固溶温度处理（保温 1 h）后的奥氏体晶粒形貌。从该图中可以看出，伴随着温度的升高，三种含 Nb 钢的原奥氏体晶粒尺寸均呈现出增加的趋势。但是，随着钢中 Nb 含量的增加，晶界移动阻力增

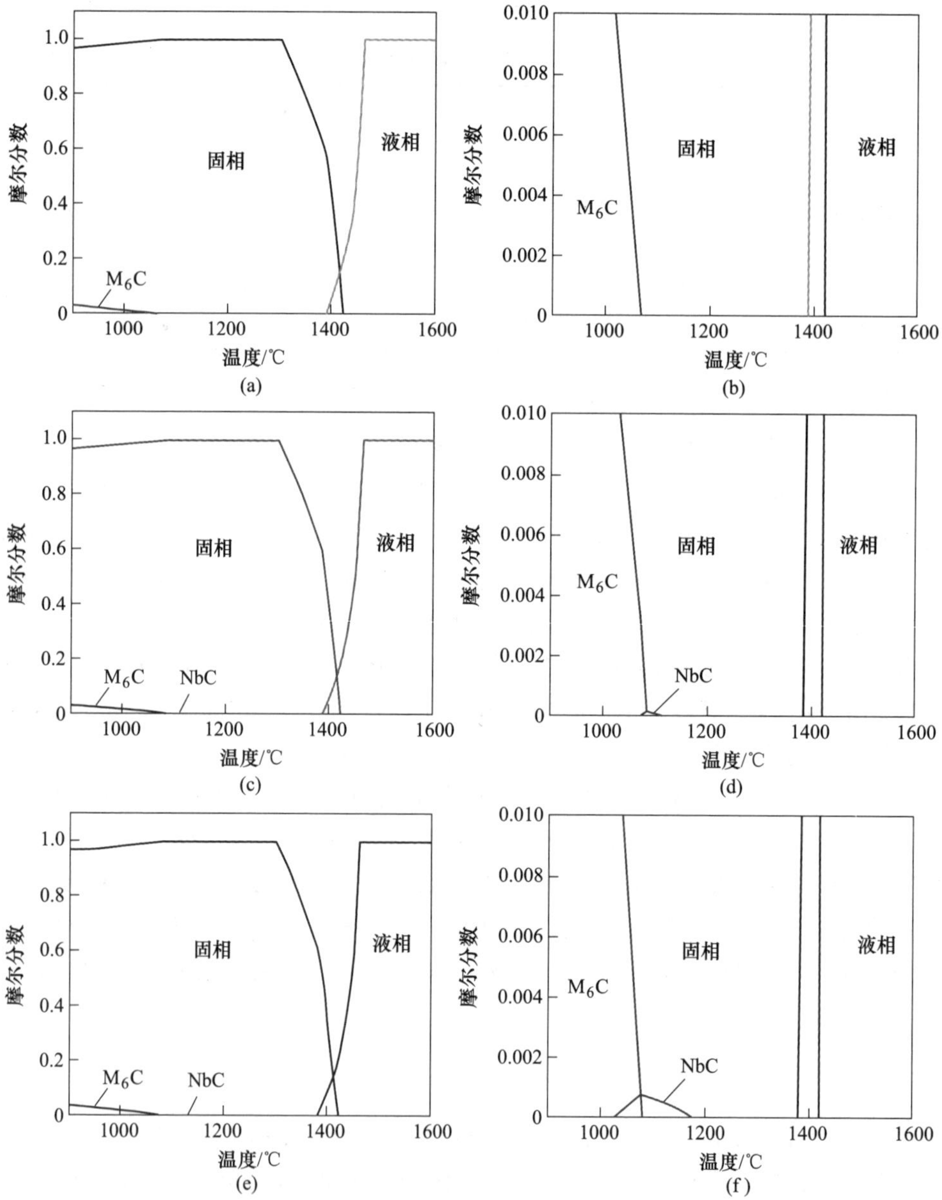

图 2-105　通过 Thermo-Calc 软件和 TCFE9 数据库计算得到的不同 Nb 含量实验钢的相图

（a）0.02%Nb 钢；（b）图（a）中相对应区域的局部放大图；（c）0.06%Nb 钢；（d）图（c）中相对应区域的局部放大图；（e）0.11%Nb 钢；（f）图（e）中相对应区域的局部放大图

图 2-105 彩图

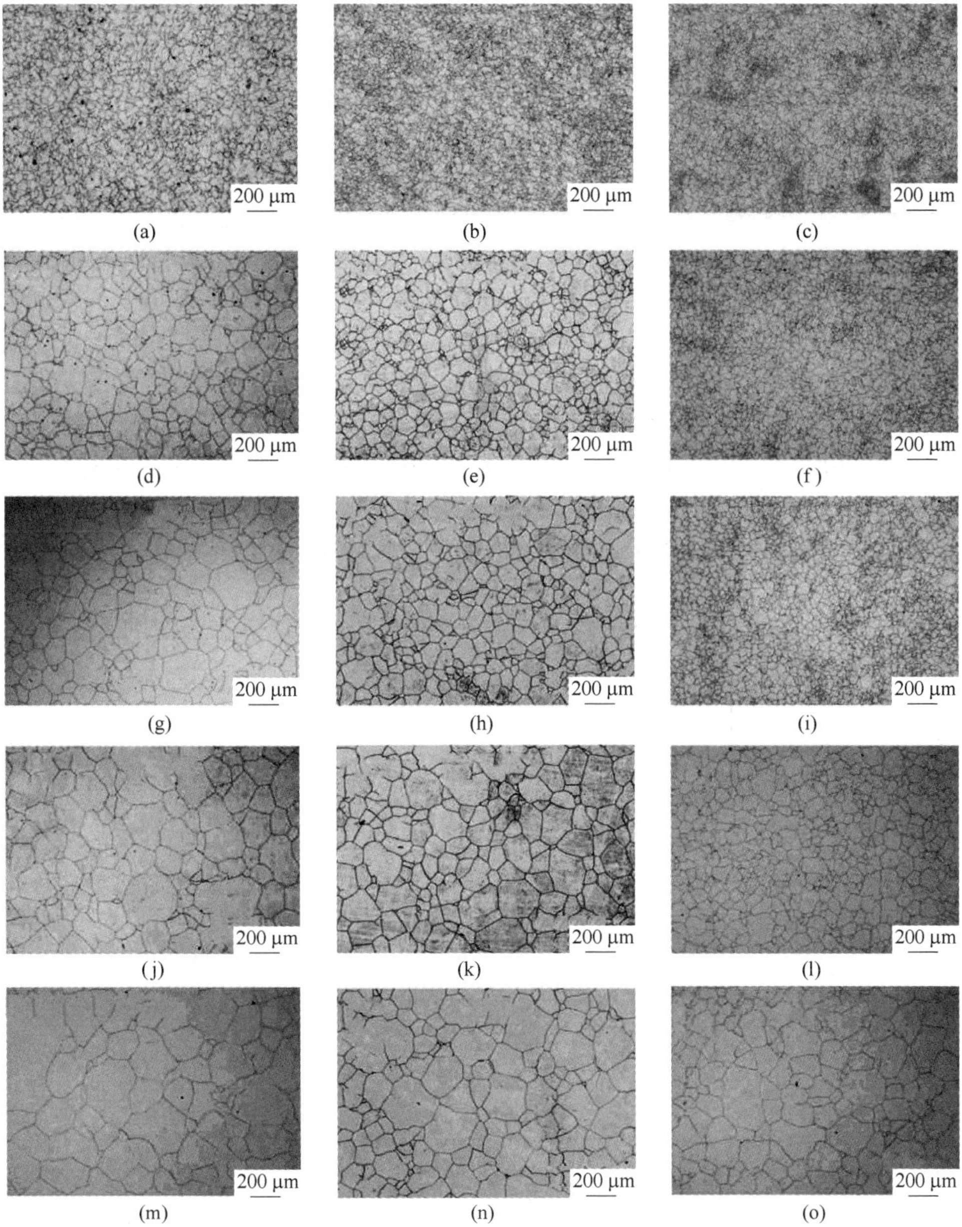

图 2-106　含 Nb 钢在不同固溶温度下保温 1 h 后的奥氏体晶粒形貌

(a) 0.02%Nb 钢，1000 ℃；(b) 0.06%Nb 钢，1000 ℃；(c) 0.11%Nb 钢，1000 ℃；
(d) 0.02%Nb 钢，1050 ℃；(e) 0.06%Nb 钢，1050 ℃；(f) 0.11%Nb 钢，1050 ℃；
(g) 0.02%Nb 钢，1080 ℃；(h) 0.06%Nb 钢，1080 ℃；(i) 0.11%Nb 钢，1080 ℃；
(j) 0.02%Nb 钢，1100 ℃；(k) 0.06%Nb 钢，1100 ℃；(l) 0.11%Nb 钢，1100 ℃；
(m) 0.02%Nb 钢，1150 ℃；(n) 0.06%Nb 钢，1150 ℃；(o) 0.11%Nb 钢，1150 ℃

大，晶粒长大速度明显变缓。通过对比图 2-106（a）和（d）可以看出，0.02%Nb 钢在 1050 ℃时奥氏体晶粒尺寸发生明显的粗化；但 0.06%Nb 钢的晶粒尺寸明显小于 0.02%Nb 钢，如图 2-106（e）所示。0.11%Nb 钢的晶粒尺寸在 1000～1080 ℃温度区间内尚未出现明显粗化，且晶粒组织比较均匀；当温度达到 1100 ℃及以上时，晶粒长大明显，如图 2-106（l）所示。

图 2-106 的微观组织表征结果表明，Nb 微合金化可有效地抑制奥氏体晶粒的长大，且随着 Nb 含量的增加抑制晶粒长大的效果越明显。通过对含 Nb 钢的热力学计算可知，伴随着钢中 Nb 含量的升高，钢中第二相的全固溶温度升高。这一点在含 Nb 钢中第二相粉末的 XRD 衍射图中得到验证，钢中第二相的衍射峰强度由 0.02%Nb 钢、0.06%Nb 钢至 0.11%Nb 钢依次增强，如图 2-107 所示。从图 2-107（a）中可以看出，当固溶温度为 1000 ℃时，0.02%Nb 钢中主要的第二相为 M_6C；1050 ℃时，未发现第二相衍射峰，说明钢中第二相几乎全部溶解。从图 2-107（b）中可以看出，随着固溶温度的升高，0.06%Nb 钢中 M_6C 的衍射峰逐渐减弱；1080 ℃时仍有 M_6C 的衍射峰，但是未发现 NbC 的衍射峰，这可能是在

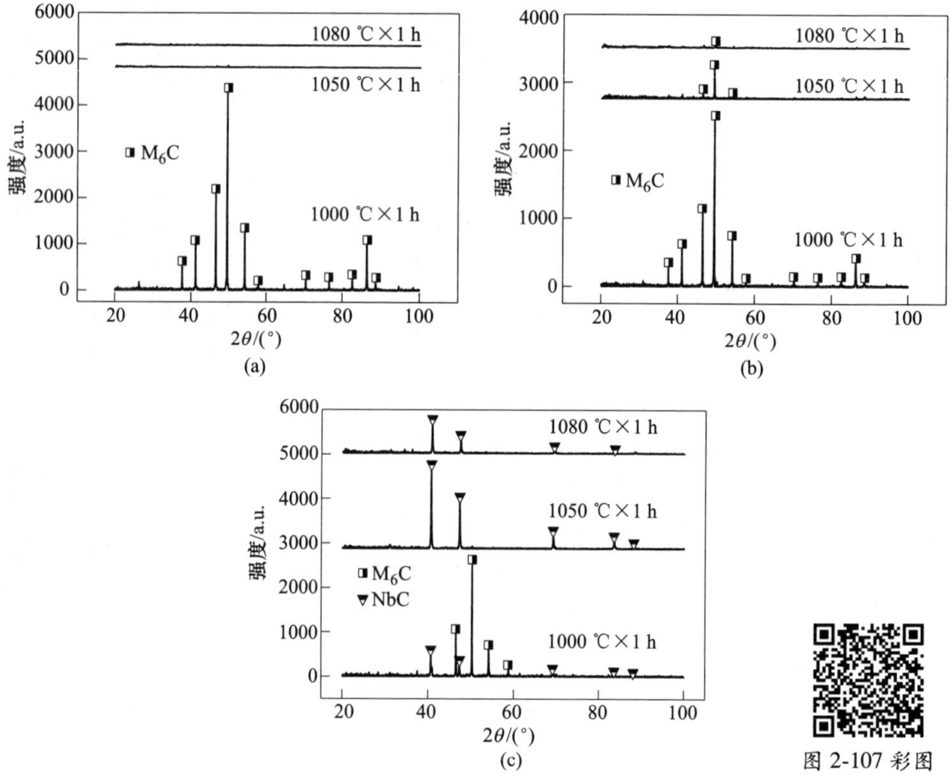

图 2-107 彩图

图 2-107　不同 Nb 含量实验钢中第二相的 XRD 衍射图

（a）0.02%Nb 钢；（b）0.06%Nb 钢；（c）0.11%Nb 钢

此温度下钢中的 NbC 含量较少，很难通过 XRD 检测。当固溶温度为 1000 ℃时，0.11%Nb 钢中的第二相除了 M_6C 外还有 NbC 存在，固溶温度高于 1050 ℃后，M_6C 几乎全部溶解，此时，钢中的第二相主要为 NbC，如图 2-107（c）所示。

从图 2-108（a）和（b）中可以看出，当固溶温度为 1080 ℃时，0.02%Nb 钢的显微组织主要由高位错密度的板条马氏体组成，并未发现未溶第二相。在此温度下，0.06%Nb 钢中仍然存在少量形状接近于球形的第二相。经衍射斑标定可以确定 0.06%Nb 钢中的第二相除了面心立方的 M_6C 外还有面心立方的 NbC，M_6C 和 NbC 的尺寸分别约为 100 nm 和 50 nm，如图 2-108（c）~（f）所示。相比之下，0.11%Nb 钢中类似于球形的第二相数量明显增多，经衍射斑标定可以确定该第二相为面心立方的 NbC，尺寸大约为 150 nm，如图 2-108（g）和（h）所示。

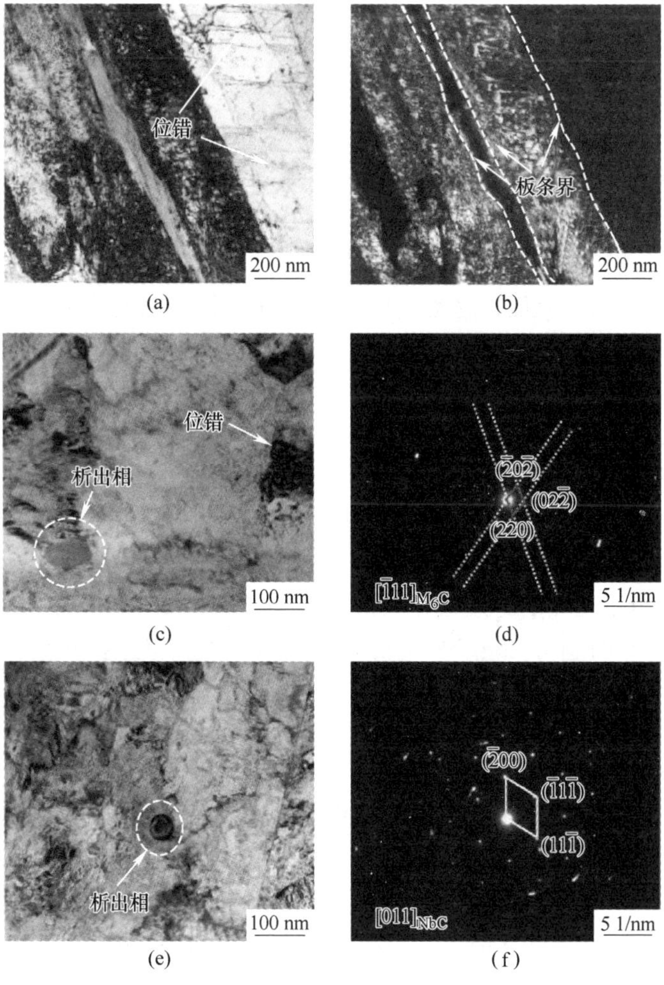

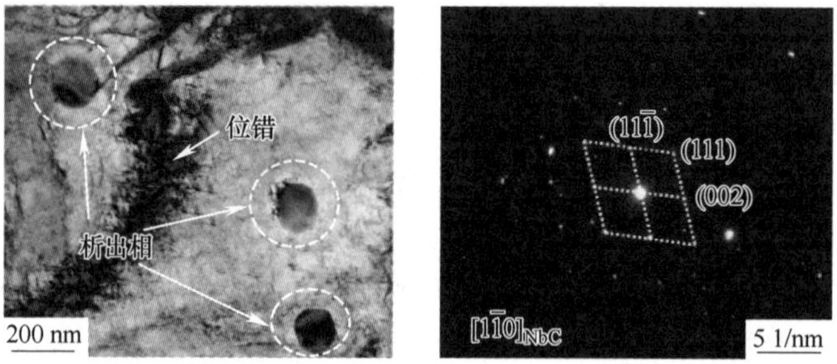

(g)　　(h)

图 2-108　含 Nb 钢在 1080 ℃下保温 1 h 后的 TEM 图

(a) 0.02%Nb 钢的 TEM 明场像；(b) 0.02%Nb 钢的 TEM 暗场像；
(c) 0.06%Nb 钢中 M_6C 的 TEM 明场像；(d) 0.06%Nb 钢中 M_6C 的衍射斑及标定结果；
(e) 0.06%Nb 钢中 NbC 的 TEM 明场像；(f) 0.06%Nb 钢中 NbC 的衍射斑及标定结果；
(g) 0.11%Nb 钢中 NbC 的 TEM 明场像；(h) 0.11%Nb 钢中 NbC 的衍射斑及标定结果

图 2-108 彩图

由含 Nb 钢的奥氏体晶粒组织形貌图可以看出，伴随着钢中 Nb 含量的增加晶粒粗化温度升高，这由两方面原因造成：一方面，通过溶质 Nb 的拖曳作用降低晶界的移动速率以及 NbC 析出相的钉扎作用阻碍晶界移动，随着 Nb 含量升高，钢中 NbC 体积分数升高，晶粒长大阻力升高[112]；另一方面，Nb 微合金化提高了 M_6C 的全固溶温度，这也是 0.06%Nb 钢在固溶温度低于 1080 ℃时奥氏体晶粒尺寸长大速率小于 0.02%Nb 钢的主要原因[113]。因此，Nb 含量升高可有效提高晶粒粗化温度。

2.5.4.2　铌对高强度不锈钢力学性能的影响

图 2-109 为不同 Nb 含量钢的力学性能随时效温度变化的曲线。从图 2-109 (a)~(c) 中可以看出，不同 Nb 含量钢的屈服强度（$R_{p0.2}$）和抗拉强度（R_m）随着时效温度的升高均呈现出先升高后降低的趋势，在时效温度为 540 ℃时表现出了强烈的时效强化效应，但伸长率（A）和断面收缩率（Z）基本呈现逐渐降低的趋势。含 Nb 钢的强度均在 540 ℃时达到峰值，具体而言，0.02% Nb 钢、0.06% Nb 钢、0.11% Nb 钢的抗拉强度分别为 1949 MPa、1979.5 MPa 和 1976.5 MPa；屈服强度分别为 1587 MPa、1613 MPa 和 1625 MPa；伸长率均大于 14%；断面收缩率均大于 60%。

图 2-109 (d) 显示了不同 Nb 含量钢的冲击功（A_{KU2}）随着时效温度升高的变化趋势。由该图可见，含 Nb 钢的 A_{KU2} 随着时效温度的升高均呈现出显著下降趋势。在相同时效温度下，冲击韧性随着 Nb 含量的升高有提高的趋势，具体来说，在 540 ℃时 0.02%Nb 钢、0.06%Nb 钢和 0.11%Nb 钢的 A_{KU2} 分别为 46.5 J、51 J 和 58.5 J。

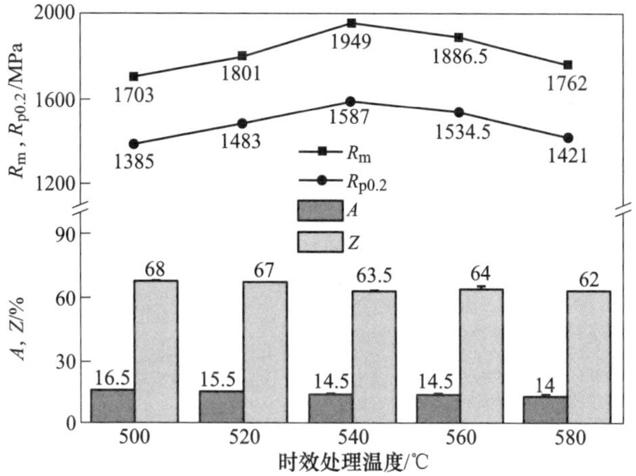

2000
1600
1200
R_m, $R_{p0.2}$/MPa
1703
1801
1949
1886.5
1762
1385
1483
1587
1534.5
1421
R_m
$R_{p0.2}$
A
Z
90
60
30
0
A, Z/%
68
67
63.5
64
62
16.5
15.5
14.5
14.5
14
500
520
540
560
580
时效处理温度/℃

(a)

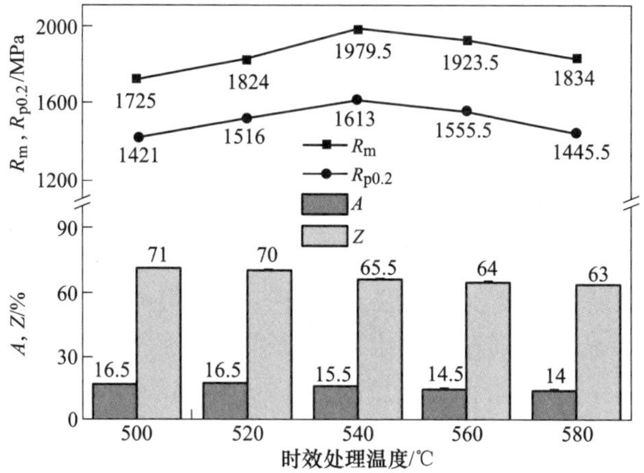

2000
1600
1200
R_m, $R_{p0.2}$/MPa
1725
1824
1979.5
1923.5
1834
1421
1516
1613
1555.5
1445.5
R_m
$R_{p0.2}$
A
Z
90
60
30
0
A, Z/%
71
70
65.5
64
63
16.5
16.5
15.5
14.5
14
500
520
540
560
580
时效处理温度/℃

(b)

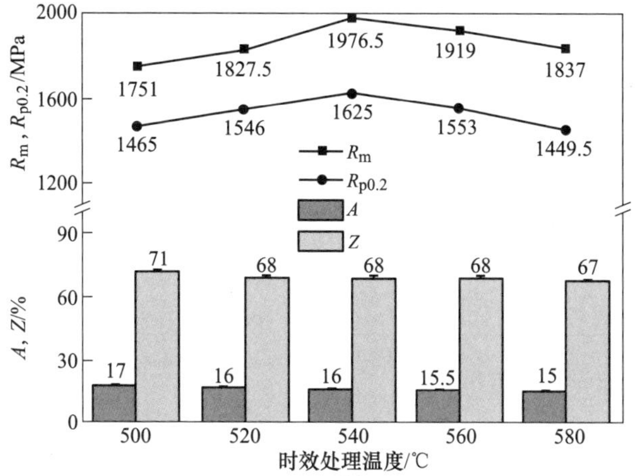

2000
1600
1200
R_m, $R_{p0.2}$/MPa
1751
1827.5
1976.5
1919
1837
1465
1546
1625
1553
1449.5
R_m
$R_{p0.2}$
A
Z
90
60
30
0
A, Z/%
71
68
68
68
67
17
16
16
15.5
15
500
520
540
560
580
时效处理温度/℃

(c)

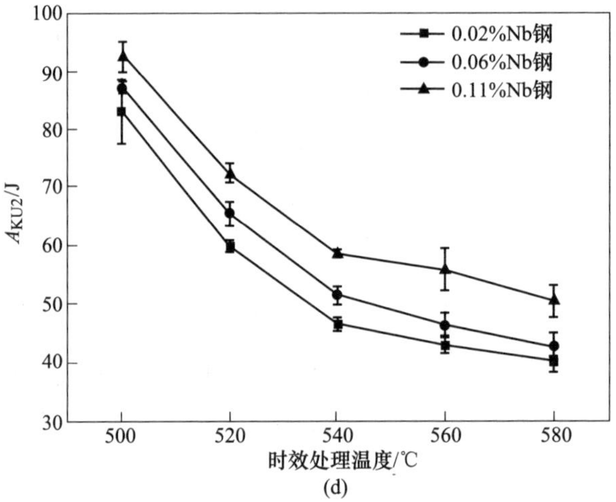

图 2-109　含 Nb 钢的力学性能

（a）0.02%Nb 钢的拉伸性能；（b）0.06%Nb 钢的拉伸性能；（c）0.11%Nb 钢的拉伸性能；（d）含 Nb 钢的冲击功

综合对比含 Nb 钢的强度、塑性和韧性三方面力学性能指标可以得出，在时效处理温度为 540 ℃、Nb 含量为 0.11%时，钢具有最佳的强韧性匹配。

2.5.4.3　铌对高强度不锈钢应力腐蚀性能的影响

图 2-110 为原始钢分别在空气中和质量分数为 3.5%的 NaCl 溶液中的 σ_a-N 曲线。从图 2-110（a）中可以看出，随着疲劳强度幅值在 1000～680 MPa 范围内减小，疲劳寿命从 4.0×10^4 升高至 1.0×10^7。经计算，原始钢在空气中的疲劳强

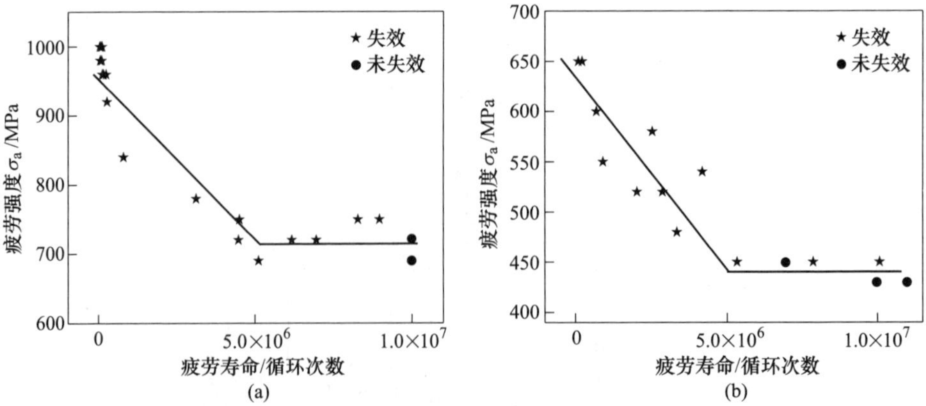

图 2-110　原始钢在空气中和质量分数为 3.5%的 NaCl 溶液中的 σ_a-N 曲线

（a）空气；（b）质量分数为 3.5%的 NaCl 溶液

度为 715 MPa。相比之下，原始钢在质量分数为 3.5%的 NaCl 溶液中的疲劳强度显著降低，疲劳强度为 440 MPa，约为空气环境下的 61.5%。相似的现象同样出现在 0.11%Nb 钢中，其中 0.11%Nb 钢在空气中和在质量分数为 3.5%的 NaCl 溶液中疲劳强度分别为 800 MPa 和 495 MPa，其 σ_a-N 曲线如图 2-111 所示。由此可见，Nb 元素的添加不但可以提高实验钢在空气中的疲劳强度，还可以提高实验钢在质量分数为 3.5%的 NaCl 溶液中的疲劳强度。究其原因，主要是因为 Nb 元素的添加细化了晶粒组织，提高了单位面积内晶界总数量，晶界可以阻碍裂纹扩展，从而提高钢的疲劳性能[114-115]。

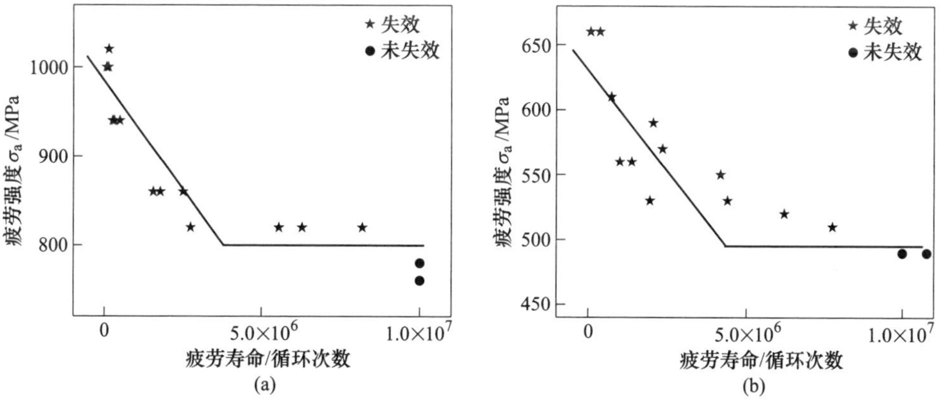

图 2-111 0.11%Nb 钢在空气中和质量分数为 3.5%的 NaCl 溶液中的 σ_a-N 曲线

（a）空气；（b）质量分数为 3.5%的 NaCl 溶液

腐蚀疲劳试验结果表明，Nb 微合金化提高了实验钢的抗应力腐蚀开裂（stress corrosion cracking，SCC）性能，这主要与 Nb 元素的添加导致实验钢晶粒组织细化引起的晶界特征分布变化、奥氏体含量升高和钢中 NbC 的析出有关。因此，接下来将从以上三个方面对钢 SCC 性能的影响着重进行讨论。

A 从晶粒组织细化的角度阐述晶界特征分布的变化对实验钢 SCC 性能的影响

下面研究原始钢和 0.11%Nb 钢的 EBSD（electron back-scattered diffraction）表征结果。从图 2-112 中可以看出，两种实验钢的晶粒组织并无明显择优取向，在相同视场范围内，PAGBs（图中白色虚线）所占比例是原始钢少，而 0.11%Nb 钢多。高强度不锈钢在质量分数为 3.5%的 NaCl 溶液中的应力腐蚀开裂机制为阳极溶解和氢致开裂的混合机制，其中阳极溶解机制主要控制裂纹形核过程，而氢致开裂机制主要控制裂纹扩展过程。研究表明[116]，PAGB 是氢的首选堆积点（氢陷阱），因此，单位面积内 PAGB 总量的升高可增加钢中氢陷阱数量，阻碍氢的聚集与迁移，使钢中的氢分布更加均匀，进而降低晶格中的氢含量与氢致开裂的风险。在 Gomes da Silva 等人[117]的研究中也发现了类似的现象。

(a)　　(b)

图 2-112　实验钢的 IPF 取向图

（a）原始钢的 IPF 图；（b）0.11%Nb 钢的 IPF 图

图 2-112 彩图

图 2-113 显示了两种实验钢的晶体学特征，根据晶界错配角度 θ 的定义可以将晶界分别定义为小角晶界（low-angle grain boundaries，LAGBs）、中角晶界（medium-angle grain boundaries，MAGBs）和大角晶界（high-angle grain boundaries，HAGBs），图中蓝色线条代表小角晶界（$1^\circ<\theta<5^\circ$），红色线条代表中角晶界（$5^\circ<\theta<15^\circ$），黑色线条代表大角晶界（$15^\circ<\theta<62.8^\circ$）。经统计，两种实验钢的晶界错配角度的差别主要集中在小角晶界和大角晶界所占比例，其中小角晶界占比由原始钢至 0.11%Nb 钢的顺序升高，而大角晶界的变化趋势与小角晶界的变化趋势恰好相反。据相关文献报道[118]，由于大角晶界具有较高的晶

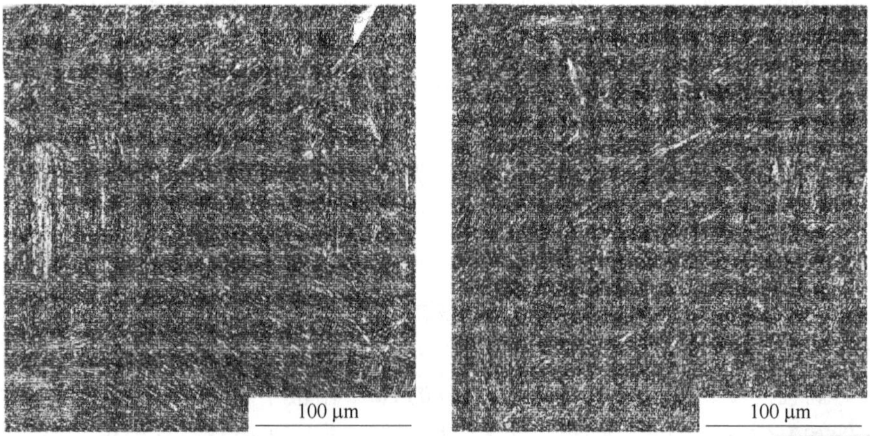

(a)　　(b)

图 2-113　实验钢的晶界特征分布图

（a）原始钢的晶界特征分布图；（b）0.11%Nb 钢的晶界特征分布图

图 2-113 彩图

格畸变和较高的储能，在马氏体钢的裂纹扩展过程中其为裂纹扩展提供了一条更容易的路径，提高氢致开裂敏感性。相反，小角晶界所占比例的提高可以提高氢致开裂抗力[119]。

图 2-114 显示了两种实验钢的重合位置点阵（coincidence site lattice，CSL）晶界图及重合位置点阵相对频次，视场内不同颜色的曲线代表不同种类的 CSL 界面，从图中可以看出，两种实验钢的重合位置点阵的类型主要为∑3、∑11、∑19b 及∑25b，其中两种实验钢中的∑11 和∑25b 晶界数量无明显差异，∑3 晶界数量均显著高于∑11 和∑25b 晶界，∑3 晶界数量由原始钢至 0.11%Nb 钢的顺序依次升高。据相关文献报道[120-121]，晶界特征分布优化可以有效地阻止裂纹扩展，在裂纹扩展过程中只有∑3 晶界没有发生开裂，可以提高裂纹扩展阻力。与此同时，Gertsman[122] 和 Reed[123] 等人认为，低∑CSL 晶界比例的提高可以打断随机晶界网络的连续性，阻碍了裂纹沿随机晶界开裂的扩展，提高了材料的抗 SCC 性能。

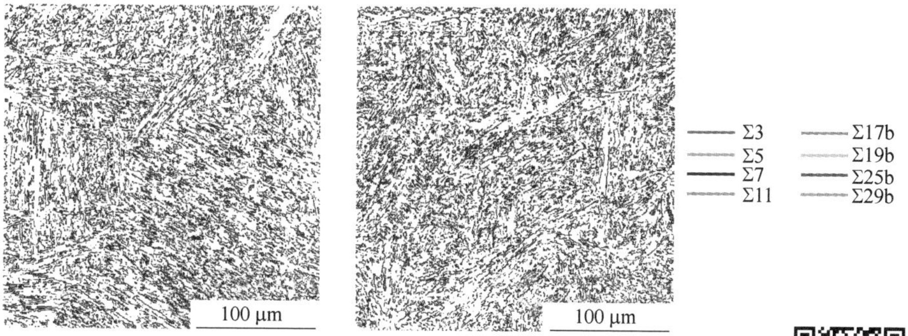

(a) (b)

图 2-114 实验钢的 CSL 晶界图

（a）原始钢的 CSL 晶界图；（b）0.11%Nb 钢的 CSL 晶界图

图 2-114 彩图

综上所述，晶粒组织细化引起的晶界特征分布变化，比如单位面积内 PAGB 总量的升高、小角晶界所占比例的升高及∑3 晶界数量的升高均提高了实验钢的抗 SCC 性能。

B 奥氏体含量变化对实验钢 SCC 性能的影响

由实验钢的奥氏体含量测试结果可知，原始钢和 0.11%Nb 钢的奥氏体含量分别约为 7.96%和 9.13%，如图 2-115 所示。奥氏体在钢的应力腐蚀开裂过程中起到两方面的作用：一是作为韧性相减缓裂纹扩展速率；二是作为氢陷阱减缓氢向裂纹尖端的富集，有效地降低了氢致开裂的发生[124-125]。

为了进一步探究奥氏体对 SCC 性能的影响，对原始钢在质量分数为 3.5%的 NaCl 溶液中的裂纹扩展路径进行了表征。图 2-116 为原始钢在质量分数为 3.5%的 NaCl 溶液中裂纹尖端区域裂纹扩展路径的 EBSD 结果。从图 2-116（a）中可以看出，SCC 裂纹都在 PAGBs 内部扩展，并在 PAGBs 内部终止。图 2-116（b）

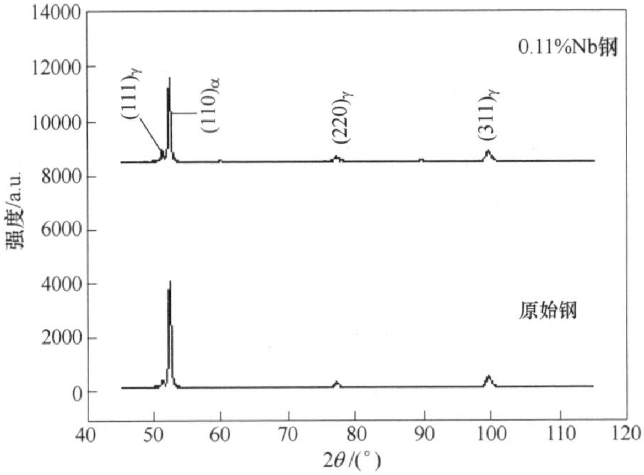

图 2-115 两种钢的 XRD 分析结果

显示部分裂纹沿马氏体束延伸，部分裂纹穿过马氏体束。采用聚焦离子束（focused ion beam，FIB）技术在裂纹尖端附近切取试样进行 TEM 表征，结果如图 2-117 所示。从图 2-117（a）中的明场像中可以看出，红色矩形线框内存在一定量的薄膜状奥氏体。相对应的薄膜状奥氏体的 SAED 图如图 2-117（b）所示。此外，从图 2-117（b）中可以看出，裂纹部分穿过薄膜状奥氏体，部分沿着薄膜状奥氏体边缘扩展，当裂纹扩展到黄色实线圆框内的薄膜状奥氏体时，裂纹扩展路径发生了明显的变化，这说明一定数量的奥氏体能有效抑制 SCC 裂纹的扩展。Ritchie 等人[126]的研究证实，奥氏体有利于抑制氢致开裂，这归因于氢在奥氏体中的高溶解度降低了其扩散率。因此，可以得出实验钢中奥氏体含量的升高可以提高其抗 SCC 性能。

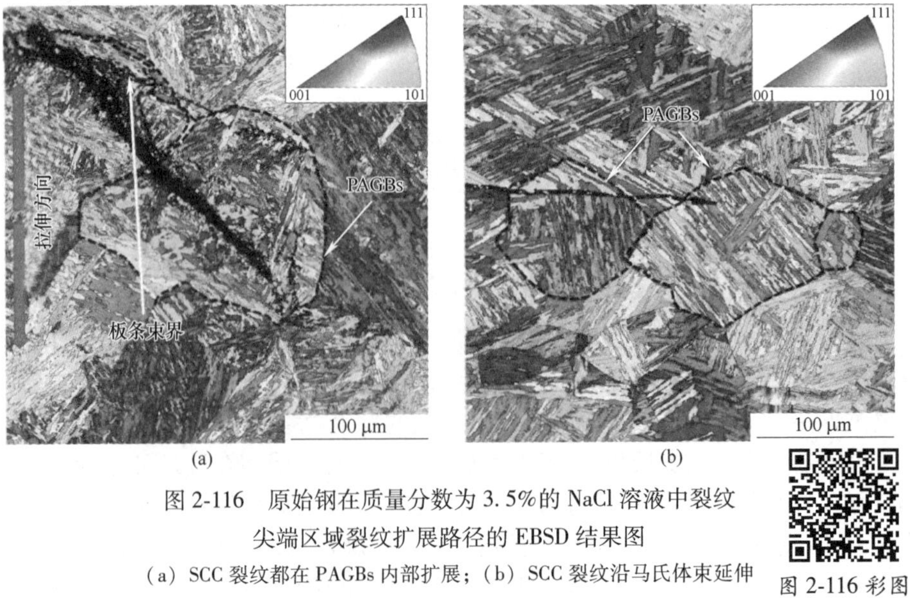

图 2-116 原始钢在质量分数为 3.5%的 NaCl 溶液中裂纹尖端区域裂纹扩展路径的 EBSD 结果图

（a）SCC 裂纹都在 PAGBs 内部扩展；（b）SCC 裂纹沿马氏体束延伸

图 2-116 彩图

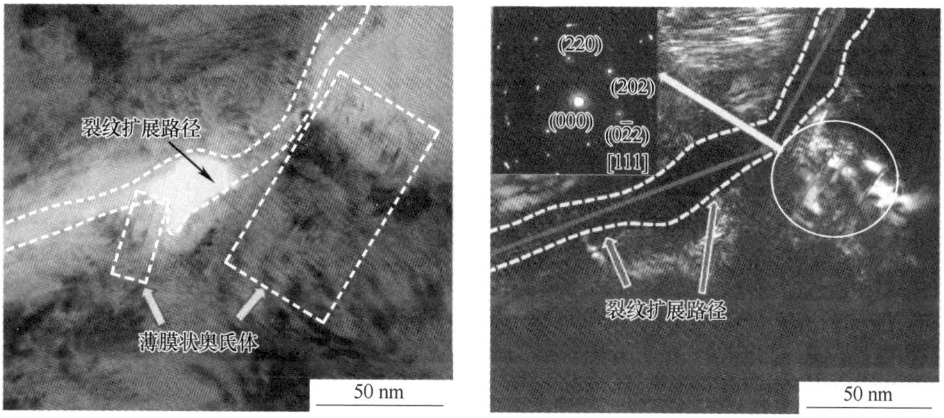

(a)　　(b)

图 2-117　原始钢 SCC 裂纹尖端透射电镜图像

（a）明场像；（b）暗场像及相应的 SAED 图

图 2-117 彩图

C　钢中 NbC 的析出

540 ℃时效处理后，0.11%Nb 钢中除了粒径尺寸较小的 Laves 相外仍然存在较多近似球形的析出相，其尺寸在 100～200 nm。通过对衍射斑点标定和 EDS 能谱分析可知，该析出相为 NbC，如图 2-118 所示。NbC[127-128]作为钢中有效的不可逆氢陷阱（陷阱激活能>50 kJ/mol），可以捕获钢中的氢原子，阻止氢向裂纹尖端的扩散，进而提高钢的抗 SCC 性能。

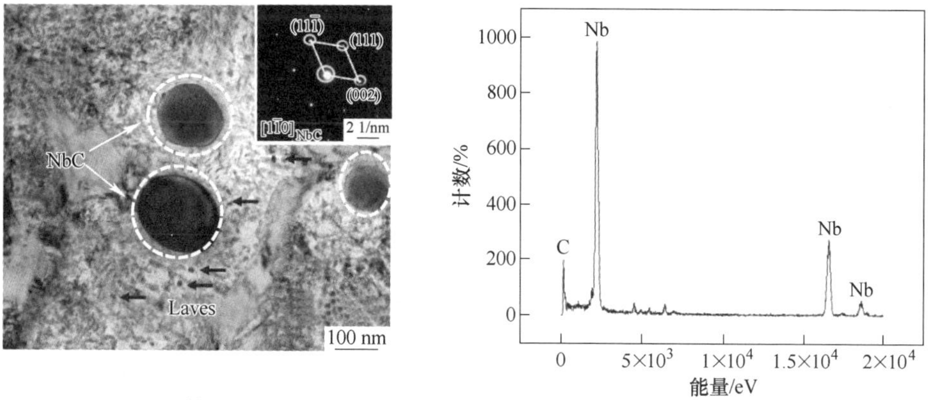

(a)　　(b)

图 2-118　时效态 0.11%Nb 钢的 TEM 图

（a）析出相的明场像及衍射斑标定结果；（b）析出相的 EDS 能谱图

图 2-118 彩图

综上所述，高强度不锈钢中添加 Nb 元素促进了以 NbC 为主的 MC 型第二相的析出，MC 相作为不可逆的氢陷阱抑制了氢向裂纹尖端的扩散，使得钢中氢的分布更加均匀；同时，MC 相对晶界钉扎作用使得晶粒组织细化，增加了小角晶界比例、Σ3 晶界数量及奥氏体体积分数，阻碍了裂纹的扩展，进而提高了钢的抗 SCC 性能。Nb 微合金化对高强度不锈钢 SCC 影响的示意图如图 2-119 所示。

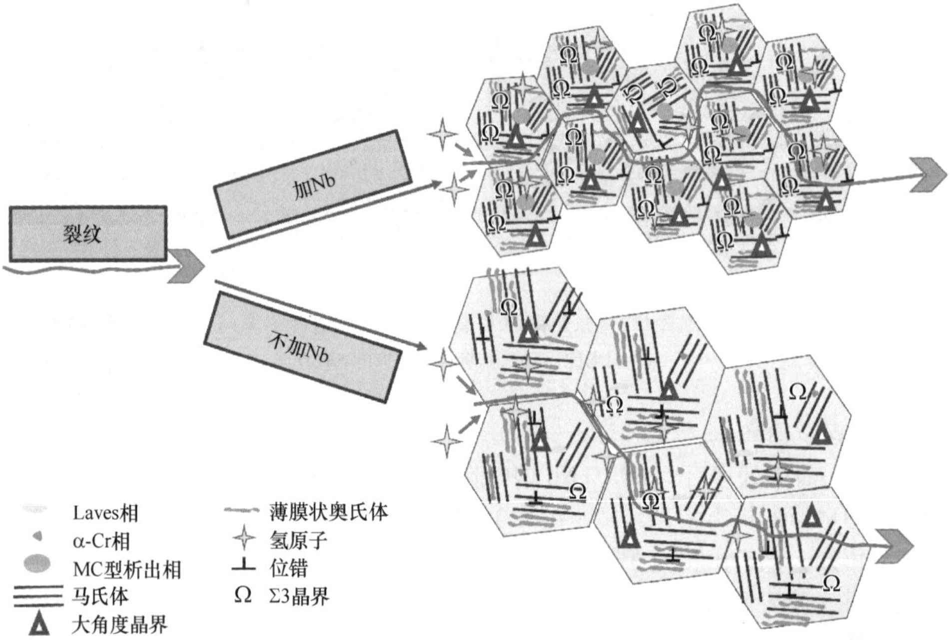

图 2-119 高强度不锈钢中 Nb 微合金化对 SCC 影响的示意图

图 2-119 彩图

参 考 文 献

[1] FUJITA N, KIKUCHI M, OHMURA K. Expressions for solubility products of Fe_3Nb_3C carbide and Fe_2Nb Laves phase in Niobium alloyed ferritic stainless steels [J]. ISIJ International, 2003, 43 (12): 1999-2006.

[2] DEIGHTON M. Solubility of NbC in 20%Cr-25%Ni stainless steel [J]. JISI, 1967, 205 (5): 535-538.

[3] MINAMI Y, KIMURA H. Effect of and MC Carbides on creep rupture strength of 10% Cr-10% Ni-Ti-Nb Steel [J]. Trans. ISIJ, 1987, 27 (4): 299-301.

[4] 孟繁茂，付俊岩. 现代含 Nb 不锈钢 [M]. 北京：冶金工业出版社，2004.

[5] 刘振宇，江来珠. 铁素体不锈钢的物理冶金学原理及生产技术 [M]. 北京：冶金工业出版社，2014.

[6] FUJITA N, KIKUCHI M, BHADESHIA H. Modeling M_6C precipitation in niobium-alloyed ferritic stainless steel [J]. Metallurgical and Materials Transactions A, 2002, 33 (11): 3339-3347.

[7] MINAMI Y, KIMURA H, IHARA Y. Microstructural changes in austenitic stainless steels during long term ageing [J]. Materials Science and Technology, 1986, 2 (8): 795-806.
[8] 邓兆其. 时效处理对444铁素体不锈钢组织性能的影响 [D]. 沈阳: 东北大学, 2019.
[9] AYER R, KLEIN C F, MARZINSKY C N. Instabilities in stabilized austenitic stainless steels [J]. Metallurgical and Materials Transactions A, 1992, 23: 2455-2467.
[10] ROBINSON P W, JACK D H. Precipitation of Z-phase in a high-nitrogen stainless steel [J]. Journal of Heat Treating, 1985, 4 (1): 69-74.
[11] 房常帅. 高韧性SUS444铁素体不锈钢中板组织与性能研究 [D]. 沈阳: 东北大学, 2019.
[12] SOURMAIL T. Precipitation in creep resistant austenitic stainless steels [J]. Materials Science and Technology, 2001, 17 (1): 1-14.
[13] LIU Z Y, GAO F, JIANG L Z, et al. The correlation between yielding behavior and precipitation in ultra purified ferritic stainless steels [J]. Materials Science and Engineering A, 2010, 527 (16): 3800-3806.
[14] 高飞. 中铬铁素体不锈钢组织、织构与性能演变机理研究 [D]. 沈阳: 东北大学, 2014.
[15] HU H. Effect of solutes on Lüders strain in low-carbon steel sheets [J]. Metallurgical Transactions, 1983, 14 (1): 85-91.
[16] SIM G M, AHN J C, HONG S C, et al. Effect of Nb precipitate coarsening on the high temperature strength in Nb containing ferritic stainless steels [J]. Materials Science and Engineering A, 2005, 396 (1/2): 159-165.
[17] CAVAZOS J L. Characterization of precipitates formed in a ferritic stainless steel stabilized with Zr and Ti additions [J]. Materials Characterization, 2005, 56 (2): 96-101.
[18] MIYAZAKI A, TAKAO K, FURUKIMI O. Effect of Nb on the proof strength ferritic stainless steels at elevated temperatures [J]. ISIJ International, 2002, 42 (8): 916-920.
[19] HOOK R E, ELIAS J A. The effects of composition and annealing conditions on the stability of columbium (niobium)-treated low-carbon steels [J]. Metallurgical and Materials Transactions B, 1972, 3 (8): 2171-2181.
[20] SOENEN B, DE A K, VANDEPUTTE S, et al. Competition between grain boundary segregation and cottrell atmosphere formation during static strain aging in ultra low carbon bake hardening steels [J]. Acta Materialia, 2004, 52 (12): 3483-3492.
[21] KAZUHIDE I, TOMOHIRO I, HIROKI O. Ni- and Mo-free ferritic stainlesssteel with high corrosion resistance, JFE443CT [J]. JFE Technical Report, 2008, 47 (1): 39-44.
[22] EL-KASHIF E, ASAKURA K, KOSEKI T, et al. Effects of boron, niobium and titanium on grain growth in ultra high purity 18% Cr ferritic stainless steel [J]. ISIJ International, 2004, 44 (9): 1568-1575.
[23] KUZUCU V, AKSOY M, KORKUT M H. The effect of strong carbide-forming elements such as Mo, Ti, V and Nb on the microstructure of ferritic stainless steel [J]. Journal of Materials Processing Technology, 1998, 82 (1/2/3): 165-171.

[24] GUIMARAS A A, MEI P R. Precipitation of carbides and sigma phase in AISI type 446 stainless steel under working conditions [J]. Journal of Materials Processing Technology, 2004, 155-156 (11): 1681-1689.
[25] CORTIE M B, POLLAK H. Embrittlement and aging at 475℃ in an experimental ferritic stainless steel containing 38wt. % chromium [J]. Materials Science and Engineering A, 1995, 199 (2): 153-163.
[26] LEE T H, KIM S J, TAKAKI S. Time-temperature-precipitation characteristics of high-nitrogen austenitic Fe-18Cr-18Mn-2Mo-0. 9N steel [J]. Metallurgical and Materials Transactions A, 2006, 37 (12): 3445-3454.
[27] LI H B, JING Z H, ZHANG Z, et al. Intergranular corrosion behavior of high nitrogen austenitic stainless steel [J]. International Journal of Minerals, Metallurgy and Materials, 2009, 16 (6): 654-660.
[28] YAMAGISHI T, AKITA M, NAKAJIMA M, et al. Effect of σ-phase embrittlement on fatigue behaviour in high-chromium ferritic stainless steel [J]. Procedia Engineering, 2010, 2 (1): 275-281.
[29] VAN ZWIETEN A C, BULLOCH J H. Some considerations on the toughness properties of ferritic stainless steels-a brief review [J]. International Journal of Pressure Vessels and Piping, 1993, 56 (1): 1-31.
[30] SHIN H J, AN J K, PARK S, et al. The effect of texture on ridging of ferritic stainless steel [J]. Acta Materialia, 2003, 51 (16): 4693-4706.
[31] LIU Z Y, GAO F, JIANG L Z, et al. The correlation between yielding behavior and precipitation in ultra purified ferritic stainless steels [J]. Materials Science and Engineering A, 2010, 527 (16/17): 3800-3806.
[32] KIM J K, LEE B J, LEE B H, et al. Intergranular segregation of Cr in Ti-stabilized low-Cr ferritic stainless steel [J]. Scripta Materialia, 2009, 61 (12): 1133-1136.
[33] KIM J K, KIM Y H, UHM S H, et al. Intergranular corrosion of Ti-stabilized 11wt% Cr ferritic stainless steel for automotive exhaust systems [J]. Corrosion Science, 2009, 51 (11): 2716-2723.
[34] VAN WARMELO M, NOLAN D, NORRISH J. Mitigation of sensitisation effects in unstabilised 12%Cr ferritic stainless steel welds [J]. Materials Science and Engineering A, 2007, 464 (1/2): 157-169.
[35] KIM J K, KIM Y H, LEE J S, et al. Effect of chromium content on intergranular corrosion and precipitation of Ti-stabilized ferritic stainless steels [J]. Corrosion Science, 2010, 52 (5): 1847-1852.
[36] 罗永赞. 近代超级不锈钢的发展 [J]. 特殊钢, 2000, 21 (4): 5-8.
[37] 陆世英. 我国不锈钢研究与应用的回顾和进一步发展的展望 [J]. 钢铁研究学报, 1996, 8 (2): 64-68.
[38] 李晓波. 国内铁素体不锈钢的最新进展 [J]. 铸造设备研究, 2006, 4: 52-54.
[39] YAZAWA Y, KATO Y, KOBAYASHI M. Development of Ti-bearing high performance ferritic

stainless steels R430XT and RSX-1 [J]. Kawasaki Steel Technical Report, 1999 (40): 23-29.

[40] ROBERT G N. Effect of stabilizing elements on the precipitation behavior and phase stability of type 409 ferritic stainless steels [D]. Pittsburgh: University of Pittsburgh, 1999.

[41] 游香米. 超纯铁素体不锈钢的开发与应用现状 [J]. 中国冶金, 2006, 16 (11): 16-19.

[42] 游香米. 超纯铁素体不锈钢品种和精炼技术的发展 [J]. 特殊钢, 2006, 27 (5): 40-42.

[43] SHAN Y, LUO X, HU X, et al. Mechanisms of solidification structure improvement of ultra pure 17wt% Cr ferritic stainless steel by Ti, Nb addition [J]. Materials Science and Technology, 2011, 27 (4): 352-358.

[44] YAN H T, BI H Y, LI X, et al. Microstructure and texture of Nb + Ti stabilized ferritic stainless steel [J]. Materials Characterization, 2008, 59 (12): 1741-1746.

[45] PRAT O, GARCIA J, ROJAS D, et al. Investigations on the growth kinetics of laves phase precipitates in 12%Cr creep-resistant steels: Experimental and DICTRA calculations [J]. Acta Materialia, 2010, 58 (18): 6142-6153.

[46] SELLO M P, STUMPF W E. Laves phase embrittlement of the ferritic stainless steel type AISI 441 [J]. Materials Science and Engineering A, 2010, 527 (20): 5194-5202.

[47] SELLO M P, STUMPF W E. Laves phase precipitation and its transformation kinetics in the ferritic stainless steel type AISI 441 [J]. Materials Science and Engineering A, 2011, 528 (3): 1840-1847.

[48] SIM G M, JAE CHEON A, SEUNG CHAN H, et al. Effect of Nb precipitate coarsening on the high temperature strength in Nb containing ferritic stainless steels [J]. Materials Science and Engineering A, 2005, 396 (1/2): 159-165.

[49] UEMATSU Y, HIRAMATSU N, OKU M. Ferritic stainless steel excellent in high temperature oxidation resistance and scale adhesion: EP19940928697 [P]. 1994-04-26.

[50] 刘振宇, 高飞, 张晶晶, 等. 压力容器用高韧性铁素体不锈钢中板的开发 [N]. 世界金属导报, 2020-06-30 (B08-09).

[51] SHAN Y T, LUO X H, HU X Q, et al. Mechanisms of solidification structure improvement of ultra pure 17wt% Cr ferritic stainless steel by Ti, Nb addition [J]. Journal of Materials Science and Technology, 2011, 27 (4): 352-358.

[52] 刘静, 罗兴宏, 胡小强, 等. Ti 和 Nb 微合金化对超纯 11%Cr 铁素体不锈钢组织的影响 [J]. 金属学报, 2011, 47 (6): 688-696.

[53] 郑淮北. 12CrNi 铁素体不锈钢焊接性研究 [D]. 沈阳: 东北大学, 2011.

[54] ZHENG H B, YE X N, JIANG L Z, et al. Study on microstructure of low carbon 12% chromium stainless steel in high temperature heat-affected zone [J]. Materials & Design, 2010, 31 (10): 4836-4841.

[55] FUJITA N, OHMURA K, YAMAMOTO A. Changes of microstructures and high temperature properties during high temperature service of Niobium added ferritic stainless steels [J]. Materials Science and Engineering A, 2003, 351 (1/2): 272-281.

[56] SIM G M, AHN J C, HONG S C, et al. Effect of Nb precipitate coarsening on the high temperature strength in Nb containing ferritic stainless steels [J]. Materials Science and Engineering A, 2005, 396 (1/2): 159-165.
[57] AKSOY M, KUZUCU V, KORKUT M H, et al. The effect of niobium and homogenization on the wear resistance and some mechanical properties of ferritic stainless steel containing 17-18wt. % chromium [J]. Journal of Materials Processing Technology, 1999, 91 (1/2/3): 172-177.
[58] 陈超，路晓晖，郑越，等. 439 不锈钢析出行为对耐冷凝液腐蚀性能的影响 [J]. 钢铁研究学报，2011，23 (11)：47-53.
[59] 张驰. 超纯 21%Cr 铁素体不锈钢热轧粘辊机理及组织织构控制 [D]. 沈阳：东北大学，2011.
[60] 吴昌忠，单亚廷，罗兴宏，等. Ti，Nb 对 17%Cr 铁素体不锈钢焊接热影响区组织的影响 [J]. 焊接，2013 (8)：22-25.
[61] 康喜范. 铁素体不锈钢 [M]. 北京：冶金工业出版社，2012.
[62] YANG S M, WU J L, PAN Y T, et al. Precipitate evolution in 22Cr25NiWCuCo (Nb) austenitic heat-resistant stainless steel during heat treatment at 1200℃ [J]. Materials, 2021, 14 (5): 1104.
[63] KIM Y H, LEE D J, BYUN J C, et al. The effect of sigma phases formation depending on Cr/Ni equivalent ratio in AISI 316L austenitic stainless steel weldments [J]. Materials and Design 2010, 32 (1): 330-336.
[64] CONEJERO O, PALACIOS M, RIVERA S. Premature corrosion failure of a 316L stainless steel plate due to the presence of sigma phase [J]. Engineering Failure Analysis, 2009, 16 (3): 699-704.
[65] WOODYATT L R, SIMS C T, BEATTIE H. Prediction of sigma-type phase occurrence from compositions in austenitic superalloys [J]. Trans. Met. Soc. AIME, 1966, 236 (4): 519-527.
[66] 徐松乾，赵海平. 固溶处理对 S30432 奥氏体耐热钢中含铌析出相的影响 [J]. 钢铁，2018，53 (5)：86-90.
[67] 王敬忠. 奥氏体耐热钢 S31043 钢组织与性能研究 [D]. 北京：钢铁研究总院，2011.
[68] DULIEU D. The role of niobium in austenitic and duplex stainless steels [C]//International Symposium on Niobium 2001, 2001: 975-999.
[69] LEE B S, OH Y J, YOON J H, et al. JR fracture properties of SA508-1a ferritic steels and SA312-TP347 austenitic steels for pressurized water reactor's (PWR) primary coolant piping [J]. Nuclear Engineering and Design, 2000, 199 (1/2): 113-123.
[70] 方旭东，李友，徐芳泓，等. 新型奥氏体 C-HRA-5 耐热钢时效过程中的沉淀相演化 [J]. Rare Metal Materials and Engineering, 2021, 50 (6): 2091-2099.
[71] 王敬忠，刘正东，程世长，等. 固溶态 S31042 钢高温塑性波动大的原因分析 [J]. 钢铁，2012，47 (1)：60-64.
[72] 杜华云，戴鑫宇，卫英慧，等. 新型奥氏体耐热钢 C-HRA-5 原位拉伸断裂机理 [J]. 钢

铁，2020，55（11）：118-125.

[73] HE J，SANDSTRÖM R，VUJIC S. Creep，low cycle fatigue and creep-fatigue properties of a modified HR3C［J］. Procedia Structural Integrity，2016，2：871-878.

[74] DING R，YAN J，LI H，et al. Deformation microstructure and tensile properties of Alloy 709 at different temperatures［J］. Materials & Design，2019，176：107843.

[75] ZHOU H，ZHANG H，BAI F，et al. Planar dislocation structure during creep-fatigue interactions of TP347H heat-resistant austenitic steel at 600℃［J］. Materials Science and Engineering A，2020，779：139141.

[76] WANG J，LIU Z，BAO H，et al. Effect of ageing at 700℃ on microstructure and mechanical properties of S31042 heat resistant steel［J］. Journal of Iron and Steel Research，International，2013，20（4）：54-58.

[77] 王兆民，王硕，申雷，等. 22Cr-25Ni 奥氏体耐热钢高温时效的组织及性能［J］. 金属热处理，2020，45（3）：46-49.

[78] ZHANG Z，HU Z，TU H，et al. Microstructure evolution in HR3C austenitic steel during long-term creep at 650℃［J］. Materials Science and Engineering A，2017，681：74-84.

[79] YANG Y，ZHU L，WANG Q，et al. Microstructural evolution and the effect on hardness and plasticity of S31042 heat-resistant steel during creep［J］. Materials Science and Engineering A，2014，608：164-173.

[80] HU Z F，ZHANG Z. Investigation the effect of precipitating characteristics on the creep behavior of HR3C austenitic steel at 650℃［J］. Materials Science and Engineering A，2019，742：451-463.

[81] HATAKEYAMA T，SAWADA K，SEKIDO K，et al. Microstructural factors of the complex creep rate change in 18Cr-9Ni-3Cu-Nb-N steel［J］. Materials Science and Engineering A，2022，831：142225.

[82] 涂有旺，朱丽慧，柯志刚，等. 钒的添加对 S30432 奥氏体耐热钢影响的研究［J］. 材料导报，2021，35（20）：20113-20118.

[83] HONG C W，HEO Y U，HEO N H，et al. Coherent to incoherent transition of precipitates during rupture test in TP347H austenitic stainless steels［J］. Materials Characterization，2016，115：71-82.

[84] LI H，CHEN J，CHEN H，et al. Cyclic plastic deformation mechanism and cyclic hardening model of Sanicro 25 steel welded joint［J］. Materials Science and Engineering A，2021，827：141878.

[85] DING R，YAN J，LI H，et al. Microstructural evolution of Alloy 709 during aging［J］. Materials Characterization，2019，154：400-423.

[86] GOLAŃSKI G，PURZYŃSKA H. Effect of service on microstructure and mechanical properties of Nb-stabilised austenitic stainless steel［J］. International Journal of Pressure Vessels and Piping，2022，195：104574.

[87] WANG B，LIU Z C，CHENG S C，et al. Microstructure evolution and mechanical properties of HR3C steel during long-term aging at high temperature［J］. Journal of Iron and Steel Research，

International, 2014, 21 (8): 765-773.

[88] 雍岐龙. 钢铁材料中的第二相 [M]. 北京: 冶金工业出版社, 2006.

[89] TAKAHASHI J, KAWAKAMI K, HAMADA J, et al. Direct observation of niobium segregation to dislocations in steel [J]. Acta Materialia, 2016, 107: 415-422.

[90] 蔺岳. Nb 对 2205 双相不锈钢组织和性能的影响研究 [D]. 沈阳: 东北大学, 2021.

[91] BRAMFITT B L. The effect of carbide and nitride additions on the heterogeneous nucleation behavior of liquid iron [J]. Metallurgical Transactions, 1970, 1: 1987-1995.

[92] SANZ L, PEREDA B, LÓPEZ B. Effect of thermomechanical treatment and coiling temperature on the strengthening mechanisms of low carbon steels microalloyed with Nb [J]. Materials Science and Engineering A, 2017, 685: 377-390.

[93] BAIN E C, GRIFFITHS W E. Introduction to the iron-chromium-nickel alloys [J]. Trans. Aime, 1927, 75: 166-213.

[94] OLSON D L. Prediction of austenitic weld metal microstructure and properties [J]. Welding Journal, 1985, 64 (10): 281-295.

[95] HIROTA N, YIN F, AZUMA T, et al. Yield stress of duplex stainless steel specimens estimated using a compound Hall-Petch equation [J]. Science and Technology of Advanced Materials, 2010, 11: 1-11.

[96] HU B, HE B B, CHENG G J, et al. Super-high-strength and formable medium Mn steel manufactured by warm rolling process [J]. Acta Materialia, 2019, 174: 131-141.

[97] CAI Z H, JING S Y, LI H Y, et al. The influence of microstructural characteristics on yield point elongation phenomenon in Fe-0.2C-11Mn-2Al steel [J]. Materials Science and Engineering A, 2019, 739: 17-25.

[98] GAY P, HIRSCH P B, KELLY A. The estimation of dislocation densities in metals from X-ray data [J]. Acta Metallurgica, 1953, 1 (3): 315-319.

[99] TAYLOR G I. The mechanism of plastic deformation of crystals. Part Ⅰ. Theoretical [J]. Proceedings of the Royal Society A, 1934, 145: 362-387.

[100] SHANMUGAM S, MISRA R D K, MANNERING T, et al. Impact toughness and microstructure relationship in niobium and vanadium-microalloyed steels processed with varied cooling rates to similar yield strength [J]. Materials Science and Engineering A, 2006, 437 (2): 436-445.

[101] WEI J, DONG J H, KE W, et al. Influence of inclusions on early corrosion development of ultra-low carbon bainitic steel in NaCl solution [J]. Corrosion, 2015, 71 (12): 1467-1480.

[102] LIU C, JIANG Z, ZHAO J, et al. Influence of rare earth metals on mechanisms of localised corrosion induced by inclusions in Zr-Ti deoxidised low alloy steel [J]. Corrosion Science, 2020, 166: 108463.

[103] 张凯强, 李激光, 唐广波. Nb 和 V 对 1Cr16Co5Ni2Mo1WVNbN 钢中析出相影响的模拟计算 [J]. 钢铁研究学报, 2018, 30 (1): 54-58.

[104] 金洋帆, 臧其玉, 张拓, 等. Cr13 系铸造马氏体不锈钢铌和碳的合理配比关系 [J]. 钢铁, 2019, 54 (3): 87-95.

[105] 马小平. 0Cr(13~16)Ni(4,5)Mo(1,2) 系超级马氏体不锈钢微合金化理论与技术研究

[D]. 沈阳：东北大学，2011.

[106] MA X P, WANG L J, LIU C M, et al. Role of Nb in low interstitial 13Cr super martensitic stainless steel [J]. Materials Science and Engineering A, 2011, 528 (22/23): 6812-6818.

[107] MA X P, WANG L J, LIU C M, et al. Microstructure and properties of 13Cr5Ni1Mo 0.025Nb0.09V0.06N super martensitic stainless steel [J]. Materials Science and Engineering A, 2012, 539: 271-279.

[108] 姜召华. Nb 微合金化超低碳马氏体不锈钢 00Cr13Ni5Mo2 的组织性能研究 [D]. 沈阳：东北大学，2011.

[109] JIN Y, ZHANG T, ZANG Q, et al. Behavior of Nb influence on structure and properties of 30Cr13 cast martensitic stainless steel [J]. Journal of Iron and Steel Research International, 2019, 26: 462-471.

[110] MA X, WANG L, SUBRAMANIAN S V, et al. Studies on Nb microalloying of 13Cr super martensitic stainless steel [J]. Metallurgical and Materials Transactions A, 2012, 43: 4475-4486.

[111] MA X, WANG L, SUBRAMANIAN S V, et al. Studies on Nb microalloying of 13Cr super martensitic stainless steel [J]. Metallurgical and Materials Transactions A, 2012, 43: 4475-4486.

[112] HILLERT M, SUNDMAN B O. A treatment of the solute drag on moving grain boundaries and phase interfaces in binary alloys [J]. Acta Metallurgica, 1976, 24 (8): 731-743.

[113] LIU Z B, TU X, WANG X H, et al. Carbide dissolution and austenite grain growth behavior of a new ultrahigh-strength stainless steel [J]. Journal of Iron and Steel Research International, 2020, 27 (6): 732-741.

[114] SANDERS R E, STARKE E A. The effect of grain refinement on the low cycle fatigue behavior of an Aluminum Zinc Magnesium (Zirconium) alloy [J]. Materials Science and Engineering, 1977, 28 (1): 53-68.

[115] HONG Y, QIAO Y, LIU N, et al. Effect of grain size on collective damage of short cracks and fatigue life estimation for a stainless steel [J]. Fatigue & Fracture of Engineering Materials & Structures, 1998, 21 (11): 1371-1325.

[116] KENICHI T, SEKI J, HOMMA Y. Observation of trapping sites of hydrogen and deuterium in high-strength steels by using secondary Ion Mass Spectrometry [J]. Materials Transactions, JIM, 1995, 36 (9): 1134-1139.

[117] GOMES DA SILVA M J, CARDOSO J L, CARVALHO D S, et al. The effect of prior austenite grain size on hydrogen embrittlement of Co-containing 18Ni 300 maraging steel [J]. International Journal of Hydrogen Energy, 2019, 44 (33): 18606-18615.

[118] MASOUMI M, TAVARES S S M, PARDAL J M, et al. The role of microstructure and grain orientations on intergranular cracking susceptibility of UNS 17400 martensitic stainless steel [J]. Engineering Failure Analysis, 2017, 79: 198-207.

[119] MASOUMI M, SILVA C C, DE ABREU H F G. Effect of crystallographic orientations on the hydrogen-induced cracking resistance improvement of API 5L X70 pipeline steel under various

thermomechanical processing [J]. Corrosion Science, 2016, 111: 121-131.

[120] GERTSMAN V Y, TANGRI K. Modelling of intergranular damage propagation [J]. Acta Materialia, 1997, 45 (10): 4107-4116.

[121] GERTSMAN V Y, JANECEK M, TANGRI K. Grain boundary ensembles in polycrystals [J]. Acta Materialia, 1996, 44 (7): 2869-2882.

[122] GERTSMAN V Y, BRUEMMER S M. Study of grain boundary character along intergranular stress corrosion crack paths in austenitic alloys [J]. Acta Materialia, 2001, 49 (9): 1589-1598.

[123] REED B W, KUMAR M. Mathematical methods for analyzing highly-twinned grain boundary networks [J]. Scripta Materialia, 2006, 54 (6): 1029-1033.

[124] FIGUEROA D, ROBINSON M J. Hydrogen transport and embrittlement in 300M and AerMet100 ultra high strength steels [J]. Corrosion Science, 2010, 52 (5): 1593-1602.

[125] YANG J L, HUANG F, GUO Z H, et al. Effect of retained austenite on the hydrogen embrittlement of a medium carbon quenching and partitioning steel with refined microstructure [J]. Materials Science and Engineering A, 2016, 665: 76-85.

[126] RITCHIE R O, CEDENO M H C, ZACKAY V F, et al. Effects of silicon additions and retained austenite on stress corrosion cracking in ultrahigh strength steels [J]. Metallurgical Transactions A, 1978, 9 (1): 35-40.

[127] ZHANG S Q, WAN J F, ZHAO Q Y, et al. Dual role of nanosized NbC precipitates in hydrogen embrittlement susceptibility of lath martensitic steel [J]. Corrosion Science, 2020, 164: 108345.

[128] OHNUMA M, SUZUKI J I, WEI F G, et al. Direct observation of hydrogen trapped by NbC in steel using small-angle neutron scattering [J]. Scripta Materialia, 2008, 58 (2): 142-145.

3 含铌不锈钢的开发与应用

3.1 汽车用含铌不锈钢

3.1.1 汽车用含铌不锈钢概况

自20世纪70年代开始，不锈钢在汽车领域的使用量逐渐增加，到90年代中期，每台汽车的不锈钢用量从10 kg左右逐步提高到20~30 kg。进入21世纪以来，汽车用不锈钢、耐热钢的使用量和品种稳步增加，以2024年为例，我国汽车产销量分别达3128.2万辆和3143.6万辆，以每台汽车不锈钢平均用量25 kg计算，汽车行业不锈钢材料的年使用总量已达65万吨。根据不锈钢材料在汽车使用部位及对材料性能属性要求，其应用领域大致可分为以下5大类：排气系统用不锈钢、燃油箱用不锈钢、车身及车架用不锈钢、典型汽车零部件用不锈钢以及装饰用不锈钢。

随着汽车市场需求的不断变化，对钢铁材料和车型设计持续提出了挑战。含Nb高强度热/冷轧板，IF钢、DP钢和TRIP多相钢等高强度低合金钢、含Nb铁素体不锈钢在中高档轿车中正在不断取代传统的低碳钢，成为汽车工业的主要钢铁材料，Nb已成为生产和开发新型高强度钢重要的微合金化和合金化元素。含Nb微合金化钢的薄板及带材主要用于生产汽车零部件，尤其是具有优越成型性的超低碳钢被广泛用于生产汽车的面板、门板、燃油箱以及其他难成型的部件。

由于不锈钢兼具良好的耐蚀性能、物理性能、力学性能和较高的表面质量，在汽车领域的应用已彰显其特殊价值。但是，随着国家第四阶段机动车污染物排放标准（简称“国四标准”）、国家第五阶段机动车污染物排放标准（简称“国五标准”）、国六标准等更高排放标准逐步实施，传统不锈钢在汽车排气系统的使用受到了限制，其高温腐蚀现象及服役寿命不足等问题突出，为此新一代含Nb不锈钢应运而生，催生了铁素体不锈钢的开发与应用。微量Nb的加入赋予了铁素体不锈钢具有良好的深冲性能，且显著改善其耐蚀、耐高温氧化等性能，提高高温强度和抗蠕变性能，使得含Nb铁素体不锈钢在汽车排气系统中的应用大放异彩。此外，Nb加入铁素体不锈钢中还具备改善其他性能的作用，如抗晶间腐蚀（稳定化）、抗麻纹与皱折、改善表面质量、改善成型加工性能、减缓模具磨损等。

自太钢 1999 年开始研发用于汽车排气系统的单 Ti 稳定化 409 不锈钢，发展到 2004 年，中信金属与太钢、北京科技大学共同提出了 Nb+Ti 复合稳定不锈钢的研发方向，并依托中信微合金化技术中心开展了“产—学—研—用”全产业链合作，实现了一体化研发。如今，含 Nb 铁素体不锈钢的应用已扩展至汽车油箱、装饰条、电池壳体等领域。通过建立的腐蚀评价体系，可以准确预测排气系统用不锈钢（409、439M、436 和 441）的使用寿命，并为不同级别汽车排气系统提供合理的材料选择匹配方案，最终实现最优性价比设计[1]。此外，新型含 Nb 奥氏体不锈钢设计了含有 Cr、Nb、N 等强抗氧化性和高温强度的合金元素，提高了材料的使用温度，最高温度可达 1150 ℃以上，同样非常适合制作排气歧管和涡轮增压器壳体零件。经过二十余年的共同努力，人们已对 Nb 在铁素体不锈钢中的作用机理有了较为深刻的认识。在未来的汽车用钢产品开发过程中，Nb 微合金化技术将继续在汽车工业用钢材中扮演重要的角色。

3.1.2　汽车排气系统用铁素体不锈钢及耐蚀性评价

3.1.2.1　汽油机排气系统及选用的不锈钢

汽油机排气系统位于车辆底部，连接发动机出气端与大气，主要作用是排放发动机产生的废气、净化废气、降低噪声。图 3-1 所示为汽油机排气系统结构示意图。汽油机排气系统关系到整车的动力、排放、振动噪声、舒适度等，从靠近发动机的一侧开始，依次由排气歧管、前导管、挠性管、催化转换器、中心管、主消声器和尾管等 7 个零部件构成。根据车型的不同，有的安装了数个催化转换器，有的安装了副消声器。汽油机排气系统不同部位的工作环境不同，所需要的材料也有不同的性能要求[2]。

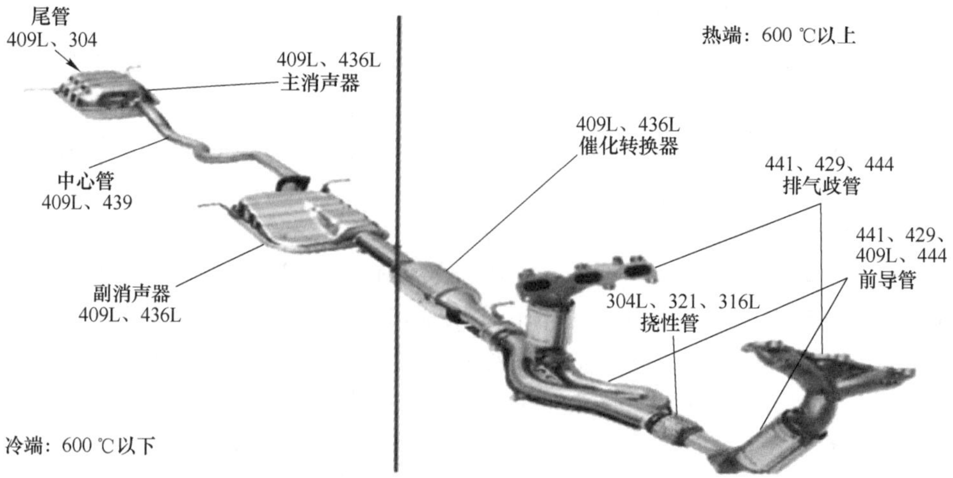

图 3-1　汽油机排气系统结构示意图

A 排气歧管

排气歧管是最靠近发动机的部分，直接与汽车发动机引擎相连，将尾气导向前管。由于其排出气体的温度高达 900 ℃，服役温度高，要求材料具有良好的抗氧化性、高温强度和热疲劳性能；而且，为了能满足复杂形状的加工，还要求材料具有良好的成型性。采用不锈钢制作的排气歧管根据构造的不同，可以分为两类：一类是将钢板冲压后焊接而成；另一类是将钢管弯曲后焊接而成。对于后者，有的还使用双重管构造的钢管。

20 世纪 80 年代，铁素体不锈钢在排气歧管上的应用最初使用 11Cr-Ti（单 Ti 稳定 409），可满足排气歧管在 800 ℃左右的使用要求。但由于排放法规的不断更新，排放标准加严，排气温度不断升高，需采用耐高温特性更好的材料，如 19Cr-Nb。考虑到经济性，经成分优化的 14Cr-0.5Mo-Nb-Ti 材料被开发。近年来，随着排放法规的要求进一步提高，发动机采用涡轮增压等技术，排气温度变得更高，甚至需要耐 950 ℃以上高温氧化的材料。固然高温合金是一种选择，但考虑到成本因素，也在发展更高 Cr 含量并添加 Nb 和 Mo 的 19Cr-2Mo-Nb-Ti（YUS190-EM）铁素体不锈钢，以此提高抗氧化性和高温强度。未来，排气温度还将继续升高，因此需要高温强度和热疲劳特性更好的材料。此外，排气歧管形状复杂，提高材料的成型性和加工性也是挑战。

B 前导管

前导管位于排气歧管和挠性管之间，功能是防止排出气体温度降低，提高催化性能。前导管使用的材料有 SHU409L、SUS436L(17Cr-1Mo-LC,N)、SUS430J1L 等铁素体系不锈钢。作为今后的发展趋势，低成本、抗氧化性和热疲劳特性好的铁素体系不锈钢毫无疑问将成为主流。尤其是排气温度的高温化和管子的薄壁化，将采用高温性能更好的不锈钢钢种。

C 挠性管

挠性管由蛇腹状的双重管和用不锈钢钢丝网将其包裹起来的外编带构成。从使用性能来看，要求具有高温疲劳性，为了做成蛇腹形状，还要求它具有加工性。在寒冷地区，为防止道路冻结会使用含盐融雪剂。因此，要求管的外侧还应具有耐高温盐害腐蚀性，现在使用的材料以 304 奥氏体不锈钢为主。但是，由于抗融雪剂的侵蚀要求，管的外侧还应具有耐高温抗 Cl^- 腐蚀性，因此使用了添加 Si 和 Ni 的耐高温盐害腐蚀性能更高的 SUS XM15J1 奥氏体不锈钢。此外，有些设计采用了 SUS316L(18Cr-12Ni-2.5Mo-LC) 奥氏体不锈钢，其抗晶界腐蚀性比 304 更高。

D 催化转换器和壳体

为减少汽车排出的废气对空气的污染，安装了被称为“催化转换器”的排气净化系统。催化转换器安装在排气歧管下方或底盘下方，要能够经受高温和振动等苛刻条件的考验。对于催化载体，一般采用蜂窝陶瓷，也采用 Fe-20Cr-5Al 铁素体系不锈钢箔材制作的金属载体，使用铁素体系不锈钢箔材的原因是它的热冲击特性小且热容量小。金属载体由不锈钢钢箔制作的蜂窝状型芯和不锈钢钢板制作的外壳构成，蜂巢上的型芯是把平箔材和波浪状箔材卷起后通过钎焊结合而成的，外壳要求材料具有高温强度、耐高温盐害性、可加工性。

对于催化转换器的外壳，大部分是使用 SUS430(17Cr) 系不锈钢。随着排气温度的升高，目前还有正在使用 SUS430J1L 或 SUS429 等高温特性更好的铁素体系不锈钢。

E　中心管

中心管所用的材料，以前是采用热浸镀铝钢板，但需对管的内外面采取防湿气腐蚀的措施。因此不锈钢代替了热浸镀铝钢板，主要使用 SUS410、SHU409L 和 SUS430 系不锈钢。

F　消声器

消声器的主要作用是将尾气排放产生的噪声降低，减少汽车的噪声污染。由于工况温度较低，冷凝液极易在消声器中凝结，对消声器产生腐蚀作用。

目前，主消声器用材料主要是 SUS304 奥氏体不锈钢和 SUS436L 铁素体不锈钢等，但奥氏体不锈钢和含 Mo 的铁素体不锈钢价格较高，为了降低成本，减少 Mo 的 SUS432 系不锈钢（17Cr-0.5Mo）的使用量正在增加。对于一些中低端车型，更加经济的 441、439 和 409 等不锈钢材料大量应用于国内汽油机、柴油机排气系统。但是，随着国内油品质量的改善、钢铁企业冶炼技术的提升，价格更有优势的改进型 Nb、Ti 复合稳定铁素体不锈钢将具有更大的市场[3-4]。

G　尾管

由于尾管的使用温度低，因此从材料的性能来看，使用镀铝钢板就可以。但是，出于美观，可使用 SUS409L 和 SUS430 系等高纯度铁素体系不锈钢，有的则使用奥氏体系的 SUS304 不锈钢。为了增加绚丽感，还可用镀 Cr 不锈钢钢管或热浸镀铝不锈钢钢管。

3.1.2.2　柴油机尾气后处理系统及选用的不锈钢

柴油机由于具有热效率高、燃油消耗低等特点，从防止地球变暖角度看优势十分突出，已被商用车广泛采用。然而，柴油机面临的主要问题之一是氮氧化物（NO_x）和颗粒状物质（PM）排放高，对人体健康和环境造成严重威胁。为减少污染物排放，近年来全世界都在实施日益严格的排放法规。为降低柴油机排放，目前已提出了包括采用废气再循环（exhaust gas recirculation，EGR）技术在内的许多策略。顾名思义，EGR 是把发动机排出的废气再回送到发动机的装置。由于 EGR 在废气减排及降低油耗方面效果显著，目前已被多种汽车所搭载。

一般而言，当发动机燃烧效率高的时候，由于油耗高、功率大的缘故会造成

所排出的废气中 NO_x 增加。通过采用 EGR，可把排出的低氧含量废气再次回送至发动机燃烧室，以使燃烧温度降低而达到减排 NO_x 的目的。然而，实际情况是循环废气处于高温状态，难以使缸体内的最高燃烧温度降下来，采用 EGR 冷却器对降低柴油发动机排气温度具有非常明显的作用。图 3-2 给出了 EGR 冷却器运行原理示意图，可以看出由发动机排出的高温废气经 EGR 冷却器冷却后，其中一部分循环至发动机入口与新鲜空气混合使温度降低，然后再进入燃烧室。因此，由于燃烧温度降低，可达到减排 NO_x 的目的。EGR 冷却器是 EGR 系统中最为关键的部件之一，根据结构可划分为管式和板式两种类型，其外观如图 3-3 所示。

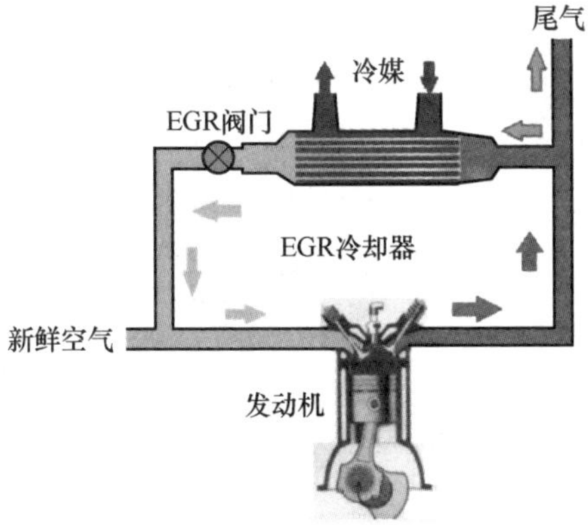

图 3-2 EGR 冷却器运行原理示意图

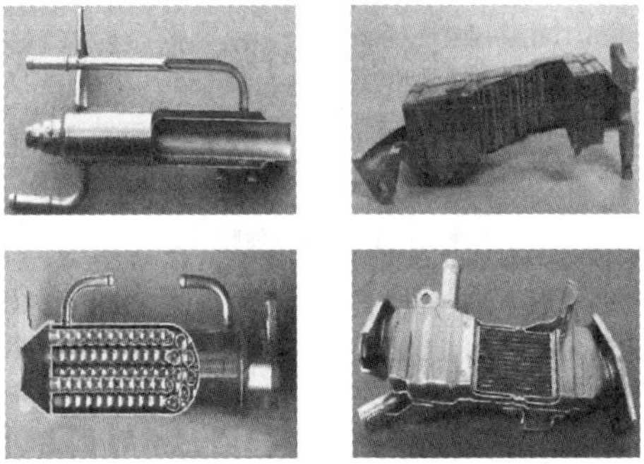

图 3-3 EGR 冷却器外观

柴油机最重要的排气污染物是颗粒状物质和氮氧化物（约占 90%），其中颗粒状物质是雾霾的诱因之一，而氮氧化物属于有毒气体，会造成光化学烟雾。柴油机排放物中还有少量一氧化碳（高负荷下排量高一点）、硫化物（SO_x）和碳氢化合物（HC），这三种气体都属于有毒气体。排气中另一种主要的污染物是二氧化碳，虽然二氧化碳本身是无毒的，但它是引起“温室效应”的主要成分，目前，在许多国家都已经开始限制二氧化氮的排放。近年来，随着对尾气排放控制越发严格，我国在 2020 年实施国六标准，柴油机需要采用复杂的尾气后处理技术来达到排放要求。

对于轻型卡车，为了轻巧便捷、降低成本，主要采用柴油机氧化催化转换器（DOC）+颗粒氧化催化转换器（POC）后处理技术减少尾气中的氮氧化物含量，并吸收大部分颗粒物，在排气前对尾气进行最后一次净化。DOC 促使尾气中的一氧化碳、碳氢化合物和氮氧化物氧化，形成二氧化碳、二氧化氮和水。POC 可以捕捉尾气中的颗粒物。对于重型卡车，从国四标准开始，除采用电控高压共轨技术优化燃烧过程外，还必须增加机外后处理装置才能使排放标准达标。目前，欧洲主要采用两条技术路线：一是选择性催化还原技术（SCR），即通过优化喷油和燃烧过程，尽量在机内控制颗粒物产生；在机外后处理过程中，采用尿素溶液对氮氧化物进行选择性催化还原。二是废气再循环+颗粒捕捉器（diesel particulate filter，DPF）技术（EGR+DPF），即以废气再循环为基础，在机内抑制氮氧化物的产生，在机外后处理过程中采用颗粒捕捉器对颗粒物进行捕捉，如图 3-4 所示。

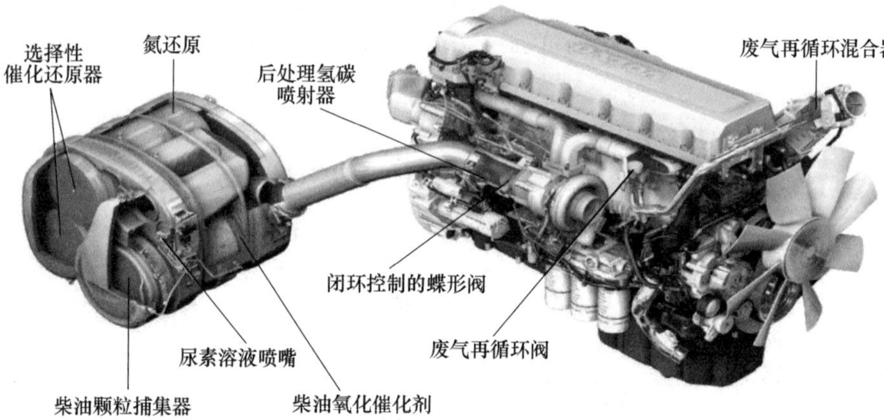

图 3-4　满足欧六排放标准的沃尔沃 D13K 车型 EGR 和后处理器示意图

EGR 的使用环境与排气部件基本相同。其外部由于暴露，因而要求具有良好的耐盐腐蚀性能；内部由于高温尾气要通过，因而要求需具有良好的抗高温耐氧化性能及耐硫酸腐蚀性能。除此之外，由于 EGR 冷却器一般采用钎焊制造，因而还需具有良好的钎焊性能。

表 3-1 给出了一个 EGR 使用不锈钢的案例。可以看出，对于管式 EGR 冷却器，多采用奥氏体系不锈钢 SUS304、SUS316L、SUS890L 等。对于板式 EGR 冷却器，既可选用奥氏体系不锈钢，也可选用铁素体系不锈钢，以降低成本。其中，选用奥氏体系不锈钢时，板式与管式 EGR 冷却器选材相同；选用铁素体系不锈钢时，从耐蚀性和可钎焊性角度考虑，翅片和管选用 SUS444 系不锈钢，壳体和端盖选用 SUS430J1L 系不锈钢。与奥氏体系不锈钢相比，铁素体系不锈钢热膨胀系数小，已广泛应用于对小型化要求高且结构复杂的汽油机 EGR 冷却器。

表 3-1　EGR 使用不锈钢的案例

EGR 类型	部位	牌号	板厚/mm
管式	管	SUS316L，SUS890L	1.0
	壳体	SUS304	1.2~1.5

续表 3-1

EGR 类型	部位	牌号	板厚/mm
板式	翅片	SUS316L，SUS304，SUS444	0.1~0.2
	管		0.4
	壳体	SUS304L，SUS304	1.2~1.5
		SUS430J1L	

3.1.2.3　排气系统热端和冷端服役特点

汽车排气系统不同部位零部件的工作环境和性能要求有很大差别。例如，高温端的排气歧管主要要求高温下的稳定性、抗高温氧化和冷热疲劳及良好的加工性能；在中温段的中心管主要要求有耐高温盐腐蚀性能和良好的成型性、焊接性；排气系统尾部不但要求能够承受内部冷凝液腐蚀、晶间腐蚀，外部还要具有耐盐雾腐蚀性能和良好的焊接性。汽车排气系统零部件的服役特性见表 3-2。

表 3-2　汽车排气系统零部件的服役特性

部件	歧管	前导管、软管	催化转换器壳体	催化转换器支撑件	中管	消声器、尾管
工况温度/℃	750~950	600~800	1000~1200		400~600	400
材料服役特性	高温强度 高温疲劳 热疲劳 高温氧化	高温强度 高温疲劳 热疲劳 高温腐蚀	高温强度 高温腐蚀	高温氧化 热冲击	高温腐蚀	冷凝液腐蚀 晶间腐蚀 热疲劳

A　热端服役特点

排气系统热端是指工况温度高于 600 ℃ 的排气系统部件，包括排气歧管（850~950 ℃）、前导管（600~800 ℃）、挠性管（<650 ℃）和催化转换器（600~900 ℃）。由于工况温度高（600~1000 ℃）及腐蚀性气氛，热端容易出现由高温氧化、热疲劳、高温持久、蠕变造成的材料失效[5]。

a　热疲劳和高温氧化

零件在没有外加载荷的情况下，由于工作温度的反复变化而导致的开裂叫作热疲劳。如果金属零件不能自由膨胀和收缩，或者冷热快速的交变而产生了热应力梯度，则此零件均处于热应力作用之下。在热循环频率较低的情况下，热应力值有限，而且会逐渐消失，难以引起破坏。但是，当快速加热、冷却交变循环条件下所产生的交变热应力超过材料的热疲劳极限时，就会导致零件疲劳破坏。

在冷热交变循环中所产生的交变应力值可能大小不一，如果材料长时间处于高温-低温交变状态下，在高温时材料在热应力作用下处于塑变状态，因此热疲劳属于应变疲劳。影响热疲劳性能的其他因素有材料的热膨胀系数、导热率和材料抗交变应变的能力。材料的热膨胀系数小、导热率高、抗交变应变的能力强时，有利于提高材料的抗热疲劳性能[6]。

在实际排气系统热端，高温可使材料的表面氧化和开裂。裂纹接着会被氧化，局部损耗会加速其损坏。热疲劳与温度周期性变化、表面缺陷状态及材料的特性有关。较大的温度周期差和较深的表面裂缝有引起疲劳的倾向。随着最大周期温度的增加，表面疲劳问题逐渐变得明显，表面氧化开裂也更严重。在低温段，金属表面氧化处形成微小裂纹，且当最大周期温度增加时，这样的微裂纹扩展，并最终变得又长又宽。通常，如果最大周期温度高于 600 ℃，热疲劳会明显地引起材料性能恶化[7-9]。

b　蠕变断裂

高温下金属力学行为的一个重要特点就是发生蠕变，即金属在恒定负荷作用下，随时间的增长形变不断增加，形变的结果最终可能导致金属的断裂。衡量金属在高温下蠕变性能的指标主要有两个：一个是蠕变极限，即在一定温度下对应于某一给定最低蠕变速率的应力；另一个是持久强度，即在一定温度下对应于某一给定的断裂寿命材料所能承受的最大应力。

相比于传统的奥氏体不锈钢，铁素体不锈钢兼具耐高温、耐应力腐蚀和抗热疲劳等优异特性，且由于不含镍或含少量镍，具有相对低的经济成本，因此已经在汽车排气系统得到了广泛的应用。由于长期在高温环境中频繁地启动—运行—停止，汽车排气系统在使用中必然遭受到静态载荷和循环载荷的共同作用，循环蠕变破坏直接影响零件的使用寿命。

c　高温持久

对于某些高温零件，不仅需要良好的抗氧化性能，有时还要承载一定的应力，这就需要有良好的高温持久性能。高温持久是指在给定温度和限定的时间内材料断裂时材料所能承受的最大应力。它表示材料在温度、应力共同作用下在规定的持续时间内的塑性性能，与材料的缺口敏感性、抗疲劳性能和抗裂纹发展能力等有关，是高温构件设计选材的重要依据。

由于发动机反复加热和冷却的工作方式，对于热端材料而言，最主要的是要具备优良的耐热疲劳性能。除此之外，在高温使用环境下还需要良好的耐高温疲劳性能以应对发动机的振动，同时，为避免催化转化器受到破坏，氧化铁皮要具备一定的附着性。为满足冲压成型和焊接加工需要，材料还需要具有良好的焊接性能和成型性能。

B　冷端服役特点

排气系统的冷端使用温度低于 600 ℃的部件主要包括中心管（400~600 ℃）、

消声器和尾管（100~400 ℃）。系统内侧的腐蚀主要是由尾气的冷凝液引起。排气系统冷端中消声器和尾管的运行温度在 100~400 ℃，冷凝液容易在消声器底部聚集，同时冷凝液中含有大量腐蚀性阴离子，pH 值为 8~9。在汽车频繁地短时驾驶时腐蚀性冷凝液不能排出，排气系统易被浓缩的腐蚀性溶液严重破坏。汽车排气系统消声器是发生腐蚀较严重的部件之一，早期汽车往往在 1~2 年服役期内就需要更换。

汽车消声器冷凝水中包括 Cl^-、SO_3^{2-}、SO_4^{2-}、CO_3^{2-}、NO_2^-、NO_3^-、CH_4COO^-、$HCOO^-$等腐蚀性的阴离子。随着冷凝液挥发，离子浓度不断增大，冷凝液的 pH 值也就随之减小，形成强的腐蚀性浓缩液。浓缩液会对排气系统材料形成点蚀和晶间腐蚀，对于耐腐蚀性较差的材料可形成全面腐蚀，最终材料被减薄直至穿孔[10]。Ujiro 等人研究发现，冷凝液中 Cl^-浓度随着冷凝液挥发将会升高，冷凝液 pH 值降低，这是点蚀的最主要形成原因[11]。汽车冷凝液是一种非常复杂的多离子混合溶液，每种离子对材料的腐蚀影响不同，同时不同离子之间对材料的腐蚀性能也会发生相互影响。

张宏伟对冷凝液中不同离子的腐蚀作用进行了研究，通过对 304 与 439 不锈钢进行单倍离子电化学测试和周期腐蚀试验可以得出冷凝液组分中 Cl^-与 SO_3^{2-} 的腐蚀作用最强，其次是 CO_3^{2-} 与 NO_2^-、SO_4^{2-}、Ac^-、NO_3^-。其中，Cl^-可以明显降低不锈钢的点蚀电位，两种不锈钢在单倍 Cl^-溶液中腐蚀最严重，点蚀深度最大。通过电化学测试发现，由于竞争吸附机理，SO_4^{2-} 降低了在材料表面吸附 Cl^-的有效浓度，提高了不锈钢的点蚀电位，在不锈钢冷凝液腐蚀过程中对点蚀具有缓蚀作用。CO_3^{2-} 在溶液中会生成 Fe 的腐蚀产物膜，在不锈钢不同区域形成不同程度的覆盖，而不同的覆盖程度之间形成了自催化作用很强的腐蚀电偶，对不锈钢的局部腐蚀进行加速。利用正交实验方法考察了 SO_3^{2-}、Cl^-、CO_3^{2-} 与 NO_2^- 四种离子浓度变化和不同倍数组合的影响，发现 SO_3^{2-} 浓度变化对材料的腐蚀影响最大，其他几种离子影响相差不大，最终发现 SO_3^{2-}、Cl^-、CO_3^{2-} 是导致不锈钢冷凝液腐蚀的最主要离子，在组合溶液中可以达到很强的腐蚀效果[12]。

3.1.2.4 排气系统用铁素体不锈钢的开发

20 世纪 60 年代，美国率先将 409 型铁素体不锈钢应用在汽车排气系统中。随后，在 70 年代，为了应对越来越严格的排放规定，带有三元催化转换器的排气系统被装备到汽车上，此时日本也开始大规模使用 409 型铁素体不锈钢。随着发动机燃烧温度的不断提高，排气温度也随之上升，一些新的高性能不锈钢陆续被开发出来。由于排气系统的不同零部件所受的热负荷不同，虽然都是使用铁素体不锈钢为原料，但使用的钢种也不相同。在排气系统冷端，使用低 Cr 铁素体不锈钢即可以满足要求，但在热端则需要使用高 Cr 铁素体不锈钢，以满足其高温耐氧化的特征。在欧美地区，含 Nb 铁素体不锈钢的使用增长极快，特别是用于汽车排气系统的 409 型铁素体不锈钢更是如此。

目前，国际上现代轿车排气系统都采用不锈钢制造（见表 3-3），80%以上为铁素体不锈钢。铁素体不锈钢除具有不锈性和耐腐蚀性能外，强度也较高，冷加工硬化倾向较低，线膨胀系数小，导热系数大，价格有优势。铁素体不锈钢的这些性能可以很好地满足汽车排气系统用钢的要求，成为汽车排气系统用钢的首选材料[13]。

表 3-3　汽车排气系统部件用钢牌号

主要零部件		牌号
汽车排气系统	排气歧管	SUS429L，430J1L，444
	前导管	SUS410L，409L，430JL
	挠性管	SUS304，XM15JL
	外层编织	SUS430，304
	金属底层	20Cr-5Al
	催化转换器	SUS410L
	丝网	SUS316
	中心管	SUS410L，409L，430J1L
	消声器	SUS410L，409L，430J1L，436L，436J1L
	扩散器	SUS430L，430J1L
	垫圈	SUS301，304
	EGR 管	SUS410L，304，321，444，444E

铁素体不锈钢大约占据了美国钢铁协会 400 系不锈钢种类的一半，这些钢种 Cr 含量在 10%～30%，并含有一些其他合金元素，特别是 Mo。铁素体不锈钢具有体心立方晶体结构，在使用状态下以铁素体组织为主，高温和室温下均为单相铁素体组织。

按照钢中 C、N 元素含量多少，铁素体不锈钢可以分为普通铁素体不锈钢、高纯铁素体不锈钢和超纯铁素体不锈钢。与被广泛使用和生产的奥氏体不锈钢比较，传统铁素体不锈钢具有以下突出特点：

（1）节镍，镍不是铁素体不锈钢冶炼必需的原材料，因此冶炼成本比奥氏体不锈钢低，同时由于镍是使人过敏的元素，因此不含镍的不锈钢更环保和健康；

（2）具有较高强度，同时其冷加工时硬化倾向相对较低；

（3）具有良好的导热性能，其导热系数为奥氏体不锈钢的 1.3～1.5 倍，线膨胀系数明显低于奥氏体不锈钢，仅为奥氏体不锈钢的 60%～70%；

（4）具有耐应力腐蚀和耐点蚀等多种抗局部腐蚀能力；

(5) 具有较强的耐氧化性能。

欧洲和日本开发了大量低铬和中高铬系列铁素体不锈钢并广泛应用于汽车排气系统，不锈钢用量已近 100%。主要生产厂商包括 JFE、NSSC、POSCO 及 Arcelor 等，国内主要厂商包括太钢和宝山钢铁股份有限公司（以下简称“宝钢”）。其中，低铬系列如 409L 等，中铬系列则有 SUS429、SUS434、SUS439L、SUS436L、SUS441 等铁素体不锈钢。409 系列的低铬铁素体不锈钢因为兼具经济性和实用性的优点，使用量占整个汽车排气系统材料市场的 50%~60%；中铬铁素体不锈钢系列，特别是添加了合金元素 Mo 的 436L 等，耐蚀性得到进一步提高。但是，由于 436 铁素体不锈钢含有超过 1%的 Mo，价格较高，因此，部分厂商在主消声器下端使用 436 铁素体不锈钢，而上端使用更经济的 439 铁素体不锈钢[14]。

除了传统铁素体不锈钢外，近年来还开发出成本较低、性能优越的新型 439M 铁素体不锈钢以及经济型的 Nb、Ti 复合稳定 409 铁素体不锈钢，以应对越来越苛刻的汽车排气系统服役环境，同时满足汽车企业降低成本的要求。陈超、翁建寅等人通过对新型 439M 和 409L 两种铁素体不锈钢的力学性能测试发现，新型 439M 铁素体不锈钢具有比 409L 更高的屈服强度、抗拉强度、伸长率和硬度，符合汽车生产厂商所提出的性能要求；日本 JFE 公司的耐冷凝液腐蚀实验表明：新型 439M 铁素体不锈钢的预测寿命是 409L 铁素体不锈钢的 1.7~1.8 倍；新型 439M 铁素体不锈钢的耐晶间腐蚀性能满足 ASTM A763 标准要求[15-17]。陈二虎等人对 Nb、Ti 复合稳定 409 铁素体不锈钢进行了研究，通过实验室耐冷凝液腐蚀实验，发现新型 Nb、Ti 复合稳定 409 铁素体不锈钢比传统 409 铁素体不锈钢的预测寿命长约 40%；新型 Nb、Ti 复合稳定 409 铁素体不锈钢的点蚀电位更高，耐点蚀性能更好；Nb、Ti 复合稳定 409 铁素体不锈钢的 r 值高，在变形过程中抵抗厚度方向变薄的能力更强，且 Δr 值低，各向同性更好；在高温性能方面，Nb、Ti 复合稳定 409 铁素体不锈钢在耐高温氧化、高温强度方面均有较大的优势；在耐晶间腐蚀方面，两种不锈钢的基体差异不明显，但是 Nb、Ti 复合稳定 409 铁素体不锈钢焊缝的晶间腐蚀敏感性要明显低于 Ti 稳定化 409 铁素体不锈钢焊缝[10]。

3.1.2.5 排气系统用不锈钢的腐蚀研究方法及性能评价

汽车排气系统的腐蚀研究是十分重要的一个方面。汽车排气系统不同部位工作环境不同，在高温端，长时间的高温环境不仅会造成材料高温下氧化，而且由于发动机工作过程中产生的振动还会导致高温机械疲劳失效；另一方面，由于发动机的启停会导致温度在高温和低温之间转换，从而材料在不断的热循环环境中可能发生热疲劳失效。由于排气管在高温环境下服役，未净化的氮化物会在高温分解。N 和 C 会扩散到排气管不锈钢中，使不锈钢表面氮化，Cr 以碳氮化物的形式析出形成贫 Cr 区，降低不锈钢的抗腐蚀能力，增加不锈钢的晶间腐蚀敏感性，导致晶间腐蚀的产生。对于排气系统的低温端，长期行驶在沿海区域汽车的排气系统会遭受到盐的腐蚀，寒冷地区可能会受到融雪盐的腐蚀。对于排气系统内部又会遭受到冷凝液和排放气体的腐蚀，冷凝液的腐蚀作用会造成消声器的点蚀穿孔，导致消声器的失效。重型柴油机的 SCR 系统使用尿素对尾气进行净化处理，在这个过程中，尿素高温分解产物也会对排气系统造成腐蚀。下面详细介绍几种主要腐蚀研究方法。

A　点蚀

材料在特定环境介质下，经过一段时间服役以后，其表面大部分区域不发生或只发生轻微的腐蚀，而在局部出现腐蚀小孔，这种腐蚀现象称为点蚀。点蚀通常发生在有卤素阴离子的溶液中，其中氯化物、溴化物侵蚀性最强。在侵蚀性阴离子溶液中，钝性金属中存在的夹杂物、合金相、位错露头、空穴等缺陷常常是形成点蚀的起源。目前，针对不锈钢点蚀的形核机理，主要有 3 种理论模型：钝化膜穿透模型、吸附模型以及钝化膜破坏模型。

在汽车排气系统中，尾气经排气系统高温端至低温端主消声器部位发生凝集，形成冷凝液并在主消声器的下端存积，里面存在的腐蚀性阴离子对不锈钢产生腐蚀作用。排气系统主消声器失效的主要形式就是点蚀穿孔，一旦主消声器部位发生穿孔，消声器降低噪声、处理尾气的作用就会消失。

点蚀导致不锈钢表面形成针状坑点且从表面向内扩展形成孔穴，这种腐蚀的危害性是材料在均匀腐蚀很不明显的情况下腐蚀穿孔。研究点蚀一般采用电化学和化学两种方法。电化学方法是测定阳极极化曲线，在样品只发生阳极反应条件下测定击穿电位，低于它则不锈钢处于钝态，高于它则发生点蚀。化学方法是使样品表面同时有阳极和阴极反应发生，可用于测定产生点蚀的介质条件或者在标准试剂中测定坑蚀情况[18]。

B　晶间腐蚀

晶间腐蚀是局部腐蚀的一种，是沿着金属晶粒间的界面向内部扩展的腐蚀，主要由晶界和晶粒内部化学成分的差异以及晶界杂质或内应力的存在而引发。晶间腐蚀破坏晶粒间的结合，大大降低金属的机械强度，而且腐蚀发生后金属和合金的表面仍保持一定的金属光泽，看不出被破坏的迹象，金属外形基本不发生什么变化；但晶粒间结合力显著减弱，力学性能恶化，不能经受敲击，所以是一种很危险的腐蚀，通常出现于黄铜、硬铝合金和一些不锈钢、镍基合金中。

晶间腐蚀的机理主要是“贫 Cr 理论”。该理论认为，不锈钢具有耐腐蚀能力的必要条件是 Cr 的质量分数必须大于 10%。当温度升高时，C 在不锈钢晶粒内部的扩散速度大于 Cr 的扩散速度。因为室温时 C 在铁素体中的溶解度很小，而一般铁素体不锈钢中的 C 含量均超过此值，故多余的 C 就不断地向晶界扩散，并与 Cr 结合，在晶间形成富 Cr 碳化物，如（FeCr)$_{23}$C$_6$ 等。数据表明，Cr 沿晶界扩散的活化能为 162~252 kJ/mol，而 Cr 在晶粒内扩散的活化能约为 540 kJ/mol，即 Cr 在晶粒内的扩散速度比 Cr 沿晶界扩散速度小，内部的 Cr 来不及向晶界扩散，所以在晶间形成的富 Cr 碳化物所需的 Cr 主要不是来自晶粒内部，而是来自晶界附近，结果就使晶界附近的 Cr 含量大为减少，当晶界中 Cr 的质量分数低到小于 12%时，就形成所谓的“贫 Cr 区”；在腐蚀介质作用下，贫 Cr 区就会失去耐蚀能力，而产生晶间腐蚀[19]。

C 冷凝液腐蚀

循环腐蚀实验是实验室条件下评价汽车排气系统用不锈钢抗点蚀能力和进行寿命预测的方法。标准的实验方法包括 Mazda 方法和 JFE 方法，其主要是采用实验室方法配置冷凝液模拟实际汽车冷凝液成分，将样品在冷凝液中浸泡进行周期腐蚀[19-21]。

图 3-5 为 JFE 耐冷凝液腐蚀实验过程及方法，样品尺寸为 50 mm×100 mm。样品在空气中 400 ℃加热 5 h 后全部浸入在按照表 3-4 配置浓缩液的烧杯中，烧杯被放置在恒温水浴槽中加热，加热温度一直保持在 80 ℃；当整个系统持续 24 h 左右时，整个烧杯中的浓缩液将被全部挥发，此时用软刷清理样品表面，评价腐蚀深度和测量样品质量，并同时清洗烧杯，完成一个周期的实验。重复添加浓缩液和放置样品继续进行下一个周期的实验。当完成 5 周期、10 周期、20 周期后，分别评价样品的失重和最大腐蚀深度。

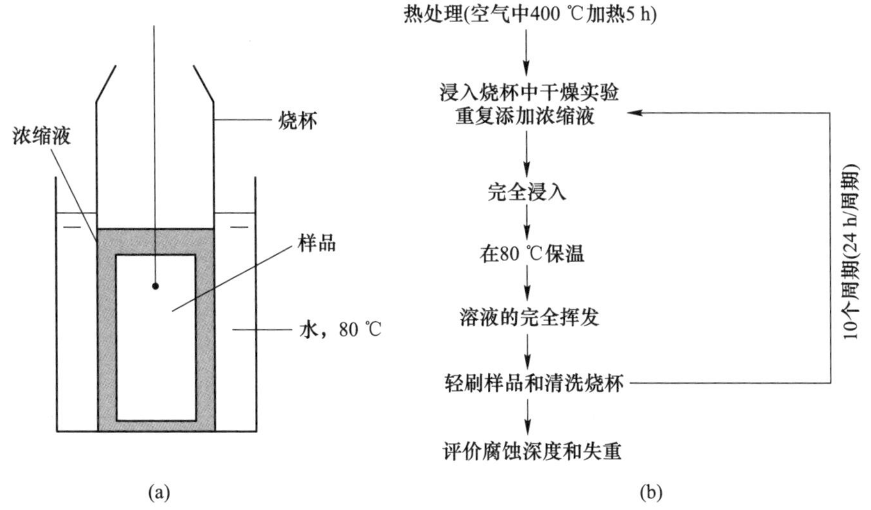

图 3-5 JFE 方法的样品（a）和周期示意图（b）

表 3-4　JFE 方法冷凝液的离子浓度

离子	Cl^-	SO_3^{2-}	SO_4^{2-}	CO_3^{2-}	NO_3^-	NO_2^-	CH_4COO^-	HCHO	$HCOO^-$	NH_4^+	活性炭
含量	50×10^{-6}	250×10^{-6}	1250×10^{-6}	2000×10^{-6}	100×10^{-6}	20×10^{-6}	400×10^{-6}	250×10^{-6}	100×10^{-6}	1934×10^{-6}	50 g/L

图 3-6 为 Mazda 耐冷凝液腐蚀实验过程，将样品放置于烧杯中，样品保持与桌面呈 45°，这样放置是为了便于挥发的冷凝液与样品表面接触和附着，冷凝液成分见表 3-5。样品上部属于气体腐蚀、下部属于浸泡腐蚀，与消声器内部的腐蚀情况保持一致。烧杯被放置在恒温水浴槽中加热，加热温度保持在 80 ℃。当整个系统持续 24 h 左右，整个烧杯中的浓缩液将被全部挥发。重复 5 天后，将样品置于干燥箱中以 250 ℃烘干 24 h，经过 6 天完成一个实验周期，即 1 个周期＝80 ℃×24 h×5＋250 ℃×24 h×1，如图 3-6 所示。

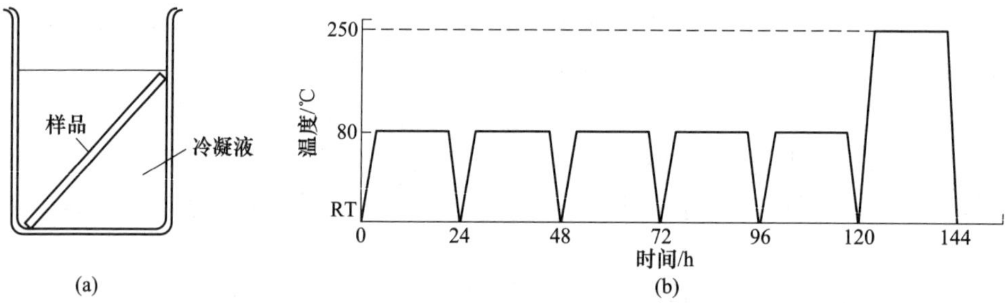

图 3-6　Mazda 法的样品（a）和周期示意图（b）

表 3-5　Mazda 方法冷凝液的离子浓度

离子	Cl^-	SO_3^{2-}	SO_4^{2-}	NO_2^-	CH_4COO^-	NH_4^+
含量	100×10^{-6}	600×10^{-6}	600×10^{-6}	20×10^{-6}	800×10^{-6}	3300×10^{-6}

耐冷凝液腐蚀实验进行完毕后，需要对样品腐蚀情况进行评价。首先对样品表面形貌进行简单评价，随后对样品进行酸洗，清除样品表面锈蚀层后，对样品进行进一步观察和点蚀坑深度测量。

酸洗所需的液体和环境见表 3-6。

表 3-6　除锈液和除锈环境（单倍）

液体	含量/mL	实验温度/℃	实验时间/min
去离子水	880	30	30
浓硝酸	100		
氢氟酸	20		

除锈使得样品被均匀减薄，如图 3-7 所示。除锈之后，测得样品质量为 M_2。M_1-M_2 是除锈失重 ΔM，其中，M_1 为除锈前的样品质量。已知：不锈钢的密度 $\rho=0.00775\ \mathrm{g/mm^3}$，面积 S 由测量得到。均匀腐蚀深度 $d=\Delta M/(2S\rho)$。通过计算便可得到不同样品的均匀腐蚀深度 d，该均匀腐蚀深度可作为测定点蚀深度时基体初始厚度的修正项。

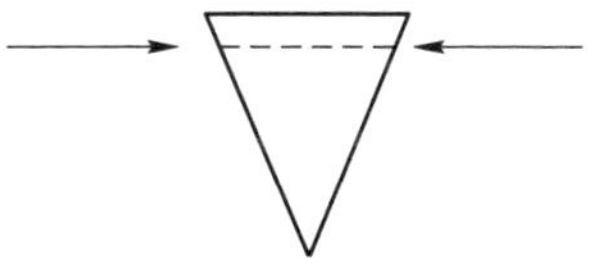

图 3-7 均匀减薄示意图

经酸洗除锈之后，还可对点蚀坑深度进行测量。将 50 mm×100 mm 试样每个面都分成大小为 10 mm×100 mm 的 5 等份（见图 3-8），这样两块样品的正反面一共能得到 20 个 10 mm×100 mm 抽样对象。取其中每一小份区域为研究对象，测出其中的最大点蚀坑深度，这样就可以得到 20 个最大点蚀深度值，将这些深度值从小到大排列。由于实验中只采用了两块样品，测出的最大点蚀深度无法代表整个消声器的最大点蚀深度，因此需要进一步采用 Gumbel 分布进行计算，以估算出整个消声器的最大点蚀[22]。

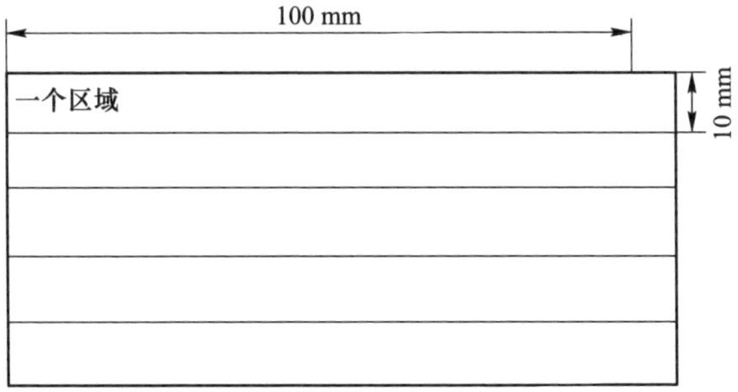

图 3-8 腐蚀样品数据采集示意图

试样中 20 个区域的点蚀最大腐蚀深度数值，按照 Gumbel 极值分布进行分析，其生存函数为：

$$S(x)=\exp\{-\exp[-(x-u)/b]\}$$

式中，x 为最大点蚀深度自变量，$-\infty<x<\infty$；u 为分布的位置参数，概率密度最大的点蚀深度；b 为形状参数，物理意义为点蚀深度的平均值。

测量出两块同一钢种经加速腐蚀后的正反面共 20 个 10 $\mathrm{mm^2}$ 小区域的最大腐蚀深度 h，并用均匀腐蚀深度 d 修正，最大点蚀深度 $X=h+d$。此时，抽样数 $N=20$，其最大腐蚀深度值按由小到大排列，分别为 X_1、X_2、X_3、…、X_{20}，可得到 i-X_i 数据表格。

令 $S_i=i/(N+1)$，其中 i 是按点蚀深度从小到大排列的，可得 S_i-X_i 表格。

对于 20 组数据，$S(x)$ 有对应的 y_i，对 y_i 进行最小二乘法拟合，拟合得到

$y = -\ln[-\ln S(x)] = (x - u)/b$ 直线，可计算出 u 和 b，最终可确定 $S(x)$ 函数。

D 汽油机排气系统用不锈钢性能评价

a Cr 当量（Cr+3Mo）对铁素体不锈钢耐蚀性能的影响

铁素体不锈钢在大多情况下均能保持良好的耐腐蚀性能，但前提是必须保证钢中有足够的固溶 Cr[23]。因此，研究 Cr 当量与铁素体不锈钢的耐蚀性能关系显得尤为重要。表 3-7 给出了实验用钢的化学成分。图 3-9 是不同 Cr 当量的铁素体不锈钢在冷凝液中腐蚀 240 h 后，除去腐蚀产物后的宏观形态图像。由此可见，样品在冷凝液中浸泡后的腐蚀形态呈圆形，腐蚀类型属于典型的点蚀。因此，在汽车消声器模拟冷凝液中铁素体不锈钢的典型腐蚀是点蚀，符合实际消声器失效原因。由图 3-9 也可见，随 Cr 当量的增加，铁素体不锈钢的表面蚀孔的数量逐渐减少。当 Cr 当量小于 14%时，样品表面存在明显的点蚀坑；当 Cr 当量大于 19%时，数量多而且深的点蚀坑逐渐过渡为均匀腐蚀形貌。由此可知，随着 Cr 当量提高，样品表面的腐蚀坑数量和尺寸逐渐减少。

表 3-7 实验用铁素体不锈钢的化学成分 （质量分数,%）

序号	化学成分									Cr 当量
	C	Si	Mn	P	S	Mo	Nb	Cr	Fe	（Cr+3Mo）
1	0.01	0.41	0.20	0.023	0.001	—	—	11	余量	11
2	0.02	1.25	1.00	0.040	0.030	—	0.7	14	余量	14
3	0.03	1.00	1.00	0.040	0.030	—	0.7	19	余量	19
4	0.01	0.37	0.11	0.016	0.001	1.1	—	17	余量	20

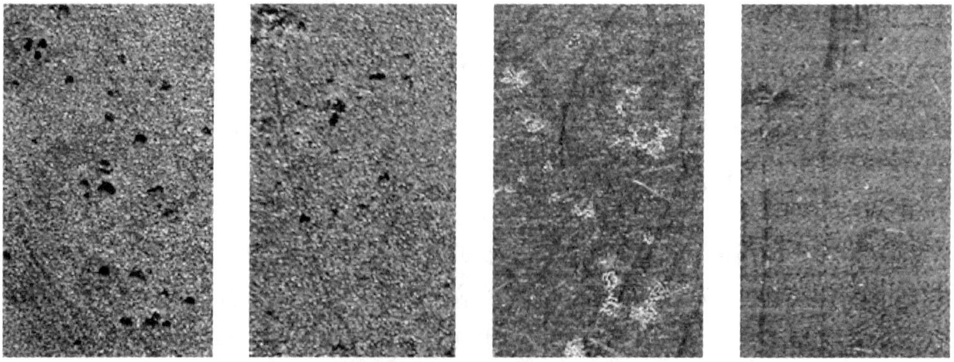

(a) (b) (c) (d)

图 3-9 不同 Cr 当量铁素体不锈钢完成耐冷凝液腐蚀实验后除去锈层的宏观腐蚀形态

（a）w(Cr+3Mo) = 11%；（b）w(Cr+3Mo) = 14%；

（c）w(Cr+3Mo) = 19%；（d）w(Cr+3Mo) = 20%

图 3-10（a）是铁素体不锈钢在冷凝液中平均腐蚀速率与 Cr 当量的关系。随着 Cr 当量的提高，铁素体不锈钢的平均腐蚀速率呈线性下降，Cr 当量从 11%增加到 20%时，铁素体不锈钢的平均腐蚀速度由 0.18 mm/a 下降到 0.01 mm/a。这表明，Cr 当量明显提高了铁素体不锈钢在冷凝液介质中的平均腐蚀速率，这是由于 Cr 元素含量的增加提高不锈钢钝化膜的稳定性和致密性。研究发现，在 Cl^- 模拟溶液中由于试样表面产生了致密的 Cr_2O_3，从而提高了含 15%Cr 的铁素体不锈钢在汽车排气系统冷凝液中的耐蚀性能。Mo 提高不锈钢在还原性介质中的耐蚀性，主要是因为钼酸盐是阳极抑制剂。此外，Mo 和 Cr 存在复合作用，可以提高不锈钢的钝化和再钝化能力（钝化膜的修复能力），提高钝化膜的稳定性，因此使不锈钢具有更好的耐蚀能力。

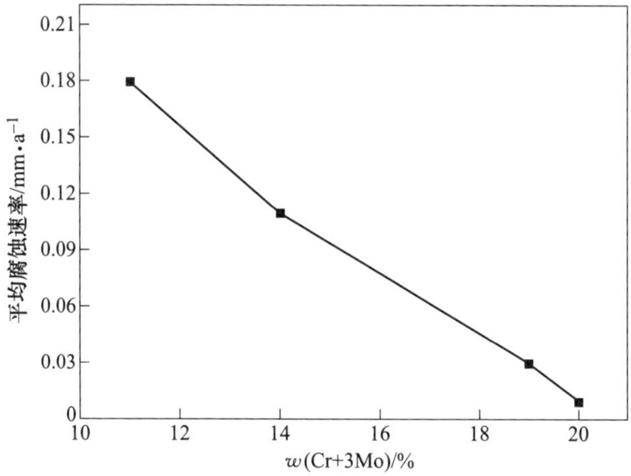

(a)

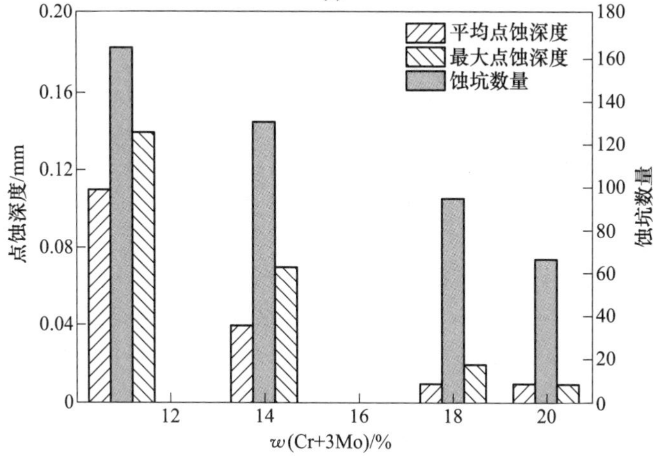

(b)

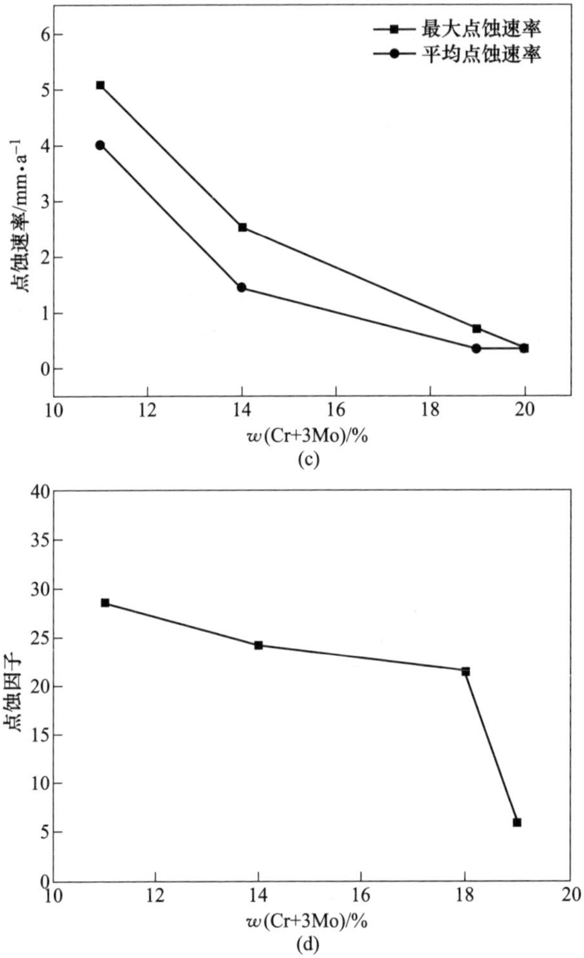

图 3-10　铁素体不锈钢的点蚀与 Cr 当量的关系

（a）铁素体不锈钢在冷凝液中平均腐蚀速率与 Cr 当量的关系；

（b）Cr 当量对铁素体不锈钢在冷凝液中平均点蚀深度、最大点蚀深度和蚀坑数量的影响；

（c）Cr 当量对铁素体不锈钢在冷凝液中腐蚀的最大点蚀速率和平均点蚀速率的影响；

（d）铁素体不锈钢在冷凝液中腐蚀的点蚀因子与 Cr 当量的关系

图 3-10（b）是 Cr 当量对铁素体不锈钢在冷凝液中平均点蚀深度、最大点蚀深度和蚀坑数量的影响。随 Cr 当量的增加，铁素体不锈钢的蚀坑数量，平均点蚀深度及最大深度均明显下降。图 3-10（c）是根据图 3-10（b）的结果计算得到的铁素体不锈钢的最大点蚀速率和平均点蚀速率与 Cr 当量的关系。Cr 当量从 11%增加到 20%时，铁素体不锈钢平均点蚀速率由 4. 02 mm/a 下降到 0. 37 mm/a，最大点蚀速率由 5. 11 mm/a 下降到 0. 37 mm/a。图 3-10（d）给出了铁素体不锈钢在冷凝液中腐蚀的点蚀因子与 Cr 当量的关系，随着 Cr 当量的增加，冷凝液中铁

素体不锈钢的点蚀因子下降；Cr 当量在 11%～18%变化时，点蚀因子下降缓慢；当 Cr 当量大于 18%时，点蚀因子迅速下降，耐蚀性增强。

上述结果均表明，随着 Cr 当量的增加，铁素体不锈钢的耐冷凝液点蚀的性能提高，从而可以有效抑制其在冷凝液环境中局部腐蚀的发生，有效延迟消声器及尾管等汽车排气系统中低温端材料的腐蚀失效。

b 铌对 409 系铁素体不锈钢性能的影响及作用机理

铁素体不锈钢在使用中遇到的最大问题是 $Cr_{23}C_6$ 在晶界上的析出，导致晶界比较薄弱，使材料的腐蚀性能降低。大量研究表明[24-26]，通过添加 Nb、Ti 等稳定化元素，可以固定铁素体不锈钢中的 C 和 N，增强其耐晶间腐蚀性能。为了开发既经济又具有优良耐冷凝液腐蚀性能的新型铁素体不锈钢，重点研究了 Nb 对 409 系铁素体不锈钢的耐蚀性能、高温力学性能的影响，并阐述 Nb 对夹杂物和腐蚀性能的影响机制。表 3-8 列出了用于研究的三种不同 Nb 含量 409 不锈钢的化学成分。

表 3-8 实验钢的化学成分 （质量分数，%）

牌号	C	Si	Mn	P	S	Cr	Ti	Nb	N
409Ti	0.011	0.38	0.19	0.013	0.002	11.17	0.21	—	0.01
409Ti-0.15%Nb	0.005	0.33	0.23	0.012	0.001	11.15	0.11	0.15	0.01
409Ti-0.30%Nb	0.01	0.32	0.21	0.015	0.001	11.24	0.21	0.30	0.01

（1）高温力学性能。在 500 ℃、600 ℃、700 ℃和 800 ℃下分别进行高温拉伸实验，对 409 系铁素体不锈钢的高温强度进行评价。实验结果（见图 3-11）表明，Nb、Ti 复合稳定 409 铁素体不锈钢在 500 ℃、600 ℃、700 ℃、800 ℃下的抗

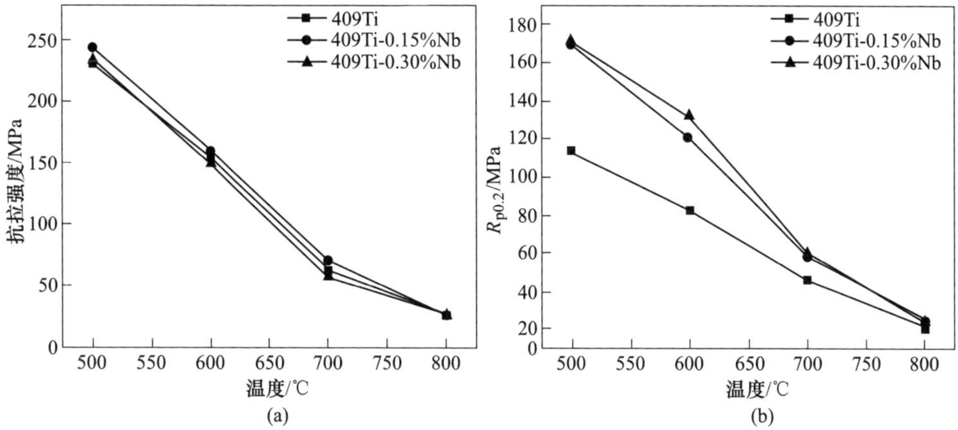

图 3-11 高温力学性能

（a）抗拉强度；（b）屈服强度

拉强度与 409Ti 相比，增幅不显著，各个温度段的抗拉强度基本相当；但 Nb、Ti 复合稳定 409 铁素体不锈钢在 500 ℃、600 ℃、700 ℃、800 ℃下的屈服强度显著高于 409Ti 的，并且差值在中温段较大，在高温段差值逐渐降低。与此同时，随着测试温度的升高，屈服强度和抗拉强度均呈现降低趋势。

上述结果表明，Nb 对提高 409 系铁素体不锈钢的屈服强度有着明显的作用。在汽车行驶过程中，排气系统会受到疲劳损伤，因此，针对不同 Nb 含量的 409 系铁素体不锈钢进行了 600 ℃下的高温疲劳实验，如图 3-12 所示。结果表明，Ti-0. 30%Nb 复合稳定的 409 铁素体不锈钢抗疲劳性能最好，其疲劳极限要比 409Ti 不锈钢高 15%左右；可以看到，Nb、Ti 复合稳定的 409 系铁素体不锈钢的疲劳强度要比单 Ti 稳定的 409 铁素体不锈钢疲劳强度高 20~40 MPa。

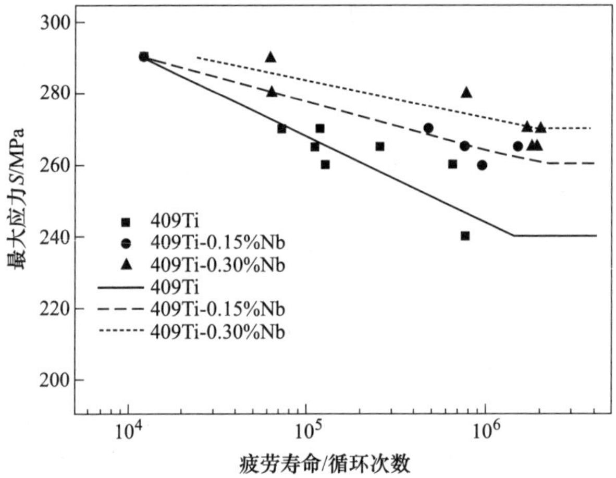

图 3-12　409Ti、409Ti-0. 15%Nb 和 409Ti-0. 30%Nb 不锈钢在 600 ℃下的 *S-N* 曲线

（2）耐蚀性能和服役寿命预测。为了研究 Nb 含量对 409 系不锈钢的耐蚀性能，本书采用了 Mazda 循环腐蚀实验的方法，并经 Gumbel 分布统计方法计算出不同周期循环实验后样品的最大点蚀深度，如图 3-13（a）~（c）所示。可以看出，409Ti 的点蚀坑最深（5 个周期为 0. 588 mm），而加入 Nb 的 409Ti-0. 15%Nb（5 个周期为 0. 488 mm）和 409Ti-0. 30%Nb（5 个周期为 0. 453 mm）不锈钢的点蚀坑较浅，这说明 Nb 的加入改善了不锈钢的抗点蚀性能。实际中，排气系统使用的不锈钢厚度为 1. 2 mm 或 1 mm，假设其锈坑深为 1 mm 时，排气系统发生失效，拟合出三种不锈钢失效时对应的使用寿命，如图 3-13（d）所示。结果表明，409Ti、409Ti-0. 15%Nb 和 409Ti-0. 30%Nb 的寿命分别为 1233 h、1722 h 和 1874 h。材料寿命随着 Nb 含量的增加而显著增加，409Ti-0. 15%Nb 或 409Ti-0. 30%Nb 的寿命比 409Ti 的寿命长约 40%。这表明，Nb、Ti 复合稳定 409 系铁素体不锈钢在冷凝物耐蚀性方面明显优于单 Ti 稳定化 409 铁素体不锈钢，实验

结果也证实了添加 Nb 对铁素体不锈钢使用寿命有益处。

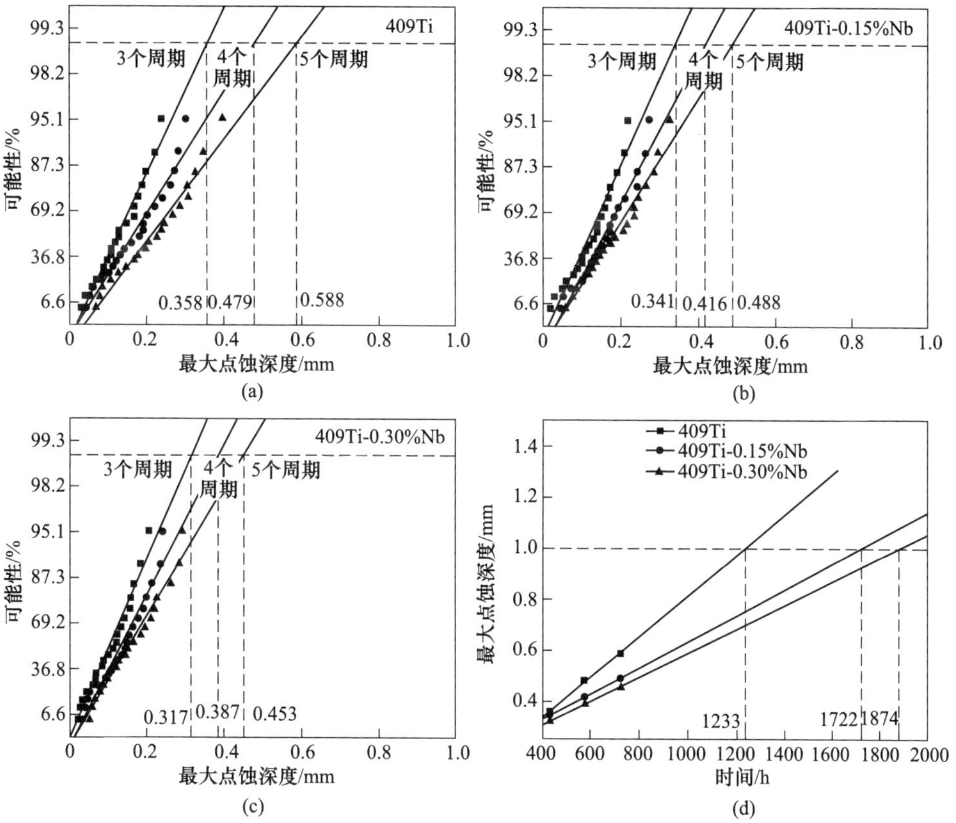

图 3-13　三种实验钢 3 个周期、4 个周期、5 个周期条件下获得的最大点蚀深度（a）~（c）及服役寿命预测（d）

（3）Nb 的作用机制。研究表明，夹杂物是点蚀优先发生的位置，点蚀通常在金属基体和夹杂物的界面处萌发，并且随着夹杂物的溶解导致点蚀坑形成并扩展。因此，夹杂物的尺寸与材料的腐蚀性能有很大的关系。有学者[27]通过扫描开尔文探针对不锈钢表面钝化膜的电子功函数进行了测量，发现较大的夹杂物会破坏钝化膜的稳定性，同时钝化膜的修复能力差，受到腐蚀的影响更加严重。有学者利用扫描电镜对上述三种不锈钢夹杂物进行了观测，如图 3-14 所示。单 Ti 稳定的 409 铁素体不锈钢中夹杂物主要为规则的矩形和三角形 TiN 夹杂，Nb、Ti 复合稳定 409 铁素体不锈钢中观察到的夹杂物主要为不规则形状的（Nb,Ti）(C,N）复合夹杂。通过 EDS 对夹杂成分进行测定，发现复合夹杂主要是以富 Ti 的（Nb,Ti）(C,N）为核，外层包裹着富 Nb 的（Nb,Ti）C。

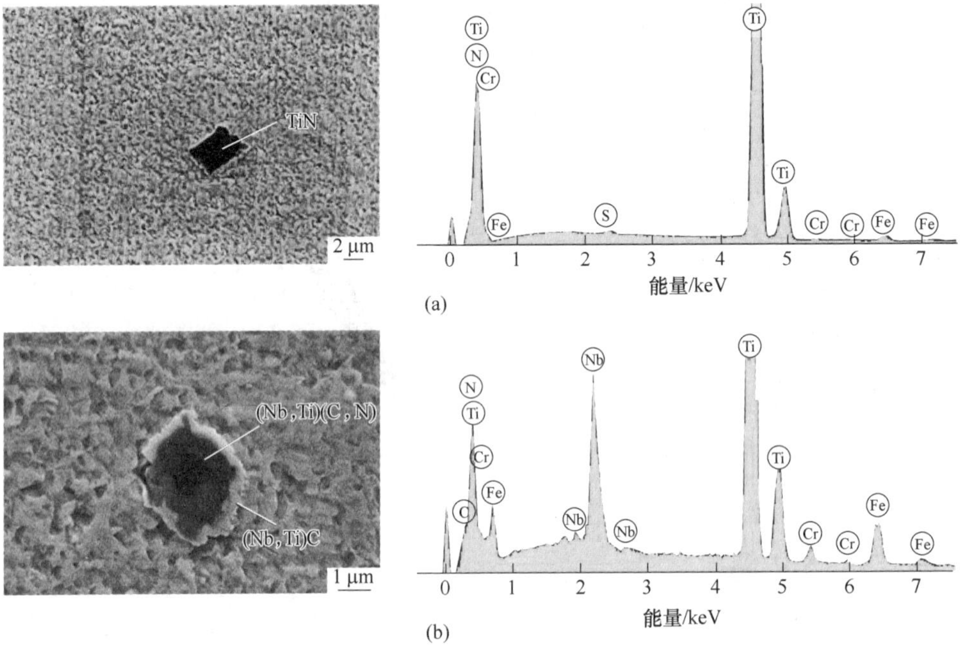

图 3-14　夹杂物观测和 EDS 分析

（a）单 Ti 稳定的 409 铁素体不锈钢；（b）Nb、Ti 复合稳定 409 铁素体不锈钢

进一步在 50 倍视场下对夹杂物尺寸分布进行了统计，如图 3-15 和图 3-16 所示。在 409Ti 不锈钢中统计了 50 个夹杂物，其平均面积为 4.09 μm^2。在 409Ti-0.15%Nb 和 409Ti-0.30%Nb 不锈钢中分别统计了 53 个夹杂物，平均面积分别为 0.61 μm^2 和 0.62 μm^2。三种不锈钢的最大夹杂物尺寸随着 Nb 含量增加而减小，Nb、Ti 复合稳定 409 铁素体不锈钢的平均夹杂物尺寸只有 409Ti 的 15%，但 409Ti-0.30%Nb 的平均夹杂物尺寸要比 409Ti-0.15%Nb 稍大一些。很明显，Nb

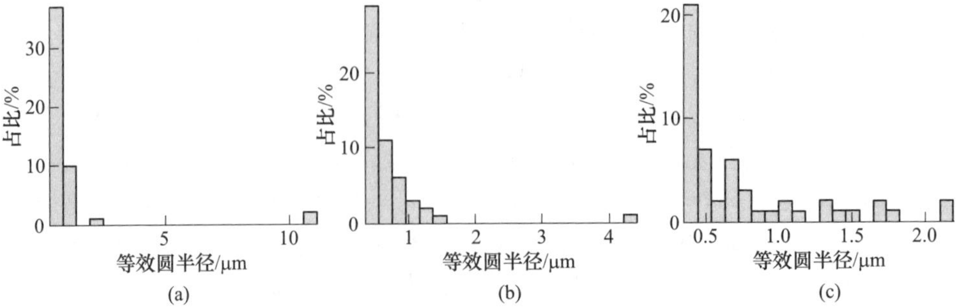

图 3-15　夹杂物统计尺寸分布

（a）409Ti；（b）409Ti-0.15%Nb；（c）409Ti-0.30%Nb

的加入导致了析出相的细化，但是平均尺寸和 Nb 含量并不是成反比关系，当 Nb 含量增加到一定程度，其对夹杂物的细化作用会降低，这个结果与循环腐蚀实验 409Ti-0.15%Nb 和 409Ti-0.30%Nb 不锈钢腐蚀性能相差不大的结果相一致。

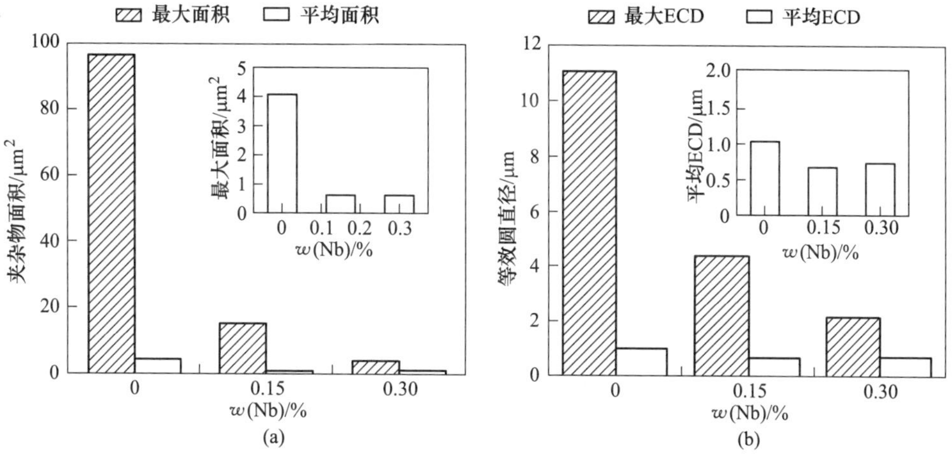

图 3-16 夹杂物最大尺寸（a）和平均尺寸（b）对比

通过高温拉伸实验可知，在 600 ℃下随着 Nb 含量的增加，409 铁素体不锈钢的屈服强度有明显提高。将不同 Nb 含量的 409 铁素体不锈钢在 600 ℃下进行时效处理 2 h 后，可以观察到大量 20～50 nm 尺寸的析出相，结果如图 3-17 所示。图 3-17（a）为 409Ti-0.15%Nb 中观测到的一个较大的椭圆形析出相，尺寸为50 nm，通过 EDX 分析可以明确析出相中含有 Nb、Ti 和 C。图 3-17（c）为 409Ti-0.30%Nb 中观察到的析出相带，由于其 Nb 含量更高，因此得到的析出相更多，其中有很多椭圆形和不规则形状的析出相，尺寸在 20～50 nm，EDX 成分分析表明主要为 NbC。在高温拉伸实验中，加热、保温以及拉伸过程均有利于 Nb 的析出。由以上分析可以得出以下推论：Nb、Ti 复合稳定 409 铁素体不锈钢屈服强度和高温疲劳性能的提高主要归因于 Nb 的析出强化，而 700 ℃和 800 ℃下 Nb 的强化效果下降可归因于析出相的粗化[28-31]。

E 典型铁素体不锈钢耐蚀性能对比

目前，国内汽车企业主要采用牌号为 436、439、441 和 409 等几种铁素体不锈钢作为汽车排气系统主要使用材料。为了达到降低成本、提高用材效率的目的，明确典型铁素体不锈钢的耐蚀性能及服役寿命可以为汽车排气系统的选材用材提供有力依据。

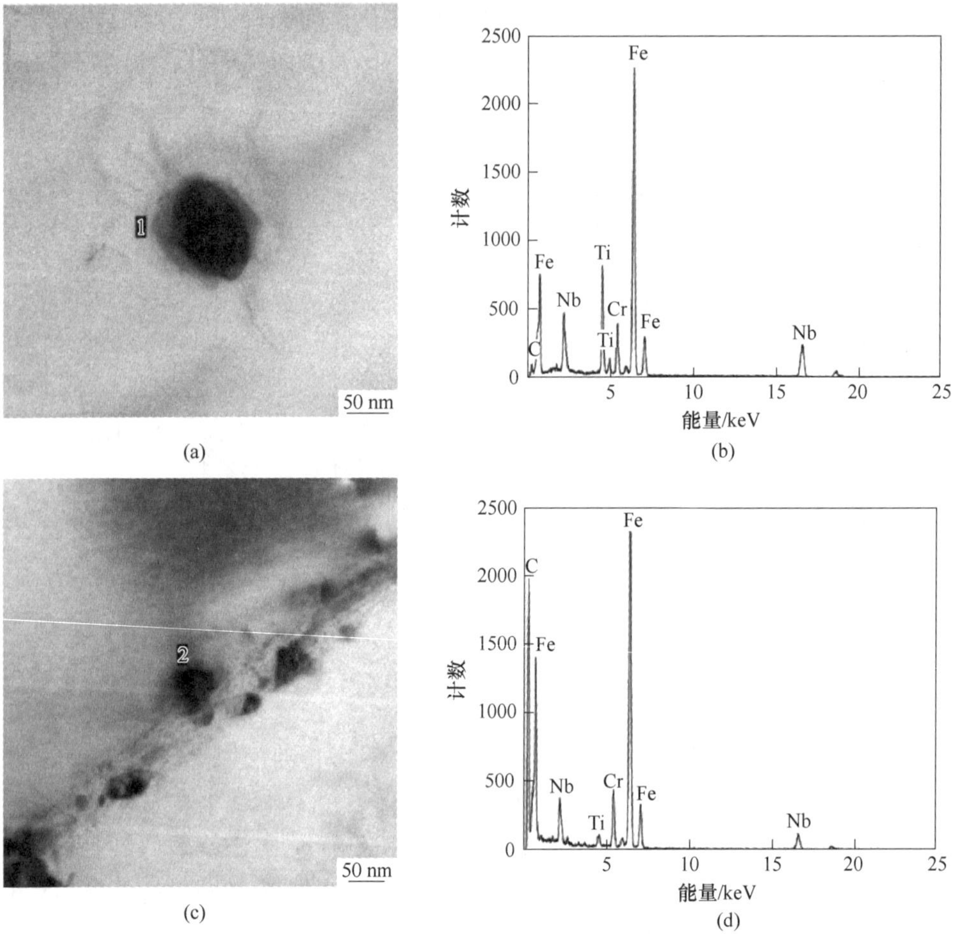

图 3-17　不同 Nb 含量的 409 铁素体不锈钢 TEM 观察下的析出相形貌及 EDX 结果

（a）（b）0.15%Nb-Ti；（c）（d）0.30%Nb-Ti

a　耐晶间腐蚀性能评价

通过不锈钢硫酸-硫酸铜腐蚀实验研究了 304、436、439、441、TSn 不锈钢基体和焊接样品的耐晶间腐蚀性能。结果表明：在排气系统工况温度范围内 304 不锈钢的耐晶间腐蚀性能最差，经 600 ℃敏化后 304 不锈钢发生了严重的晶间腐蚀，弯曲后样品中出现了沿晶界裂纹；436、439、441、TSn 四种不锈钢均没有发生晶间腐蚀，如图 3-18 和图 3-19 所示。304 不锈钢的焊缝和 HAZ 的晶界被完全腐蚀出来，而含有 Nb、Ti 稳定化元素的铁素体不锈钢的 HAZ 并没有发生晶间腐蚀。含稳定化元素的铁素体不锈钢的耐晶间腐蚀性能明显优于奥氏体不锈钢，其中 439 和 441 铁素体不锈钢性能尤为优异。

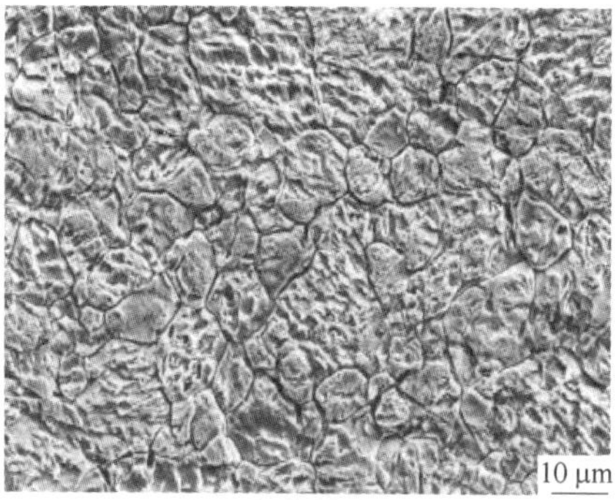

(a)

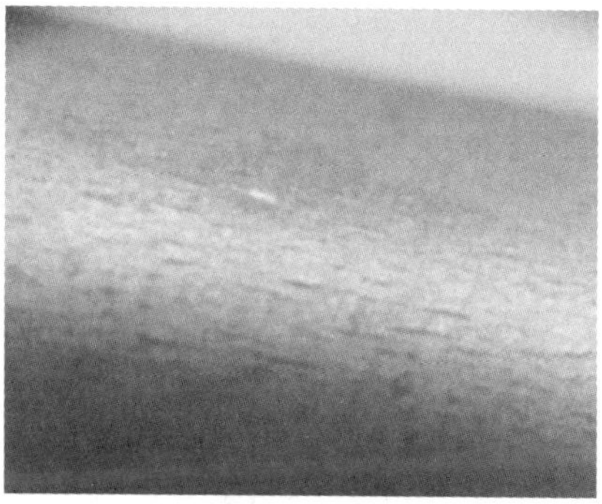

(b)

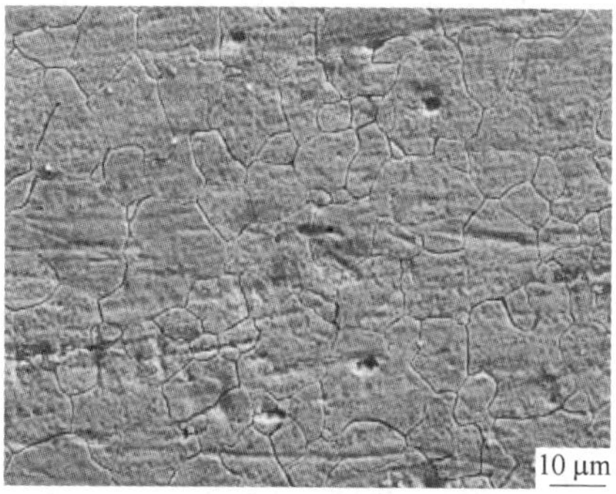

(c)

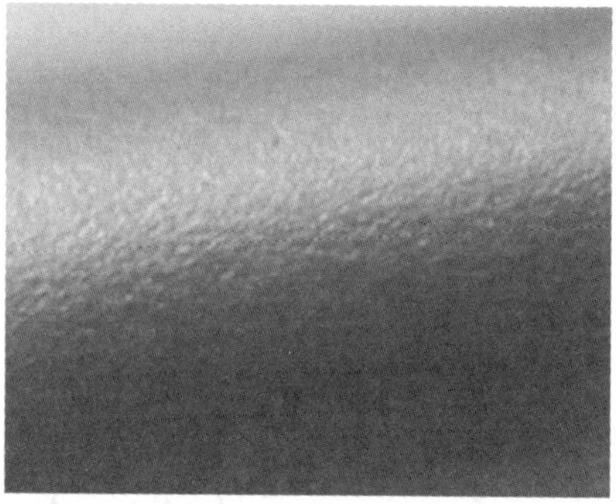

(d)

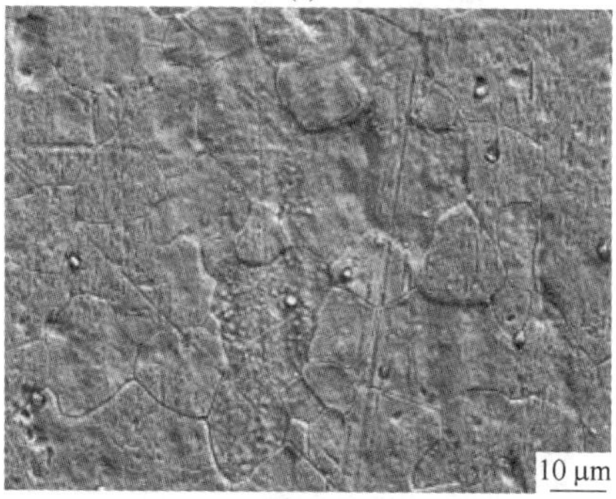

(e)

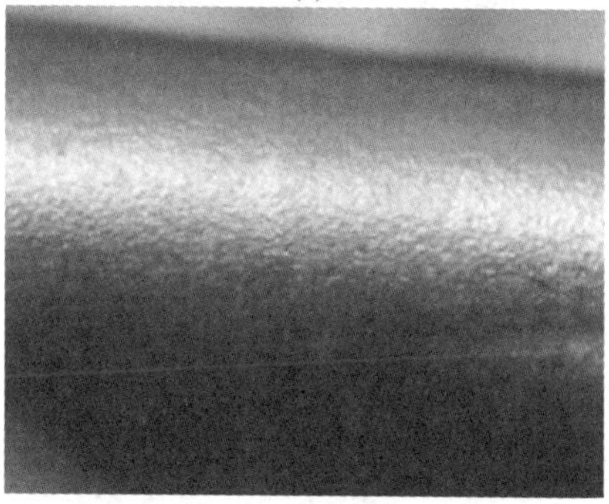

(f)

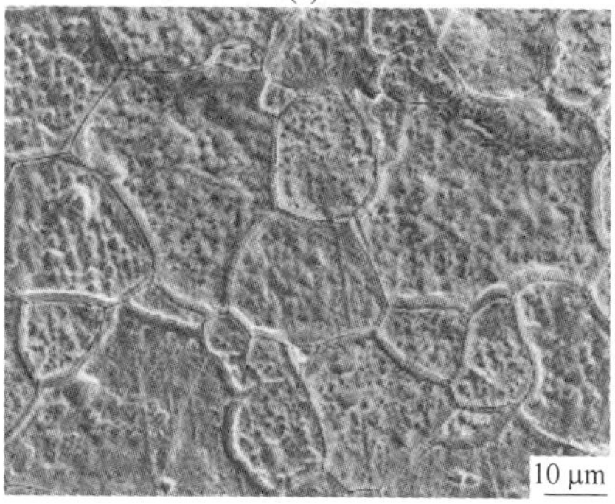

(g)

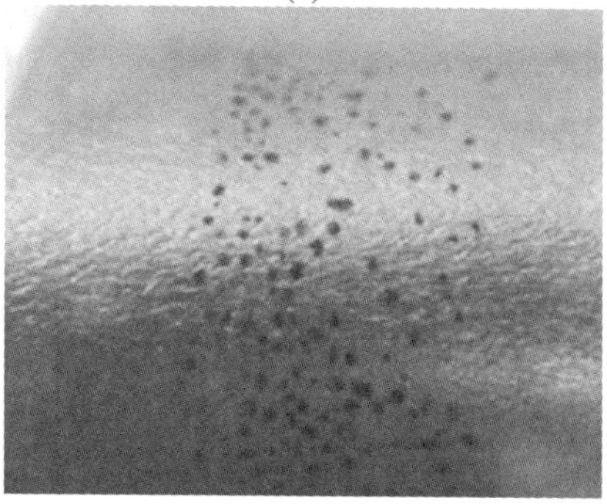

(h)

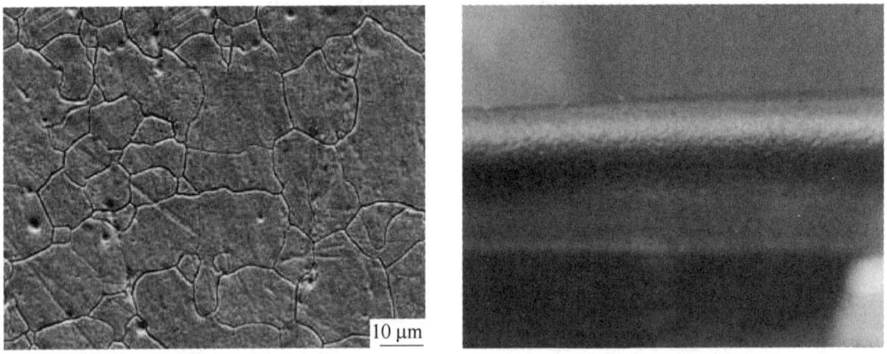

(i)　　(j)

图 3-18　几种不锈钢经 600 ℃敏化后的晶间腐蚀 SEM 图及弯曲后形貌

（a）（b）304 不锈钢；（c）（d）436 不锈钢；（e）（f）439 不锈钢；
（g）（h）441 不锈钢；（i）（j）TSn 不锈钢

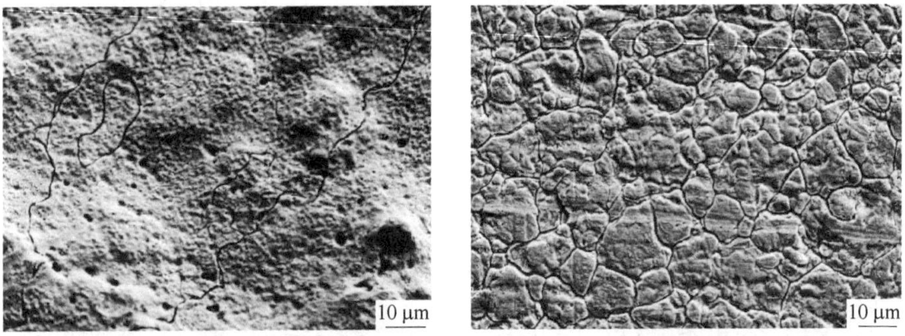

(a)　　(b)

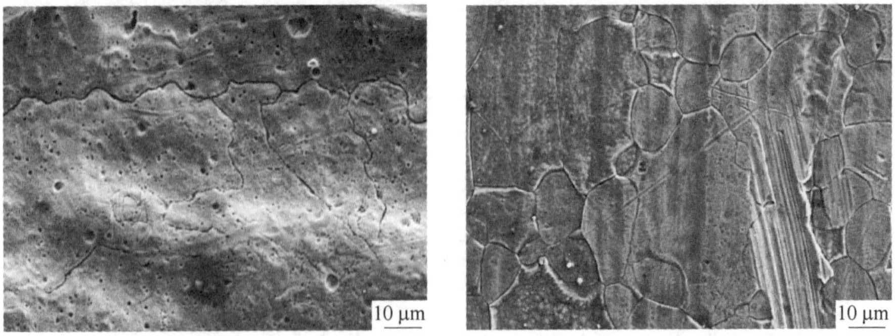

(c)　　(d)

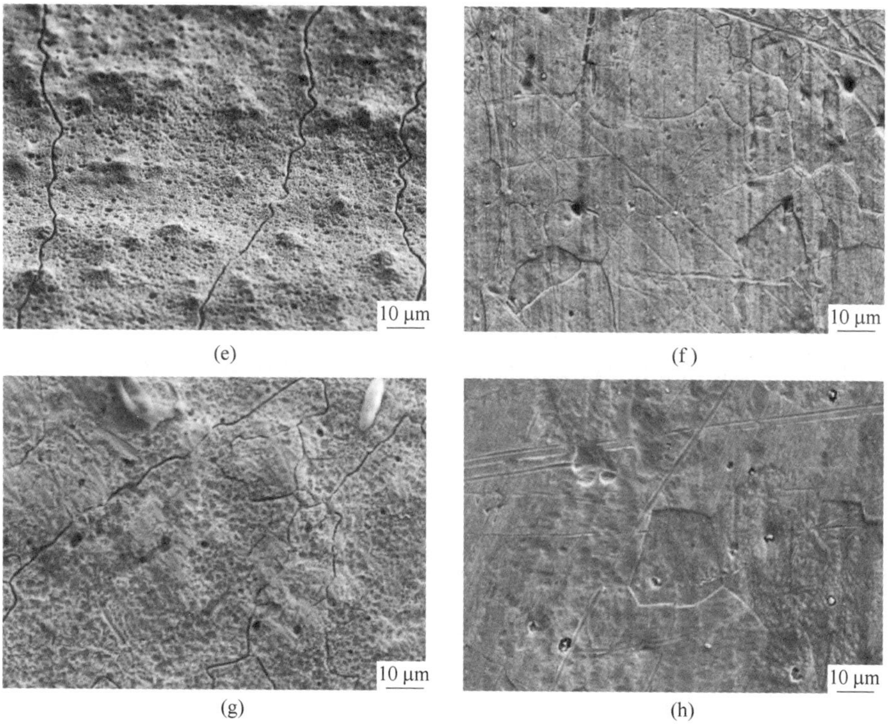

图 3-19 几种不锈钢焊缝及其热影响区腐蚀后的形貌

(a) 304 不锈钢焊缝；(b) 304 不锈钢热影响区；(c) 436 不锈钢焊缝；
(d) 436 不锈钢热影响区；(e) 439 不锈钢焊缝；(f) 439 不锈钢热影响区；
(g) 441 不锈钢焊缝；(h) 441 不锈钢热影响区

b 抗晶间腐蚀能力

采用双环电化学再活化（DL-EPR）测量方法，对 409Ti、409Nb-Ti、436、439 和 441 五种铁素体不锈钢试样进行晶间腐蚀敏感性评估，以再活化率 R_a 作为晶间腐蚀的参数。R_a 数值越高，晶间腐蚀的敏感性也越高。实验结果见表 3-9。五种铁素体不锈钢的再活化率由大到小依次为：409Ti>409Nb-Ti>439>441>436。因此，五种铁素体不锈钢晶间腐蚀敏感性由高到低依次为：409Ti>409Nb-Ti>439>441>436。其中，436 铁素体不锈钢对晶间腐蚀的敏感性最低，抗晶间腐蚀能力明显要强于其他四种铁素体不锈钢。439 铁素体不锈钢和 441 铁素体不锈钢抗晶间腐蚀能力次之，但二者 R_a 相差不大。409 铁素体不锈钢的耐晶间腐蚀能力最差，但 Nb、Ti 复合稳定的 409 铁素体不锈钢 R_a 明显小于单 Ti 稳定的 409 铁素体不锈钢，Nb 对 409 铁素体不锈钢的耐晶间腐蚀能力有明显提高作用。

表 3-9　五种铁素体不锈钢双环 EPR 测试结果

牌号		409Ti		409Nb-Ti		436		439		441	
		1	2	1	2	1	2	1	2	1	2
R_a/%	单值	86.6	84.8	58.7	48.5	0.65	0.43	27.6	31.3	24.0	26.0
	均值	85.7		53.6		0.54		29.5		25.0	

c　抗点蚀能力

采用极化曲线测试方法（GB/T 17899.9—1999），测定五种铁素体不锈钢的点蚀电位，见表 3-10。通过比较可知，436 铁素体不锈钢的抗点蚀能力最强，其次是 441 和 439 铁素体不锈钢。与抗晶间腐蚀再活化率不同的是，439 铁素体不锈钢的点蚀电位要明显比 441 铁素体不锈钢差，而 441 铁素体不锈钢的点蚀电位则接近 436 铁素体不锈钢。409Nb-Ti 铁素体不锈钢和 409Ti 铁素体不锈钢的抗点蚀能力较差，但同样 Nb、Ti 复合稳定 409 铁素体不锈钢的耐点蚀能力更强。由于 409 系铁素体不锈钢的 Cr 含量最低，而且价格也最低，因此其经济效益最好。

表 3-10　五种铁素体不锈钢的点蚀电位对比

牌号	409Ti	409Nb-Ti	436	439	441
平均点蚀电位/V	-0.0316	-0.0152	0.167	0.0147	0.147

d　服役寿命预测

根据实际测得实验车型排气系统中冷凝液成分，采用 JFE 方法进行循环腐蚀实验，并利用统计学 Gumbel 分布分析整个消声器可能发生的最大腐蚀深度，以此来预测材料的使用寿命。经 Gumbel 分布统计方法计算出的最大点蚀深度见表 3-11。可以发现，436 铁素体不锈钢耐蚀性能最好，其次为 441、439、409Nb-Ti 和 409Ti 铁素体不锈钢。

表 3-11　五种铁素体不锈钢最大点蚀深度计算结果

牌号	409Ti			409Nb-Ti			436			439			441		
周期	5	10	20	5	10	20	5	10	20	5	10	20	5	10	20
最大点蚀深度/mm	0.233	0.246	0.258	0.199	0.223	0.248	0.127	0.141	0.169	0.156	0.171	0.199	0.145	0.162	0.176

由于实验样品的厚度为 1.5 mm，冷凝液腐蚀实验中样品在溶液中是完全浸入模式，两面均产生腐蚀，所以当腐蚀深度等于 0.75 mm 时，样品已腐蚀穿孔失效。实际服役寿命预测结果如图 3-20 所示，计算得到 409Ti 铁素体不锈钢腐蚀穿孔所需要的时间为 1484 h，409Nb-Ti 铁素体不锈钢需要 1531 h，439 铁素体不锈钢需要 1954 h，441 铁素体不锈钢需要 2234 h，436 铁素体不锈钢需要 2310 h。

由此看来，436 和 441 铁素体不锈钢的使用寿命明显要长于其他几种不锈钢，其次为 439 铁素体不锈钢，409Nb-Ti 和 409Ti 铁素体不锈钢的服役寿命较短，但 409Nb-Ti 要优于 409Ti，其结果与 3. 1. 2. 5 节采用 Mazda 方法预测的一致。此外，该实验结果与极化曲线测得的点蚀电位结果一致。

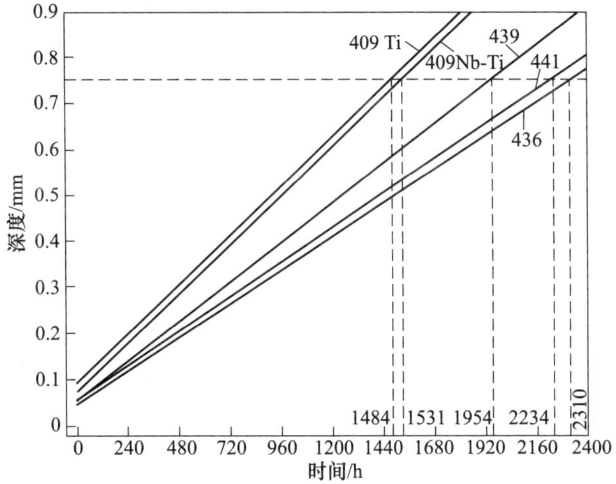

图 3-20 五种铁素体不锈钢循环腐蚀实验寿命预测

图 3-20 彩图

e 选材依据及验证

通过腐蚀实验结果对比可知，在冷凝液环境下 436、441 和 439 铁素体不锈钢耐腐蚀能力较强。409 铁素体不锈钢性能较差，但作为一种经济型不锈钢其价格最低，而且 409Nb-Ti 铁素体不锈钢耐腐蚀性能要明显优于 409Ti 铁素体不锈钢。虽然 439 铁素体不锈钢性能略逊于 436 和 441 铁素体不锈钢，但由于其价格较低，所以性价比较高。近年来，通过添加 Nb 开发出了优化后的 439M 铁素体不锈钢，并通过研究发现 439M 较 439 铁素体不锈钢耐腐蚀性能有所提升。

对于国产低端车型，制造厂商由于不明确材料的综合性能及缺乏可靠的选材数据，致使排气系统大量采用 436、441 铁素体不锈钢等高端材料，结果是成本高、性能过剩，与此同时选取 409 铁素体不锈钢又导致高温端强度不足、低温端腐蚀穿孔等问题。基于降低成本、提高选材效率以及提高性价比的目的，针对实际排气系统进行替代选材很重要，可利用 439M 和 409Nb-Ti 铁素体不锈钢分别替代原方案中 436 和 409Ti 铁素体不锈钢。在旧方案中，排气系统消声器进气管和排气管材料为 409L（单 Ti）铁素体不锈钢，消声器筒体和缓冲管材料为 436 铁素体不锈钢，而新方案的进气管和排气管材料设计为 409Nb-Ti（Nb+Ti 复合稳定）铁素体不锈钢，消声器筒体和缓冲管材料为 439M 铁素体不锈钢。针对新方案完成的轿车在海南试验场进行了为期 4 个月、共 42500 km 的路试试验，验证了方案的可行性。

F　柴油机 SCR 系统腐蚀评价

选择性催化还原技术（SCR）是针对柴油车尾气排放中 NO_x 的一项处理技术，即在催化剂的作用下，喷入还原剂氨或尿素，把尾气中的 NO_x 还原成 N_2 和 H_2O。在高温下尿素在 SCR 系统中发生以下一系列转化作用：

$$(NH_2)_2CO(aq) \longrightarrow H_2O(g) + (NH_2)_2CO$$

$$(NH_2)_2CO \longrightarrow NH_3 + HNCO$$

$$HNCO + H_2O \longrightarrow NH_3 + CO_2$$

$$4NO + 4NH_3 + O_2 \longrightarrow 4N_2 + 6H_2O$$

$$4NH_3 + 2NO + 2NO_2 \longrightarrow 4N_2 + 6H_2O$$

$$6NO_2 + 8NH_3 \longrightarrow 7N_2 + 12H_2O$$

尿素在高温下会分解成氨和异氰酸，其分解产物对排气管内壁腐蚀作用很明显，由于在高温下汽车排气管经受高温氧化和尿素分解产物的双重腐蚀作用，因此两种作用共同的腐蚀效果不可忽视。目前，SCR 系统环境下的腐蚀研究已经受到国外学者的关注。

Saedlou 等人通过模拟实验对 SCR 系统工作环境下不同不锈钢在尿素腐蚀过程中的渗氮机理进行了研究，在加热样品的同时对其表面喷洒尿素，并且为了控制氧化层的生长，在实验前对样品表面涂抹树脂以减弱氧化作用，实验设备如图 3-21 所示。腐蚀后样品的横断面腐蚀区域分为氧化层、穿晶腐蚀和晶间腐蚀。研究发现，奥氏体不锈钢的晶间腐蚀现象十分明显；铁素体不锈钢的穿晶腐蚀区域很小，几乎没有发生晶间腐蚀。通过比较腐蚀深度，发现与奥氏体不锈钢相比铁素体不锈钢有着更好的表现，尤其是 436Ti 和 441 铁素体不锈钢[32]。

Floyd 等人模拟柴油机排气系统热端工作环境，对几种不锈钢腐蚀情况进行了实验，结果如图 3-22 所示。热端实验通过对样品在加热过程中喷洒尿素冷凝液，并在实验后通过腐蚀形貌和腐蚀深度评价材料的耐腐蚀能力。实验结果表明，在热端 650 ℃下不同钢种性能差别比较明显，439 铁素体不锈钢是最具性价比的材料，409 铁素体不锈钢耐腐蚀性能最差，奥氏体不锈钢材料表现良好，而 18CrNb 不锈钢几乎没有发生腐蚀。奥氏体不锈钢主要发生了晶间腐蚀，而铁素体不锈钢发生了较严重的穿晶腐蚀[33]。

Nockert 等人也通过模拟 SCR 系统工作环境对 430Ti、409、316L 和 304L 奥氏体不锈钢进行了实验室暴露实验。他们将样品放置在定制的管式炉中（见图 3-23），并通入模拟汽车尾气和尿素溶液，进行了冷热循环试验。实验结果表明，低温冷凝液环境下，不锈钢几乎没有发生腐蚀。相比于一直加热，冷热循环条件

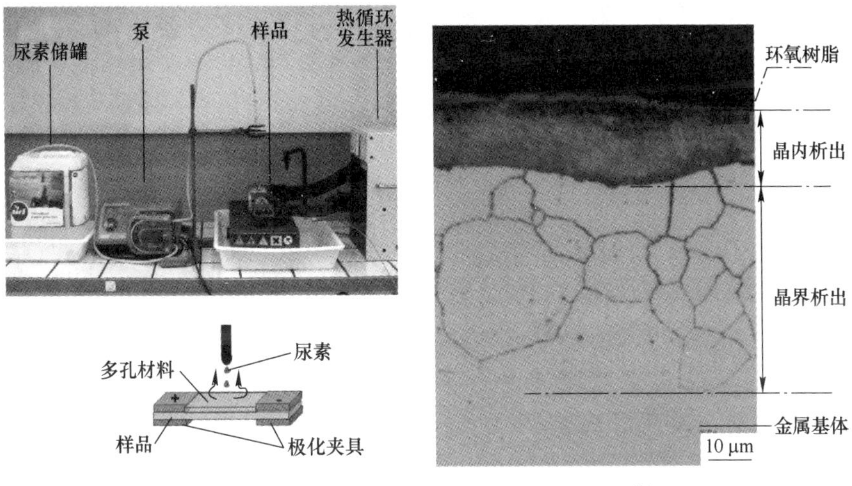

图 3-21　Saghi 实验装置（a）及实验后样品横截面（b）

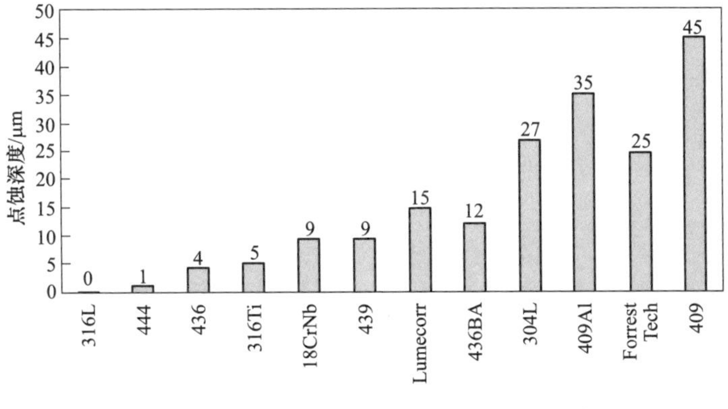

图 3-22　650 ℃下几种不锈钢热端实验点蚀深度对比

下会发生严重的腐蚀。另外，与加入尿素的气体环境相比，加入纯水导致的腐蚀更加严重，因此尿素可能会减弱腐蚀的严重性[34-35]。

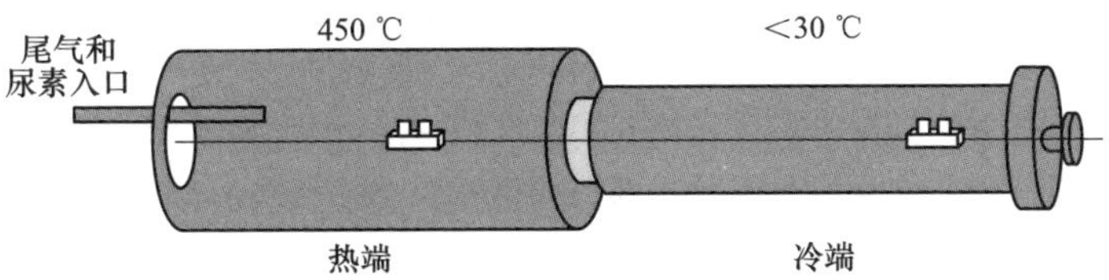

图 3-23　Nockert 实验装置图

a　铁素体不锈钢与奥氏体不锈钢的抗高温尿素腐蚀行为对比

采用柴油发动机的重型商用车均需要配备 SCR 系统以减小尾气排放的污染，而在 SCR 系统中，尿素高温下分解会形成氨气以及不完全分解生成氰酸等副产物，影响 SCR 系统材料的服役寿命。在工作过程中，SCR 系统的材料不仅会受到尿素分解产物的腐蚀，同时也会受到高温的汽车尾气循环加热导致的高温疲劳作用，这两者共同作用的腐蚀不可忽略。通过实验室搭建 SCR 模拟系统，并选用 350~600 ℃周期热循环方式开展高温尿素腐蚀实验，对 436L、439M、441 铁素体不锈钢和 304 奥氏体不锈钢进行综合评价与分析，实验结果如图 3-24 所示。在 200 h 实验结束后，铁素体不锈钢和奥氏体不锈钢均产生了较为显著的晶间腐蚀和晶内腐蚀现象。

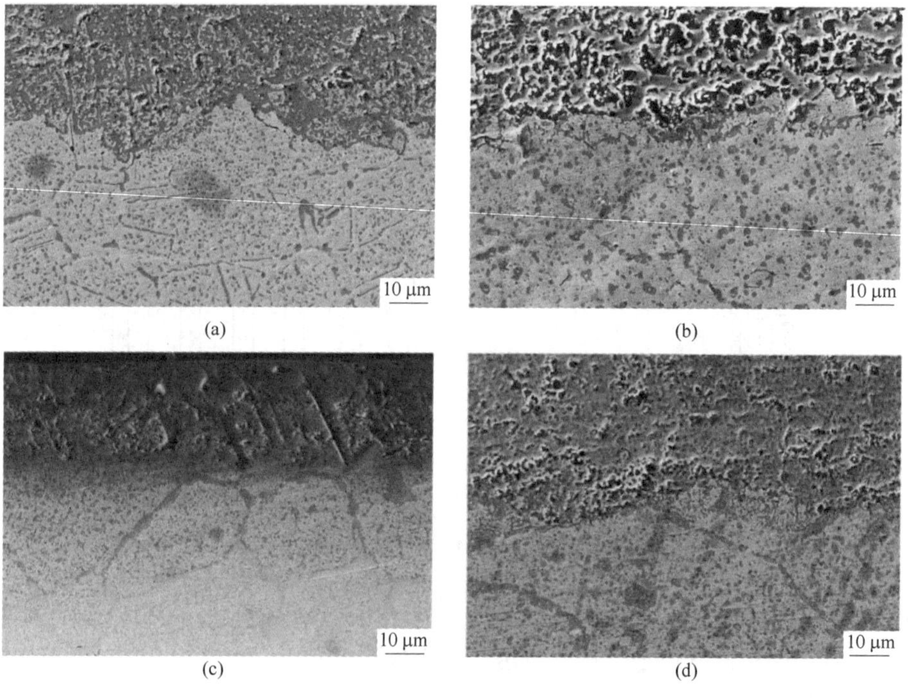

图 3-24　四种不锈钢晶间腐蚀后的 SEM 图
(a) 304；(b) 439M；(c) 436L；(d) 441

为了确定晶间和晶内腐蚀产物，采用刻蚀液（氯化铜、浓盐酸和乙醇按 1 g：8 mL：140 mL 配比）对四种不锈钢截面侵蚀 40 s 后，用 SEM 和 EDS 对腐蚀产物进行成分鉴定，结果表明，高温尿素腐蚀产物主要为富 Cr 的 CrN 或 Cr_2N 相，由于富 Cr 相沿晶析出致使晶界附近形成贫 Cr 区而降低了耐蚀性，如图 3-25 所示。

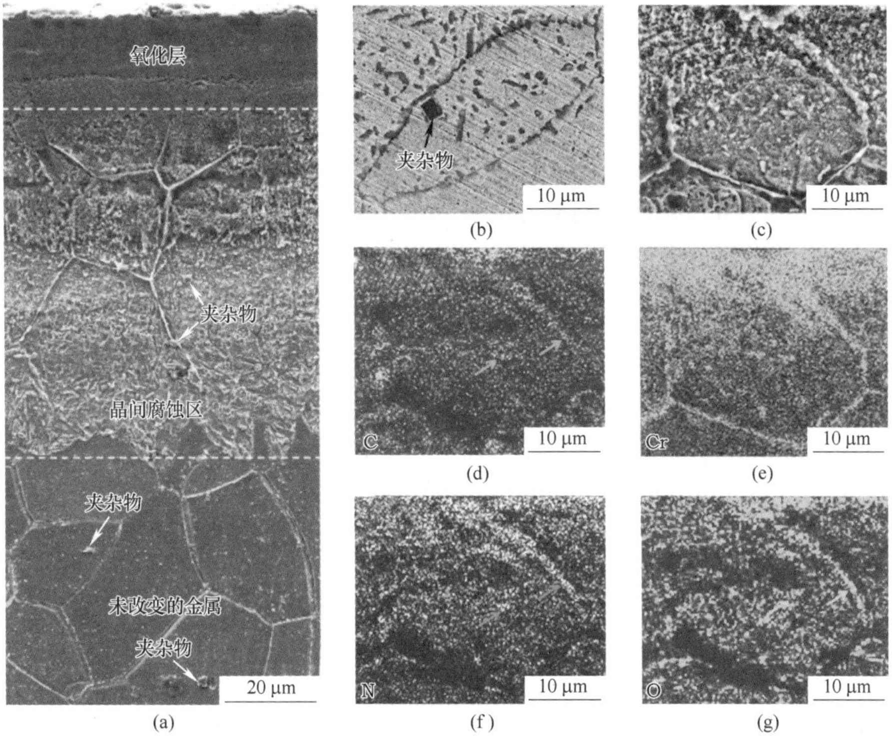

图 3-25　439 铁素体不锈钢晶间腐蚀后的显微形貌（a）~（c）和（c）图面扫描的能谱表征图（d）~（g）

图 3-25 彩图

此外，在高温实验过程中，由于氧化层的剥落，不锈钢会随着腐蚀变得越来越薄。因此，实验前后分别测量样品的厚度，以计算得到腐蚀过程中样品氧化层剥落的厚度。通过显微镜下横截面的腐蚀形貌可以分别测得尿素喷洒中心区域氧化层的厚度以及内部腐蚀区域的深度，并利用腐蚀深度的对比评价不同不锈钢的耐腐蚀能力，腐蚀深度统计结果如图 3-26 所示。由此可以看出，三种铁素体不锈钢表现整体上要优于 304 奥氏体不锈钢，其中 436L 和 441 铁素体不锈钢表现出最强的耐腐蚀能力。另外，在整个腐蚀过程中氧化层的剥落几乎占据了 80% 总腐蚀深度。因此，高温氧化作用在 SCR 系统腐蚀中占据主导地位，在高温循环加热环境下，不锈钢受到严重氧化，在表面生成氧化层；随着氧化层剥落失去保护作用，尿素分解产物会进一步腐蚀不锈钢基体，导致腐蚀的加剧。同时，严重的氧化现象与材料的热疲劳也有很大的关系，热疲劳进一步促进了氧化层的剥落，从而加剧不锈钢的腐蚀。

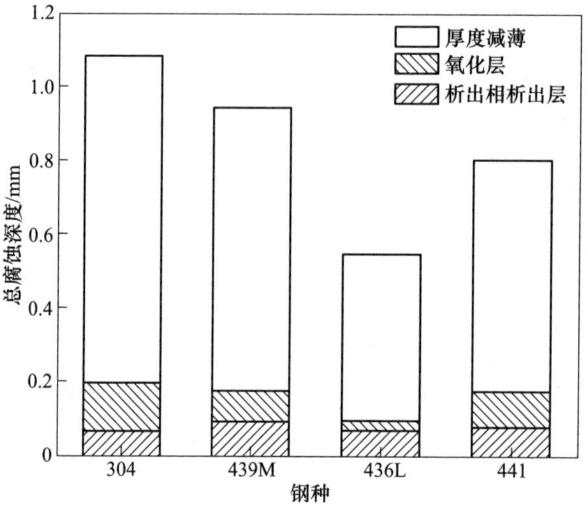

图 3-26　四种不锈钢的腐蚀深度对比

以上分析表明，304 奥氏体不锈钢很可能在使用过程中发生失效行为。另外，尿素分解形成的富氨环境导致不锈钢表面渗氮，其表现为过渡区域的晶间腐蚀行为，晶间腐蚀导致晶界的贫铬容易使材料开裂，但四种不锈钢内部腐蚀深度的差异不是很大。总的来说，适用于 SCR 系统的不锈钢应该表现出较高的高温性能和较好的抵抗氮化的能力。

b　铁素体不锈钢 439M、436L 和 441 晶间腐蚀性评价

经过高温尿素腐蚀后的三种铁素体不锈钢均出现了晶间腐蚀，表现出不同程度的耐蚀性。通过定性和定量的方法，采用总腐蚀深度对比衡量不同不锈钢抗高温尿素腐蚀性的强弱。同时，采用 DL-EPR 法进一步评价不锈钢内部发生的晶间腐蚀。

对 439M、436L 和 441 三种铁素体不锈钢分别进行了晶间腐蚀敏感性评估，实验按照 GB/T 29088—2012 标准进行，所用试样尺寸为 10 mm×10 mm×1. 5 mm。利用 CS350 电化学工作站，分别用铂、饱和甘汞电极和所需测试的样品这三种电极材质作为辅助电极、参比电极和工作电极；介质为 0. 50 mol/L H_2SO_4 + 0. 01 mol/L KSCN 溶液，溶液恒温在 30 ℃，测试前向溶液中通入高纯 N_2 除氧 0. 5 h。三种铁素体不锈钢工作电极浸泡在 30 ℃ 除氧的 0. 50 mol/L H_2SO_4 + 0. 01 mol/L KSCN 溶液中。为了去除试样表面的氧化膜，首先需要进行阴极极化处理，极化电位采用相对于开路电位−0. 3 V 的电位进行，时间为 4 min。等开路电位再次稳定后，从此电位开始进行阳极极化扫描，扫描速率为 1 mV/s；扫描至相对参比电极的钝化电位 200 mV 后，在此电位下保持 2 min，再以与正向扫描相同的速率反向扫描回到开路电位。DL-EPR 评价法的原理就是通过测定正反向

扫描时的电流峰值 I_a 和 I_r，计算再活化率，R_a(再活化率)=［I_r(再活化电流)/I_a(活化电流)］×100%。用 R_a 的数值衡量材料的腐蚀敏感性，R_a 值越高，表明材料对晶间腐蚀越敏感。

图 3-27 分别给出 439M、441 和 436L 三种不锈钢试样在 30 ℃时的脱氧 0.50 mol/L H_2SO_4+0.01 mol/L KSCN 溶液中的双环 EPR 极化曲线。各试样的活化电流 I_a 和再活化电流 I_r 及活化率 R_a 值如图 3-28 所示。

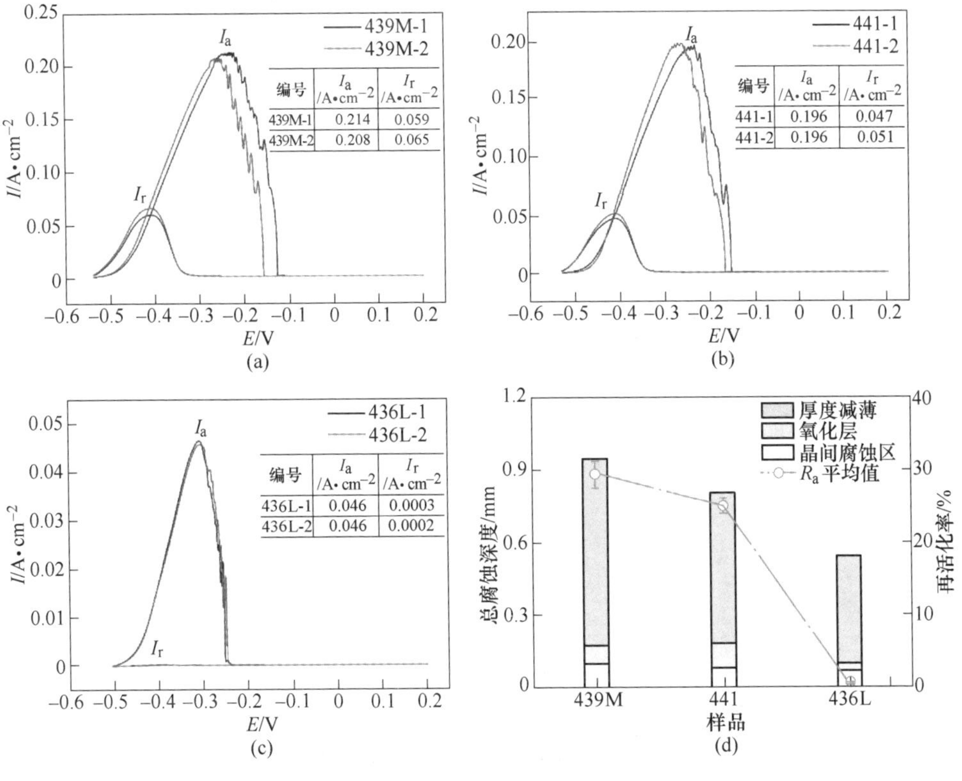

图 3-27 三种铁素体不锈钢的双环 EPR 极化曲线及活化率 R_a 值

(a) 439M；(b) 441；(c) 436L；(d) 活化率 R_a 值

图 3-27 彩图

由图 3-28（d）中数据可知，三种材料的再活化率由大到小依次为：439M>441>436L。因此，439M 在三种材料中对晶间腐蚀最为敏感，其耐晶间腐蚀能力最差；其次为 441 不锈钢；436L 对晶间腐蚀的敏感性最低。

c 夹杂物对铁素体不锈钢高温尿素腐蚀性能的影响

钢中的非金属夹杂物一般会造成材料的组织不均匀，不仅影响其力学性能和疲劳性能，也会一定程度降低钢的耐蚀性。对于不锈钢而言，由于其表面会形成一层致密的钝化膜，夹杂物的存在会破坏保护膜的连续性，导致点蚀更容易在夹杂物处发生，其中复合型夹杂物对钢材的影响更大。当我们谈及夹杂物对钢性能的影响时，其影响的具体程度需要考虑一系列的因素，比如不锈钢中夹杂物的大小、种类、数量、形态分布、与基体的连接能力等。根据不同厂家生产的同一牌号铁素体不锈钢高温尿素腐蚀结果可以看出，夹杂物的分布状态似乎同样是影响不锈钢抗高温尿素腐蚀性的重要因素。因此，本节对三种成分相近但夹杂物水平不同的 439 铁素体不锈钢开展高温尿素腐蚀行为研究。

表 3-12 和图 3-28 分别给出了三种 439 铁素体不锈钢的化学成分和夹杂物含

表 3-12　不同夹杂物水平的 439 铁素体不锈钢成分（质量分数,%）

序号	C	Si	Mn	S	P	Cr	Nb	Ti	Al
钢-1	0. 01	0. 33	0. 24	0. 001	0. 016	17. 59	0. 18	0. 19	0. 035
钢-2	0. 01	0. 24	0. 13	0. 001	0. 017	17. 93	0. 33	0. 22	0. 032
钢-3	0. 01	0. 29	0. 16	0. 001	0. 015	17. 37	0. 35	0. 25	0. 022

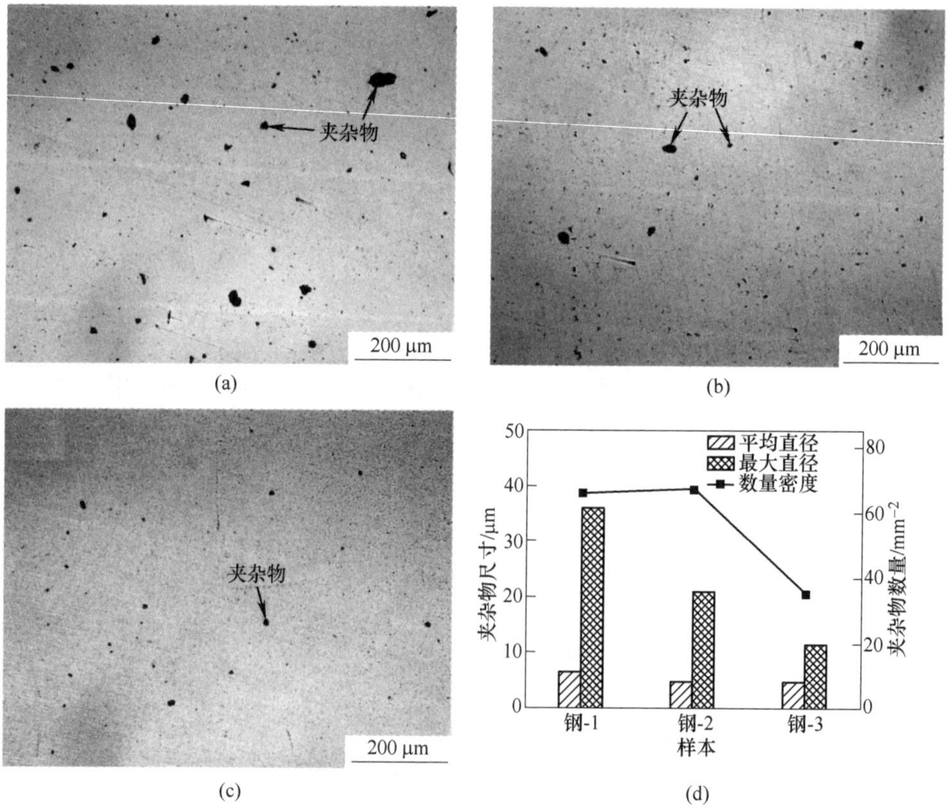

图 3-28　三种 439 铁素体不锈钢夹杂物分布状态

（a）钢-1；（b）钢-2；（c）钢-3；（d）夹杂物尺寸分布

量，可以发现，成分差异主要体现在 Nb、Ti 和 Al 的不同；同时，夹杂物随着 Nb 含量增加或者 Al 含量降低而细化，且含量降低。进一步对这三种铁素体不锈钢进行高温尿素腐蚀实验，实验结果如图 3-29 所示。夹杂物含量低的钢-3 具有最优的抗高温尿素腐蚀能力，其结果与夹杂物控制水平相一致。

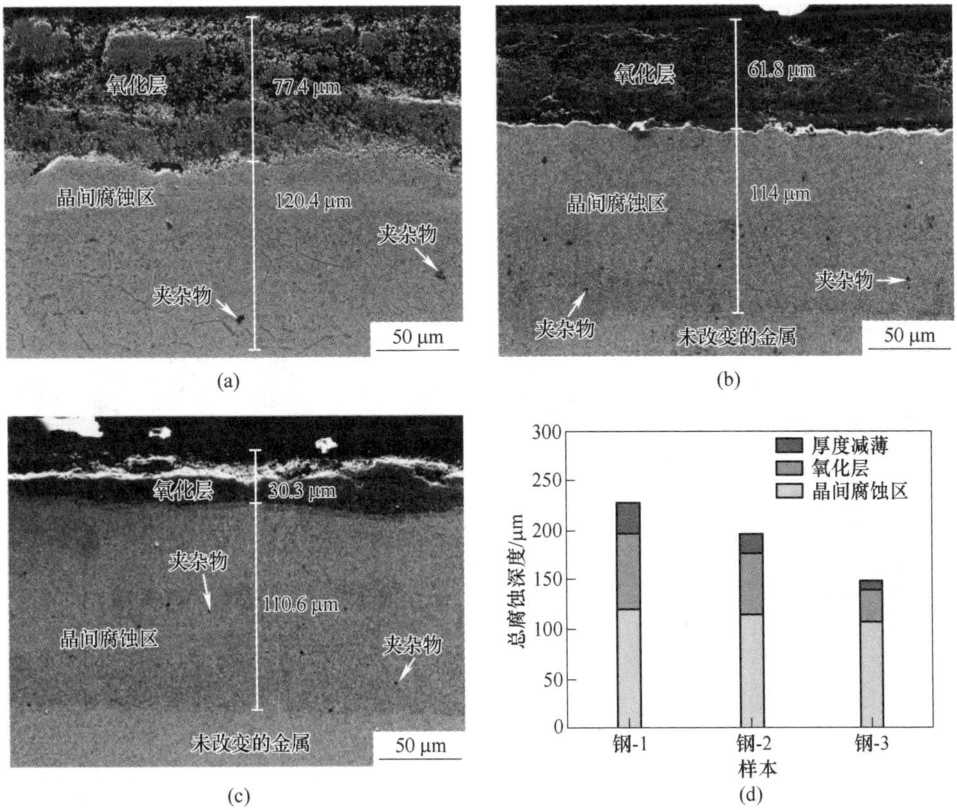

图 3-29 三种 439 铁素体不锈钢高温尿素腐蚀结果

（a）钢-1；（b）钢-2；（c）钢-3；（d）高温尿素腐蚀结果

为明确夹杂物对高温尿素腐蚀行为的影响机制，通过 SEM 鉴定了数千个夹杂物，发现 439 铁素体不锈钢中的大多数夹杂物主要与铝有关，且其含量与高温尿素腐蚀呈正相关。因此，图 3-30 和图 3-31 分别给出了 439 铁素体不锈钢基体（未经高温尿素腐蚀的基体）和尿素腐蚀区中典型夹杂物的形态、结构和元素分布。图 3-30 中的夹杂物是一种复合结构，以 Al_2O_3 为核心，外面包裹 TiN-Nb(C,N)。从 Cr 分布图（见图 3-30（i））和线扫描图（见图 3-30（j））可以看出，夹杂物和基体之间的界面没有 Cr 富集。然而，在晶间腐蚀区（见图 3-31），在 TiN-Nb(C,N) 夹杂物和铁素体基体之间的界面处形成富 Cr 沉淀。铁素体与夹杂物的界面也是 Cr 析出的通道。与基体相比，有理由认为界面处 Cr 的析出速率应远高于基体。当夹杂物含量较高且尺寸较大时，夹杂物与基体界面附近优先形成许多“贫 Cr 区”。因此，基体和由富 Cr 析出相包围的夹杂物附近的贫 Cr 区之间的电化学电位差将导致晶间腐蚀[36-37]，导致高温尿素腐蚀的电阻降低。这就是钢-1 抗高温尿素腐蚀能力最弱的关键因素之一。此外，高温热疲劳会进一步加剧大尺寸夹杂物的影响。

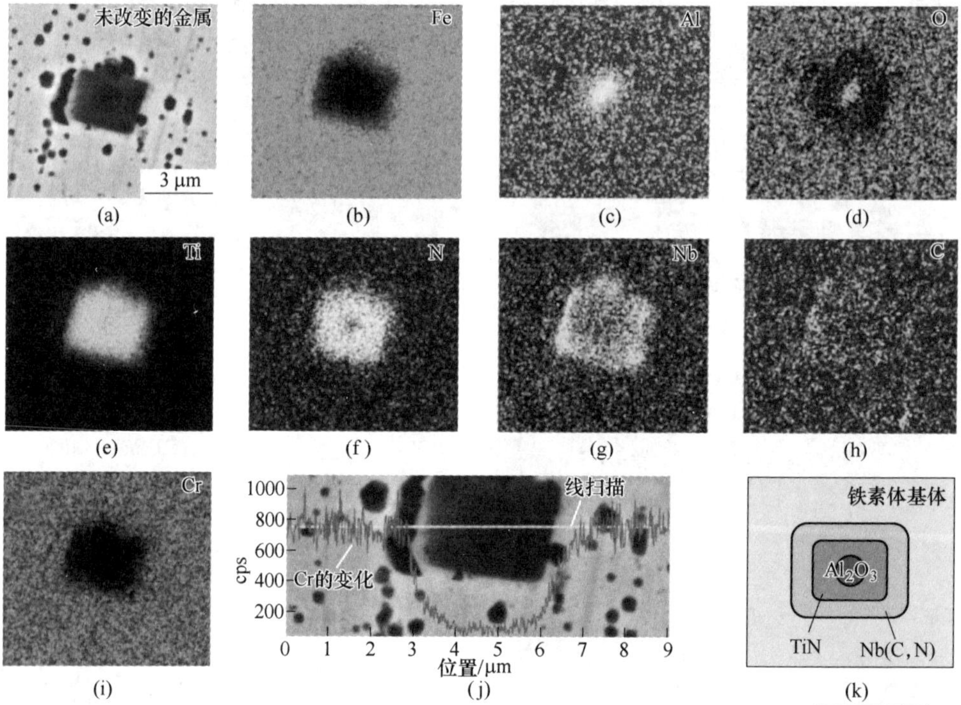

图 3-30　钢-3 未经高温尿素腐蚀的夹杂物形貌（a）、成分分布（b）~（i）、线扫描结果（j）及类型（k）

图 3-30 彩图

3.1.3　汽车排气歧管和涡轮增压器用含铌不锈钢

3.1.3.1　R429EX(00Cr14Nb) 铁素体不锈钢

R429EX 铁素体不锈钢（00Cr14Nb）是在 429 铁素体不锈钢（1Cr15）基础上，通过降低 C、N 含量和加入 Si、Nb 而发展起来的单 Nb 稳定化高纯低 Cr 铁素体不锈钢。Nb 的加入提高了钢的高温强度和高温疲劳性能，适当控制 Si 含量可以提高钢的抗氧化性。超低的间隙元素（C、N）和 Nb 的稳定化极大地改善了钢的焊接性能和晶间腐蚀性能。

A　化学成分

R429EX 铁素体不锈钢的化学成分见表 3-13。

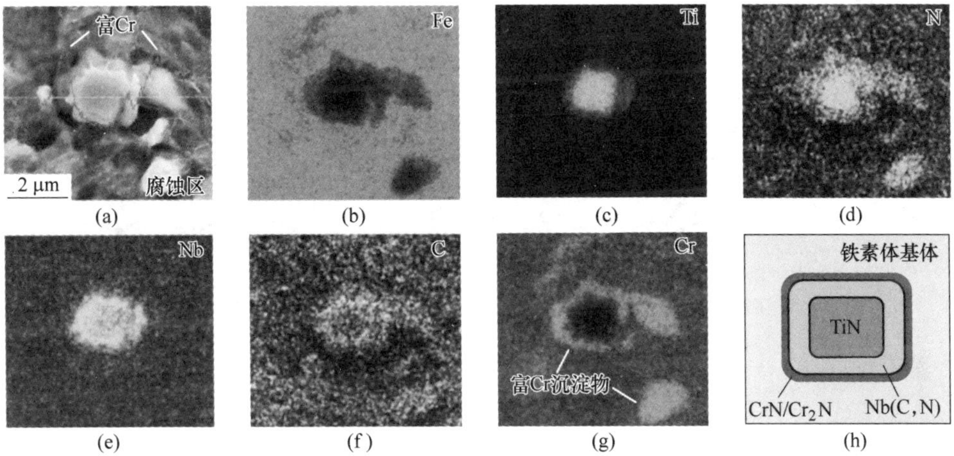

图 3-31　钢-3 经高温尿素腐蚀条件下的夹杂物类型（h）及成分分布（a）~（g）

图 3-31 彩图

表 3-13　R429EX 铁素体不锈钢的化学成分　（质量分数,%）

C	Si	Mn	P	S	Ni	Cr	Ti	Nb	N
≤0.03	≤1.50	≤1.06	≤0.040	≤0.030	≤0.60	13.0~16.0	—	0.30~0.70	

B　力学性能

R429EX 铁素体不锈钢的室温力学性能列于表 3-14 中，高温瞬时力学性能见表 3-15，与其他铁素体不锈钢高温瞬时强度的比较如图 3-32 所示，高温时效处理对其 900 ℃的 $R_{p0.2}$影响如图 3-33 所示，高温疲劳和热疲劳数据分别如图 3-34 和图 3-35 所示。

表 3-14　R429EX 铁素体不锈钢的室温力学性能

R_m/MPa	$R_{p0.2}$/MPa	A/%	硬度（HV）
≥300	≥195	≥22	≤200

表 3-15　R429EX 铁素体不锈钢的高温瞬时力学性能

温度/℃	R_m/MPa	$R_{p0.2}$/MPa
600	≥250	≥120
700	≥130	≥80
800	≥35	≥25
850	≥30	≥20

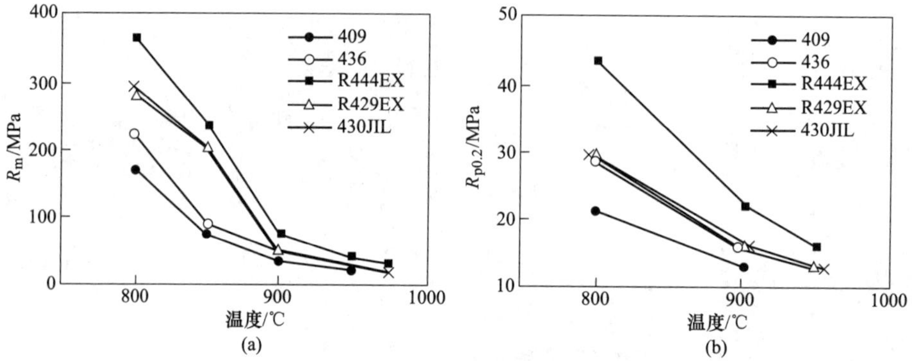

图 3-32　R429EX 铁素体不锈钢的高温瞬时强度

（a）R_m；（b）$R_{p0.2}$

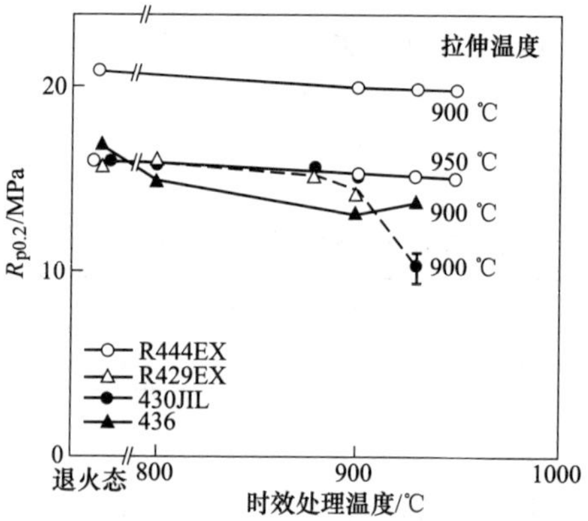

图 3-33　经 800~950 ℃时效处理 200 h 后 R429EX 铁素体不锈钢在 900 ℃的屈服强度

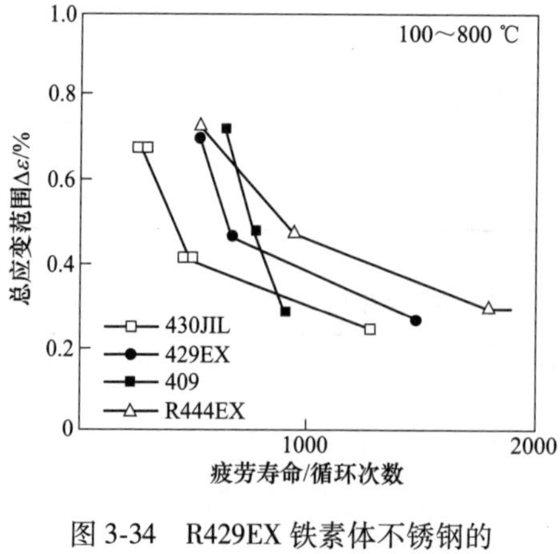

图 3-34　R429EX 铁素体不锈钢的高温疲劳性能

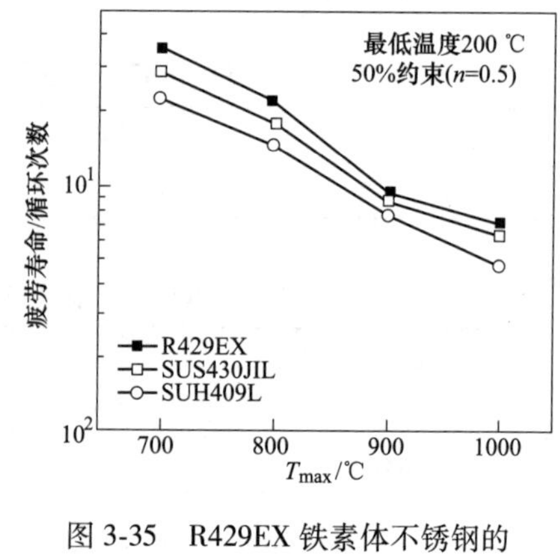

图 3-35　R429EX 铁素体不锈钢的热疲劳性能

C 耐蚀性

R429EX 铁素体不锈钢在汽车排气系统冷凝液中的耐蚀性处于中等水平，并且优于 409L 铁素体不锈钢，如图 3-36 所示。

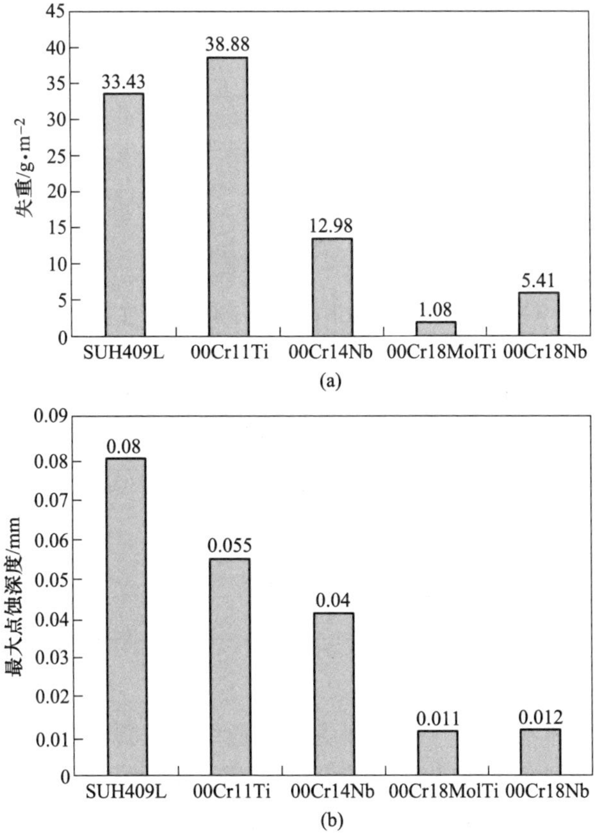

图 3-36 在模拟汽车排气系统冷凝液中的腐蚀失重（a）和最大点蚀深度（10 个循环）（b）

D 抗氧化性能

R429EX 铁素体不锈钢在汽车排气系统歧管的使用温度范围内（750~900 ℃）具有优异的抗氧化性能，在 800~1000 ℃条件下连续氧化（200 h）的试验结果如图 3-37 所示。

E 成型性能

R429EX 铁素体不锈钢具有良好的冷成型性能，见表 3-16。

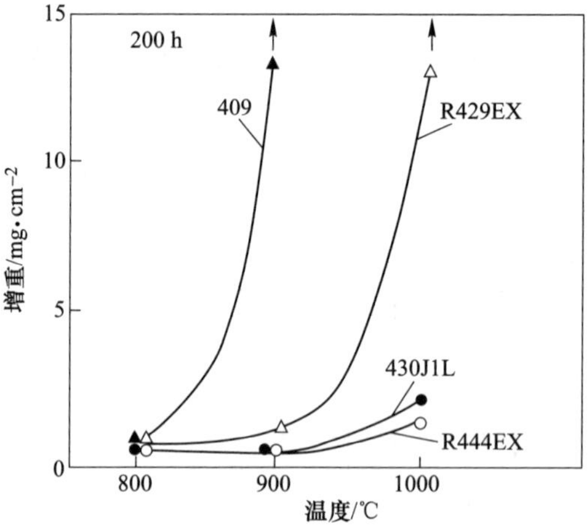

图 3-37　R429EX 铁素体不锈钢在 800~1000 ℃条件下的抗氧化性能

表 3-16　R429EX 铁素体不锈钢的成型性 *r* 值（厚 2 mm 板）

方向	R_m/MPa	$R_{p0.2}$/MPa	A/%	r 值
L 轧向	483	308	36	1.5
D45°方向	511	337	32	1.1
C 横向	495	330	34	2.0
平均值	496	325	34	1.4

F　应用

R429EX 铁素体不锈钢耐热级别属于普通级，主要应用于尾气排放温度在 800 ℃左右的汽车排气系统歧管，是可用于歧管的最廉价材料。

3.1.3.2　RMH-1(00Cr14MoNb) 铁素体不锈钢

RMH-1 铁素体不锈钢是在 R429EX 基础上发展起来的具有优异耐热和成型性能的低 Cr 铁素体不锈钢，以提高汽车排气系统歧管的使用温度和效果。

A　化学成分

RMH-1 铁素体不锈钢的化学成分见表 3-17。

表 3-17　RMH-1 铁素体不锈钢的化学成分　　（质量分数,%）

C	Si	Mn	P	S	Ni	Cr	Mo	Nb
≤0.015	≤1.00	≤1.00	≤0.040	≤0.030	≤0.60	13.0~15.0	1.50~1.80	0.40~0.60

B　力学性能

RMH-1 铁素体不锈钢的室温力学性能及其与 R429EX 和 R434LN2 铁素体不

锈钢的对比结果列于表3-18。可见其伸长率和 r 值与R429EX铁素体不锈钢基本相当，且比R434LN2铁素体不锈钢要高得多。

表3-18　RMH-1铁素体不锈钢的室温力学性能及其与R429EX和R434LN2铁素体不锈钢的对比结果

牌号	R_m/MPa	$R_{p0.2}$/MPa	A/%	r 值
RMH-1	488	322	34	1.5
R429EX	500	328	33	1.4
R434LN2	533	389	31	1.2

RMH-1铁素体不锈钢的高温瞬时力学性能及其与R429EX和R434LN2铁素体不锈钢的对比结果如图3-38所示，可见其高温强度优于R429EX铁素体不锈钢。

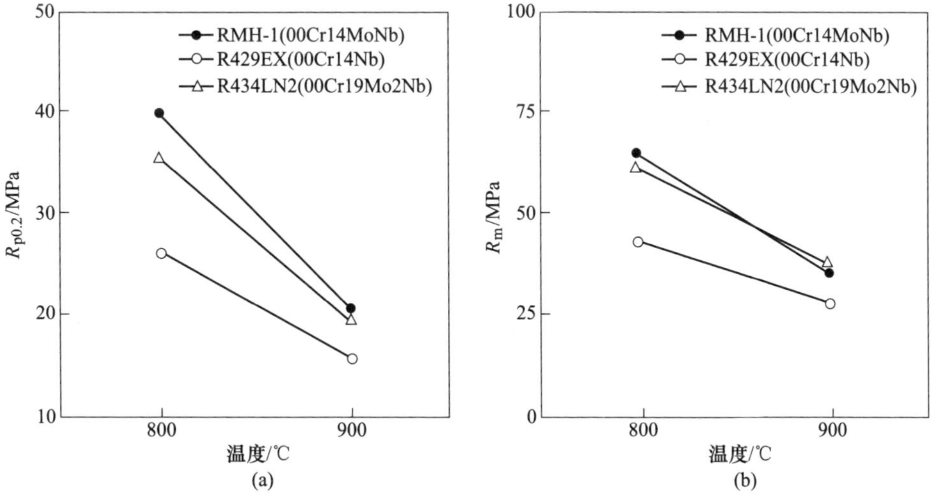

图3-38　RMH-1铁素体不锈钢的高温瞬时力学性能

(a) $R_{p0.2}$；(b) R_m

RMH-1铁素体不锈钢的高温疲劳和热疲劳数据如图3-39和图3-40所示。可见RMH-1铁素体不锈钢的高温疲劳性能与R434LN2铁素体不锈钢（00Cr19Mo2Nb、SUS444）相当，100~800 ℃、η=0.5条件下的热疲劳性能以RMH-1铁素体不锈钢最好。

C　抗氧化性能

RMH-1铁素体不锈钢在800 ℃、850 ℃、900 ℃下经400 h的抗氧化试验结果表明，此钢具有良好的抗氧化性能且与R429EX铁素体不锈钢相当，如图3-41所示。但是，RMH-1的抗氧化温度可达950 ℃，高于R429EX。

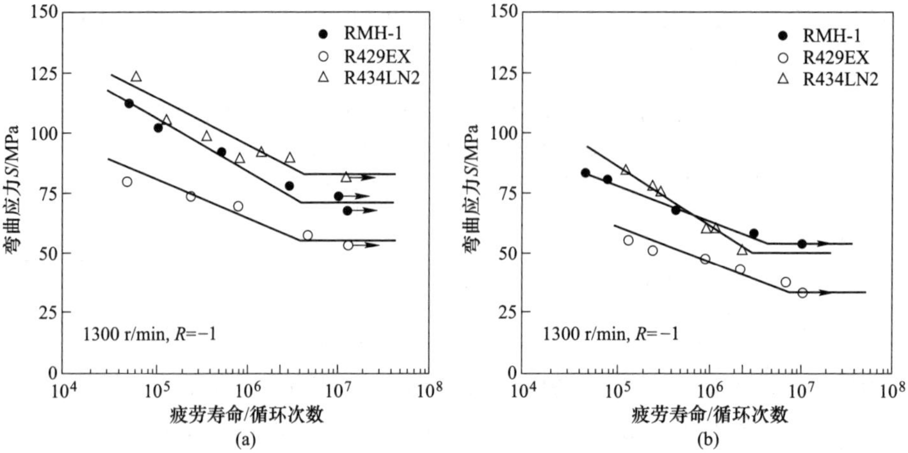

图 3-39　RMH-1 铁素体不锈钢的高温 S-N 曲线

（a）800 ℃；（b）900 ℃

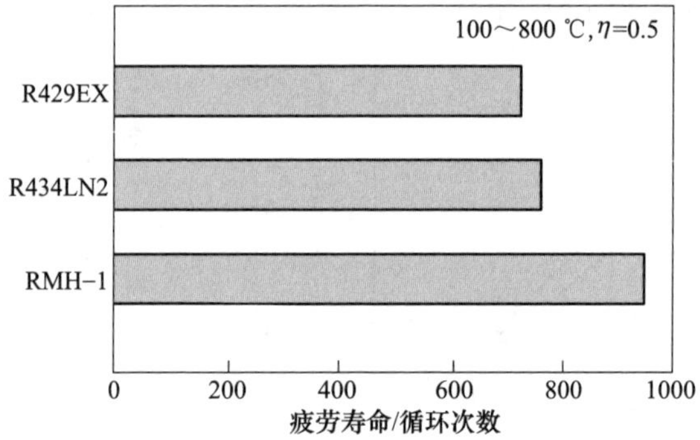

图 3-40　RMH-1 铁素体不锈钢的热疲劳性能

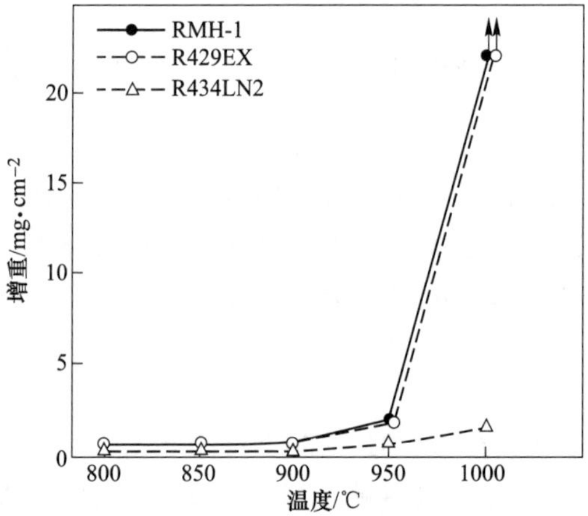

图 3-41　RMH-1 铁素体不锈钢的抗氧化性能

D 应用

RMH-1 铁素体不锈钢耐热级别属于高耐热级，其耐热性能（高温强度、高温疲劳和热疲劳性能）优于 R434LN2 铁素体不锈钢（00Cr19Mo2Nb、SUS444），而成型性能与 R429EX 铁素体不锈钢相当，主要应用于尾气排放温度在 800~950 ℃且要求具有良好成型性能的汽车排气系统歧管。

3.1.3.3 441(00Cr18Nb) 铁素体不锈钢

441 铁素体不锈钢是加入 Nb 的一种超低碳中铬铁素体不锈钢，Nb 既可稳定钢中 C、N 以提高耐蚀性，又可提高钢的高温强度。

A 化学成分

441 铁素体不锈钢的化学成分见表 3-19。

表 3-19 441 铁素体不锈钢的化学成分 （质量分数,%）

C	Si	Mn	P	S	Ni	Cr	Ti	Nb	N
≤0.03	≤1.0	≤1.0	≤0.04	≤0.03	≤1.0	17.5~18.5	0.10~0.60	9×C+(0.3~1.0)	≤0.02

B 力学性能

441 铁素体不锈钢的室温力学性能列于表 3-20，高温瞬时力学性能见表 3-21，850 ℃条件下低周疲劳性能如图 3-42 所示。由此看出，441 铁素体不锈钢的低周疲劳性能显著优于 00Cr17Ti 和 00Cr17NbTi 不锈钢。

表 3-20 441 铁素体不锈钢的室温力学性能

参数	R_m/MPa	$R_{p0.2}$/MPa	A/%	硬度（HV）	弯曲 180 ℃，$D=1t$
标准值	≥360	≥175	≥22	≤200	完好
实测值	420~520	250~330	≥30	≤180	完好

表 3-21 441 铁素体不锈钢的高温瞬时力学性能

温度/℃	R_m/MPa	$R_{p0.2}$/MPa
600	280	130
700	140	80
800	40	28
850	35	22
900	25	20

C 耐蚀性

441 铁素体不锈钢在汽车排气系统冷凝液中的耐蚀性如图 3-36 所示，抗氧化性能如图 3-43 所示。显然，其抗氧化性能优于 308Si 不锈钢。

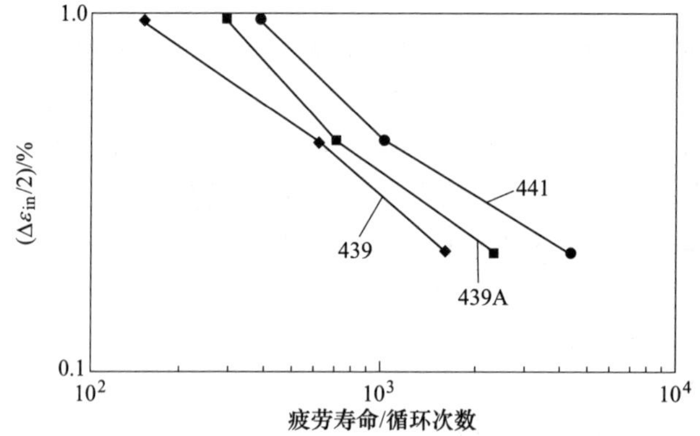

图 3-42　441 铁素体不锈钢在 850 ℃条件下的低周疲劳性能

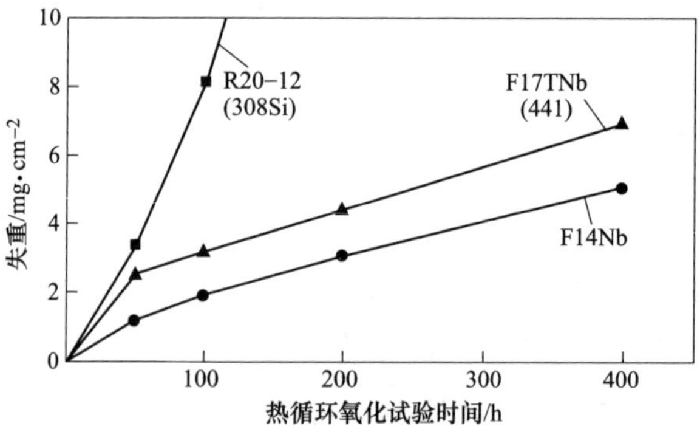

图 3-43　441 铁素体不锈钢的抗氧化性能

D　成型性能

在同样的试验条件下，441 铁素体不锈钢的成型性能优于 1Cr17 不锈钢，见表 3-22。其成型极限图（FLD）与其他铁素体不锈钢的比较结果如图 3-44 所示。

表 3-22　441 铁素体不锈钢的成型性

牌号	R_m/MPa	$R_{p0.2}$/MPa	A/%	硬度（HV）	r	E_r/mm
00Cr18Nb	310	290	30	151	1.75	9.9
1Cr17	520	340	30	160	1.11	9.1

E　应用

Nb 改善了 441 铁素体不锈钢的力学性能、成型性、抗皱性以及焊接性能，此钢主要用于汽车排气系统的热端歧管、中心加热管、柴油机粒子过滤器、净化器外壳。

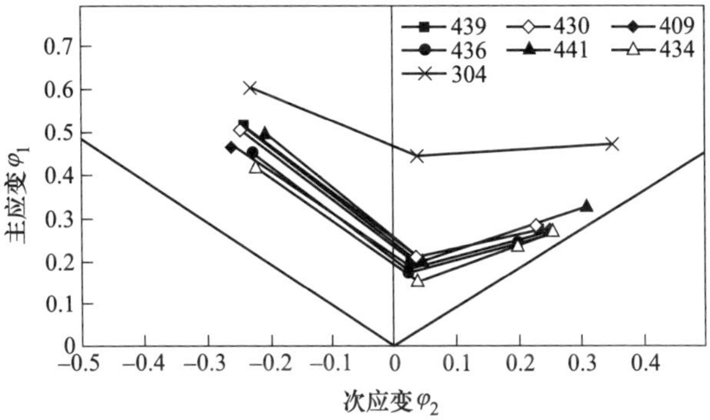

图 3-44 441 铁素体不锈钢和其他几种不锈钢的成型极限曲线

3.1.3.4 B444LM 铁素体不锈钢

为了应对空气污染等环境问题，国家出台了一系列政策，包括对汽车尾气排放标准的不断提升。在国五标准阶段，传统的 441(EN1.4509) 铁素体不锈钢可以满足排气系统热端不超过 950 ℃的使用温度。2019 年，随着我国部分地区已开始实施了国六标准，新标准实施会带动发动机温度不断提高，汽车排气系统热端的最高使用温度可能提高到 980 ℃，未来甚至达到 1000~1050 ℃。在此高温下，传统的热端材料如 441 铁素体不锈钢，其高温强度和抗高温氧化性明显降低，无法满足用户的设计要求。在国外，EN1.4828 奥氏体耐热不锈钢已经应用于汽车排气系统高温端零部件，但由于其含有 12%镍，价格昂贵。2019 年，宝钢开发了国六标准汽车排气系统用含 Nb 超纯铁素体不锈钢 B444LM，与现有的 441 铁素体不锈钢或 EN1.4509 不锈钢相比，具有更高的高温强度和抗氧化性能，在 950~980 ℃时使用可以满足用户要求。B444LM 相对于奥氏体不锈钢而言，成本低廉，性价比高，可部分取代 EN1.4828 奥氏体不锈钢。

A 化学成分

B444LM 是一种含 Nb 中铬超纯铁素体不锈钢。该材料设计用于汽车排气系统热端，除了要具备良好的加工成型性能外，在服役过程中还要具有高的高温强度、良好的抗氧化性等关键性能。鉴于此，B444LM 采用了含 Nb、Ti 和 Mo 等元素的复合合金化设计，见表 3-23。其中，Mo 含量在 1.00%~1.15%，通过加入一定量的钼，提高了铁素体不锈钢的高温抗氧化性、热疲劳性以及耐高温性能，可以满足因汽车发动机温度升高汽车主机厂提出的新需求。Nb 元素可提高成型性、高温强度及热疲劳性能，鉴于新材料的使用温度更高，Nb 含量从 441 铁素体不锈钢的 0.40%提高到 0.55%。添加 Ti 元素可以改善焊接性，但是含量应控制在一定范围，通常不超过 0.20%。此外，B444LM 还含有超低的 C 和 N 含量，以保证材料的生产和加工性能。

表 3-23　B444LM 铁素体不锈钢的化学成分　　（质量分数,%）

C	Si	Mn	P	S	Cr	Mo	Ti	Nb	N
≤0.02	≤1.00	≤1.00	≤0.040	≤0.003	17.0~18.0	1.0~1.5	0.10~0.20	0.40~0.60	≤0.02

注：Nb 和 Ti 的加入量应满足 $w(Ti+Nb)/w(C+N)=10\sim20$。

B　性能评价

B444LM 铁素体不锈钢的力学性能和成型性能见表 3-24。从该表可见，B444LM 铁素体不锈钢具有较高的屈服强度和抗拉强度、良好的伸长率和较高的杯突值，力学性能和成型性能均达到了用户的要求。

表 3-24　B444LM 铁素体不锈钢的力学性能和成型性能

样本	R_m/MPa	$R_{p0.2}$/MPa	A/%	E_r/mm
1	483	305	39	15.8
	480	304	40	
2	482	308	38	15.7
	483	308	39	
3	481	309	38	15.5
	483	309	38	

注：材料厚度为 2.5 mm。

按照 GB/T 13303—1991，测试 B444LM 铁素体不锈钢的抗氧化性能，表 3-25 为 B444LM 铁素体不锈钢进行 200 h 氧化试验后的氧化增重及氧化速率。氧化增重越小，氧化速率越低，表明抗氧化性能越好。B444LM 铁素体不锈钢的抗氧化性能优于现有的 441 铁素体不锈钢，和 EN1.4828 奥氏体不锈钢基本相当。根据 GB/T 13303—1991 标准，它的抗氧化级为 1 级完全抗氧化。

表 3-25　B444LM 铁素体不锈钢的抗氧化性能

牌号	温度/℃	氧化增重 /$g \cdot m^{-2}$	氧化速率 /$g \cdot (m^2 \cdot h)^{-1}$	最后两个相邻时间点内氧化级别氧化增量 /$g \cdot (m^2 \cdot h)^{-1}$	氧化级别
B444LM	900	14.5	0.07	0.02	完全抗氧化
	950	18.2	0.09	0.05	完全抗氧化
	980	27.58	0.138	0.06	完全抗氧化
EN1.4828	980	15.07	0.08	0.02	完全抗氧化

C　应用

针对国六标准，宝钢采用 Nb、Ti 和 Mo 复合添加的设计，开发了含 Nb 中铬超纯铁素体不锈钢 B444LM，设计用于汽车排气系统热端部件。制造工艺包含电炉、转炉和精炼炉冶炼，热轧退火酸洗和冷轧退火酸洗等工艺，最终获得的 B444LM 铁素体不锈钢具有良好的力学性能、成型加工性能和高温抗氧化性能，批量加工无缺陷，可以满足用户要求。宝钢 B444LM 铁素体不锈钢目前已实现产业化，成功应用于国六标准汽车排气系统热端部件，并在国内主机厂实现批量应用，部分替代昂贵的 EN1.4828 奥氏体不锈钢。目前，B444LM 铁素体不锈钢已成为国六标准汽车排放系统热端部件的一个新材料选择方案。

3.1.3.5 JFE-TF1 铁素体不锈钢

针对车体轻量化及排气温度不断上升的需求，目前汽车排气系统的热端歧管多采用含 Nb 的 429 型耐热铁素体不锈钢（15%Cr-0.4%Nb）及含 Nb、Mo 的 444 型高耐热的铁素体不锈钢（19%Cr-0.5%Nb-2%Mo）。然而，随着汽车尾气温度进一步升高，429 型耐热铁素体不锈钢面临着耐热性不足的问题，444 型高耐热铁素体不锈钢不仅含有大量的稀缺元素 Mo 并且价格昂贵，而且由于合金化程度高面临着室温脆性和加工性能降低的问题。在此背景下，日本的 JFE 公司开发出了一种不含 Mo 元素且耐热性能高于 SUS444 的资源节约型高耐热性铁素体不锈钢 JFE-TF1。

A JFE-TF1 铁素体不锈钢的特性

表 3-26 列出了 JFE-TF1 耐热钢的化学成分及与其他钢之间的对比结果。出于制造和加工方面的综合考虑，Al 含量需控制在 0.35%左右。

表 3-26 JFE-TF1 耐热钢与对比钢的化学成分 （质量分数,%）

牌号	Cr	Nb	Mo	Cu	Al
JFE-TF1 耐热钢	17.5	0.45	—	1.25	0.35
429 型耐热钢	14.6	0.44		—	—
SUS444 耐热钢	18.9	0.52	1.5	1.8	—

图 3-45 和图 3-46 分别给出了 JFE-TF1 耐热钢的热疲劳特性和成型性能及与对比钢之间的比较结果。可见 JFE-TF1 耐热钢的热疲劳寿命不仅优于 429 型耐热钢，甚至高于 SUS444 耐热钢；而 JFE-TF1 耐热钢的成型性能同样优于 SUS444 耐热钢，且与 429 型耐热钢相当。

在其他性能方面，JFE-TF1 耐热钢具有比 SUS444 耐热钢更为优异的高温疲劳特性及抗氧化性能。总的来讲，JFE-TF1 耐热钢的耐热性能优于 SUS444 耐热钢，用其替代 SUS444 耐热钢不仅可节约 Mo 资源，而且具有高的加工性能，可加工出复杂形状的部件。此外，由于具有比 429 型耐热钢更为优异的耐热性能，可通过减薄壁厚达到轻量化的目的，如图 3-47 所示。

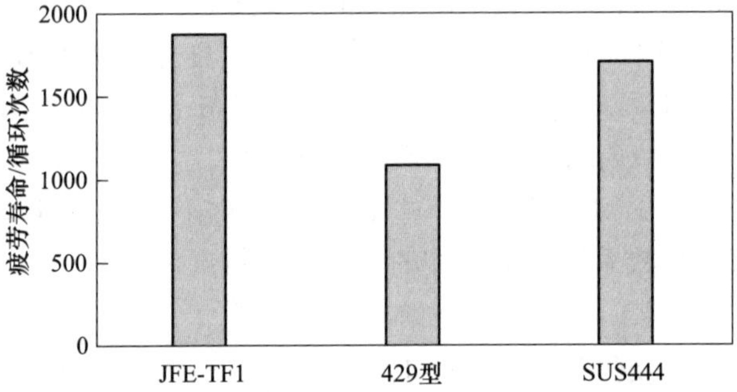

图 3-45　JFE-TF1 耐热钢与对比钢的热疲劳寿命比较

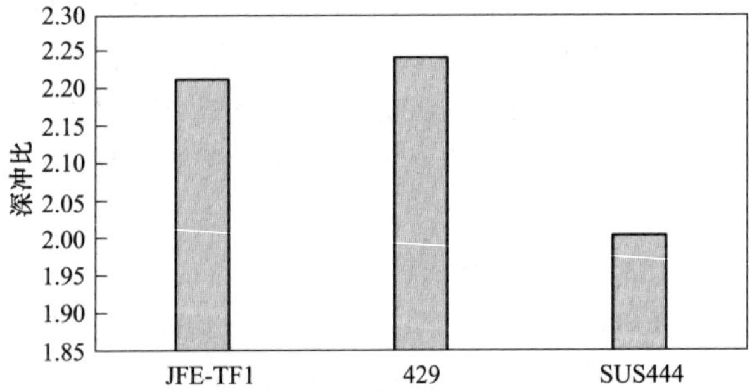

图 3-46　JFE-TF1 耐热钢与对比钢的成型性能（板厚 1.5 mm）

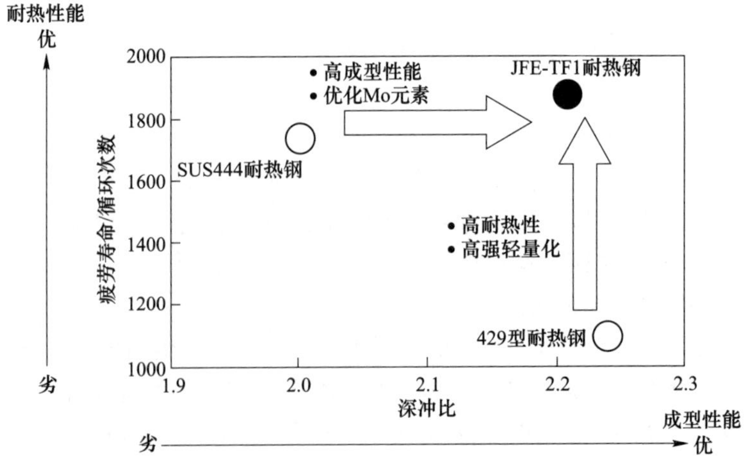

图 3-47　JFE-TF1 耐热钢与对比钢的耐热性和成型性能

B 应用及未来展望

JFE-TF1 耐热钢自 2010 年面世以来，已被多家汽车生产厂家采用，用其替代 SUS444 耐热钢，不仅可节约昂贵的 Mo 资源，而且可使壁厚减薄达到轻量化目的。与 429 型耐热钢相比，JFE-TF1 耐热钢壁厚可减薄 20%~25%。今后随着排气法规的日益严格以及为进一步降低燃料消耗，JFE-TF1 耐热钢的应用前景将会变得更加广阔。

3.1.3.6 JFE-WX1 铁素体不锈钢

汽车排气歧管是将发动机的各气筒排出的燃烧气体引到前排气管的部件，因此，对于所采用的材料，要求具有优异的耐热性能。以往汽车排气歧管一般采用的是球墨铸铁和高硅球墨铸铁。然而，从发动机排气温度提高和车体轻量化的角度考虑，现在开始采用不锈钢制的排气歧管。最初采用的不锈钢主要以 11%Cr 铁素体不锈钢（SUH409L）及 19%Cr-0.4%Cu-Nb 铁素体钢（430J1L）为代表，但是随着排气温度的升高，出于提高 430J1L 的加工性和降本考虑，开发出了低 Cr 的 15%CrNb 钢（429Nb/JFE429EX），现已成为主流钢种。此外，为满足排气温度升高的要求，开发出了 18%Cr-2%Mo-Nb 铁素体不锈钢（SUS444）及与 SUS444 相比加工性能更优且耐热性能相当的汽车排气歧管用 15%Cr-1.6%Mo-Nb 钢（JFE-MH1）。

为满足排气高温化要求而开发的上述钢种，主要是依靠添加 Mo 和 Nb 提高耐热性能。虽然通过采用该手段，可提高高温强度尤其是热疲劳性能，但是如果当排气温度进一步提高至 1000 ℃左右时，上述所开发材料耐热性不足的问题就会突显出来。

在上述背景下，研究人员以 15%Cr-1.6%Mo-Nb 为基础，围绕如何提高铁素体不锈钢的耐热性能开展了相关研究工作。基于此，开发出了一种比迄今为止已商业化的高耐热排气歧管用铁素体不锈钢具有更为优异耐热性能的超高耐热铁素体不锈钢 JFE-WX1。

为开发超高耐热铁素体不锈钢 JFE-WX1，针对不同合金元素对 15%Cr-1.6%Mo-Nb 铁素体不锈钢热疲劳性能的影响规律进行了系统研究，结果表明：当 Nb、Mo 添加量分别达到某一临界含量后，其对高温强度的影响将趋于饱和。要使高温强度得到进一步提高，最有效的方法是添加第四种元素 W，见表 3-27。

表 3-27 三种耐热不锈钢的化学成分体系

牌号	主添加元素
JFE429EX	Cr，Nb
JFE-MH1	Cr，Nb，Mo
JFE-WX1	Cr，Nb，Mo，W

图 3-48 给出了上述三种耐热不锈钢在拘束率为 0.3、最低温度为 100 ℃、最高温度为 800 ℃条件下的热疲劳试验结果。此外，图 3-49 给出了三种耐热不锈钢在拘束率为 0.3、最低温度为 100 ℃、最高温度分别为 800 ℃、850 ℃和 900 ℃条件下的热疲劳试验结果。由图 3-48 和图 3-49 可看出，与 JFE-MH1 和 JFE429EX 相比，即使当热疲劳试验的最高温度分别高出 50 ℃和 100 ℃时，JFE-WX1 都表现出了更长的热疲劳寿命；在同一试验条件下，JFE-WX1 的热疲劳寿命分别是 JFE-MH1、JFE429EX 的 1.5 倍和 2 倍。

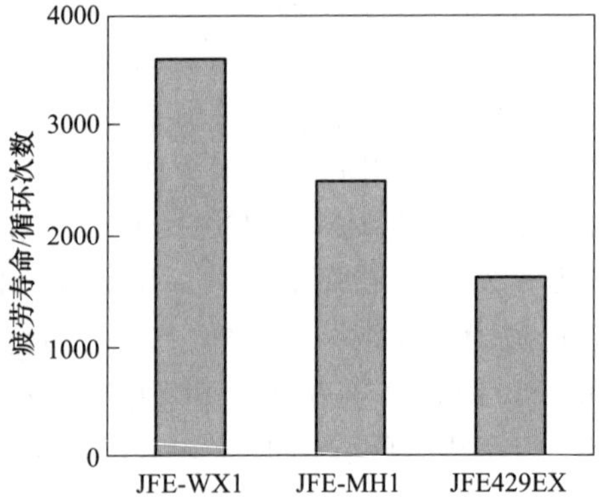

图 3-48　三种耐热不锈钢的热疲劳特性（100 ℃/800 ℃）

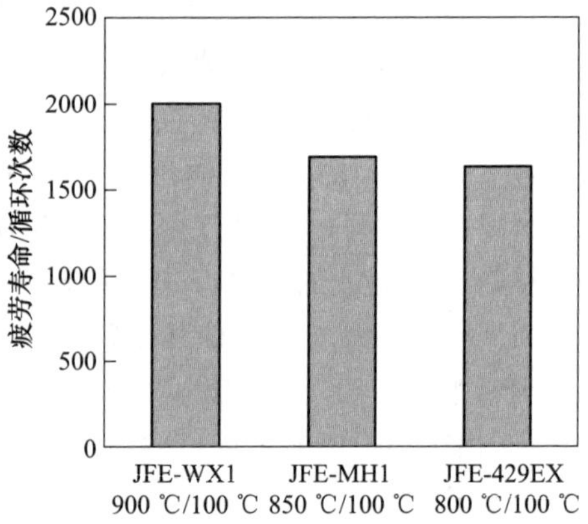

图 3-49　三种耐热不锈钢的热疲劳特性

随着汽车保有量的增加，汽车尾气排放对环境的影响日趋严重，通过大力推广 JFE-WX1 对汽车低排放化的贡献值得期待。

3.1.4　汽车装饰条用含铌不锈钢

3.1.4.1　汽车装饰条用材料的发展概况

汽车装饰条是指应用于燃油汽车或电动汽车车身外观装饰和车内装潢用的条状材料，包括车身的侧面亮条以及车窗、车把手和进气道四周的外水切装饰亮条，暴露于车辆外部被称为外饰条，反之仅用于车厢内装潢的被称为内饰条，如图 3-50 所示。

图 3-50　汽车车窗周围装饰条及装配

装饰条以流畅的线条呈现，与车身其余部分形成鲜明的视觉反差，可以完美衬托出车辆整体的美学造诣，同时增加车辆外观及车厢内饰的奢华感。其所使用的不锈钢亮面材料代表了国内乃至国际不锈钢的最高表面质量水平。门窗框上的饰条是安装在汽车车窗四周边缘的配件，起装饰与挡风作用，常用材质有橡胶、不锈钢和铝材，通过与门框胶条卡接固定。常见的表面处理有氧化、喷漆、涂装等。通过后处理可以使产品呈现出金属光泽，同时又可以保证一定的耐蚀性能。安全性、可靠性、造型协调、平台化及维修更换方便等都是目前汽车车门饰条的主要设计原则。另外，随着近年来中国汽车市场的发展，中国消费者对于汽车消费的需求呈爆发式的增长，所有饰条的功能正在向突出整车的运动风格、减轻整车质量、降低能耗方向发展。铝材料具有轻量化的优势，不锈钢材料具有美观的优势，故不同的主机厂选择会存在一定差异，但不锈钢材料使用仍然为主流趋势。

一般的汽车用装饰条是通过按压的方式安装在胶条上，通过过盈配合和门框胶条进行卡接，从 B 柱端开始装配，即以 B 柱板作为 X 定位，保证端头和 B 柱门板的平齐，以实现 Y 和 Z 向的固定。为保证装配的顺畅性以及车辆行驶中的安全性，主机厂对于饰条装入胶条的装入力以及饰条从胶条的拔出力都有要求，装入力不大于 30 N，拔出力不小于 100 N；对于一些黏结卡扣或者 3M 胶条的饰条，卡扣和饰条的黏结力或者 3M 胶条和饰条的黏结力也有要求。

作为全球汽车工业的带头人，美国于 20 世纪 50 年代便开始了对汽车装饰条材料的研究，最初使用的饰条材料主要为 PVC（聚氯乙烯）。虽然 PVC 具有很好的化学安定性，且表面可以被加工成反射率较高的反光塑料表面，但其较差的耐磨性，以及反射光泽中带有的塑料廉价质感却始终被各大汽车公司的设计者所诟病，因此美国汽车工程师学会（Society of Automotive Engineers，SAE）首先开始尝试将金属材料应用在汽车装饰条的设计和制造上。

为了保证整车的轻量化及控制成本，SAE 选取了抛光过的铝合金薄板作为汽车金属装饰条的首选材料，结果在美国北部及沿海地区的装车测试中，铝质装饰条仅 2 个月就发生了严重的点腐蚀现象，严重破坏了其外观，如图 3-51 所示。

由于测试阶段正值冬季，因此除了美国东西海岸沿海地区的潮湿高盐空气外，北方地区冬季降雪季节大量使用的氯化物融雪盐随融化雪水的飞溅，也成为诱发点蚀的主要原因。

正因为存在解决耐海洋大气腐蚀及点腐蚀问题的迫切需求，SAE 开始将装饰条材料的选材范围投向不锈钢领域。SAE 首先将 430 不锈钢作为装饰条的候选材料，其板面的金属光泽及相较于铝合金显著增强的耐蚀性完全可以满足车厢内饰条的需要，但是其在外饰条的装车测试中依然暴露出了耐点蚀能力不足的问题。虽然标准的 304 奥氏体不锈钢可以较好地满足耐蚀性要求，但是其昂贵的价格阻碍了其作为外饰条材料的应用。

(a)　(b)

图 3-51　亮面铝装饰条在装车测试后出现的严重点腐蚀形貌

(a) 腐蚀前后的宏观对比；(b) 腐蚀失效后的显微组织

目前，对外饰条不锈钢材料的开发方向开始以 430 不锈钢为基础，通过添加少量合金元素来使其达到与 304 不锈钢接近的耐点蚀性能。经过筛选，最终确定以 Mo 元素作为首选添加的合金元素对 430 不锈钢的耐蚀性进行改善，最终发现当在 430 不锈钢的基础成分中 Mo 元素添加至 1%时，其耐点蚀性能出现了突跃（见图 3-52），因此确定将 430 不锈钢添加 1%Mo 元素后的材料作为备选材料进行测试，并且在装车测试中果然获得了较为满意的结果。因此 SAE 将此新钢种单独列入新牌号，以使其与 430 不锈钢在名称上作出区分，新钢种被命名为 434 不锈钢（ASTM 为 S43400，JIS 为 SUS434），其典型化学成分见表 3-28。

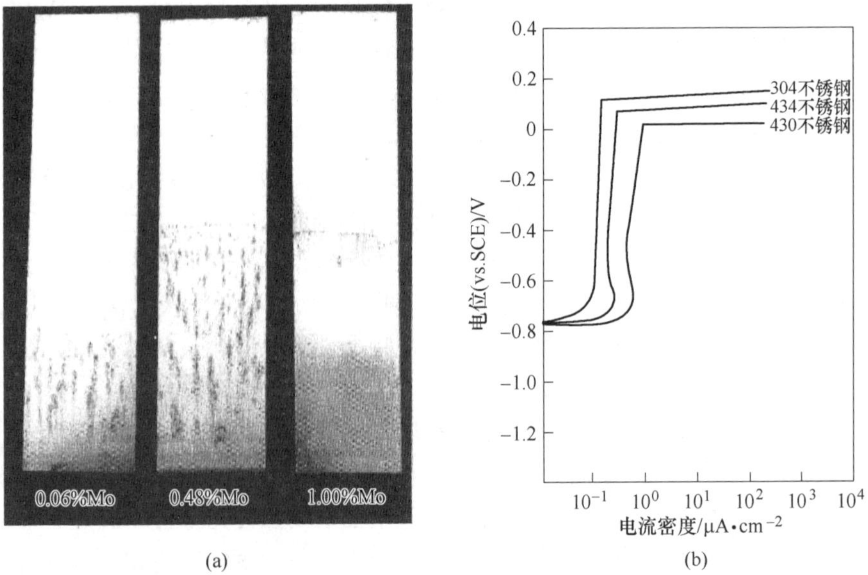

(a)　(b)

图 3-52　不同 Mo 含量的 430 不锈钢盐溶液周浸试验结果（a）和 304 不锈钢、430 不锈钢、434 不锈钢在 5%NaCl 溶液中的阳极极化行为（b）

表 3-28 430 不锈钢与 434 不锈钢的典型成分 （质量分数,%）

牌号	C	Si	Mn	Cr	Mo	N
430	0.06	0.4	0.2	17.2	—	0.04
434	0.06	0.5	0.3	17.5	1.05	0.04

日本丰田等汽车厂商效仿 SAE 的结果，也开始大量将 SUS434 不锈钢作为汽车外饰条材料应用在主力车型中。但在应用的过程中，逐渐发现 SUS434 的综合耐大气腐蚀能力，似乎不能够完全满足日本的一些特殊大气环境（火山大气、硫氧化物工业大气），且日本列岛地势狭长多山，重要城市绝大多数位于海岸线，其外饰条材料承受的海洋大气腐蚀将更加苛刻和复杂。另外，国际钼价在 20 世纪 80 年代出现大幅度增长，这些因素使得 SUS434 不锈钢愈发地不适用于日本的汽车装饰条材料行业。

针对上述问题，日新制钢联合丰田公司开始开发基于 SUS430 成分的经济型不含 Mo 不锈钢，要求新钢种仍具有不低于 SUS434 的综合耐大气腐蚀性能。其成分设计思路为：（1）利用真空脱气冶炼等先进的冶炼技术，大幅度降低 C 含量和 S 含量，使不锈钢中易于诱发局部腐蚀的铬碳化物和硫化锰类夹杂得以大幅度减少；（2）添加适量 Cu 元素用于改善其在硫氧化物大气中的凝露腐蚀行为；（3）添加大量 Nb 元素用于调整和改善其综合耐蚀性和力学性能。经过多次试验发现，将 C 含量降低至 200×10^{-4}%的水平以下，S 含量降低至 20×10^{-4}%以下，添加少量 Ni 元素（0.3%）和适量 Cu 元素（0.5%），同时将 Cr 含量提高至 18%的水平，并添加 0.5%左右的 Nb 元素，可以获得理想的综合耐蚀性能和力学性能，此实验钢种的牌号为 NSS442M3，典型成分见表 3-29，之后被日新制钢称为汽车外饰条专用钢种 430MA，其被丰田公司首先采用，并逐步在世界各大汽车制造企业流行。

表 3-29 NSS442M2（不含 Nb）不锈钢与 NSS442M3（含 Nb）不锈钢的典型成分

（质量分数,%）

牌号	C	Mn	S	Ni	Cr	Cu	Nb
NSS442M2	0.036	0.27	0.002	0.31	18.42	0.45	—
NSS442M3	0.018	0.26	0.001	0.29	18.37	0.51	0.41

经过研究认为，430MA 具有较好综合性能的主要原因是成分设计中 Nb 合金的引入，0.5%左右的 Nb 元素显著地提高了其耐氯化物点蚀的性能，如图 3-53 所示。

目前，市场主流车系装饰用材料的选用还是以 SUS430J1L 为基础，如日本金

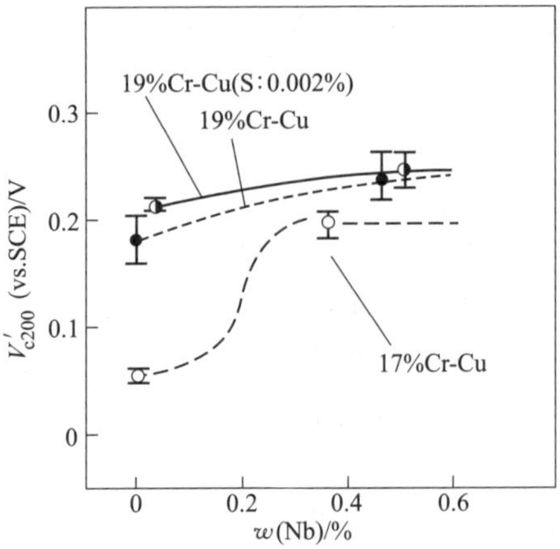

图 3-53　Nb 含量对不同不锈钢点蚀电位的影响
（5%NaCl 溶液，30 ℃）

属 NK430MA、日新制钢 NSS442M3、韩国浦项 STS430J1L 属于同类钢种，均是源于日本不锈钢标准 SUS430J1L 钢种。国内各钢企根据市场和用户需求，也开发出满足中高端车系装饰要求的 442D、436D 等钢种材料，但也有少部分车企会根据车辆使用环境、表面要求及满足用户设计需求使用 SUS304、SUS430 铁素体不锈钢或使用树脂薄膜及其他材料。

3.1.4.2　汽车装饰条用含铌不锈钢的开发

汽车装饰条主要应用于中高端乘用车上，对不锈钢材料表面质量要求极高，如：表面细腻、光滑、耐脏污、易清洗，且亮度高，满足一定的光泽度要求；综合耐腐蚀性能优异，满足 480 h 及以上中性盐雾试验或 48 h 铜加速乙酸盐雾试验要求；成型性能良好，边沿部位不起皱；成本低、性价比高；材料要求完全再结晶，晶粒度 8 级以上等。

汽车装饰条用不锈钢涉及常规的 SUS304、SUS430 以及在 SUS430J1L 基础上发展起来的 442D、436D 不锈钢，且后者成为市场主流产品。表 3-30 为某钢厂 442D 和 436D 不锈钢的典型化学成分。

表 3-30　442D、436D 不锈钢的典型化学成分　　（质量分数,%）

牌号	C	Mn	S	Ni	Cr	Cu	Nb	Mo	N
442D	0.01	0.20	0.001	0.30	18.50	0.50	0.50	—	0.01
436D	0.01	0.20	0.001	0.30	17.50	0.50	0.50	1.00	0.01

图 3-54 为某钢厂 442D、436D 不锈钢 2D 板及 BA 板的金相组织，图 3-55 和表 3-31 为 442D 夹杂物控制情况。

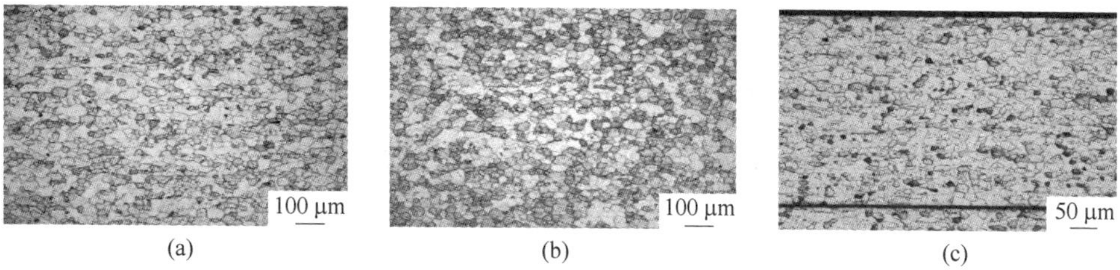

图 3-54　442D、436D 不锈钢 2D 板及 BA 板的金相组织
（a）442D，2D 板；（b）436D，2D 板；（c）442D，BA 板

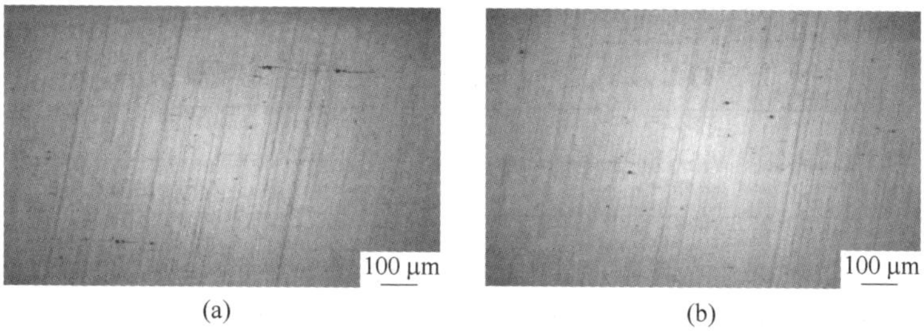

图 3-55　442D 夹杂物在纵截面（a）和横截面（b）的分布情况

表 3-31　442D 钢板的夹杂物评级　（级）

牌号	夹杂类型							
	A 类		B 类		C 类		D 类	
	细系	粗系	细系	粗系	细系	粗系	细系	粗系
442D	0	0	0.5	0.5	1.5	0.5	0	0

表 3-32 为某钢厂 442D 钢板的力学性能。表 3-33 为 442D 钢板的表面光泽度控制情况。表 3-34～表 3-36 分别为 442D 钢板的腐蚀性能相关试验结果，包括点蚀电位、三氯化铁点蚀试验以及连续中性盐雾（NSS）腐蚀试验。

表 3-32　442D 钢板的力学性能

牌号	厚度 /mm	L 方向拉伸试验			硬度（HV）平均值	冷弯 $\alpha=180°$，$d=2a$
		屈服强度 $R_{p0.2}$/MPa	抗拉强度 R_m/MPa	伸长率 A_{50}/%		
442D	0.5	324	490	33.5	138	完好

表 3-33　442D 钢板的表面光泽度（Gs，20°）

牌号	光泽度值
442D-1	1013
442D-2	1166

点蚀电位测试按照 JIS G0577—2014 标准进行测试，测试溶液为质量分数为 3.5%的 NaCl 溶液，测试温度为 30 ℃。

表 3-34　442D 钢板的点蚀电位测试结果

序号	1	2	3	平均值
E_{b10}/mV	290	292	295	292

三氯化铁溶液浸泡试验采用 ASTM G48—03 标准中的 A 法进行测试，测试时间 24 h，测试溶液温度为 35 ℃。

表 3-35　442D 钢板的三氯化铁溶液浸泡腐蚀试验

序号	1	2	3	平均值
$V/g\cdot(m^2\cdot h)^{-1}$	8.75	8.92	8.74	8.80

连续中性盐雾试验采用 GB/T 10125—2012 标准中的方法 A 进行测试，评级采用 GB/T 6461—2002 标准，测试时间为 480 h 及 720 h。

表 3-36　442D 钢连续中性盐雾腐蚀试验

牌号	试验周期/h	保护评级 R_P		
442D-BA5	480	442-1	442-2	442-3
		10	10	10
	720	442-1	442-2	442-3
		10	10	10

3.1.4.3　汽车装饰条用含铌不锈钢的应用

近年来，随着人们生活水平的提高，对于家庭用车的审美也在不断提高，因此车身用装饰亮条大量在乘用车上应用，车均耗料 2.2~3 kg/辆，目前国内汽车装饰条用不锈钢材料年用量约 3 万吨。

汽车装饰条用不锈钢质量要求极高，工艺复杂，生产难度大，要求最好专线生产。日本金属的装饰用不锈钢材料是目前国际上公认的高质量产品，其供应量占据市场半壁江山且供不应求，但也是价格最高的产品，主要产品为 NK430MA/BA5 或 SUS430J1L。目前，国内三大日系的汽车装饰用钢基本都使用日本金属的材料；欧美系合资品牌汽车上主要选用阿赛洛集团及美国 AK 钢铁控股公司的 SUS436 相关材料等，如福特、通用等汽车品牌是其国内最大客户。据了解阿赛洛集团的汽车装饰用钢整体产能较大，但由于交货期、价格等方面的原因，在我国的市场占有率目前逐步被我国其他产品所取代。

我国汽车装饰用不锈钢生产厂家主要有宝钢、酒泉钢铁（集团）有限责任公司（以下简称“酒钢”）等。酒钢作为后起之秀，近几年通过技术攻关，成功开发出汽车装饰用442D、436D不锈钢等产品，质量稳定，已量产供应并成功应用于多个车系。

3.2 超超临界火电机组用含铌耐热不锈钢

3.2.1 超超临界机组锅炉管发展概况

从2006年底，我国浙江省玉环市第一台600 ℃超超临界电站投运，到大唐郓城国家电力示范项目100万千瓦机组建设，我国已具备完全自主设计建设超超临界火电机组的技术和能力。截至目前，我国已经成为世界上投运600 ℃超超临界电站数量最多的国家。600 ℃超超临界火电机组在提高煤炭利用率，节约一次能源，降低CO_2等污染物排放量等方面为我国节能减排做出了突出贡献。截至2020年年底，我国600 MW及以上火电机组容量占全国火电总装机容量的比重达46%，其中1000 MW级超超临界机组占比超过12%。因此，火电平均供电煤耗也由2011年的330 g/(kW · h) 持续下降至2024年的301 g/(kW · h)，火电机组能效水平持续提升，超超临界机组锅炉得到了长足发展。

电站锅炉不断向大容量、高参数、低排放发展，服役条件也愈发苛刻，已达到的主汽压力为31~35 MPa、温度为600~615 ℃，再热汽温为620~630 ℃，并向参数更高的650 ℃、700 ℃等级迈进，预计到2025年，全国火电平均供电煤耗将进一步降至300 g/(kW · h) 以下。

超超临界火电机组的快速发展，催生了火力发电用耐热钢的巨大需求，也促进了我国火力发电用耐热钢技术水平的不断进步。目前，国内冶金企业已经可以满足600 ℃超超临界机组用全系列耐热钢管的需求，提供从低合金耐热钢管15CrMoG、12Cr1MoVG、T22、P22和T23等，到马氏体耐热钢管T91、P91、T92和P92等，再到奥氏体耐热钢管TP347H、Super304H和HR3C的全系列解决方案。

但是，国产材料还存在一些未解决的问题。例如，锅炉过热器或再热器管的蒸汽氧化问题，蒸汽氧化严重时，氧化铁皮大量脱落，脱落后在弯管处沉积，堵塞管道造成局部超温爆管，如图3-56所示。

电力企业在分析大量运行数据的基础上，累积了进口锅炉管和国产锅炉管的材料性能数据。通过对比分析，认为蒸汽氧化问题的出现既有设计和运行方面的问题，同时国外材料和国内材料的抗蒸汽氧化性能也有差异。

因此，需要在材料方面进一步研究，有针对性地提高抗蒸汽氧化性能。

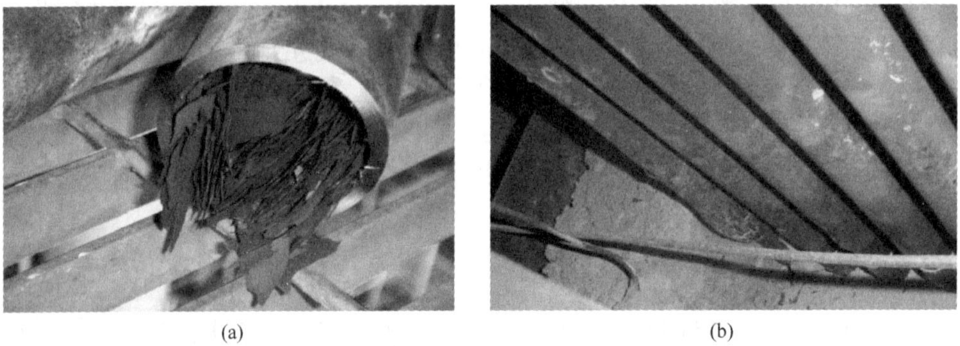

图 3-56　氧化铁皮剥落（a）和氧化铁皮钢管局部超温爆管（b）

3.2.2　超超临界火电机组用含铌耐热不锈钢

3.2.2.1　蒸汽氧化机理

水与铁反应生成氧化膜的机理依据的温度条件有所不同，大致可分为两种情况：在室温到 350 ℃左右的范围内，水与铁通过电化学反应生成氧化膜；在 400 ℃及以上温度，高温蒸汽与铁直接反应形成氧化膜。

德国于 20 世纪 70 年代研究了锅炉过热器和再热器管上的氧化膜，其典型构成如图 3-57 所示，位于外层顶部上的 Fe_2O_3 是不连续的。此外，钢中的合金成分，特别是 Cr(还有 V、Co 元素等)，将富集在双层膜的下层、紧靠基体金属的一侧。

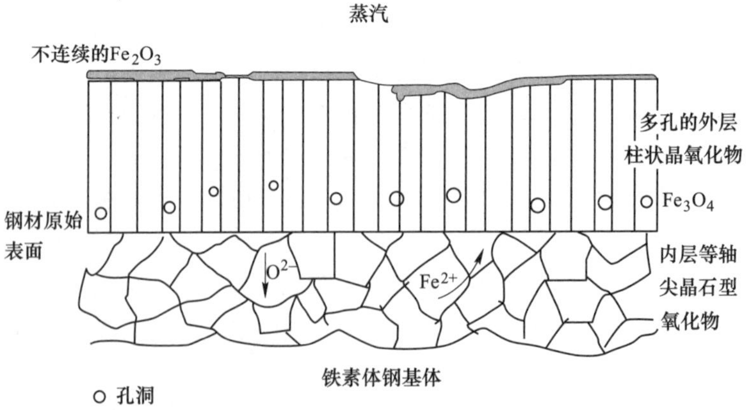

图 3-57　高温蒸汽与铁直接反应形成的氧化膜典型构成

根据近期的研究，低铬含量的铁素体耐热钢和奥氏体耐热钢在氧化过程中，靠近基体金属的内层氧化膜通常由 $M_3O_4(FeFe_{2-x}Cr_xO_4)$ 组成。对于奥氏体耐热钢，资料显示其靠近基体金属的富 Cr 内层氧化膜的组成为尖晶体型 $FeCr_2O_4$。

日本住友金属及相关研究机构，研究了 TP347H 耐热钢粗晶粒钢管和细晶粒钢管在高温蒸汽条件下所生成的氧化膜结构，如图 3-58 所示。在 TP347H 耐热钢管内表面上生成的氧化膜，其“内层”由 $(Fe,Cr)_3O_4$ 和 Cr_2O_3 构成，在粗晶粒 TP347H 管上 Cr_2O_3 层厚度不均，$(Fe,Cr)_3O_4$ 层也是不均匀的和非连续的。只有在经过细晶粒工艺处理获得的 TP347HFG 细晶粒钢管上，氧化层才是均匀和致密的。对这两种不同晶粒度的钢在 650 ℃和 700 ℃温度下，开展 500~5000 h 的高温蒸汽氧化试验，结果表明：8 级和 9 级晶粒度的钢管内层氧化膜厚度只有 20 μm 左右时，6 级晶粒度的钢管内层氧化膜厚度已达到 50~80 μm。

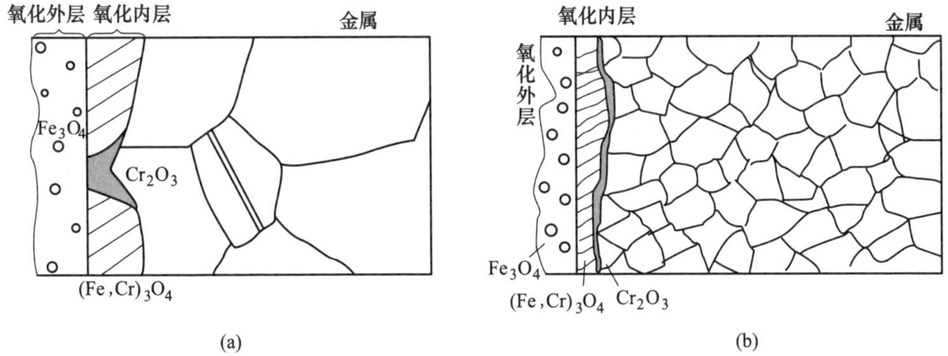

图 3-58 TP347H 钢管内壁的氧化膜结构

(a) 粗晶粒；(b) 细晶粒

我国钢铁研究总院等机构研究了内表面喷丸处理对 Super304H 耐热钢管的抗蒸汽氧化性能的影响，如图 3-59 所示。喷丸处理后的钢管内表面形成了一层厚度 30 μm 左右的喷丸层，与未喷丸钢管比较，喷丸层的组织得到了细化。在 650 ℃下经 600 h 蒸汽氧化试验后，经内壁喷丸处理钢管的氧化层厚度更薄、更致密，钢管的抗蒸汽氧化性能得到了提升。

因此，晶粒细化是提高抗蒸汽氧化性能的有效手段。针对 TP347H 和 Super304H 耐热钢化学成分特点和现有的生产工艺流程，通过优化生产工艺，充分发挥 Nb 的细化晶粒作用，实现 TP347H 和 Super304H 耐热钢的晶粒细化。同时，对钢管内部采用喷丸处理，作为提高 TP347H 和 Super304H 耐热钢抗蒸汽氧化性能的有效措施。

3.2.2.2 铌在提高抗蒸汽氧化性能中的作用

TP347H 和 Super304H 耐热钢的典型化学成分见表 3-37。Nb 是耐热钢主要的析出强化元素，采用热力学软件计算，Nb 在 TP347H 耐热钢中主要以 NbC 的形

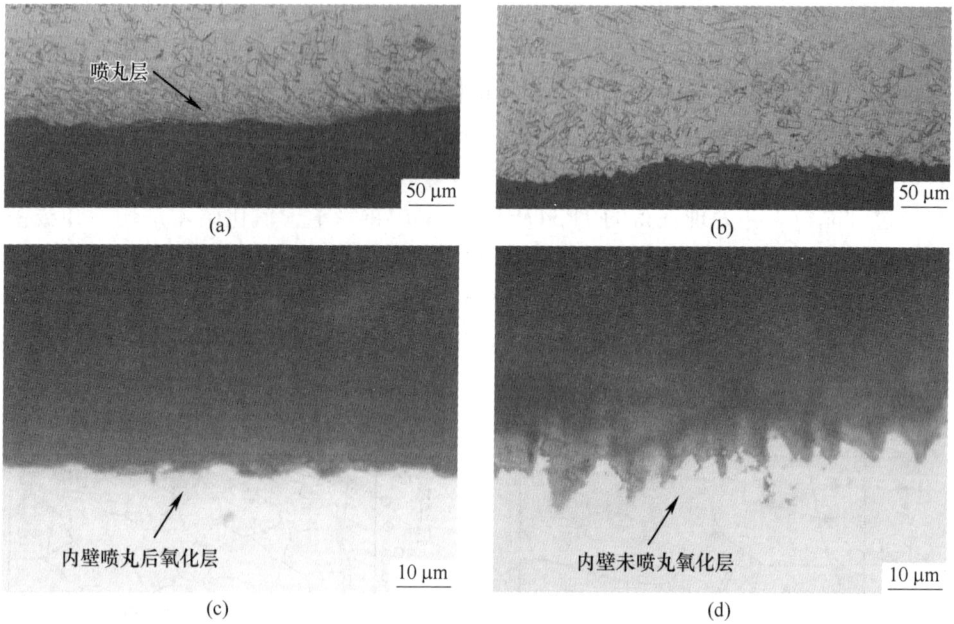

图 3-59　喷丸处理前、后 Super304H 耐热钢管内壁金相组织及氧化情况

(a)(c) 喷丸；(b)(d) 未喷丸

式析出，在 Super304H 耐热钢中主要以 NbC 和 CrNbN 的形式析出。NbC 的析出温度高，在钢的凝固过程中 NbC 就开始析出，但是一次 NbC 颗粒尺寸大，对于基体的强化作用弱，而且作为再结晶过程中的形核质点，细化晶粒的作用也较弱。因此，在两种钢管中为充分发挥 Nb 的作用，需要减少一次 NbC 颗粒数量，同时，获得尽可能多的二次细小 NbC 颗粒。这样既能发挥 NbC 颗粒的析出强化作用，保证钢具有足够的持久强度，也可以利用小的二次析出相 NbC 颗粒，增加再结晶过程中的形核质点数量，起到细化晶粒的作用。

表 3-37　TP347H 和 Super304H 耐热钢的化学成分　(质量分数,%)

牌号	C	Mn	P	S	Si	Ni	Cr	Cu	B	Nb	N
TP347H	0.07	1.0	0.020	0.003	0.35	10.5	18.0	—	0.0020	0.60	0.020
Super304H	0.08	1.0	0.017	0.002	0.22	9.00	18.0	3.0	0.0030	0.50	0.100

TP347H 和 Super304H 耐热钢管的生产制造流程如图 3-60 所示。为达到充分溶解一次 NbC 的目的，在荒管到冷轧工艺过程中，根据产品规格采用一次或两次高温软化处理工艺，高温软化处理的温度在 1200 ℃以上。随着高温软化工艺温度的升高，保温时间的延长，NbC 颗粒的溶解量显著增加，粗大的一次 NbC 颗粒数量减少。

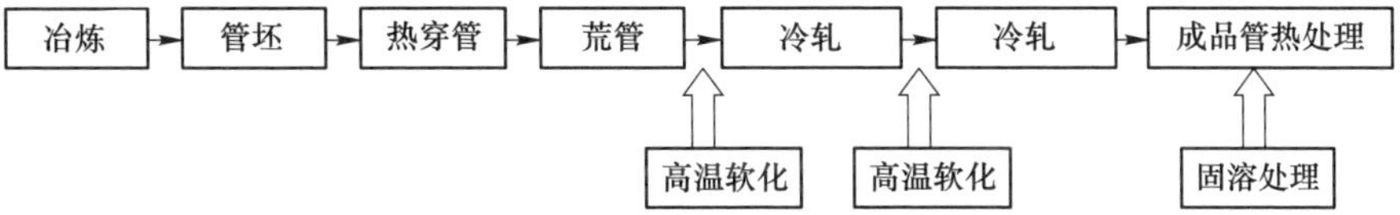

图 3-60 TP347H 和 Super304H 耐热钢管的生产制造流程图

在完成高温软化工艺后，成品管固溶处理工艺也是充分发挥二次析出的小尺寸 NbC 颗粒在静态再结晶过程中细化奥氏体晶粒尺寸的关键。图 3-61 示出了固溶处理时 Super304H 耐热钢中 NbC 颗粒作为再结晶晶粒形核核心的过程。在 900 ℃时作为形核质点的 NbC 颗粒周围开始再结晶，950 ℃时大量的再结晶晶粒以 NbC 颗粒为质点形核。

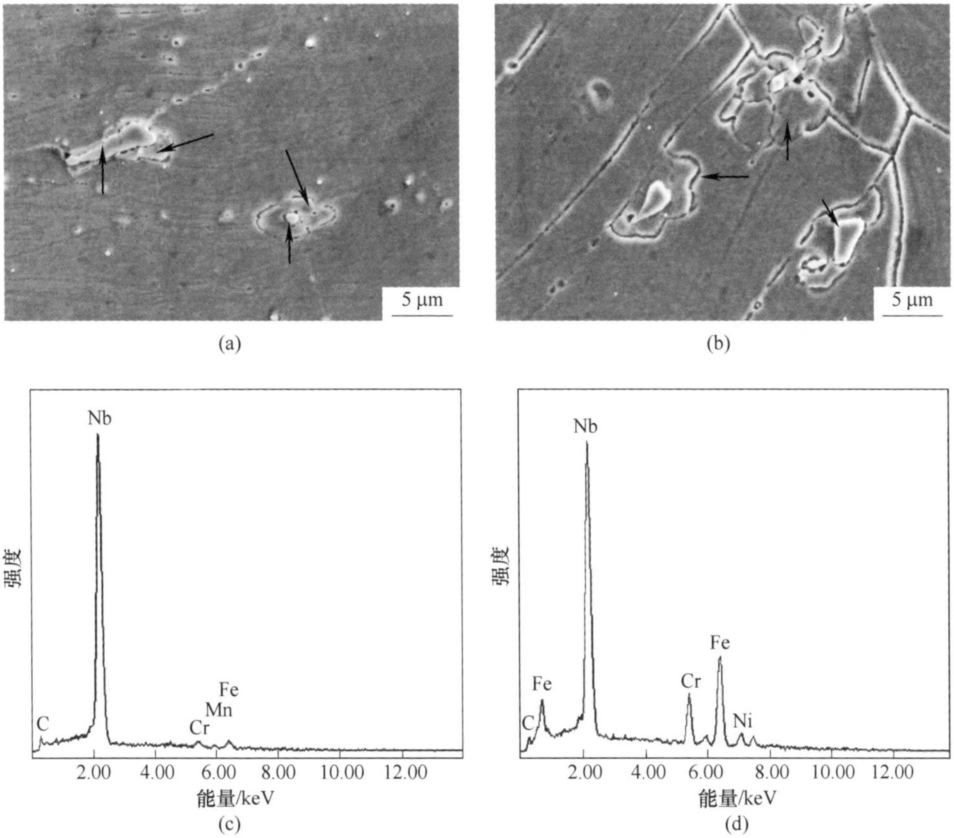

图 3-61 不同温度固溶处理时 Super304H 耐热钢中再结晶晶粒及其形核核心

(a) 900 ℃；(b) 950 ℃；(c) 大颗粒析出相的能谱；(d) 小颗粒析出相的能谱

固溶温度对晶粒度的影响显著，如图 3-62 所示。可以明显看出，从 900 ℃开始，随着固溶温度的升高，晶粒度逐渐提高，即晶粒逐渐细化，晶粒度的级差也逐渐缩小。在 1100~1150 ℃进行固溶处理可以获得均匀的晶粒，晶粒度可以控制在 8 级左右，达到了晶粒细化的目的。

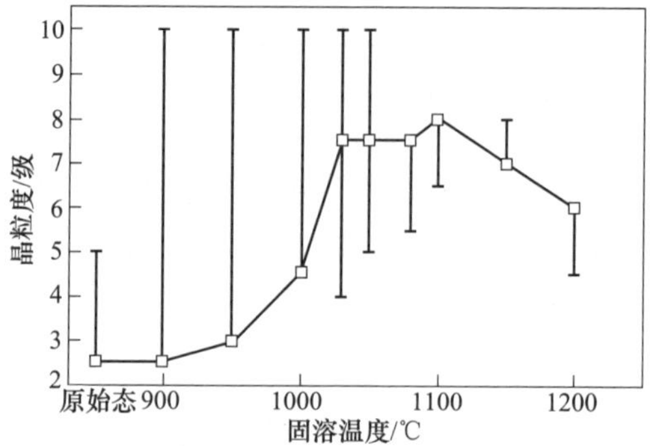

图 3-62　固溶温度对 Super304H 耐热钢晶粒度的影响

3.2.2.3　Super304H 和 TP347H 耐热钢管抗蒸汽氧化性能的提升

以在 Super304H 和 TP347H 耐热钢中充分利用 Nb 为设计思想，优化了 Super304H 和 TP347H 耐热钢管的高温软化工艺和成品管的固溶处理工艺，对生产的成品管进行了 650 ℃高温蒸汽氧化实验。Super304H 和 TP347H 耐热钢管试样在650 ℃高温水蒸气条件下，1000 h 试验后的氧化增重结果如图 3-63 所示。可以看出，优化后 Super304H、TP347H 耐热钢的氧化增重分别为 0.29 mg/cm^2、0.32 mg/cm^2，两种材料的氧化增重都十分缓慢，表明抗氧化性能良好。图 3-63 中还对比了早期 TP347H 和 TP304H 两种耐热钢管的数据，可以看出，工艺优化后两种钢管的氧化增重更低，在抗蒸汽氧化性能方面具有明显的提升。

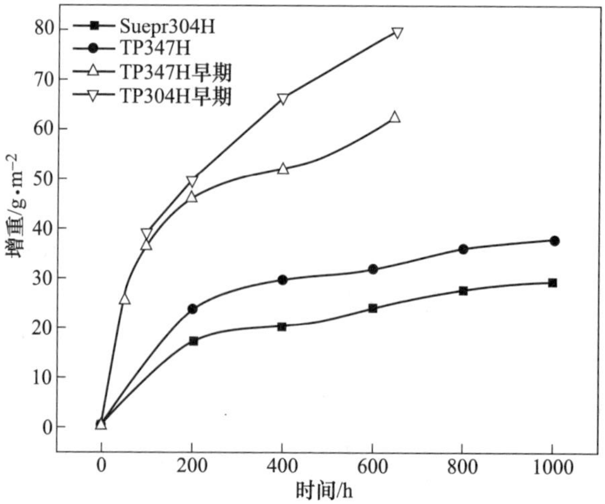

图 3-63　Super304H 和 TP347H 耐热钢在 650 ℃时的蒸汽氧化增重随时间的变化情况

图 3-64 给出了 Super304H 和 TP347H 耐热钢管在 650 ℃水蒸气环境下氧化 700 h 后的表面形貌，可以看出 Super304H 耐热钢管氧化表面平整均匀，由细小的针状氧化物颗粒组成。截面形貌显示，氧化层很薄，约 6 μm，氧化层和基体间有空隙，但没有内氧化。相分析表明，氧化膜由 Cr_2O_3 与 $FeCr_2O_4$ 组成。TP347H 耐热钢管氧化表面也含有细小的针状氧化物颗粒，但相比 Super304H 耐热钢，其表面凹凸不平。从横截面图可见，TP347H 耐热钢试样氧化层更薄，但有内氧化现象。这可能是 TP347H 耐热钢虽然有较薄的氧化层，但增重高于 Super304H 的原因；相分析表明，氧化膜主要由 $(Cr,Mn)_2O_3$ 与 $FeCr_2O_4$ 组成。

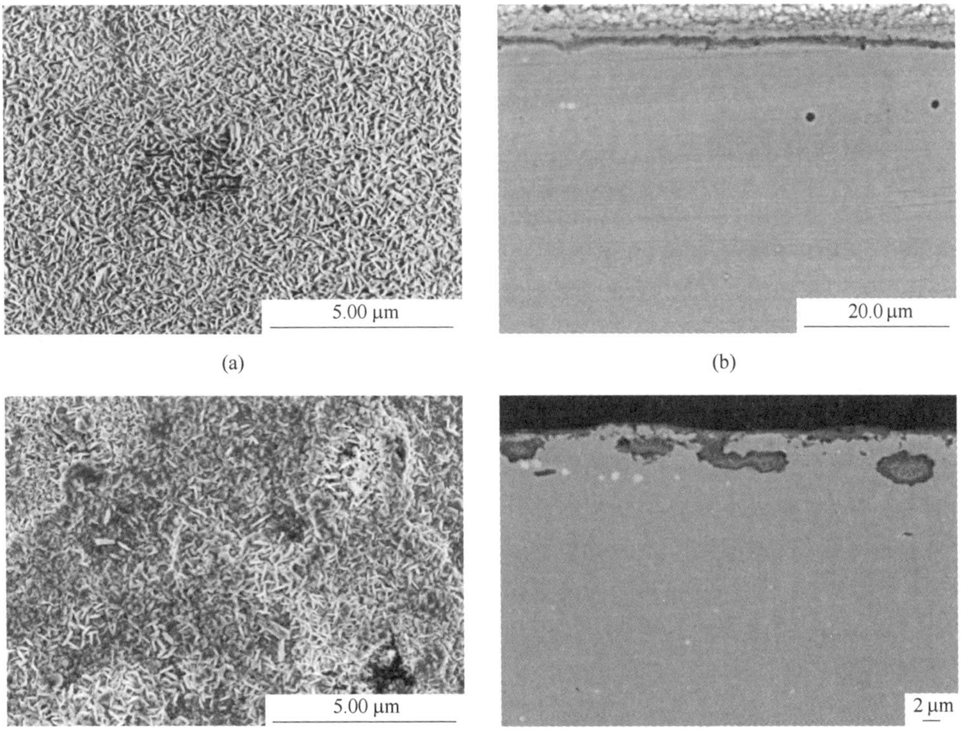

图 3-64　Super304H 和 TP347H 耐热钢管在 650 ℃水蒸气环境下氧化 700 h 后的表面形貌

（a）Super304H 的氧化铁皮形貌图；（b）Super304H 的横截面形貌图；

（c）TP347H 的氧化铁皮形貌图；（d）TP347H 的横截面形貌图

Super304H 和 TP347H 抗蒸汽氧化性能的提升主要体现在，氧化增重和氧化铁皮厚度明显降低，氧化物组成和形貌也有了较大的改变。氧化层相分析显示，几乎没有 Fe_2O_3 和 Fe_3O_4 等富铁氧化物出现，原因是优化高温软化和固溶工艺实现了晶粒细化。晶粒细化后 Suer304H 和 TP347H 耐热钢的晶界数量增加，增加了 Cr 元素的扩散通道，有助于形成保护型 Cr_2O_3 氧化层，降低了蒸汽氧化的速率，从而显著提高了抗蒸汽氧化性能。

近年来，国内企业从国产耐热钢管的成分设计、冶炼到制管工艺和产品热处理工艺都进行了深入研究，提高了 TP347H 和 Super304H 耐热钢管的抗高温蒸汽氧化性能，并使国产高端奥氏体耐热钢的综合性能进一步得到提升。

截至目前，国内生产的 TP347H、Suepr304H 等耐热钢管已在我国吕四港电厂、茌平电厂、绥中电厂等超超临界机组项目上获得了应用。相信对以 TP347H 和 Super304H 为代表的耐热锅炉管的深入研究，必将进一步推进国产耐热材料在超超临界机组中的应用。

3.3　建筑装饰用含铌不锈钢

3.3.1　电梯用含铌不锈钢

我国是全球最大的电梯产销市场，电梯总产量和总销售量分别占全球的 70% 和 65%，年需不锈钢总量 20 多万吨。目前电梯用不锈钢主要以 SUS304 奥氏体不锈钢为主，部分采用 443 和 439 铁素体不锈钢。表面等级主要为 HL、No. 4、2B、BA（抛光成 8 K）、蚀刻等，用于门板、轿壁板、扶梯侧板及层站召唤和轿内操纵箱面板等。

SUS304 奥氏体不锈钢的成型性和耐蚀性较好，但其耐氯离子腐蚀、导热性能等不如铁素体不锈钢，尤其因钢中含有较多贵金属镍，产品价格高、波动大，导致电梯原材料成本难以控制。因此开发和应用铁素体不锈钢作为电梯面板用钢不仅可以降低不锈钢生产企业的经营风险，而且可以显著降低电梯生产企业的原材料采购成本，具有良好的市场前景。

就目前电梯行业常用的铁素体不锈钢而言，439 铁素体不锈钢成本较低，但其耐蚀性低于 SUS304 奥氏体不锈钢，且由于采用单 Ti 稳定，若连铸保护不当易发生二次氧化，在钢中产生大量氧化钛和氮化钛夹杂物，不仅导致连铸过程中容易发生结晶器水口堵塞，而且会导致冷轧成品表面缺陷，严重影响产品质量。而 Nb、Ti 复合稳定的 B443NT 铁素体不锈钢 Cr 含量较高，耐蚀性能好，一般情况下不会导致连铸结晶器水口堵塞，但 Ti 的夹杂物难以避免，影响表面质量。此外，其薄规格热轧钢卷的轧制黏结缺陷发生率依然较高，需要增加粗轧粗磨工序消除缺陷，增加了生产成本。由此可知，钢中含 Ti 并由此带来 TiN 和 TiO_2 等 Ti 的夹杂物，是目前 439 和 443 铁素体不锈钢只能满足拉丝板需求，不能用于 BA、镜面板和蚀刻板需求的主要原因。此外，铁素体不锈钢板在折弯表面易发生橘皮效应也是限制其在电梯装饰板方面应用的部分原因。

不难发现，欲提高铁素体不锈钢板的表面质量，钢中就要避免存在影响其抛光性能的含 Ti 夹杂物或析出相。Nb 具有和 Ti 一样的稳定 C、N 的作用，且含 Nb 析出相细小弥散，无坚硬尖角，可改善钢的铸造组织，提高等轴晶比例并细化晶粒，进而有利于改善钢的成型性能，同时又不会造成连铸水口堵塞、内在大尺寸夹杂及冷轧表面质量差等一系列问题。这为我们改进铁素体不锈钢加工与使用性能，提升其品质提供了新的合金化思路。

基于此，为全面满足电梯面板拉丝、镜面研磨需求，不锈钢生产企业尝试了很多方法，以期解决上述问题。其中，宝钢在综合性能较好的 B443NT 铁素体不锈钢基础上进行新的成分设计，开展含 Nb 超纯铁素体不锈钢新钢种 B443Nb 的开发与关键工艺研究，聚焦 Nb 在钢中的作用机理、关键工艺技术和用户使用技术，有助于提升国内含 Nb 铁素体不锈钢研发水平，确立含 Nb 铁素体不锈钢研发的国际领先地位。

3.3.1.1　成分设计

B443Nb 铁素体不锈钢合金设计思路是：在既有 Nb、Ti 复合稳定 B443NT 铁素体不锈钢基础上，取消钢中原有的 Ti，适当调高钢中的 Nb 以代替部分 Ti 的稳定化作用，同时加入一定量的 Cu，以期提高钢的轧制质量、抛光性能和耐蚀性能并改善折弯表面橘皮缺陷。为此，先利用 Thermo-Calc 热力学软件和 TCFE7 铁基数据库，以无 Ti 443 铁素体不锈钢为基准成分，分别计算了以 Nb、Cu 含量为变量的 M-X 赝二元系相图，如图 3-65 所示。结果显示，Nb 含量超过约 0.16%后钢的室温平衡组织为 $\alpha+\gamma+\alpha'$+NbC+Laves+Z，钢中析出相主要以 NbC 和 Laves 相为主。随钢中 Nb 含量升高，NbC 和 Laves 相的析出温度和含量明显升高。除参与析出反应外，少量 Nb 固溶在基体中，随着温度降低，固溶含量逐渐降低。Cu 在钢中主要以固溶形式存在，其含量对 γ 相的形成有明显影响，随着 Cu 含量升高，γ 相形成温度升高。基于上述计算结果，本节设计并制备了 Nb 含量分别为 0、0.2%、0.3%、0.4%和 0.5%，Cu 含量分别为 0、0.4%和 0.6%的 7 种成分组合的不锈钢冷轧钢板，开展了相关的热处理工艺、析出相、折弯表面粗糙度和耐点蚀性能等实验室研究。

3.3.1.2　实验室研究

系统研究了退火温度与时间及合金成分对钢的再结晶行为和力学性能的影响。结果表明，B443Nb 铁素体不锈钢完全再结晶温度在 900～1000 ℃范围内，钢中 Nb 对再结晶具有强烈的抑制作用，其含量越高，完全再结晶温度越高；Cu 含量对完全再结晶温度无明显影响。图 3-66 所示为 7 种成分实验钢在 950 ℃退火 40 min 后沿轧向和纵向组织图像。可见在 950 ℃退火时仅 Nb 含量低于 0.4%的实验钢发生完全再结晶，其中无 Nb 实验钢晶粒尺寸较为粗大，含 Nb 实验钢晶粒细小；而 Nb 含量高于 0.4%的钢板心部仍保留明显的轧制组织痕迹。此外，所有含 Nb 钢板表层晶粒都非常细小。

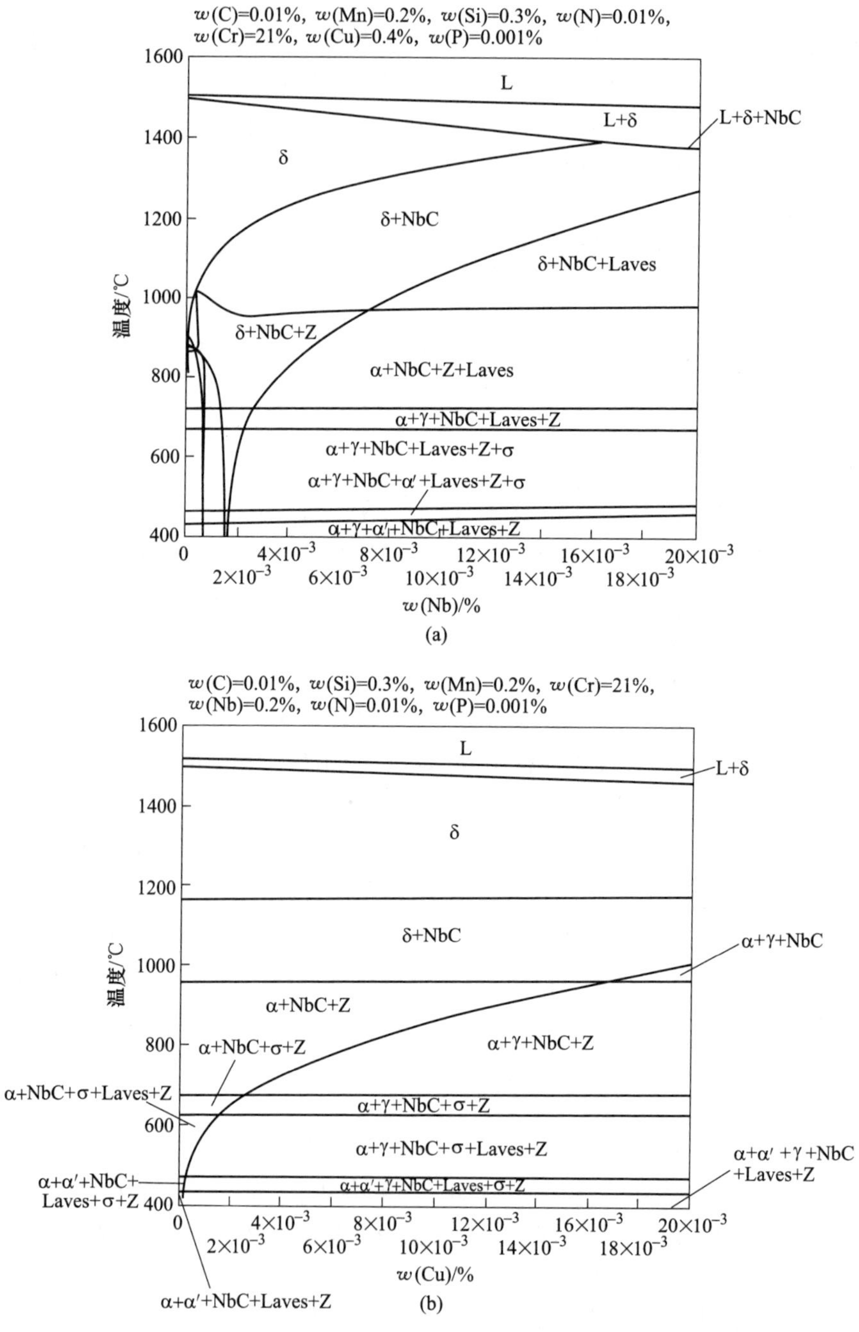

图 3-65　赝二元系相图

（a）M-Nb；（b）M-Cu

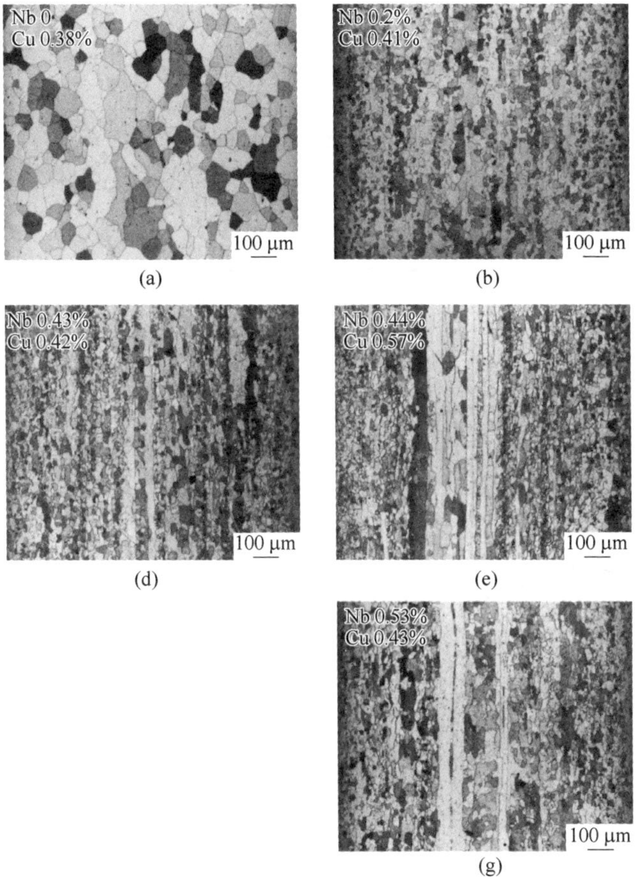

图 3-66 7 种成分实验钢在 950 ℃退火 40 min 后沿轧向纵向的组织图像
(a) 0Nb-0.38%Cu；(b) 0.2%Nb-0.41%Cu；(c) 0.31%Nb-0.41%Cu；(d) 0.43%Nb-0.42%Cu；(e) 0.44%Nb-0.57%Cu；(f) 0.45%Nb-0.028%Cu；(g) 0.53%Nb-0.43%Cu

图 3-67 所示为不同热处理条件下实验钢板的屈服强度和伸长率与 Nb、Cu 含量的关系曲线。可见，随钢中 Nb、Cu 含量升高，钢板屈服强度升高，伸长率小幅波动，但整体保持超过 32%的较高水平，这表明 Nb 和 Cu 对钢板均有明显的强化作用。

图 3-68 为不同热处理条件下实验钢中的析出相形貌。析出相形态主要为颗粒状和短棒状，尺寸普遍偏小。析出相析出情况受热处理工艺影响微弱，而主要与 Nb 含量有关。Nb 含量较少（<0.4%）的实验钢中析出相数量少、尺寸小、分布较为均匀；Nb 含量较高（>0.4%）的实验钢中析出相尺寸显著增大，且有沿与轧向平行方向聚集分布的趋势。EDX 分析结果表明，析出相均为含 Nb 相，主要为 NbC 和 Laves 相。

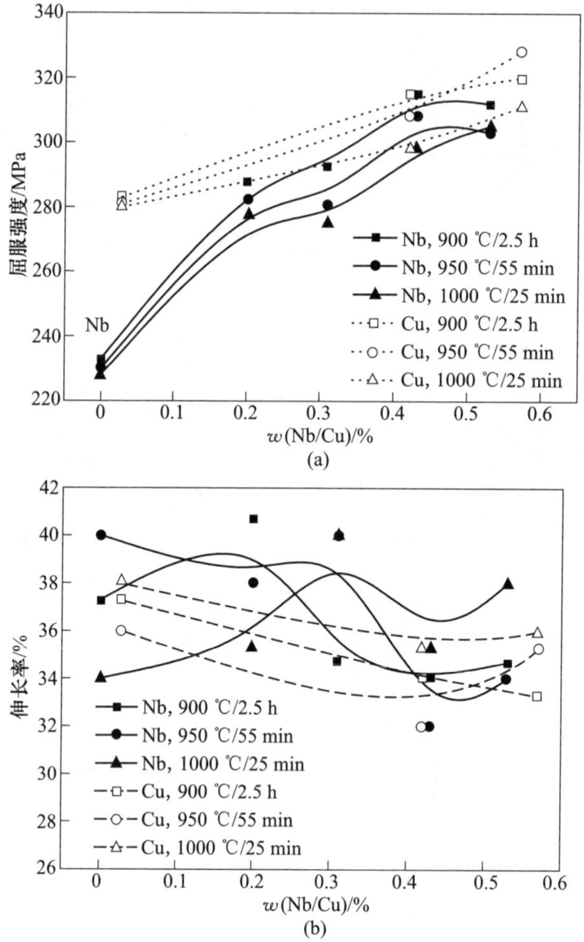

图 3-67 彩图

图 3-67　不同热处理条件下实验钢的拉伸力学性能随成分变化情况

（a）屈服强度；（b）伸长率

另外，还发现 Cu 含量高的实验钢中存在少许 Cu 参与形成微细复合析出相。

对析出相尺寸分布进行统计，结果显示，绝大多数析出相尺寸都小于 1 μm，只有极少数超过 1 μm，最大平均尺寸约为 2.2 μm。其中，Nb 含量较少的实验钢中析出相数量少、尺寸小，随着 Nb 含量的升高，析出相逐渐增大。图 3-69 所示为 950 ℃退火 55 min 后实验钢中最大析出相尺寸随 Nb、Cu 含量变化的情况。可以明显看出随 Nb 含量增多，最大析出相平均直径先增大，超过 0.4%后略有减小；而随着 Cu 含量增多，最大析出相平均直径逐渐减小。所以，较低的 Nb 含量和较高的 Cu 含量有利于获得细小弥散的析出相。

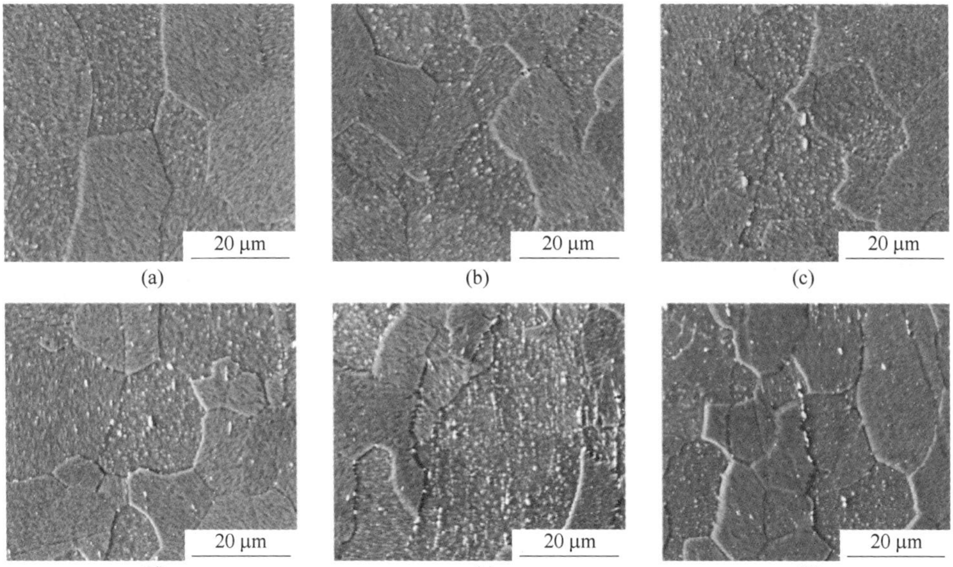

图 3-68 950 ℃退火 55 min 后实验钢中析出相的形貌

（a）0.2%Nb-0.41%Cu；（b）0.31%Nb-0.41%Cu；（c）0.43%Nb-0.42%Cu；（d）0.44%Nb-0.57%Cu；（e）0.45%Nb-0.028%Cu；（f）0.53%Nb-0.43%Cu

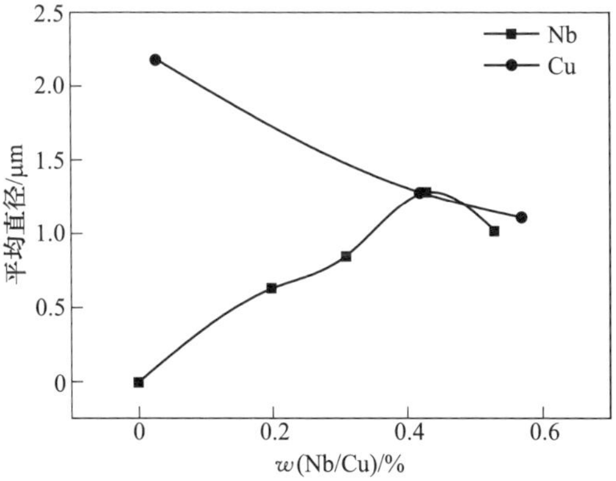

图 3-69 950 ℃退火 55 min 后实验钢中最大析出相尺寸与 Nb、Cu 含量的关系

基于激光共聚焦 3D 显微镜，采用软件校直的方法提出了一种折弯曲面橘皮效应定量化评价方法，并对实验钢板 90°折弯表面粗糙度进行了定量测量，结果如图 3-70 所示。通常情况下，随钢中 Nb 含量升高，折弯表面粗糙度 S_{a_1} 值下降；随 Cu 含量升高，S_{a_1} 值升高，但总体变化很小。此外，热处理温度越高，S_{a_1} 值也越大，且钢中 Nb 含量越低，热处理状态不同导致的粗糙度差别越大。这表明折

弯表面橘皮缺陷很可能与钢板表层晶粒度尺寸有关，因为 Nb 含量越低，热处理温度越高，表层晶粒尺寸越大。为验证这一点，选择不含 Nb 的实验钢板，利用热处理调整钢板晶粒尺寸，对不同晶粒尺寸的钢板进行 90°折弯试验并测量折弯表面粗糙度，结果如图 3-71 所示。从该图中可以看出，弯曲面粗糙度值 S_{a_1} 与材料表层晶粒尺寸存在明显的正比例关系。晶粒尺寸越大，折弯曲面粗糙度值 S_{a_1} 也越大。综上分析可知，Nb、Cu 对于钢板折弯橘皮缺陷的影响，主要与其对钢板表层晶粒尺寸的影响有关。

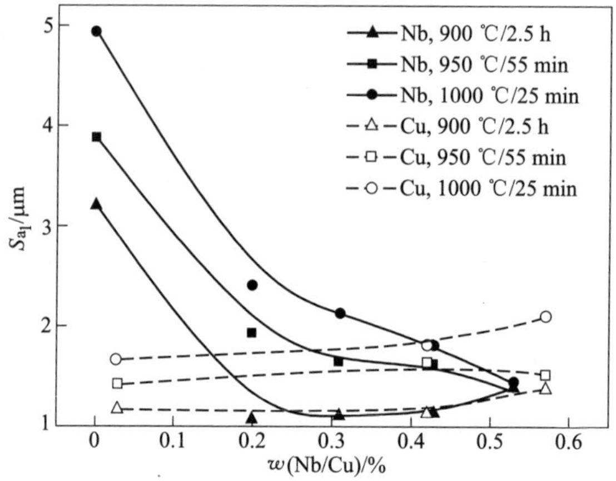

图 3-70　不同热处理条件下实验钢板折弯表面粗糙度与 Nb、Cu 含量的关系

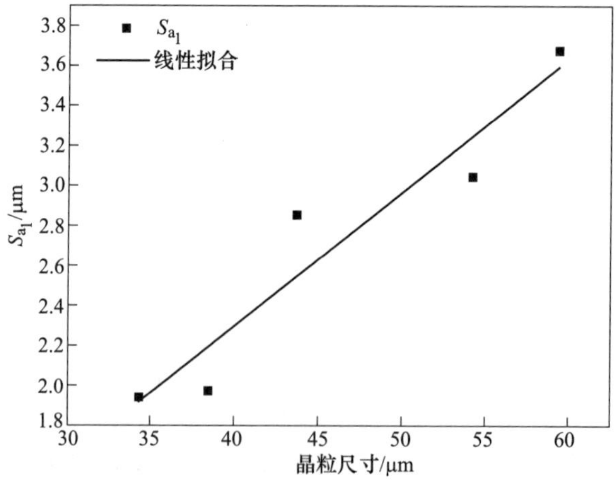

图 3-71　钢板折弯表面粗糙度与晶粒尺寸的关系

对实验钢板的极化曲线进行了测量，典型结果如图 3-72 所示，发现钢中 Nb 含量较高时，其点蚀电位也较高，并且钝化区间增长；Cu 对点蚀电位影响则较

小。这表明，较高的 Nb 含量有利于提高钢的耐蚀性能。

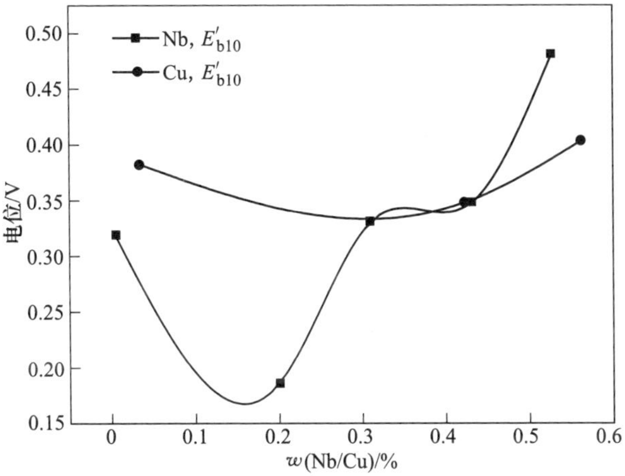

图 3-72 1000 ℃×25 min 退火处理后 Nb、Cu 含量对实验钢板点蚀电位的影响

上述实验室研究结果表明，经过新的合金设计和工艺控制，B443Nb 铁素体不锈钢完全可以成为高端电梯饰面用钢。为了获得良好的抛光性能、折弯抗皱性能和耐点蚀性能等综合性能，B443Nb 铁素体不锈钢合金化方案应为：Nb 含量在 0.3%~0.4%范围，Cu 含量为 0.4%左右；热处理温度在 950 ℃附近。

3.3.1.3 关键工艺技术及工业试制

在实验室研究的同时，宝钢开展了 B443Nb 铁素体不锈钢的工业试制与关键工艺研究，重点聚焦于冶炼夹杂物、热轧黏辊表面缺陷及加工折边橘皮缺陷控制技术等方面，基本掌握了高表面质量 B443Nb 铁素体不锈钢的关键生产工艺技术。

A 超纯净化冶炼与夹杂物控制技术

超纯净化冶炼是获得高等级表面的基础。较大的夹杂物不仅会导致钢表面缺陷，而且还会引发折边处微小裂纹。因此，在 VOD 真空冶炼时，采用长时间氩气搅拌处理可使夹杂物上浮到渣中，以减少夹杂物含量；在连铸时，创造夹杂物上浮的必要条件，严防二次氧化；采用夹杂物变性处理，使夹杂物由脆性夹杂变为低熔点的塑性夹杂。

工业试制初期发现，由于钢中含有脆性夹杂物导致表面拖尾缺陷，经检测分析，该夹杂物为富 Al、O、Mg 的铝镁尖晶石，Nb(C,N) 以其为核心在周围析出。对此，通过加强纯净化冶炼及适当调整 Nb 含量，大幅度降低了钢中脆性夹杂物的尺寸和数量，并使无效 Nb 析出量显著减少。改进后钢中尺寸在 1~1.5 μm 的析出相数量占比 99%，如此细小的析出相与抛光缺陷尺寸无对应性，排除了它们对抛光性的可能影响。

B　热轧黏辊表面缺陷控制技术

B443Nb 属于超纯铁素体不锈钢，高温强度低，在热轧过程中轧材与轧辊接触产生黏结，导致局部失效，失效后的碎片黏到工作辊表面，之后又被压入带钢表面，形成许多压坑或划痕缺陷，并导致轧辊表面失效。通过建立稳定的轧辊表面氧化膜和形成均匀、不易脱落的不锈钢表面氧化膜，避免轧辊与不锈钢基体直接接触；优化机架压下分配，以调整轧辊-基材接触表面上的切应力；优化合金设计，提高铁素体基体高温强度，以增加基体黏结抗力等三项措施，将热轧黏辊造成的带钢表面辊迹缺陷深度由之前的 40～50 μm 降低至采用新措施后的 5 μm 左右或基本消缺，从而解决了该问题，不再影响后续冷轧带钢的表面质量控制。

C　加工折边橘皮缺陷控制技术

改善铁素体不锈钢折弯表面橘皮缺陷的关键是晶粒细化。当晶粒足够细小时，折弯导致的局部变形将被均匀分配到更多的晶粒之中，每个晶粒的变形相对减少，晶粒间的相对滑移量减少，折弯处的表面更为平滑。一般而言，当铁素体不锈钢晶粒尺寸超过 50 μm 时，就会在后期加工过程中产生橘皮缺陷，通常可以接受的晶粒尺寸为 30 μm 左右。但是，对于电梯或家电等对外观要求极为苛刻的应用行业，晶粒尺寸应细化至 20 μm 以下。

通过 Nb 稳定化、冷轧压下率和再结晶退火工艺优化，B443Nb 铁素体不锈钢的晶粒尺寸得到有效细化。通过 EBSD 技术检测，证实晶粒尺寸可细化至 15～20 μm。

D　工业试制

工业试制流程为：铁水预处理→电炉→AOD→VOD→连铸→缓冷+修磨→保温坑→加热→除鳞→初轧→除鳞→精轧→层流冷却→卷取→热轧卷→退火酸洗→冷轧→退火酸洗→精整。钢板的主要化学成分与力学性能分别列于表 3-38 和表 3-39，作为对比，SUS304 奥氏体不锈钢的相关数据也列于其中。

表 3-38　工业试制 B443Nb 铁素体不锈钢板的主要化学成分

（质量分数，%）

牌号	C	N	Cr	Ti	Cu	Ni	Nb
B443Nb	0.01	0.01	20～23	—	0.4	—	0.3
SUS304	0.05	0.05	18～20	—	—	8～10.5	—

表 3-39　工业试制 B443Nb 铁素体不锈钢板的力学性能

牌号	屈服强度 /MPa	抗拉强度 /MPa	伸长率（EL） /%	塑性应变比 r	硬化指数 n
B443Nb	336	471	36	1.42	0.18
SUS304	286	520	50	0.94	0.36

宝钢在宁波宝新生产的 B443Nb 铁素体不锈钢 BA 板经过 8 K 表面研磨，得到了可与 SUS304 奥氏体不锈钢媲美的抛光镜面，如图 3-73 所示。

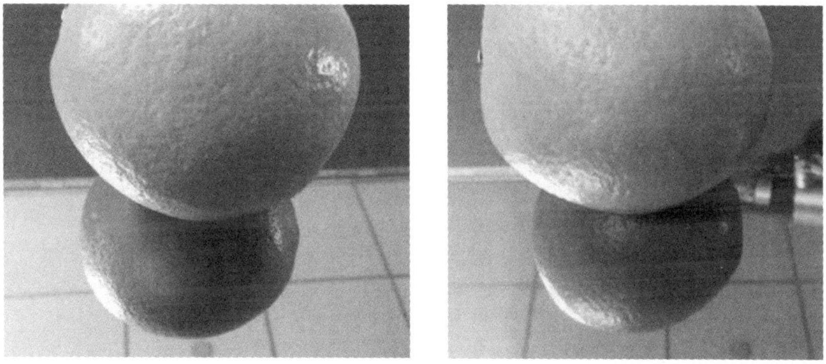

(a) (b)

图 3-73 镜面抛光不锈钢板
(a) B443Nb-8 K；(b) SUS304-8 K

工业试制钢板的性能测试结果表明，B443Nb 铁素体不锈钢的点蚀电位略高于 SUS304，见表 3-40；在循环腐蚀测试（cycle corrosion test，CCT）过程中 18 周后其对腐蚀的抵抗能力与 SUS304 相当。

表 3-40 B443Nb 和 304 不锈钢的点蚀电位测量结果 (mV)

牌号	测量电位 1	测量电位 2	测量电位 3	测量电位平均值
B443Nb	352	360	371	361
SUS304	336	342	359	345

在加工折边细节方面，B443Nb 铁素体不锈钢在折边处仍存在轻微程度的橘皮缺陷，但无论是从橘皮的宽度还是橘皮的粗糙度，都要明显好于 B443NT，如图 3-74 所示。

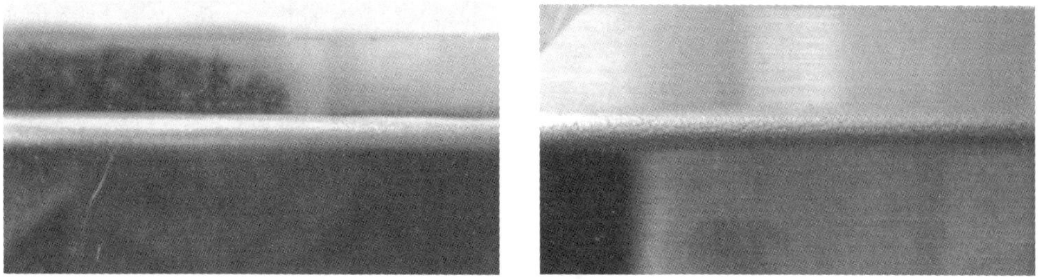

(a) (b)

图 3-74 不锈钢板的折边橘皮缺陷
(a) B443Nb；(b) B443NT

工业试制结果表明，B443Nb 铁素体不锈钢板已达到工业应用要求，可用于电梯试制。

3.3.1.4　推广应用

对宝钢工业试制开发的 B443Nb 铁素体不锈钢 BA 表面样板，某电梯公司首先针对电梯应用开展了钢板研磨、耐蚀性能和加工性能测试。

镜面研磨加工结果如图 3-75 所示。可以看出，B443Nb 与 SUS304 不锈钢的镜面板外观效果基本一致，表明 B443Nb 铁素体不锈钢对高质量表面加工的适应性达到了预期的效果。

图 3-75　B443Nb 镜面试样与 SUS304 镜面板的研磨加工结果对比

在耐蚀性能方面，对 B443Nb 铁素体不锈钢镜面单板、折边、蚀刻、镀钛样品和 SUS304 镜面单板、发纹单板样品以及 B443NT 发纹单板样品进行了 1000 h 盐雾试验，结果如图 3-76 所示。

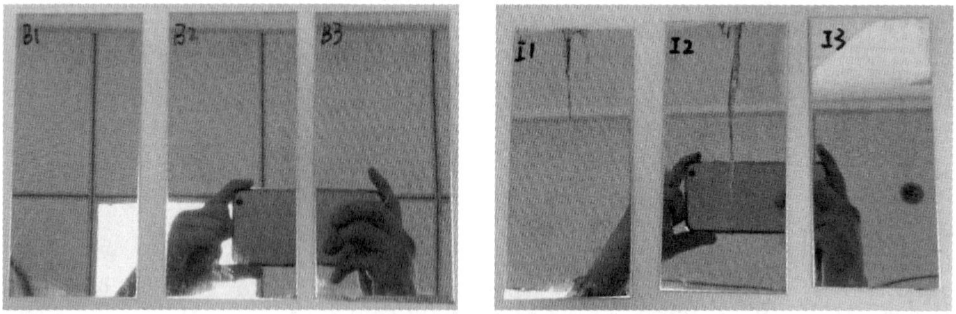

(a)　(b)

图 3-76　镜面单板样品

(a) B443Nb；(b) SUS304

B443Nb 铁素体不锈钢样品均未出现锈蚀现象，性能甚至优于 SUS304 样品。

同时，对上述样品还进行了 240 h 复合循环腐蚀试验，结果如图 3-77 所示，试验后 B443Nb 铁素体不锈钢样品表面仅轻微锈蚀，好于 SUS304 发纹单板，与 SUS304-8K 镜面接近。

SUS304		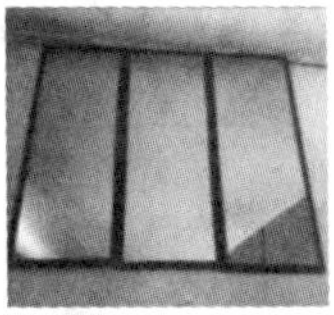		
表面状态	HL(满面锈蚀)	8K(小部分锈蚀)		
B443Nb				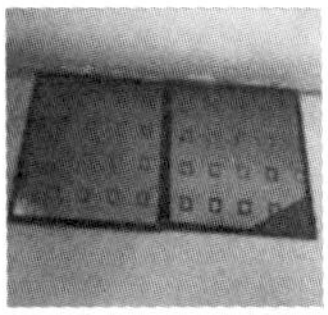
表面状态	8K(局部锈蚀)	8K折弯(部分锈蚀)	镜蚀(部分锈蚀)	镜蚀镀(部分锈蚀)
B443NT				
表面状态	HL(满面锈蚀)	发蚀(局部严重锈蚀)	发纹镀(满面锈蚀)	

图 3-77 240 h 复合循环腐蚀试验结果对比

图 3-77 彩图

加工性能方面，在钣金件流水线上进行了制作电梯轿厢壁的落料、冲孔、折边等常规加工，并对小样进行了激光切割，结果表明 B443Nb 铁素体不锈钢加工性能完全符合钣金件流水线加工设备要求。此外，还测试了 B443Nb 铁素体不锈钢与 SPCC 试样使用 3 种不同黏结剂（C373、NS-788、HY303）在 4 种不同环境（常温、低温、湿热老化、高低温循环）下的 T 剥离和剪切试验。240 片试样 T 剥离强度试验和 240 片试样剪切试验结果显示，平均剥离强度和平均剪切强度均满足某电梯公司的内部标准要求。

随后，在 B443Nb 铁素体不锈钢板测试结果全面满足性能要求的基础上，试制了两个电梯轿厢，分别考察了镜面、镜面镀钛、镜面蚀刻镀钛、和纹镀钛（见图 3-78）4 种表面处理和镜面、和纹镀钛、和纹蚀刻镀钛、砂纹镀钛（见图 3-79）4 种表面处理。

最后，开展了 B443Nb 铁素体不锈钢板对各种表面处理的适应性验证和评价。从表面质量上看，两个试制的轿厢，已基本覆盖了某电梯公司常用的不锈钢表面处理种类，且壁板表面质量令人满意。在折边细节方面（见图 3-80），尽管仍存在轻微程度的“橘皮”现象，但明显好于 B443NT，因此可满足生产和应用要求。

图 3-78　1 号轿厢

图 3-79　2 号轿厢

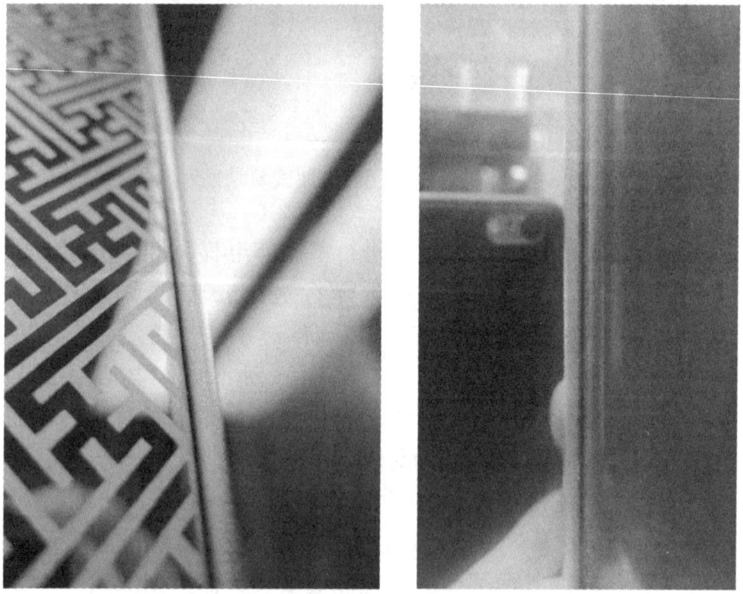

(a)　　(b)

图 3-80　轿壁折边细节

（a）1 号轿厢；（b）2 号轿厢

B443Nb 铁素体不锈钢由于其优秀的耐腐蚀性、良好的加工性、高质量表面处理的适应性，可用于替代某电梯公司的 SUS304 奥氏体不锈钢镜面、发纹、砂纹及其他叠加表面处理（蚀刻、镀钛）等。它的试制成功大大拓展了443系列铁素体不锈钢的应用范围，降低了产品成本，增加了竞争力。某电梯公司2016年高表面质量不锈钢（镜面+砂纹+和纹）总用量达900 t，按当时最新的B443Nb铁素体不锈钢和SUS304奥氏体不锈钢的成本差价估算，如从SUS304奥氏体不锈钢基材切换成B443Nb铁素体不锈钢基材，则每年可降低成本约160万元。此外，400系铁素体不锈钢2016年占某电梯公司不锈钢总用量约30%，若能利用B443Nb铁素体不锈钢试制成功的契机，配合B443NT铁素体不锈钢增加400系铁素体不锈钢份额至不锈钢总用量的70%左右，则每年可降低成本约2900万元。由此可见，443系列含Nb新型铁素体不锈钢在电梯行业的应用前景非常广阔。

3.3.2 建筑围护系统用含铌不锈钢

我国沿海地区金属屋面遇到的主要问题是点蚀。不锈钢的点蚀源于空气中海盐的沉积或堆积，在高温和高湿环境下发生加速腐蚀。在一些海岸地区，甚至SUS316L奥氏体不锈钢也可能会遇到点蚀的问题。为确保建筑的耐久性，研究人员开发了含22.5%Cr和1.5%Mo的高耐腐蚀铁素体不锈钢B445R。这个新开发的含Nb铁素体不锈钢具有以下优点：（1）在氯离子富集的海洋环境中，其具有比奥氏体不锈钢SUS316L更优异的耐大气腐蚀性能和耐点腐蚀性能，它不发生应力腐蚀开裂，同时由于C和N的含量超低，也不会发生晶间腐蚀；（2）由于其热膨胀系数明显低于SUS316L和铝合金，可减小大跨度屋顶的热变形；（3）可以具有各种不同的表面状态、颜色和光泽度，100%可回收利用；（4）具有良好的力学性能、成型性和焊接性；（5）因为不含Ni，其具有比SUS316L奥氏体不锈钢更低的成本。

3.3.2.1 化学成分

实验室研究表明，为避免不锈钢在海洋大气环境下发生锈蚀，点蚀当量PREN［$w(Cr)+3.3w(Mo)$］值需大于26，据此确定了B445R的基本化学成分为22%Cr-1.5%Mo。通过超低含量C、N成分设计和采用Nb、Ti复合稳定，进一步提升了B445R的塑性、焊接性能和耐蚀性能；添加了Nb和Ti，固定了钢中的C、N，阻止了晶界处$Cr_{23}C_6$的析出，避免了晶间腐蚀发生，具体化学成分见表3-41。

表3-41 B445R铁素体不锈钢的化学成分 （质量分数,%）

牌号	C	N	Mn	Si	S	P	Cr	Mo	Nb+Ti
B445R	≤0.010	≤0.015	≤0.30	≤0.30	≤0.003	≤0.040	22.0~24.0	1.20~2.00	≥16w(C+N)
SUS316L	≤0.030	≤0.100	≤2.00	≤0.75	0.030	0.045	16.00~18.00	2.00~3.00	—

3.3.2.2　力学性能

建筑屋面用 0.5 mm 厚度 B445R 铁素体不锈钢冷轧退火板的力学性能见表 3-42。B445R 铁素体不锈钢强度高于 SUS316L 奥氏体不锈钢，相同厚度下 B445R 铁素体不锈钢屋面板具有更高的抗荷载能力。

表 3-42　B445R 铁素体不锈钢和 SUS316L 奥氏体不锈钢的力学性能

牌号	指标	$R_{p0.2}$ /MPa	R_m /MPa	A_{50} /%	N	r	硬度 (HV)	弯曲 180°, $D=1.0t$
B445R	典型值	325	500	30.0	0.205	1.40	176	完好
	技术要求	≥300	≥470	≥20	—	—	≤230	完好
SUS316L	技术要求	≥180	≥485				≤220	—

3.3.2.3　耐腐蚀性能

在氯离子富集的海洋环境中，B445R 铁素不锈钢具有比 SUS316L 奥氏体不锈钢更优异的耐大气腐蚀性能和耐点腐蚀性能。它不发生应力腐蚀开裂，同时由于超低的碳和氮含量且添加了 Nb 和 Ti 复合稳定化元素，也不会发生晶间腐蚀，具体耐蚀数据见表 3-43。

表 3-43　B445R 铁素体不锈钢和 SUS316L 奥氏体不锈钢的耐腐蚀性能

牌号	点蚀电位/mV	失重率 /g·(m²·h)$^{-1}$	加速腐蚀试验开始生锈时间/h	晶间腐蚀	应力腐蚀断裂时间/h
B445R	650	0.17	135	无	长时间不断裂
SUS316L	450	6.10	22	无	2

3.3.2.4　物理性能

与 SUS316L 奥氏体不锈钢、铝镁锰合金相比，B445R 铁素体不锈钢具有两种物理性能优势：(1) 热膨胀系数低，减小了因昼夜温差（高达 70 ℃）导致的屋面变形，特别适合于大跨度金属屋面，这一优势对建筑屋面设计特别有利；(2) 密度较小，在相同质量下，可增加 3.6%装饰面积，节约材料。其物理性能见表 3-44。

表 3-44　B445R 铁素体不锈钢的物理性能

牌号	密度 /g·cm^{-3}	线膨胀系数 /℃$^{-1}$	热导率 /W·(m·℃)$^{-1}$	比电阻 /Ω·m	磁性
B445R	7.69	10.1×10^{-6}	2.25×10^{4}	6×10^{-7}	有
SUS316L	7.98	16.0×10^{-6}	1.39×10^{4}	7.4×10^{-7}	无

3.3.2.5 光反射性能

作为大型公共建筑屋面板材料，B445R 铁素体不锈钢必须满足防眩光设计要求。该材料经过专用毛面辊轧制和退火酸洗钝化处理后，其表面光反射率和光泽度可以满足设计要求，从而避免产生眩光污染等不良后果。研究结果表明，不锈钢屋面板表面粗糙度越大，光泽度越低，镜面反射率越低，防眩光效果越好。当表面粗糙度 R_a 介于 0.9~1.6 μm 之间时，光泽度范围为 70~90 GU，镜面反射率（SCI-SCE）介于 20~25 之间；当粗糙度为 1.8~2.0 μm，光泽度范围为 64~74 GU，镜面反射率（SCI-SCE）介于 13~15 之间。表 3-45 列出了中国进出口商品贸易会四期场馆 445J2（B445R）铁素体不锈钢屋面装饰板的光泽度和镜面反射率数据。

表 3-45 中国进出口商品贸易会四期场馆 445J2（B445R）铁素体不锈钢屋面装饰板的光泽度和镜面反射率数据

牌号	表面	方向	20°	60°	85°	SCE	SCI	SCI-SCE
445J2	基准面	纵向	16.2	64.1	20.2	41.89	56.12	14.23
			16.3	64.6	20.7	41.89	55.55	13.66
			16.4	64.2	20.3	43.45	56.81	13.36
		横向	16.2	72.6	19.1	44.08	57.51	13.43
			15.6	71.6	19.1	43.48	57.71	14.23
			14.9	69.9	18.8	44.07	58.18	14.11
220M	基准面	纵向	—	68.5	—	54.7	77.82	23.05

3.3.2.6 应用案例

B445R 铁素体不锈钢毛面产品已被用作广州亚运城综合体育馆和宁波文化广场屋面和幕墙材料。广州亚运城综合体育馆位于广州市番禺区，总围护系统面积 50194 m^2，包括 42000 m^2 屋顶面积和 6000 m^2 外墙面积。虽然广州距离南海约 75 km，但由于高湿度和工业污染，屋面腐蚀仍然是一个重要的问题。为了实现超过 50 年的服役寿命，选用了高耐腐蚀铁素体不锈钢 B445R 为屋面和幕墙材料，大约使用了 380 t、厚度 1.0 mm 的冷轧 B445R 铁素体不锈钢毛面板用于屋面面板，另有约 100 t、厚度 0.8 mm 的 B445R 铁素体不锈钢压花或氟碳涂层板用于侧墙面板。复合屋顶构造如图 3-81 所示。

四边折弯而成的屋面板，宽度相同，但长度各不相同，由不锈钢紧固件固定到一个“L”形龙骨之上。其中，“L”形龙骨由一个铝制夹具连接到直立锁边板的肋板之上。

在屋面板安装过程中，研究人员关注了色差问题。B445R 铁素体不锈钢毛面板具有一定的光学各向异性，沿同一个方向排板对避免色差至关重要。此外，不

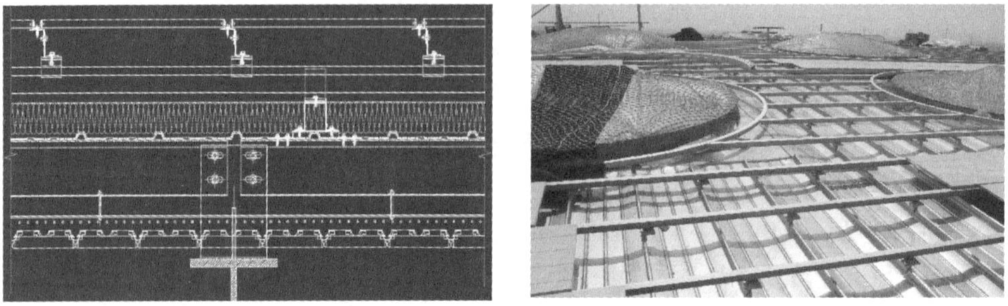

(a)　　(b)

图 3-81　复合屋顶构造图（a）及 B445R 铁素体不锈钢的应用（b）

图 3-81 彩图

同批次 B445R 铁素体不锈钢的颜色可能略有变化，导致安装后的颜色不一致，因此建议按一个批次订单组织安装。

广州亚运城综合体育馆为第 16 届广州亚运会主场馆，由广东省建筑设计研究院设计，于 2010 年 6 月竣工。屋面设计的灵感源自艺术体操运动员手中挥舞的多彩灵活的彩带，弯曲的金属屋面与绚丽的幕墙一起，充满了动感，在每一个方向展示出了不同的画面，这是国产高铬铁素体不锈钢首次在国内大型建筑屋面上得到应用。继广州亚运城综合体育馆和宁波文化广场屋面和幕墙项目成功应用之后，含 Nb 超纯铁素体不锈钢 B445R 及其改进型 445J2 在大型公共建筑屋面工程的应用优势得到建筑设计师及施工单位的广泛认可，从不锈钢屋面防水板到不锈钢装饰板，从不锈钢直立锁边屋面板到不锈钢焊接屋面板，都取得了大量应用实例和应用经验，而随着连续电阻缝焊技术的发展，焊接不锈钢屋面的优势将越来越明显。青岛机场项目、肇庆新区体育中心项目、汕头亚洲青年运动会、湛江机场、平潭会展中心、三亚体育中心、清迈图书馆、广州琶洲国际会展中心 4 期等屋面工程项目均采用了 445J2 超纯铁素体不锈钢作为防水屋面板或装饰板。另外，广州白云机场 T3 航站楼、顺德体育中心屋面项目也采用 445J2 彩涂板和复合板作为屋面板材料。与此同时，含 Nb 超纯铁素体不锈钢 B443NT 和 TTS443 在一些工业建筑屋面工程中也获得了大量应用，这些成功应用案例标志着我国建筑用含 Nb 超纯铁素体不锈钢进入快速发展的新阶段。

3.4　家电家居用含铌不锈钢

3.4.1　家电用含铌不锈钢

中铬铁素体不锈钢（常用的为 SUS430），由于其优良的综合性能和较高的性价比，在家电、装饰材料，以及其他制品行业得到了非常广泛的使用。在微波炉内外壳、洗衣机内桶、电冰箱面板、电饭煲等种类繁多的家用电器里都可以看到中铬铁素体不锈钢 SUS430 的身影。

尽管铁素体不锈钢已经得到了广泛的应用，但是与传统的 SUS304 奥氏体不锈钢相比，它仍然存在一些不足，其中最主要表现在三方面：第一，耐蚀性较差，易发生晶间腐蚀；第二，可焊性一般，焊接后焊缝的性能与母材产生一定差距；第三，成型性能不足，表现为变形时容易开裂。为了克服铁素体不锈钢的这些缺点，日本最先开发超纯铁素体不锈钢，通过大幅降低铁素体不锈钢中杂质和间隙元素含量，并添加 Nb、Ti 等稳定化合金元素，使得铁素体不锈钢的耐蚀性、焊接性和成型性都得到了大幅的提高。宝钢从 2007 年开始开发家电用含 Nb 铁素体不锈钢 B430LNT，通过成分优化和技术创新，使其各方面性能达到国际领先水平，打破了国外钢企在该领域的垄断地位，为中国家电用不锈钢的换代升级奠定了基础。

3.4.1.1 合金设计特点

宝钢 B430LNT 超纯铁素体不锈钢在降低 C、N 含量的基础上，添加了稳定化元素 Nb 和 Ti。由于 Nb 和 Ti 能够优先和 C、N 结合，形成 Nb(C,N)、TiN、TiC 等第二相析出物，从而避免了 C、N 在高温下从晶内游离到晶界，并和晶界的 Cr 结合，造成晶界贫 Cr，引发晶间腐蚀。由于 Nb、Ti 和 C、N 有一定固溶度积的限制，因此为了最大限度地稳定钢中的 C、N 等间隙原子，Nb、Ti 含量和 C、N 含量就必须服从特定的关系。经过这样的设计既能保证 C、N 等间隙原子最大限度地被固定，又避免了 Ti 含量过高对不锈钢最终表面质量产生不利影响。表 3-46 是 SUS430 和 B430LNT 铁素体不锈钢的化学成分设计对比。

表 3-46 SUS430 与 B430LNT 铁素体不锈钢的化学成分设计对比

（质量分数，%）

牌号	C	Si	Mn	P	S	Cr	N	Ti	Nb
SUS430	≤0.120	≤0.75	≤1.00	≤0.040	≤0.030	16.0~18.0	—		
B430LNT	≤0.020	≤0.60	≤1.00	≤0.040	≤0.015	16.0~18.0	≤0.020	≤0.30	≤0.30

由于 C、N 是较强的奥氏体形成元素，而 Nb、Ti 又是铁素体形成元素，因此降低 C、N 含量并添加 Nb、Ti 会使不锈钢在高温下平衡相图中的奥氏体相区缩小，铁素体相区扩大。从 Thermo-Calc 热力学计算相图（见图 3-82）可以看出，常规 430 铁素体不锈钢从 850 ℃开始出现奥氏体相区，在 850~1250 ℃的温度区间内，随着温度的升高奥氏体比例先升高后下降，奥氏体比例最高可达到 40%左右。B430LNT 超纯铁素体不锈钢从高温到低温都为单一的铁素体组织，这与 C、N 和 Nb、Ti 的含量变化有密切的关系。

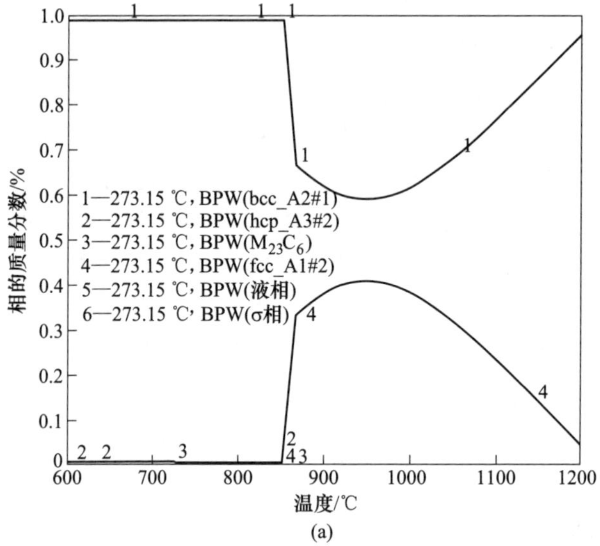

(a)

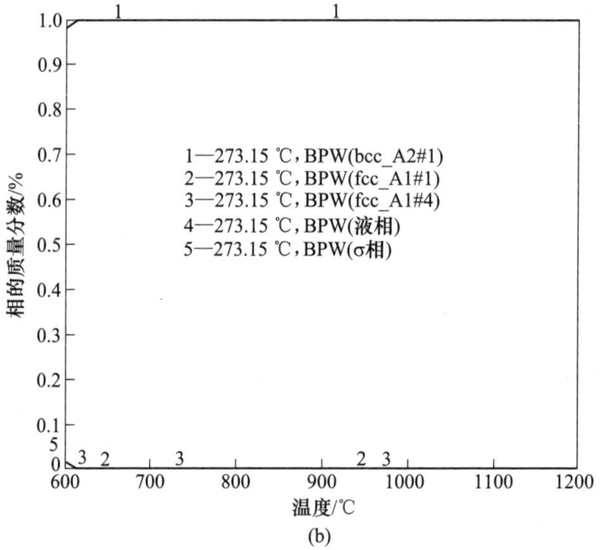

(b)

图 3-82　SUS430 和 B430LNT 铁素体不锈钢高温下的平衡相图

（a）SUS430 铁素体不锈钢；（b）B430LNT 铁素体不锈钢

（图（a）中图例 5、6 和图（b）中图例 4 含量极低，在图上未标注）

3.4.1.2　微观组织和力学性能特点

图 3-83 为 SUS430 和 B430LNT 铁素体不锈钢在用户使用状态下的退火组织，从该图可以看出，SUS430 铁素体不锈钢的晶粒比 B430LNT 铁素体不锈钢的要更为细小，这主要是因为 SUS430 铁素体不锈钢在高温下有奥氏体组织，在冷却过程中转化为铁素体和碳化物，这一相变过程细化了铁素体的晶粒，析出的大量碳

化物也能阻碍晶粒的长大。B430LNT 铁素体不锈钢高温下即为单一铁素体，冷却至室温也没有相变，少量析出的碳化物钉扎晶界阻碍晶粒长大作用不大，因此 B430LNT 铁素体不锈钢的晶粒尺寸相对较大。但是，SUS430 铁素体不锈钢的晶粒尺寸大小不均匀，并且有一些混晶组织，这主要是因为在碳化物钉扎晶界的作用下，使得晶粒长大的各个方向不一致，导致晶粒尺寸不均匀。另外，高温下的奥氏体晶界在冷却时没有完全转化，也会造成大小不一的混晶。B430LNT 铁素体不锈钢没有相变，碳化物析出也很少，因此组织非常均匀，对材料的塑性是非常有益的。

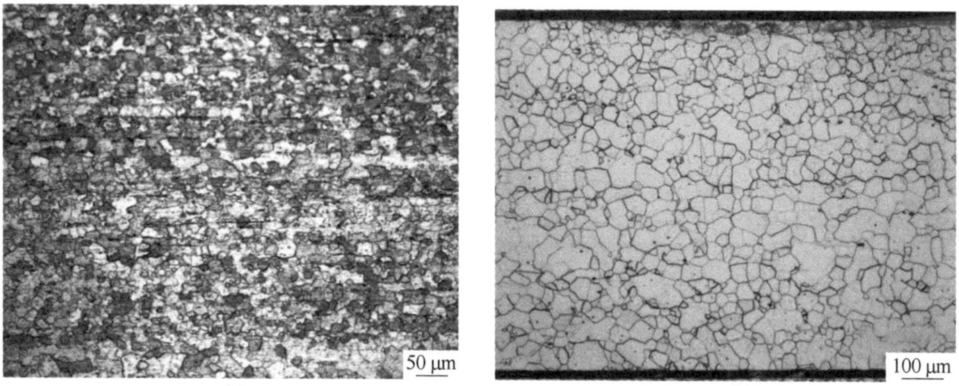

(a) (b)

图 3-83 退火状态下两种不锈钢的金相组织
(a) SUS430 铁素体不锈钢；(b) B430LNT 铁素体不锈钢

表 3-47 是 SUS430 和 B430LNT 铁素体不锈钢的力学性能对比，从表中可以看出，SUS430 铁素体不锈钢的抗拉强度和硬度都高于 B430LNT 铁素体不锈钢，这主要是因为 SUS430 的 C、N 含量较高，而 C、N 等间隙原子在铁素体体心立方的晶格点阵中溶解度较低，主要以析出强化的方式使基体得到强化，因此 SUS430 铁素体不锈钢的抗拉强度较高。但是，由于 Nb 具有较强的固溶强化作用，而固溶强化主要对基体的屈服强度产生强化，因此 B430LNT 铁素体不锈钢的屈服强度要高于 SUS430 铁素体不锈钢。从表 3-47 中可以看出，B430LNT 铁素体不锈钢的伸长率要明显优于 SUS430 铁素体不锈钢，这主要是因为 Nb 的细化晶粒和固定 C、N 作用使得 B430LNT 铁素体不锈钢具有均匀的晶粒组织和极少的析出物，而伸长率的增加对提高材料的成型性能具有重要的意义。

表 3-47 SUS430 和 B430LNT 铁素体不锈钢的力学性能对比

牌号	屈服强度/MPa	抗拉强度/MPa	伸长率/%	硬度（HV）
B430LNT	320	450	37	145
SUS430	280	480	29	150

3.4.1.3　耐腐蚀性能特点

表 3-48 是 SUS430 和 B430LNT 铁素体不锈钢在 5%NaCl 气氛的盐雾箱中，经过 800 h 盐雾腐蚀后的耐腐蚀性能对比。可以看到，SUS430 铁素体不锈钢的表面已经出现了大量的锈点，而 B430LNT 铁素体不锈钢表面没有任何锈点。由此可以看出，B430LNT 铁素体不锈钢的耐腐蚀性能明显优于 SUS430 铁素体不锈钢。这主要是因为 B430LNT 铁素体不锈钢的内部组织为单一铁素体晶粒，由于 Nb、Ti 较强的固定 C、N 作用，使得大部分的 C、N 没有形成碳氮化铬。而碳氮化铬的析出往往会导致析出相界面的耐蚀性下降，这是因为 C、N 在晶界处与 Cr 结合也会造成材料的晶间贫 Cr，因此 SUS430 铁素体不锈钢的耐蚀性比 B430LNT 铁素体不锈钢差。

表 3-48　SUS430 和 B430LNT 铁素体不锈钢的耐腐蚀性能对比

牌号	SUS430	B430LNT
时间及溶液	800 h，5%NaCl 溶液	
腐蚀图像	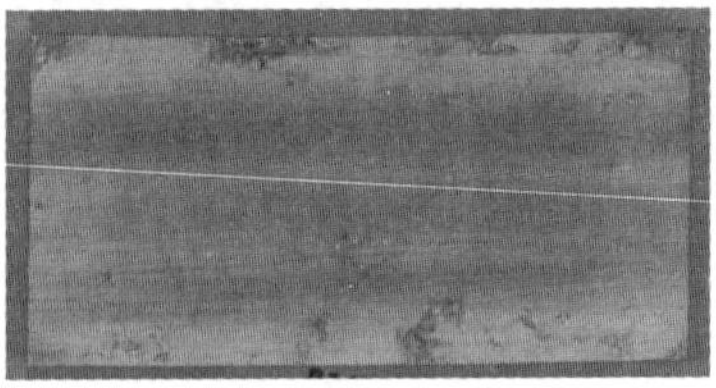	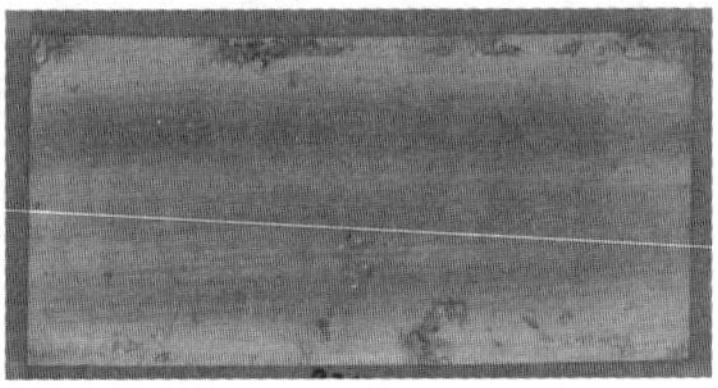
腐蚀情况	局部锈蚀	无锈蚀

3.4.1.4　焊接性能特点

表 3-49 是 SUS430、B430LNT 和 JFE430XT 铁素体不锈钢的焊接性能对比，从表中可以看出，SUS430 铁素体不锈钢焊接后焊缝及热影响区主要为马氏体组织，并且有大量的碳化物析出，碳化物在晶界析出，不但造成晶间腐蚀，降低焊缝的耐腐蚀性，而且会恶化材料的力学性能。B430LNT 铁素体不锈钢的焊缝组织主要为凝固等轴晶组织，并且热影响区组织长大不明显，焊缝及热影响区极少有碳氮化物析出，因此 B430LNT 铁素体不锈钢在焊缝锈蚀时间、焊缝杯突值、拉伸断裂位置等重要的焊接性能指标上均优于 SUS430 铁素体不锈钢。与单 Ti 稳定的 JFE430XT 铁素体不锈钢相比，Nb 和 Ti 复合稳定的 B430LNT 铁素体不锈钢同为超纯铁素体不锈钢，但其含有一定量的 Nb，一方面 Nb 固定 C、N，起到了防止 C、N 与 Cr 结合的作用；另一方面在焊接过程中，Nb(C,N) 的析出阻碍了热影响区晶粒尺寸的长大，因此 B430LNT 铁素体不锈钢热影响区的晶粒尺寸小于 JFE430XT 铁素体不锈钢的晶粒尺寸，较小的晶粒对焊缝的成型性和力学性能都是有益的。因此，可以看到 B430LNT 铁素体不锈钢的焊缝耐腐蚀性和成型性优于 JFE430XT 铁素体不锈钢。

表 3-49　SUS430、B430LNT 及 JFE430XT 铁素体不锈钢的焊接性能对比

牌号	焊接方式	焊缝组织	盐雾箱焊缝锈蚀时间/h	焊缝杯突值	力学拉伸断裂位置
SUS430	激光焊	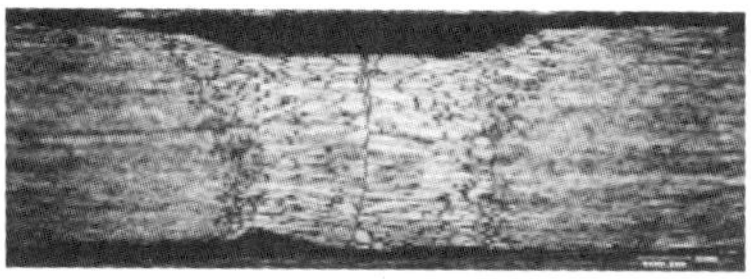	50	2. 3	焊缝
JFE430XT	激光焊	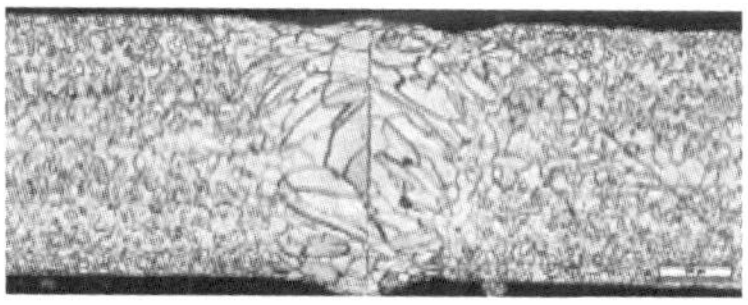	400	7. 1	母材
B430LNT	激光焊	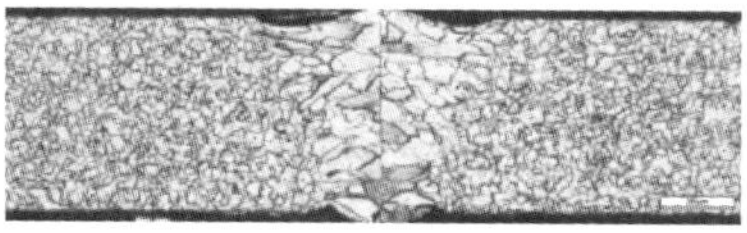	500	8. 1	母材

3. 4. 1. 5　成型性能特点

图 3-84 是 SUS430 和 B430LNT 铁素体不锈钢成型性能的指标对比图，其中杯突值是衡量材料在胀形变形过程中所能抵抗变形能力的数值。该数值越大，材料的胀形性能越好。极限延伸比衡量的是材料在深冲变形时，所能抵抗的数值，该数值越大，材料的深冲性能越好。从图 3-84 中可以看出，B430LNT 铁素体不锈钢的杯突值和极限延伸比均明显优于 SUS430 铁素体不锈钢。这主要是因为 B430LNT 铁素体不锈钢内部均匀的组织和极少的析出相所产生的有益效果。

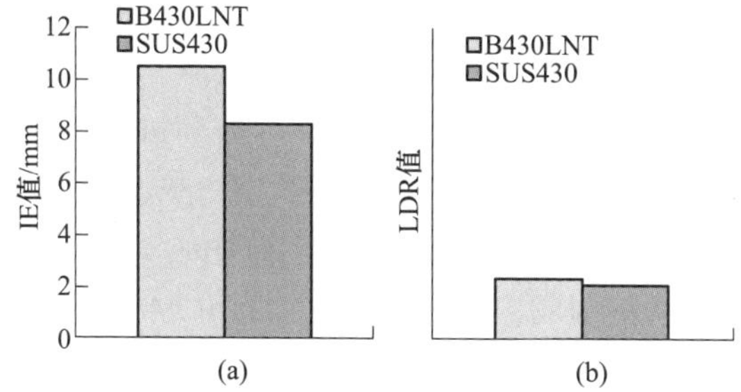

图 3-84　SUS430 和 B430LNT 铁素体不锈钢成型性能指标对比

（a）IE 值；（b）LDR 值

3.4.1.6　用户使用案例

家用滚筒洗衣机端盖的法兰部件目前采用不锈钢冲压成型制成，随着家用洗衣机逐步向大容量、高转速发展，法兰的成型工艺越来越复杂，变形量越来越大，对材料的成型性要求也越来越高。常规的 SUS430 铁素体不锈钢在进行这种复杂的成型工艺时往往会发生开裂，如图 3-85（a）所示。B430LNT 铁素体不锈钢具有优良的深冲性能和胀形性能，能抵御复杂的变形，变形时和变形后不会发生开裂，如图 3-85（b）所示。目前，B430LNT 铁素体不锈钢已经在诸多著名中外品牌家电企业的洗衣机法兰部件上得到使用。

(a)

(b)

图 3-85　不同不锈钢材料冲压成洗衣机法兰部件

（a）SUS430；（b）B430LNT

家用洗衣机滚筒材料一般都是使用不锈钢板材通过铆接工艺加工成筒形状，如图 3-86 所示。但是，随着洗衣机滚筒脱水时旋转速度越来越快，对材料的力学性能要求越来越高。由于铆接部位力学性能较差，往往在高速旋转时容易发生断裂，目前国内主流洗衣机厂家都在从铆接工艺向焊接工艺转化。常规 SUS430 铁素体不锈钢焊接后焊缝及热影响区有大量马氏体组织，容易锈蚀，力学性能也不达标。B430LNT 铁素体不锈钢具有优良的焊接性能，焊缝处成型性能、力学性能、耐蚀性能都满足用户要求，目前已经在诸多著名中外品牌家电企业的洗衣机筒身材料上得到应用。

随着国内电冰箱从传统的双开门逐渐向三开门、对开门等高端产品转型，不锈钢冰箱面板也逐渐被广大消费者认可，如图 3-87 所示。不锈钢冰箱面板美观、大方、容易清洁，显著提高了产品的档次。目前国内多数厂家的不锈钢冰箱面板采用 SUS430 铁素体不锈钢制成，在一般情况下，SUS430 铁素体不锈钢在大气环境中是不会发生腐蚀的。但是，不锈钢冰箱面板往往会在不锈钢原始表面增加拉丝、蚀刻等工艺，这些工艺改变了不锈钢原有的耐蚀性，使其长时间处于大气环境中，尤其是南方地区的潮湿环境中，不锈钢表面会出现锈点，极大地影响美观。B430LNT 铁素体不锈钢表面耐蚀性远优于 SUS430 铁素体不锈钢，因此，它不会产生出现锈点这种问题，目前已经在几家知名品牌的冰箱面板中得到使用。

图 3-86 家用洗衣机不锈钢滚筒

图 3-87 家用电冰箱不锈钢面板

宝钢 B430LNT 铁素体不锈钢通过降低 C、N 和 S 等间隙和杂质元素含量，并添加 Nb、Ti 等稳定化元素，使得其退火后组织均匀细小，碳氮化物的析出大幅减少，其耐腐蚀性能、焊接性能和成型性能与常规 SUS430 铁素体不锈钢相比都有明显提高。由于 Nb 具有强化基体、固定 C 和 N、细化晶粒等作用，因此 Nb、Ti 复合稳定的 B430LNT 铁素体不锈钢与国外同类产品 JFE430XT 铁素体不锈钢相比，其强度、耐蚀性、焊接性均具有一定的优势。由于 Nb 的析出相多为微米以下尺寸，不会在轧制过程中对钢板表面产生任何不良影响，因此 B430LNT 铁素体不锈钢成品具有优异的表面质量，和 SUS430、JFE430XT 等铁素体不锈钢钢种相比，其成品表面光泽度更高，粗糙度更低。B430LNT 铁素体不锈钢目前已经通过诸多中外著名品牌家电企业的厂家质量认证，并在洗衣机内筒、洗碗机内板、电冰箱面板、微波炉内壳等家电部件上得到了成功的应用。

3.4.2 太阳能热水器行业用含铌不锈钢

节能减排是国家倡导的发展趋势，具有更少能源消耗的产品是未来发展的方向，因而太阳能热水器作为低能耗产品得到了国家环保节能产业的重点关注。“十二五”规划中明确提出，国家对节能减排和低碳经济的导向不变，给太阳能热水器行业带来难得的发展机遇；工业和信息化部《关于促进太阳能热水器行业健康发展的指导意见》提出，我国将培育 3 家年产销量在 250 万台以上的龙头企业，培育 5 家以上年产销量达 100 万台以上的企业，太阳能热水器在整个热水器行业（电热水器、燃气热水器、太阳能热水器）的比重超过 40%；财政部、国家发展和改革委员会、工业和信息化部联合发起的《节能产品惠民工程高效太阳能热水器推广实施细则》采取财政补贴的方式，支持太阳能热水器的推广使用，拉动新能源产品的消费。

太阳能热水器是不锈钢的重要应用领域之一，包括热水器水箱、集热器、支架等。随着太阳能热水器产品的发展和应用环境的变化，对不锈钢材料的性能、成本等方面提出了新的要求。含 Nb 超纯铁素体不锈钢属于资源节约型材料，是不锈钢发展方向之一，其凭借优异的性能、稳定的价格在高端家电、制品、汽车排气系统、建筑装饰等行业得到大量应用。近几年国内外不锈钢企业根据太阳能热水器行业的发展需要，通过大量基础研究并与太阳能热水器企业合作，研发出了满足该行业使用的系列含 Nb 超纯铁素体不锈钢产品。

基于 Nb 在超纯铁素体不锈钢中赋存状态及其对组织和性能影响规律的研究，同时针对太阳能热水器的加工要求和应用环境特点，宝钢、太钢相继开发出低成本、高性能的满足太阳能热水器使用的系列含 Nb 超纯铁素体不锈钢材料，如 B445J1M、TTS445J1、SUS444、SUS430LX 等牌号的不锈钢。

3.4.2.1　含铌不锈钢在非承压太阳能水箱中的应用

此前非承压太阳能水箱大多采用 SUS304 奥氏体不锈钢，其厚度一般在 0.3~0.6 mm。由于热水器内胆长期与热水或热蒸汽接触，尤其在环境污染严重或沿海地区，SUS304 奥氏体不锈钢水箱在使用过程中逐渐暴露一些问题，比如点蚀、应力腐蚀及缝隙腐蚀等。此外，SUS304 奥氏体不锈钢含有 8%左右的贵重金属 Ni，价格波动大。根据太阳能热水器的应用环境变化及品质提升的要求，太钢开发了太阳能热水器水箱专用系列含 Nb 超纯铁素体不锈钢。

非承压保温水箱主要由外壳、内胆和保温层组成。对外壳而言，采用材料需具有良好的耐大气腐蚀性能和焊接性能，根据所处环境不同，可选用从 SUS430 到 SUS444（含 0.3%~0.6%Nb）具有不同耐蚀级别的铁素体不锈钢。

对内胆而言，其功能主要是用来存储热水。由于水中含有一定量的残余氯离子且水温常保持在 85 ℃左右，因而作为内胆用材需在含有一定量残余氯离子（一般不超过 2×10^{-4}）的高温环境下具有良好的耐蚀性能。以往，欧洲、澳大利亚和日本等国家热水箱内胆用材主要选用的是 SUS316L 奥氏体不锈钢，但近年来已逐步被具有优异耐蚀性能尤其是应力腐蚀开裂敏感性小的 SUS444（19Cr-2Mo-Nb-Ti）含 Nb 超纯铁素体不锈钢所取代。这主要是因为：（1）与奥氏体不锈钢 SUS316L 相比，SUS444 不锈钢在热水中具有更为优异的耐点蚀和抗应力腐蚀开裂性能，如图 3-88 和图 3-89 所示；（2）良好的焊接性能；（3）在接近 100 ℃的条件下具有更高的屈服强度，厚度 1.5 mm 的 SUS444 铁素体不锈钢可经受 3.5 MPa 压力，厚度 1.2 mm 的 SUS444 也能经受 2.5 MPa 以上的压力，如图 3-90

所示。因此，与 SUS316L 奥氏体不锈钢相比，采用 SUS444 铁素体不锈钢制作内胆可使壁厚减薄而节约材料，如图 3-91 所示。

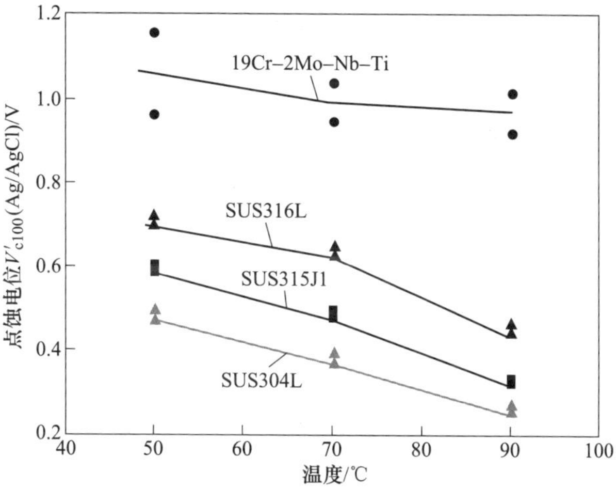

图 3-88 不同类型不锈钢在含 $2\times10^{-4}Cl^-$ 热水中点蚀电位的对比结果

（$2\times10^{-4}Cl^-$，Ar 脱氧）

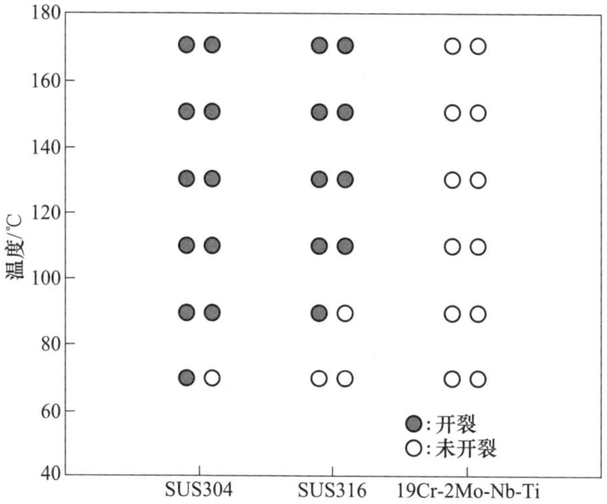

图 3-89 不同类型不锈钢在含 $2\times10^{-4}Cl^-$ 热水中点焊部位的耐应力腐蚀开裂能力之间的对比结果

（$2\times10^{-4}Cl^-$，反应 7 天）

为提高耐蚀性，SUS444 铁素体不锈钢添加了 2%以上的 Mo，但由于近年来 Mo 的价格大幅上涨，迫切需要开发一种耐蚀性与 SUS444 铁素体不锈钢相当但低

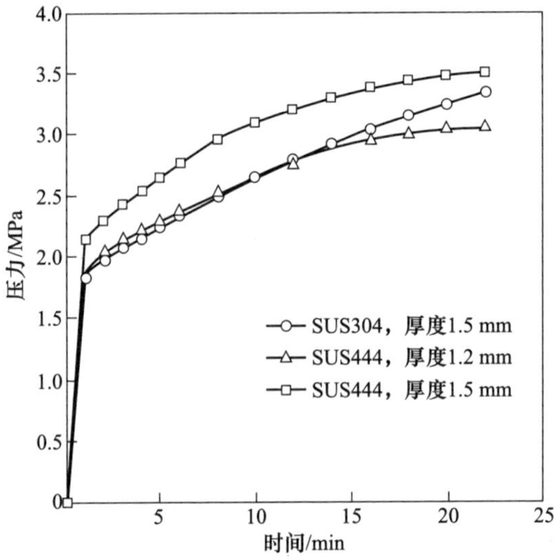

图 3-90　不同类型不锈钢对 150L 热水箱内胆的压力测试结果

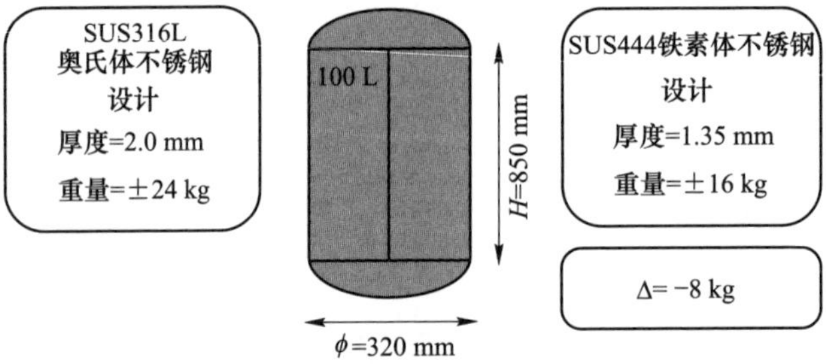

图 3-91　采用铁素体不锈钢节约材料示意图

成本的不锈钢。基于此，研究人员新开发出了热水器内胆用低成本节 Mo 型含 Nb 超纯铁素体不锈钢 445J1（00Cr22Mo1TiNb）。该材料 C、N 含量很低，添加 Nb、Ti 稳定化元素以确保焊接接头具有良好的耐晶间腐蚀性能以及提高 Cr、添加 Mo 使其具有优异的耐缝隙腐蚀性能。研究结果表明，在 Cl^- 含量为 2×10^{-4} 的溶液中，对于不同的温度，445J1 铁素体不锈钢点蚀电位都比 SUS444 铁素体不锈钢要高（见图 3-92）；在 50 ℃、Cl^- 含量为 2×10^{-4} 的溶液中，445J1 和 SUS444 两种铁素体不锈钢的缝隙腐蚀再钝化电位基本相当，见表 3-50。由此说明，445J1 铁素体不锈钢在热水器使用环境下具有与 SUS444 铁素体不锈钢同等甚至更好的耐腐蚀性能。

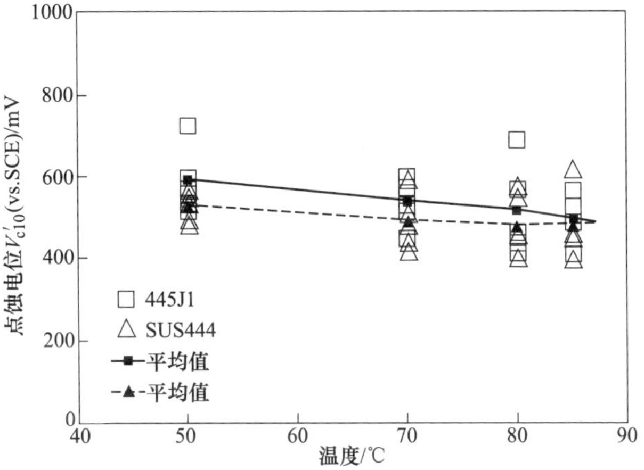

图 3-92 在含 $2\times10^{-4}Cl^-$ 溶液中 445J1 和 SUS444 铁素体不锈钢的点蚀电位

表 3-50 缝隙腐蚀再钝化电位 $E_{R,crev}$（vs. SCE） （mV）

牌号	温度/℃	$n=1$	$n=2$
445J1	50	-227	-211
SUS444	50	-225	-227

材料的成型性能是非承压水箱的重要性能之一，尤其是焊缝的成型性能。为了测试材料的塑性变形能力，模拟太阳能内桶壁的滚筋，在室温条件下对 0.5 mm 厚的 TTS445J1 铁素体不锈钢母材及焊缝进行了杯突试验研究。从实验结果看，TTS445J1 铁素体不锈钢焊后塑性有所下降，焊后塑性约为母材的 85%。但在实际工业生产中，滚筋的深度约为 3.3 mm，故 TTS445J1 铁素体不锈钢焊后也能满足加工要求，如图 3-93 所示。

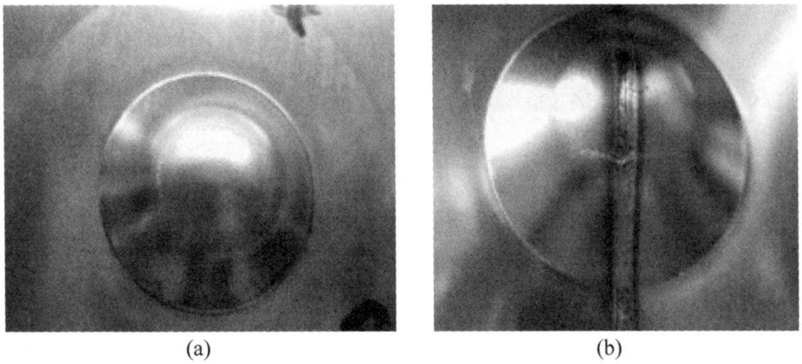

(a) (b)

图 3-93 TTS445J1 铁素体不锈钢杯突试验

（a）基体；（b）焊缝

耐蚀性是非承压水箱最重要的性能，通过点蚀电位试验（GB/T 17899—1999《不锈钢点蚀电位测量方法》）、点腐蚀试验（GB/T 17897—1999《不锈钢三氯化铁点腐蚀试验方法》）、盐水模拟试验（在5%盐水中煮沸120 h）、应力腐蚀及缝隙腐蚀对比，TTS445J1超纯铁素体不锈钢显示出明显的优势，见表3-51。

表3-51　TTS445J1铁素体不锈钢的耐蚀性

牌号	点蚀电位/mV	点腐蚀速率/g·(m²·h)⁻¹	模拟试验	缝隙腐蚀速率/g·(m²·h)⁻¹	应力腐蚀
TTS445J1	410	0.85	少量腐蚀坑	0.17	无
SUS304	300	5.23	满面腐蚀坑	0.22	有

知名企业桑乐太阳能最早采用该类不锈钢作为非承压太阳能水箱（见图3-94），经过长达4年的跟踪和试验，该类不锈钢水箱未出现腐蚀失效问题。目前TTS445J1铁素体不锈钢已广泛应用于桑乐太阳能、海尔等企业。根据用户反馈，TTS445J1铁素体不锈钢水箱的腐蚀失效率明显低于SUS304奥氏体不锈钢。

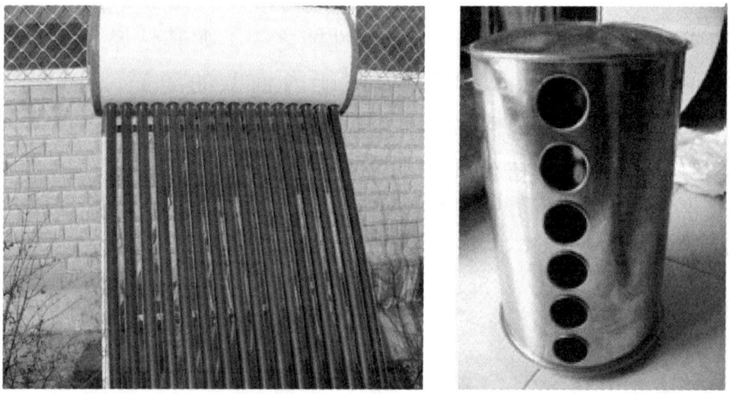

(a)　　(b)

图3-94　TTS445J1铁素体不锈钢用于非承压太阳能热水器水箱

（a）太阳能热水器成品；（b）太阳能热水器不锈钢水箱

3.4.2.2　SUS430LX铁素体不锈钢在平板太阳能集热器中的应用

近几年平板太阳能热水器得到了快速发展，成为该行业的发展方向。国内一些先进太阳能热水器企业研发了新一代不锈钢全流道平板集热器代替铜铝平板集热器，并与铁素体不锈钢水箱组成开放式系统，如图3-95所示。与传统的铜铝集热器加搪瓷水箱组成的闭式系统相比，开放式系统的热效率高、安装简单，并可实现免维护。

图 3-95 新一代不锈钢全流道平板集热器

对全流道平板集热器来说，成型性能和表面质量非常关键。不锈钢集热器需进行冲压加工，形成密集的流道，要求材料具有良好的成型性能，防止冲压开裂。此外，不锈钢表面必须镀膜处理，要求不锈钢表面均匀且光洁度高，从而保证吸热效率。采用含 Nb SUS430LX 铁素体不锈钢制成的集热器冲压无开裂现象，表面镀膜均匀，热效率高。目前，该新型平板集热器已在高层建筑、别墅以及集中供热上得到了大量应用，如图 3-96 所示。

图 3-96 全流道不锈钢集热器

Nb 是超纯铁素体不锈钢中不可或缺的合金元素，添加适量的 Nb 元素，一方面可固定钢中的 C 和 N，避免形成 Cr 的碳氮化物以提高钢的耐晶间腐蚀性能，另一方面还可有效改善其力学性能和焊接性能。通过 Nb 在超纯铁素体不锈钢的赋存状态及对性能影响规律的研究，开发出了一系列高性能超纯铁素体不锈钢产品，满足了高端家电、汽车排气系统、建筑装饰、太阳能热水器等行业的需求。该类不锈钢材料以其优异的性能和稳定的价格也得到太阳能热水器行业的认可，目前应用量已超过 10000 t。

3.5　铁路货车用含铌不锈钢

3.5.1　铁路货车的发展概况

目前，世界铁路货车行业的发展主要分为两大流派：一是以美国、加拿大、澳大利亚、南非、巴西为代表的重载技术，其主要特征是：车辆轴重大、载重量高及列车编组辆数多。例如，美国多数货车的轴重达 30 t，载重 90~110 t 级，列车编组数量多，牵引吨位 15000~20000 t，运行速度为 80 km/h 左右。二是以法国和德国等欧洲国家为代表的快捷技术，其主要特征是：车辆运行速度高、列车编组数量少；其货车轴重一般为 18~22.5 t，运行速度为 140~160 km/h，列车编组通常为 20 辆左右，牵引质量 1400~1800 t。近几年来，欧洲也开始研究试验轴重为 25 t 的重载货车和运行速度达 200 km/h 的快捷货车。21 世纪初，随着我国国民经济的快速发展，全国铁路货运需求量居高不下。尽管铁路部门付出诸多努力，仍只能满足约三分之二的货运需求，铁路运输紧张已成为我国国民经济发展的一个重要“瓶颈”，这种状况在未来几年将随着经济增长显得更加突出。近年来，为提高铁路货运能力，我国铁路货车行业技术水平也得到了快速提升，通用货车实现了载重由 60 t 级向 70 t 级的升级换代，大秦铁路 80 t 级专用货车也实现了 20000 t 重载运输新跨越。未来，我国重载货运专线将向轴重 30 t 级专用货车发展，通用线路向 80 t 级通用货车发展，具备条件的线路发展双层集装箱车和运行速度为 160 km/h 快捷货车。

车体是货车车辆的一个重要组成部分，1986 年以前我国铁路货车车体材料采用的是屈服强度为 235 MPa 的普通碳素钢 Q235，由于其耐腐蚀性差，使用寿命短，每年因腐蚀问题造成的经济损失巨大。1986 年研制成功了屈服强度为 294 MPa 的 09CuPTiRE 耐候钢，与普通碳钢相比，其强度和耐腐蚀性有一定的提高，使 C62B 型敞车开始批量投入生产。2001 年屈服强度为 345 MPa 的 09CuPCrNi 耐候钢的研制成功，使运行速度达 120 km/h 的 C64K 型通用敞车批量投入生产。在此基础上，2006 年又进一步研制成功了屈服强度为 450 MPa 的 Q450NQR1 高强度耐候钢，其耐腐蚀性与 09CuPCrNi 耐候钢基本相当，使载重为 70 t、运行速度达 120 km/h 的 C70 型敞车投入运行。多年来铁路货车车辆的运行结果表明，车体采用耐候钢后，其耐腐蚀性能虽然比普碳钢有了较大幅度提高，延长了车辆的使用寿命，但是车体墙板、地板、门板等部位腐蚀仍很严重。据调查，当车辆运行一个厂修期后，需进行挖补、截换的车体约为13%，车门更换率约为24%。当运行两个厂修期后，需进行挖补、截换的车体比例达到88%，车门更换率约为81%。车体材质耐腐蚀性差，造成货车检修周期短、车辆返修频次多、使用效率低，检修费用和运用成本高，综合经济效益差。目前70 t级货车所使用的Q450NQR1高强度耐候钢仅是提高了强度等级，耐腐蚀性没有提高，因而造成车体中梁、枕梁等主要梁件虽能满足25年的使用寿命要求，而其他板梁件则难以满足25年的使用寿命要求。因此，如何提高车体材料的耐腐蚀性是当前铁路货车用材亟待解决的问题。

3.5.2 铁路货车用不锈钢的特性和要求

综合铁路货车车体对材料性能各方面的要求考虑，特别是对高耐蚀性的要求，高强不锈钢材料无疑将是一种理想的高性价比选择材料。选用高强不锈钢作为铁路货车车体材料具有以下几方面优点：（1）减轻车体质量，采用高强不锈钢车体可比碳钢车体减轻车体质量的15%~20%；（2）延长车体寿命，不锈钢车体寿命比碳钢的要长一倍以上；（3）降低维修成本；（4）绿色环保，可100%回收。为解决货车车体腐蚀问题，国外早在20世纪80年代就采用了Cr12型铁素体不锈钢。含Ni的3Cr12不锈钢最早是由阿塞洛公司所属的南非哥伦布工厂在20世纪70年代开发，其含有12%左右的Cr和少量的Ni元素，具有中等的耐蚀性、强度，良好的可焊性、耐湿磨性和滑动性，已经在国外货车等方面得到成功应用。为满足我国铁路货车行业朝“高速、重载”方向发展的需要，近年来太钢自主开发出一种新型铁路车辆专用耐蚀材料TCS不锈钢，其Cr含量在11.2%左右，C含量低，添加少量Ni和Mn，并以Nb和Ti作为稳定化元素，具有马氏体+铁素体双相组织结构。由于该钢种不仅具有足够的强韧性、良好的可焊性、耐湿磨性和滑动性，而且在耐蚀性和周期寿命成本方面要远优于普通高强度耐候钢。表3-52给出了TCS不锈钢的力学性能及与国外同类材料的对比结果，可以

表3-52 不同火车车厢用材的力学性能对比结果

牌号	$R_{p0.2}$/MPa	R_m/MPa	A/%	DBTT/℃
3Cr12	320	500	25	-30
TCS400	425	555	26	-60以下
TCS330	345	495	31	-60以下

看出，与 3Cr12 相比，TCS 不锈钢的强度更高，韧性更好，DBTT 更低。图 3-97 给出了 TCS 不锈钢的周期浸润腐蚀试验结果及与耐候钢的对比结果，可以看出，与耐候钢相比，TCS 不锈钢具有更为优异的耐腐蚀性能。

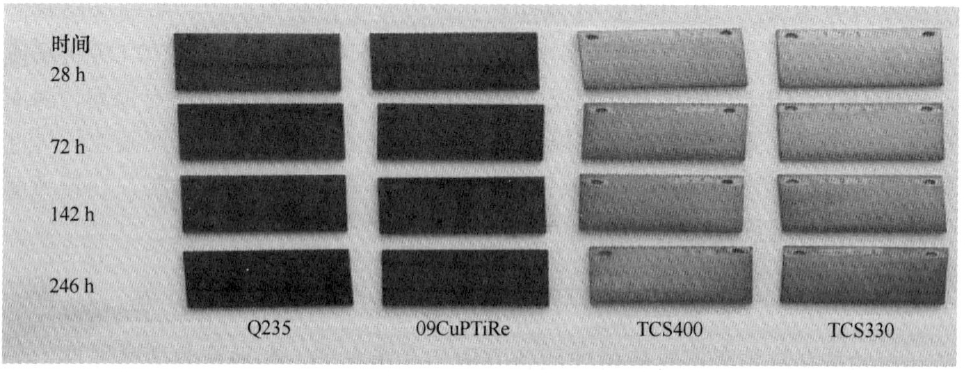

图 3-97　不同火车车厢用材周期浸润腐蚀试验结果

由于我国铁路车辆运行区间温度跨度较大，为保证车辆运行的安全性和可靠性，必须考虑材料及焊接接头的低温韧性。然而，在 TCS 不锈钢开发初期面临的一个突出问题是焊接热影响区（HAZ）晶粒粗化，低温韧性下降（见图 3-98 和图 3-99），成为限制其推广应用的瓶颈。

图 3-98　TCS 不锈钢焊接 HAZ 组织

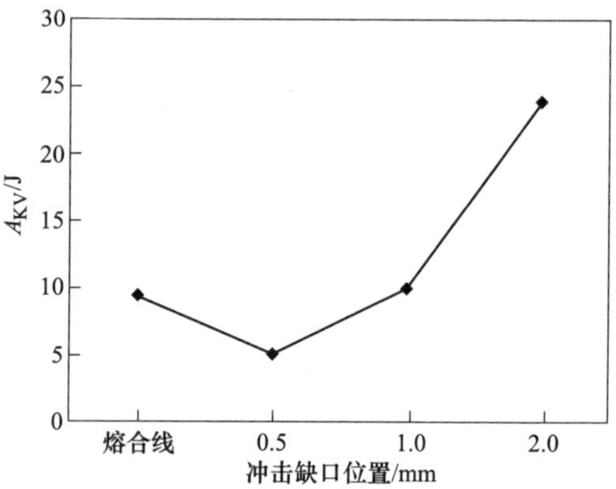

图 3-99　TCS 不锈钢 HAZ 低温冲击功
（-40 ℃，半试样）

针对 TCS 不锈钢在实际应用推广过程中存在 HAZ 低温韧性差的问题，系统研究了 TCS 不锈钢焊接 HAZ 特性及组织和性能变化规律，阐明了焊接 HAZ 韧性改善机理。在此基础上，开发出了具有良好焊接 HAZ 低温韧性的新型铁路货车用含 Nb 不锈钢 T4003，使其在铁路货车行业得到大规模的推广。

3.5.3 铁路货车用含铌不锈钢的开发

3.5.3.1 TCS 不锈钢焊接热影响区特性研究

试验用 TCS 不锈钢材料板厚 $\delta=6$ mm，焊接工艺方法为 MAG 焊，焊接材料为 ER308LSi，焊接坡口形式如图 3-100 所示，焊接工艺参数见表 3-53。

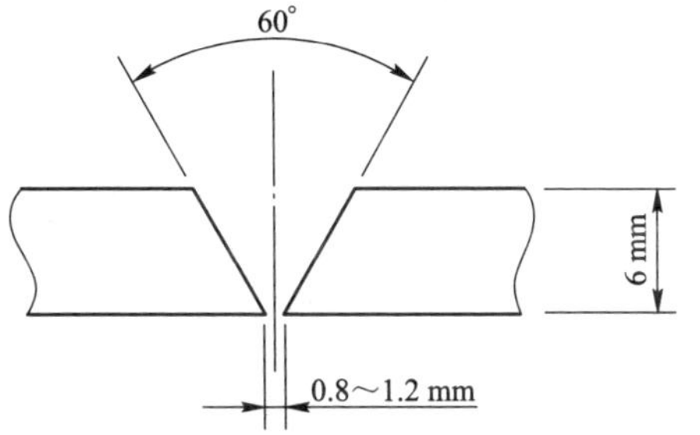

图 3-100 对接试板坡口尺寸示意图

表 3-53 焊接工艺参数

类别	根部间隙 /mm	保护气体	气体流量 /L · min^{-1}	焊接电流 /A	电弧电压 /V	焊接速度 /mm · min^{-1}	焊接道数	道间温度 /℃	热输入 /kJ · mm^{-1}
打底	0.9	Ar+3%CO_2	16~20	180	20	440	2	<100	0.75
盖面				220	25				

图 3-101 给出了不同试验温度下 TCS 不锈钢焊接接头各位置的冲击韧性。可以看出，冲击韧性的低值区域位于热影响区，特别是在-20 ℃和-40 ℃低温冲击

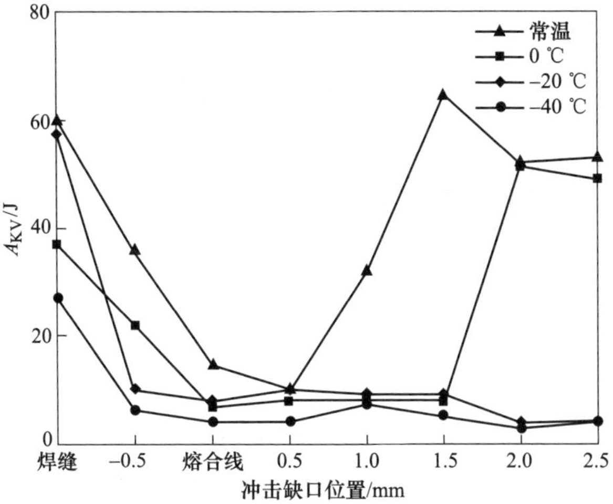

图 3-101 不同试验温度下 TCS 不锈钢焊接接头各位置的半试样冲击功

下，熔合区和热影响区的冲击功明显偏低，平均值在 10 J 以下。由此可见，TCS 钢经焊接热循环后热影响区脆化倾向比较严重。

利用光学显微镜对上述焊接接头冲击试样的热影响区组织进行了分析，如图 3-102 所示。分析结果表明，TCS 不锈钢的实际焊接 HAZ 可分为三个区域，即紧邻熔合线的粗大晶粒区、与之相邻的混合晶粒区（晶粒大小不均），以及细晶粒区（晶粒较细且均匀）。粗大晶粒区经历的温度最高，过热严重，使其发生再结晶和晶粒长大，因而铁素体晶粒显著长大。

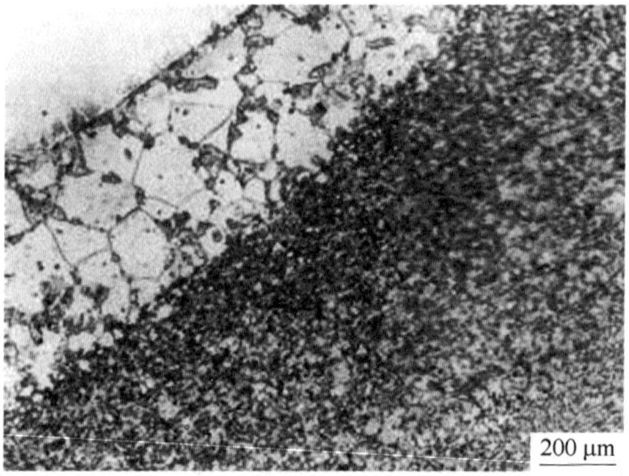

图 3-102　TCS 不锈钢焊接接头处的金相组织

3.5.3.2　TCS 不锈钢焊接热影响区特性及组织和性能变化规律研究

利用 Gleeble 多功能热模拟机研究了 TCS 不锈钢焊接 HAZ 性能，结果表明，模拟焊接 HAZ 粗晶区以及混合晶粒区（靠近粗晶区侧）冲击功大幅度降低（约 90%）。混合晶粒区（靠近细晶区侧）冲击功下降的幅度虽然不大，但有低值，表明该区存在不稳定性。细晶区（靠近混合晶粒区侧）冲击功能够稳定在较高水平。在低温试验条件下，冲击功严重下降，如图 3-103 所示。

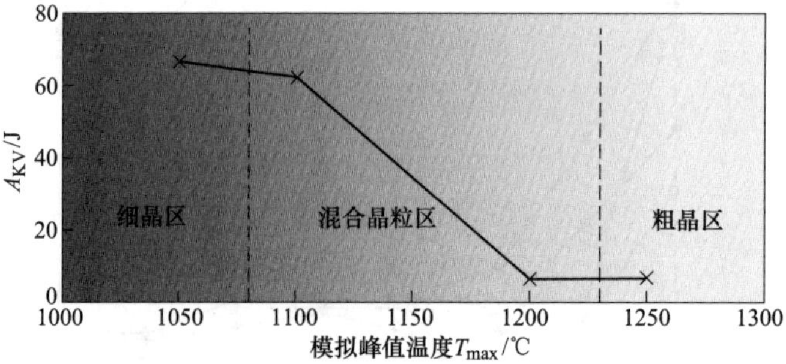

图 3-103 彩图

图 3-103　模拟焊接 HAZ 典型各区域的冲击功

（半试样，室温）

对 Gleeble 多功能热模拟机获得的 TCS 不锈钢试样金相组织的观察表明，经过焊接热循环 TCS 不锈钢模拟焊接 HAZ 粗晶区组织转变以铁素体为主，伴随着铁素体的严重长大，同时有少量的马氏体组织形成；混合晶粒区和粗晶区马氏体的含量均有所提高，如图 3-104 所示。

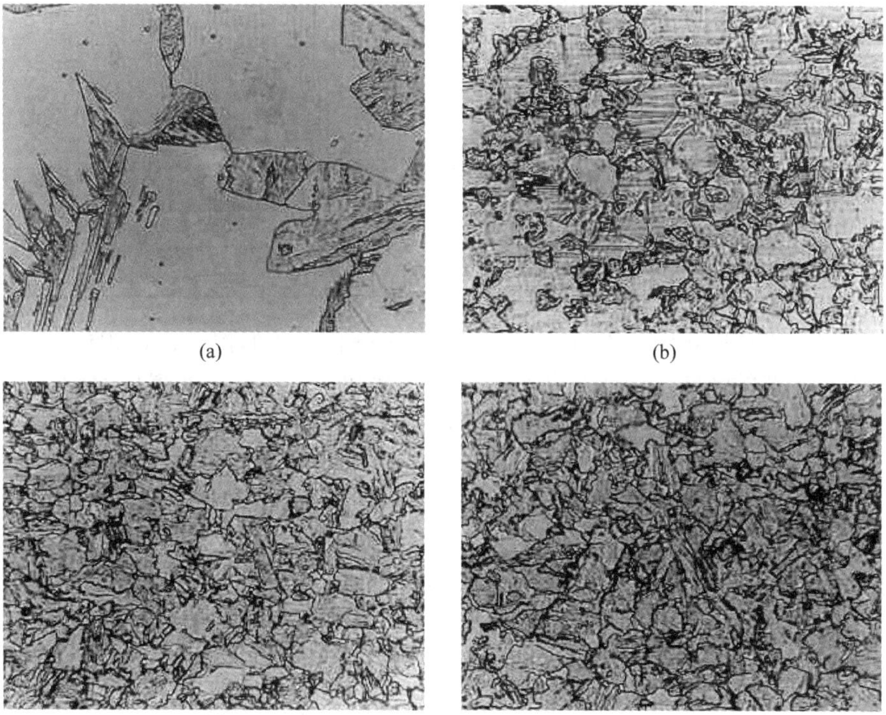

(a) (b) (c) (d)

图 3-104 模拟 HAZ 各区域的金相组织对比

（a）粗晶区，峰值温度为 1250 ℃；（b）混合晶粒区，靠近粗晶区侧，峰值温度为 1200 ℃；（c）混合晶粒区，靠近细晶区侧，峰值温度为 1100 ℃；（d）细晶区，峰值温度为 1050 ℃

在上述研究结果的基础上，研究人员建立了 TCS 不锈钢焊接 HAZ 晶粒长大的数学模型，通过理论分析得出了提高 TCS 不锈钢焊接 HAZ 低温冲击功应从提高该材料的高温区奥氏体比例入手的思路。

3.5.3.3 开发 T4003 不锈钢的成分设计

在上述研究工作基础上，研究人员提出了一种通过控制 K_{ff} 值（铁素体影响因子）和采用 Nb、Ti 复合稳定化以达到改善 HAZ 低温韧性目的的成分优化设计新思路：在 T4003 不锈钢的成分设计中引入 K_{ff} 值（$K_{ff}=w(Cr)+6w(Si)+8w(Ti)+4w(Nb)-40w(C)+w(N)-4w(Ni)-2w(Mn)$）。$K_{ff}$ 值反映材料 Cr、Ni 当量之差，随着其值降低，其焊后 HAZ 铁素体含量降低，低碳马氏体增多，HAZ 粗晶组织中的低碳板条马氏体可以限制铁素体晶粒的长大。研究发现，当 K_{ff} 值≤8.3 时，HAZ 粗晶组织以板条马氏体为主，晶粒细化，韧性提高。采用 Nb、Ti 复合稳定，使 HAZ 粗晶区在焊接冷却过程中析出纳米级的 Nb、Ti 复合碳氮化物粒子大量分布在晶界上，利用其对晶界的钉扎作用，有效阻碍铁素体晶粒的粗化，使得晶粒长大由纯铁素体生长模式转变为粒子抑制的晶粒生长模式，通过晶粒粗化速率的降低进一步减小粗晶区晶粒的尺寸。

基于此，确定出了 T4003 不锈钢的化学成分，见表 3-54。

表 3-54　T4003 不锈钢的化学成分　　　（质量分数,%）

C	Si	Mn	P	S	Cr	Ni	N	Ti+Nb	K_{ff}
≤0.030	≤1.00	1.00~2.50	≤0.040	≤0.015	11.00~13.00	0.60~1.00	≤0.025	8C~0.35	≤8.3

通过铁素体影响因子 K_{ff} 值及 Nb、Ti 元素微合金化的控制，T4003 不锈钢不仅具有了足够的强度、韧性及良好的耐湿磨性和滑动性，还使焊接 HAZ 获得细晶组织，显著提高了接头的低温韧性（见图 3-105 和图 3-106），为不锈钢在铁路车辆行业的推广应用提供了技术保障。

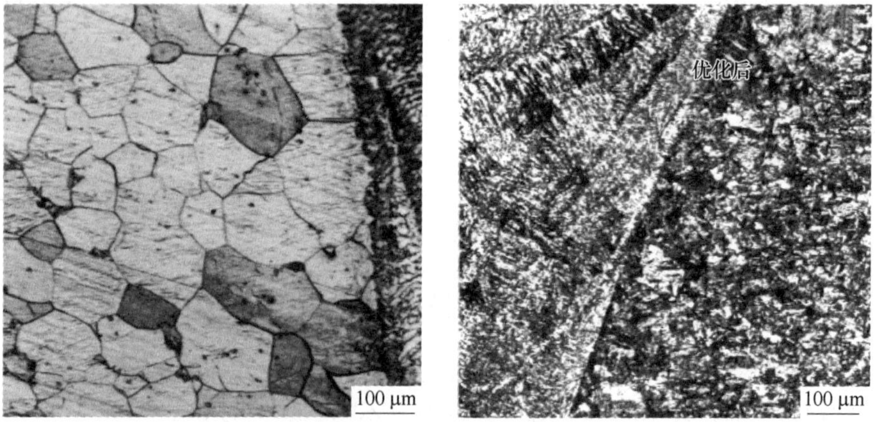

(a)　　(b)

图 3-105　优化前、后 T4003 不锈钢焊接 HAZ 组织对比

（a）优化前 T4003 焊接 HAZ 组织（100×）（晶粒度 2 级，铁素体 90%+马氏体）；

（b）优化后 T4003 焊接 HAZ 组织（100×）（晶粒度 5 级，铁素体+马氏体 90%）

3.5.3.4　焊接热输入对 T4003 不锈钢焊接热影响区韧性的影响

试验采用板厚 $\delta=6$ mm 的 T4003 不锈钢材料，焊接工艺方法为 MAG 焊，焊接材料为 ER308LSi，焊接坡口形式如图 3-100 所示，焊接工艺参数见表 3-55。

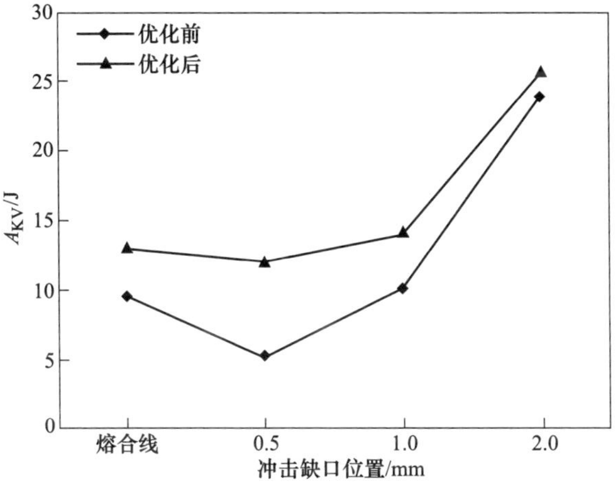

图 3-106 优化前、后 T4003 不锈钢 HAZ 低温冲击对比
（半试样，-40 ℃）

表 3-55 焊接工艺参数

类别		根部间隙 /mm	保护气体	气体流量 /L · min^{-1}	焊接电流 /A	电弧电压 /V	焊接速度 /mm · min^{-1}	焊接道数	道间温度 /℃	热输入 /kJ · mm^{-1}
1	打底	0.9	Ar+3%CO_2	16~20	180	20	460	2	<100	0.65
	盖面				200	22				
2	打底	0.9	Ar+3%CO_2	16~20	180	20	440	2	<100	0.75
	盖面				220	25				
3	单道	0.9	Ar+3%CO_2	16~20	230	25	300	1	—	1.15

图 3-107 给出了不同热输入对 T4003 不锈钢焊接接头-40 ℃冲击结果对比。由此可见，焊接热输入对 T4003 不锈钢焊接 HAZ 韧性影响比较明显，较高热输入（E=1.15 kJ/mm）下，几种温度的冲击功普遍偏低。在热输入 E=0.65~0.75 kJ/mm 时，T4003 不锈钢焊接接头半试样冲击功达到 10J 水平，能够满足不锈钢货车设计技术要求。对于 T4003 不锈钢而言，控制热输入有利于避免 HAZ 冲击功的严重下降，建议焊接热输入控制在 0.75 kJ/mm 以下。

3.5.3.5 T4003 不锈钢关键性能指标及其与国外同类材料的对比

表 3-56 列出了 T4003 不锈钢的关键性能指标及其与国外同类材料的对比结果。可以看出，T4003 不锈钢在力学、腐蚀、焊接等关键性能指标方面均达到了国际先进水平。

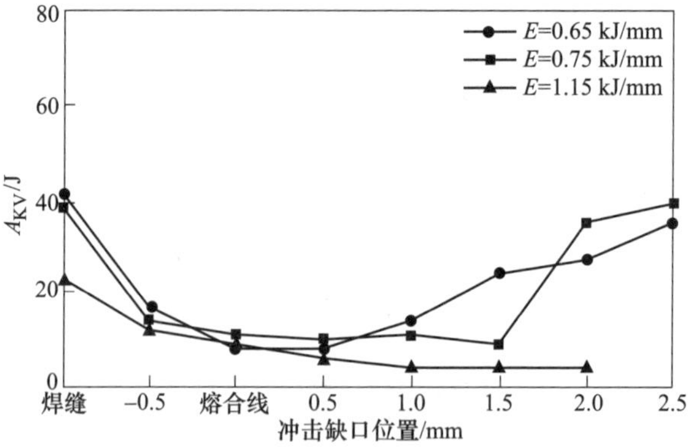

图 3-107　不同热输入对 T4003 不锈钢焊接接头-40 ℃冲击结果对比（半试样，-40 ℃）

表 3-56　T4003 不锈钢的关键性能指标及其与国外同类材料的对比结果

项目		国产 T4003	进口 1.4003
力学性能	$R_{p0.2}$/MPa	450	445
	R_m/MPa	590	585
	A_{50}/%	30.5	29
	硬度（HB）	163	170
	A_{KV}（半试样，-40 ℃）/J	66	25
腐蚀性能	母材（周浸）/g · cm^{-2}	17	38
	母材（盐雾）/g · cm^{-2}	6.5	14
	焊接接头（周浸）/g · cm^{-2}	18	35
	焊接接头（盐雾）/g · cm^{-2}	10.5	18
焊接性能	HAZ 粗晶区晶粒度/级	5	5
	HAZ 粗晶区平均宽度/mm	0.4	0.35
	HAZ 粗晶区低温冲击功（距离熔合线 0.5 mm）/J	13	12
	HAZ 粗晶区组织	铁素体 10%+马氏体 90%	铁素体 10%+马氏体 90%

3.5.4　铁路货车用含铌不锈钢的应用效果

目前，采用 T4003 不锈钢制造的不锈钢货车已在大秦铁路上得到广泛的应用。大秦铁路 C80B 型运煤敞车通过采用 T4003 不锈钢车体材料，满足了车体轻量化设计（减轻自重 16.7%）、增加货物载重（4 t/车）的要求，实现了铁路运输能力的跨越式发展。通用敞车采用不锈钢车体，设计寿命也由 25 年提高到 35

年，检修周期由 8 年延长到 12 年，降低车辆维护、检修费用，进一步提高铁路货运竞争能力。此外，不锈钢货车实现了批量出口，进入国际市场。

可以说，T4003 不锈钢在铁路货车行业的应用和推广，带动了我国铁路车辆制造行业的技术进步，加快了铁路车辆的升级换代；不锈钢车体还使铁路货车的使用寿命和检修周期延长，提高了铁路车辆运行的安全性，促进了铁路车辆检修制度的改革。

3.6 水处理系统用含铌不锈钢

水的问题涉及国计民生，已经成为国内外最引人关注的重大问题。不锈钢不仅具有优异的耐腐蚀性能，良好的力学、物理、加工、成型和焊接性能，而且具有使用寿命长、全寿命周期成本低、外表美观、清洁卫生并能 100% 回收、不污染环境等一系列优点，在水处理系统中大量应用不锈钢已成为重要发展趋势。本节将简要介绍近年来水箱、水管等水处理系统用含 Nb 铁素体不锈钢的开发与应用情况。

3.6.1 水箱用含铌不锈钢

水箱是饮料、消防等行业用于储存自来水或井水的容器，分为蓄水箱、高位水箱及承压水箱等。尤其对于蓄水箱，随着大城市的街道改造、建筑物高层化以及工厂生产效率的提高，为确保工业用水充足，水箱朝着大型化方向发展。这就要求该类水箱除储水等最基本功能外，还应具有结构上的安全性（防止水质被二次污染）、耐久性、易于保养以及可靠性、经济性和施工性等。虽然 FRP、钢板、不锈钢板、混凝土等都可用作水箱材料，但由于不锈钢具有优异的耐腐蚀性能、高强度等特点，其制作的大型水箱不仅质量轻易于保养，而且具有耐候性能优异和美观大方等特征。

不锈钢常压水箱最早采用的材质主要是 304 奥氏体不锈钢，由于水质的缘故，经常出现缝隙腐蚀、点腐蚀、应力腐蚀开裂等问题，尤其在水箱的气相部位（气液界面上部）更加严重，这主要是由于水中含有大量除菌用的氯气造成的。为解决该问题，曾经采用具有更高耐腐蚀性能的 316 奥氏体不锈钢，近年来主要采用含 Nb444 超纯铁素体不锈钢。然而，随着大城市及其周边地区水质的逐年恶化，除菌用氯气投入量大幅增加，444 不锈钢制常压水箱气相部位出现腐蚀失效的案例屡见不鲜。为进一步解决该问题，研究人员从结构上进行了改进，水箱的液相部位采用 444 不锈钢，而水箱的气相部位则采用耐腐蚀性能更好的 329J4L（25%Cr-6%Ni-3%Mo）双相不锈钢。

另外，承压水箱材质一般为不锈钢和搪瓷材料，不锈钢具有良好的耐腐蚀性能、加工后不需表面处理、材料100%可回收等优势，是一种既环保又经济的水箱材料。搪瓷水箱的生产工艺复杂、生产设备昂贵并且存在环境污染问题。目前不锈钢承压水箱大多数选用304或304L奥氏体不锈钢。然而，理论研究和长期应用实践表明，在水质不好和高温运行条件下，304奥氏体不锈钢易出现点腐蚀、缝隙腐蚀、应力腐蚀、晶间腐蚀等腐蚀失效问题，其中端盖焊缝及管接头焊缝部位的腐蚀尤为严重，因此，承压水箱的选材和焊接质量非常重要。

综上所述，与其他材料相比，不锈钢制水箱具有优异的安全性、耐久性、耐腐蚀性、清洁卫生等优势，其市场应用前景非常广阔。需注意的是，一定要根据水箱所处环境和水质选择适合的材料。此外，就用户而言，正确认识不锈钢耐腐蚀性能并对水箱进行定期维护同样也十分重要。

3.6.1.1　化学成分

针对常压和承压水箱的使用条件，研究人员开发了含18%Cr、2%Mo且添加Nb、Ti的高耐蚀444铁素体不锈钢，其化学成分见表3-57。

表3-57　444铁素体不锈钢的化学成分　　（质量分数,%）

C	Si	Mn	P	S	Cr	Mo	Ti	Nb	N
≤0.02	≤1.00	≤1.00	≤0.040	≤0.003	17.0~18.0	1.0~1.5	0.10~0.20	0.40~0.60	≤0.02

3.6.1.2　性能特点

444铁素体不锈钢具有以下特点：（1）耐点腐蚀性能远高于304奥氏体不锈钢；（2）对应力腐蚀不敏感，不易发生应力腐蚀开裂；（3）C、N含量极低，并添加Nb、Ti稳定化元素，不易发生晶间腐蚀；（4）热膨胀系数明显低于304奥氏体不锈钢，温度变化引起的热变形小；（5）良好的成型性和焊接性，有利于端盖的冲压加工和焊接；（6）不含Ni，成本相对较低且价格稳定，其耐腐蚀性能见表3-58。

表3-58　444铁素体不锈钢和304奥氏体不锈钢的耐腐蚀性能

牌号	点蚀电位/mV	点腐蚀速率/g·$(m^2 \cdot h)^{-1}$	缝隙腐蚀速率/g·$(m^2 \cdot h)^{-1}$	应力腐蚀	晶间腐蚀
444	420	0.71	0.01	无	无
304	300	5.23	0.02	有	无

加速腐蚀试验结果表明，焊缝尤其是环焊缝是承压不锈钢水箱的薄弱环节，焊接过程破坏了表面钝化膜，加速了不锈钢水箱的腐蚀。焊缝的氧化程度对耐点蚀性能影响非常大，需控制焊接工艺参数并进行焊接保护，避免焊缝表面过度氧

化。实验室研究表明，氧化程度越轻，焊缝的耐蚀性能越接近母材。此外，焊后钝化处理也是提高焊缝耐蚀性能的有效手段，如图 3-108 所示。

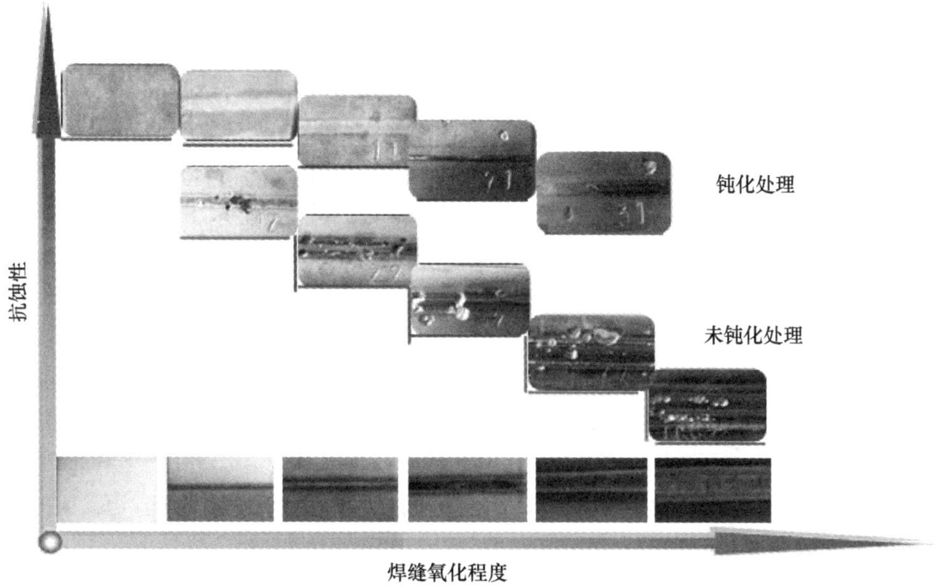

图 3-108 焊缝氧化程度及钝化处理对 444 铁素体不锈钢钢耐点腐蚀性能的影响

国内一些大型热水器企业采用先进的焊接方法（如 CMT、准离子等）、合适的工装及无氧化保护等措施，使焊缝几乎不发生氧化，经加速腐蚀测试，焊缝的耐腐蚀性能与母材接近。目前，444 铁素体不锈钢已在太阳能热水器承压水箱上得到批量应用，取得了良好的效果，如图 3-109 所示。

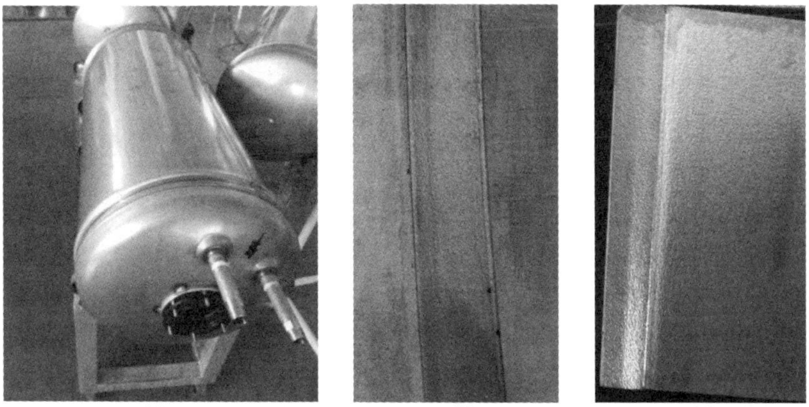

(a) (b) (c)

图 3-109 444 铁素体不锈钢承压水箱

（a）承压水箱环焊缝外壁；（b）内壁焊缝；（c）内壁焊缝点蚀试验

3.6.2　水管用含铌不锈钢

目前，常用的自来水管有四大类，即不锈钢管、铜管、金属复合管及塑胶管（聚氯乙烯 PVC、聚丙烯 PPR 等）。不锈钢具有性能优异、全寿命周期成本低且无任何污染等系列优点，其在水管中大量应用已成为重要发展趋势。

为有效利用水资源，降低漏损率，国外自 20 世纪 60 年代开始在饮用水和配送系统中使用不锈钢。50 多年来，不锈钢在许多国家的饮用水处理厂、供水系统和污水处理厂都得到了广泛应用。其中，美国自 20 世纪 60 年代开始使用不锈钢水管，1993 年美国纽约市对陈旧老化的饮用水配送系统进行升级改造，其目标是由“60 年更换”升级为“100 年免维护”。美国政府根据 1996 年净水法制定的国家标准/国家卫生基金国际标准 ANSI/NSF61—1997a 明确规定“用于饮用水的金属管道，只允许使用不锈钢和球墨铸铁管，进入高楼的供水管应首选不锈钢水管”。2003 版美国国家标准委员会的水管和住宅标准再次涵盖了这方面的内容。在日本东京，不锈钢水管普及率几乎达到 100%，荷兰、韩国、新加坡、马来西亚、菲律宾、泰国等国家也正在逐步将供水管道更换为不锈钢管道。

我国给水系统采用不锈钢管起步于 20 世纪 90 年代末期，虽然起步较晚，但近年来发展势头十分强劲。2003 年，我国重新修订并颁发了《建筑给水排水设计规范》（GB 50015—2003）、《不锈钢卡压式管件》（GB/T 19228. 1—2003）、《不锈钢卡压式管件连接用薄壁不锈钢管》（GB/T 19228. 2—2003）等国家标准，标志着中国不锈钢管材在水工业中使用的相关标准和规范迈出了重要一步，大规模采用不锈钢管材的时机已经成熟。自 2000 年至今，我国许多城市重要工程项目、高档宾馆饭店、新建住宅都配置了或正在配置不锈钢管道。北京诸多重要场所和高档建筑已经成功使用了不锈钢管道直饮水。北京 250 万平方米的世纪城包括高档酒店等在内的住宅区全部采用了不锈钢水管。上海 F1 赛车场、汤臣房地产、圣天地商务楼等大批工程的冷热水项目都采用了薄壁不锈钢直缝焊管。云南、西安、大庆、成都、宁波、南京、广州、青岛、济南、长沙、合肥、武汉、福建、无锡等城市中许多大型建筑和住宅区都采用薄壁不锈钢焊管作为水管。据统计，2021 年中国管件管材行业市场规模达到 3299. 09 亿元，年复合增长超过 7%，这也给我国不锈钢制管行业提供了机遇和挑战。由此可见，不锈钢作为给水管道的市场前景非常广阔。

3.6.2.1　腐蚀类型、成因及解决方法

A　腐蚀类型

表 3-59 和表 3-60 分别为室内不锈钢水管腐蚀事例和腐蚀类型的统计结果。可以看出，室内不锈钢水管出现的腐蚀类型主要是应力腐蚀、点腐蚀和缝隙腐蚀。

表 3-59 室内不锈钢水管的用途和腐蚀事例的关系 （例）

腐蚀类型	用途							合计
	配管	槽类	热交换器	热水器	厨房用具	办公工具	其他	
生锈	1	4	—	—	2	—	—	7
变色	1	—	—	1	1	—	—	3
晶间腐蚀	—	1	—	—	—	—	—	1
应力腐蚀	12	5	14	8	3	6	8	56
点腐蚀	8	14	5	4	7	3	4	45
缝隙腐蚀	8	7	2	4	1	2	—	24
合计	30	31	21	17	14	11	12	136

表 3-60 室内不锈钢水管的腐蚀类型与水的类别关系 （例）

腐蚀类型	水的类别					合计
	上水	循环水	下水	地下水	饮用水	
生锈	3	—	—	1	—	4
变色	1	—	—	—	—	1
晶间腐蚀	—	—	—	—	—	—
应力腐蚀	15	3	—	11	—	29
点腐蚀	12	1	1	—	1	15
缝隙腐蚀	4	—	—	1	2	7
合计	35	4	1	13	3	56

B 腐蚀成因及解决方法

a 生锈

图 3-110 为国内 304L 奥氏体不锈钢水管的三通管接头焊缝在大气中生锈的示意图。其形成原因为：在焊接过程中，高温氧化铁皮的形成导致贫 Cr 区（$w(\mathrm{Cr})<12\%$）的产生，使表面无法形成保护性钝化膜而生锈。锈层中第一层 Cr 含量仅约为 3%，第二层 Cr 含量也仅约为 9%。

防止办法：焊接过程中采用氩气进行保护，焊后去掉氧化铁皮和贫 Cr 层。

b 点腐蚀

图 3-111 为点腐蚀截面示意图。点腐蚀是在不锈钢表面局部形成具有一定深度的小孔或锈斑，锈斑下也常常是小孔。其形成原因分为外因和内因：外因是大气和水中 Cl^- 等浓度高、温度高、流速慢，钢表面上有污物堆积或沉积；内因是不锈钢表面局部钝化膜较薄弱，如存在非金属夹杂物（如 MnS 等）、析出物以及

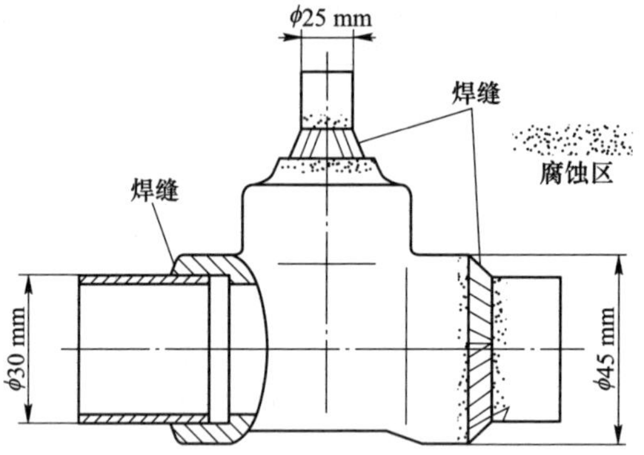

图 3-110　304L 奥氏体不锈钢三通管接头焊缝生锈示意图

晶界和位错露头等缺陷。

防止方法：消除或减轻外因，选择耐点腐蚀性能更好的不锈钢。

c　缝隙腐蚀

图 3-112 为缝隙腐蚀示意图。缝隙腐蚀处常留有缝隙的外形，严重时出现溃疡状腐蚀。形成原因也分为外因和内因：外因是结构上存在缝隙或钢表面有污物堆积而形成的缝隙，以及大气和水中腐蚀性 Cl^- 和温度的影响；内因是钢的耐缝隙腐蚀性能不足。

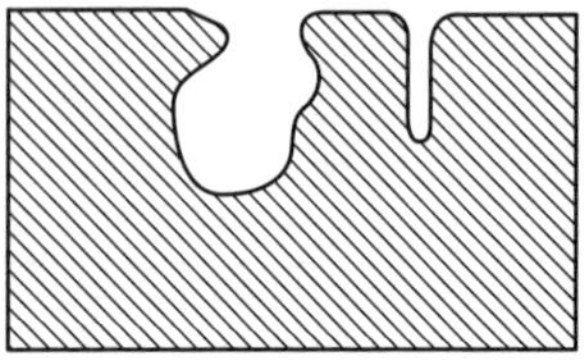

图 3-111　点腐蚀截面示意图

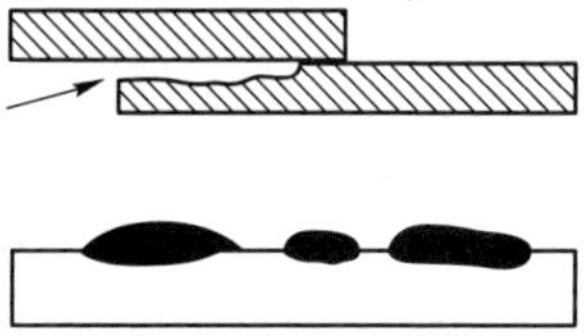

图 3-112　缝隙腐蚀示意图

防止方法：首先是消除结构上造成的各种缝隙（包括法兰、垫圈、螺栓连接等）和防止钢表面污物沉积，其次是选用耐缝隙腐蚀性能优良的不锈钢。

d　应力腐蚀

从表 3-59 和表 3-60 的室内不锈钢水管腐蚀类型的统计结果可以发现，应力腐蚀破坏在各种腐蚀类型中仍占有最高的比例，应引起足够的重视。图 3-113 为应力腐蚀示意图，呈落叶树状，有主干，有分支，在金相显微镜下很容易识别。

形成原因：不锈钢的应力腐蚀是静拉伸应力（主要是钢中残余应力）和特定的腐蚀性介质（主要是在含 Cl^- 的介质，如大气、水等）与敏感的金属材料（如 18-8、18-12-2 奥氏体不锈钢）三个因素共同作用的结果，而且缺一不可。

防止措施：去掉三个因素中的任何一个因素，不锈钢便不会产生应力腐蚀。完全去除大气和水中的 Cl^- 对水管用不锈钢而言很难做到，但可防止其富集和浓缩；完全消除不锈钢焊管和接头的残余应力也难以做到，但可以尽量降低；选用耐应力腐蚀性能优良的不锈钢则完全可做到，如热水器管可选用444铁素体不锈钢，国内外许多工业领域也选用双相不锈钢管。

e 晶间腐蚀

图3-114为晶间腐蚀示意图。形成原因：经过450~850 ℃的敏化温度，不锈钢中沿晶界析出富Cr的碳化物$Cr_{23}C_6$，导致晶界周围Cr贫化。

防止措施：注意焊接工艺，防止敏化；对焊接条件苛刻的情况，选用超低碳不锈钢或含稳定化元素Nb、Ti的不锈钢。

图3-113 应力腐蚀示意图

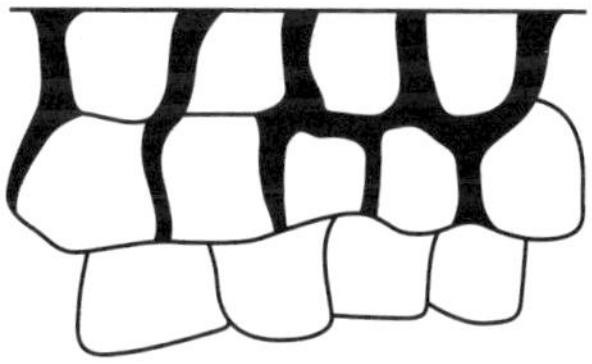

图3-114 晶间腐蚀示意图

综上所述，在了解上述各种腐蚀产生原因和防止措施后，水管用不锈钢焊管防腐是完全可能的。实际上，在水管用不锈钢的众多工业用途中，包括大气和水介质在内，国内外均已积累了丰富的防腐经验。

3.6.2.2 化学成分和性能特点

以下主要介绍0Cr18Ni9(304)、00Cr18Ni10(304L)、0Cr17Ni12Mo2(316)、00Cr17Ni14Mo2(316L)奥氏体不锈钢和1Cr17(430)、00Cr18Mo2(444)铁素体不锈钢。

A 化学成分

几种水管用不锈钢的化学成分见表3-61。由此表可知，美国自1996年起已将304奥氏体不锈钢中的Cr含量提高了1%，以进一步改善钢的耐腐蚀性能；一些国家标准中还允许钢中N含量不大于0.11%，这对提高钢的强度和耐腐蚀性能均有益，我国称这类含氮钢为控氮不锈钢，并已在一些工程中实际使用。

表3-61 几种水管用不锈钢的化学成分 （质量分数,%）

中国标准牌号	美国标准牌号	标准	C	Cr	Ni	Mo	N
0Cr18Ni9	304	GB/T 1220—1992	≤0.07	17~19	8~11	—	①
AISI304	304	ASTM A959—00a	≤0.08	18~20②	8~12	—	—

续表 3-61

中国标准牌号	美国标准牌号	标准	C	Cr	Ni	Mo	N
00Cr18Ni10	304L	GB 1220—1992	≤0.03	18~20	8~12	—	—
0Cr17Ni12Mo2	316	GB 1220—1992	≤0.08	16~18	10~14	2~3	—
00Cr17Ni14Mo2	316L	GB 1220—1992	≤0.03	16~18	12~15	2~3	—
1Cr17	430③	GB 1220—1992	≤0.12	16~18	—	—	—
00Cr18Mo2	444③	GB 4237—1992	≤0.025	17~20	—	—	加 Nb、Ti≤0.025

① ISO/PDTS 15510：2002；德国 DIN 17440—1996；法国 NF EN 10088.1：1995 中允许 N 含量≤0.11%；

② Cr 含量从原来的 17%~19%提高到了 18%~20%，即提高了 1%，GB/T 3280—2015 标准中 Cr 含量与美国标准一致；

③ 国内外均已采用电炉+炉外精炼工艺熔炼。1Cr17 实际 C 含量控制在 0.04%~0.06%之间，00Cr18Mo2 钢中实际 C+N 含量可控制到 0.015%以下。

B　力学性能

冷轧带的室温强度见表 3-62。根据实际检测结果，430 铁素体不锈钢的屈服强度高于 304 奥氏体不锈钢，但伸长率远低于 304 奥氏体不锈钢。

表 3-62　几种不锈钢冷轧带的室温力学性能

中国标准牌号	美国标准牌号	R_m/MPa	$R_{p0.2}$/MPa	A/%	硬度（HV）
0Cr18Ni9	304	≥520	≥215	≥40	≤200
00Cr18Ni10	304L	≥480	≥177	≥40	≤200
0Cr17Ni12Mo2	316	≥520	≥205	≥40	≤200
00Cr17Ni14Mo2	316L	≥480	≥175	≥40	≤200
1Cr17	430	≥450	≥205	≥22	≤200
00Cr18Mo2	444	≥410	≥245	≥20	≤230

铬镍系奥氏体不锈钢具有优异的室温韧性，且没有 DBTT，故该类奥氏体不锈钢也是一类优异的耐低温（-196 ℃以下）用钢。铁素体不锈钢具有 DBTT，所以采用电炉+炉外精炼工艺大量生产的铁素体不锈钢板、带、材截面尺寸较薄。虽然铁素体不锈钢室温韧性良好，但室温以下仅能用于-20~-50 ℃条件下，图 3-115 为 444 铁素体不锈钢焊接接头的冲击韧性。

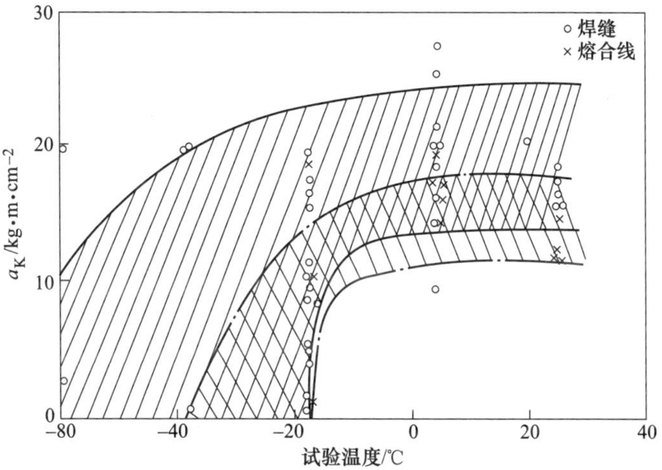

图 3-115 444 铁素体不锈钢焊接接头的冲击韧性（3 mm 厚的薄板）

C 冷成型性能

304 奥氏体不锈钢具有优异的冷成型性能，铁素体不锈钢在较薄截面尺寸条件下也有良好的冷成型性能。

D 焊接性能

304 等奥氏体不锈钢具有良好的焊接性。对于非超低碳又不加稳定化元素 Nb、Ti 的 304 和 316L 等奥氏体不锈钢，为了防止焊后发生晶间腐蚀，不宜用于焊接要求苛刻的条件，例如较大截面尺寸的焊接件，304L 和 316L 奥氏体不锈钢则无焊后晶间腐蚀敏感性问题。与 304 等奥氏体不锈钢相比，430 铁素体不锈钢不仅焊后晶间腐蚀更敏感，而且由于焊接过程晶粒长大和焊后冷却过程中碳、氮化物析出，钢的韧性会降低。但使用 Nb、Ti 稳定化后的超纯铁素体不锈钢（如 444 等），可有效解决上述问题。

E 耐腐蚀性能

a 耐全面腐蚀性能

在城市用水环境中的试验表明（见图 3-116），四种材料中，304 奥氏体不锈钢耐全面腐蚀性能最好，430 铁素体不锈钢次之，在 50 ℃和 80 ℃水中，二者均为极耐腐蚀的不锈钢。

在土壤埋设试验条件下（见图 3-117），含 Mo 的 316 和 0Cr19Ni22Mo3.5 奥氏体不锈钢耐全面腐蚀性能最佳，经 5~14 年长期试验后，腐蚀深度小于0.25 mm 的试样达 100%，其次为 304 奥氏体不锈钢，再次为 430 铁素体不锈钢。在所有试验的非不锈钢材料中，铜的性能表现最佳，甚至还优于 304 奥氏体不锈钢。

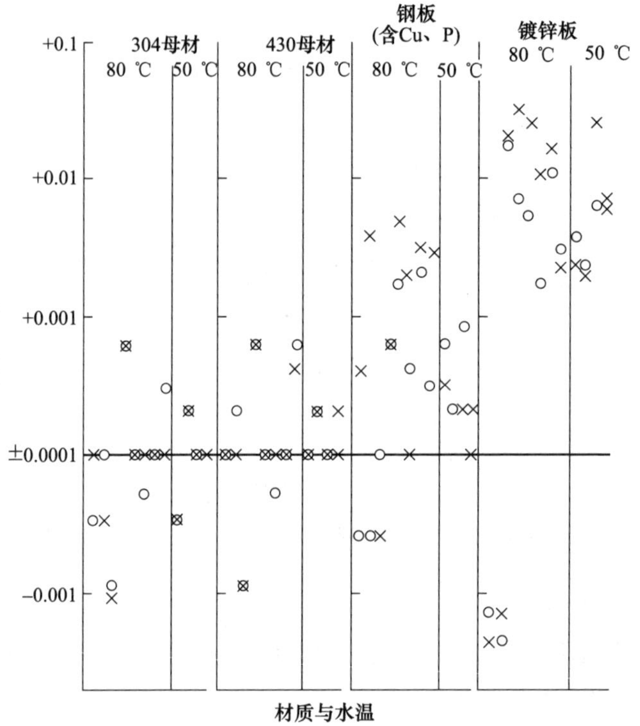

图 3-116　在城市用水中不锈钢的耐腐蚀性能（国外 11 个城市的结果）

○—水；×—水+Cl⁻

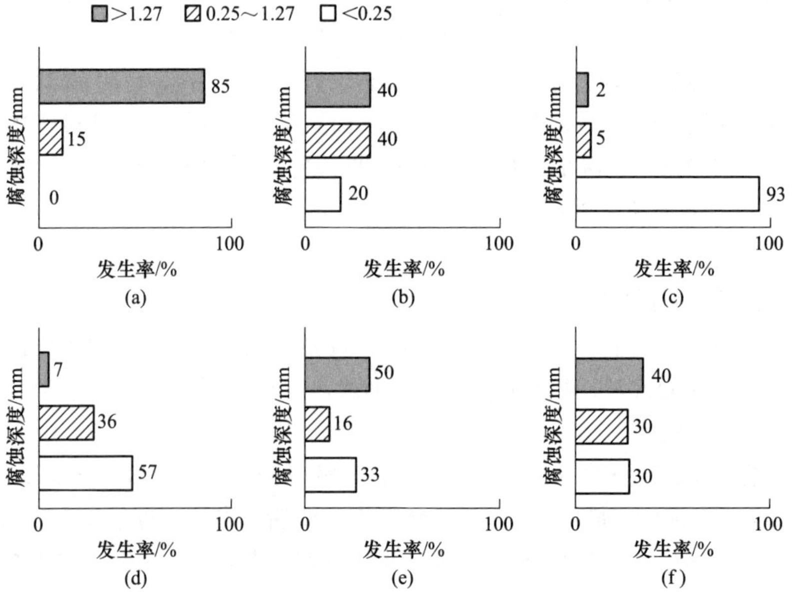

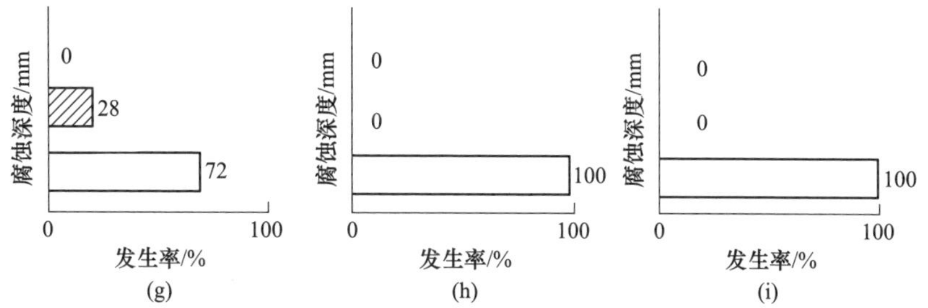

图 3-117 土壤埋设试验中不锈钢等材料耐腐蚀性能比较（试验时间 5~14 年）
（a）软铜；（b）1100（Al）；（c）铜；（d）硅青铜；（e）TP410；（f）TP430；
（g）TP304；（h）TP316；（i）19Cr-22Ni-3.5Mo

b 耐晶间腐蚀性能

当钢中不含稳定化元素时，304 等奥氏体不锈钢的耐晶间腐蚀性能要远优于 430 铁素体不锈钢，这是由于 C、N 等元素在铁素体中的溶解度很低，且冷却过程中 $Cr_{23}C_6$ 等易迅速沿晶界析出，如图 3-118 所示。

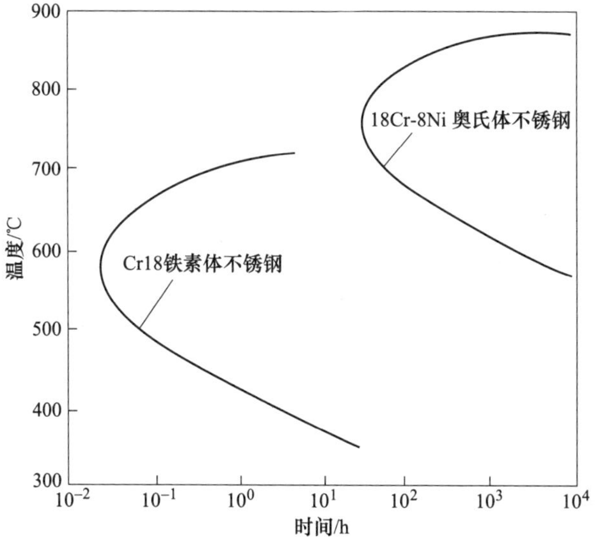

图 3-118 Cr18 铁素体不锈钢与 18Cr-8Ni 奥氏体不锈钢中碳化物析出的温度-时间-敏化曲线

对铬镍系奥氏体不锈钢而言，随钢中 C 含量降低，晶间腐蚀敏感性下降。当钢中 C 含量不大于 0.03%时，如 304L 和 316L，钢的晶间腐蚀敏感性显著降低，如图 3-119 所示。向不锈钢中加入适量的稳定化元素 Nb、Ti 或 Nb+Ti 复合，可防止晶间腐蚀的产生。

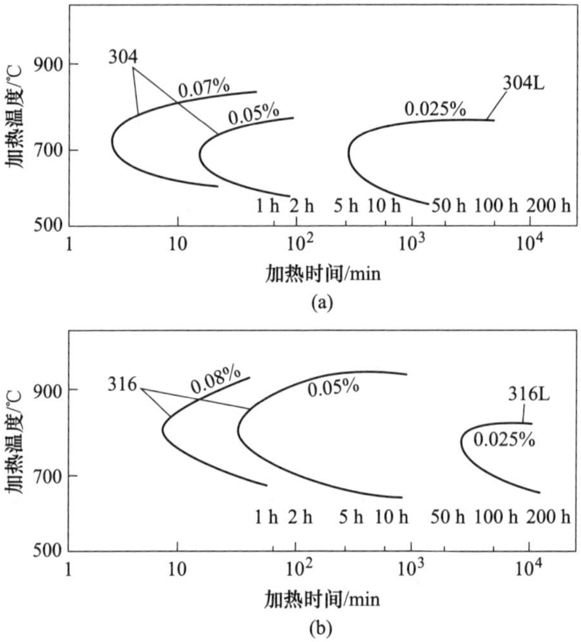

图 3-119　C 含量对奥氏体不锈钢晶间腐蚀敏感性的影响（H_2SO_4-$CuSO_4$ 法）

（a）304 奥氏体不锈钢和 304L 奥氏体不锈钢；（b）316 奥氏体不锈钢和 316L 奥氏体不锈钢

c　耐应力腐蚀性能

铁素体不锈钢的耐氯化物应力腐蚀性能远优于铬镍系奥氏体不锈钢。到目前为止，国内外均未发现铁素体不锈钢产生氯化物应力腐蚀的实例。因此，人们认为铁素体不锈钢对氯化物应力腐蚀是“免疫”的，一些试验结果见表 3-63。

表 3-63　铁素体不锈钢与奥氏体不锈钢在苛刻氯化物溶液中的耐应力腐蚀性能

钢类别	中国标准牌号	美国标准牌号	试验方法①		
			42%沸腾 $MgCl_2$	40%沸腾 $CaCl_2$	灯芯试验
铁素体不锈钢	0Cr11Ti	409	P②	P	P
	0Cr18Ti	439	P	P	P
	00Cr18Mo2	444	P	P	P
奥氏体不锈钢	0Cr18Ni9	304	F③	F	F
	0Cr17Ni12Mo2	316	F	F	F
	0Cr19Ni13Mo3	317	F	F 或 P	F 或 P
	00Cr20Ni25Mo4. 5Cu	904L	F	F 或 P	F 或 P
	00Cr20Ni18Mo6CuN	254SMO	F	P	P

① U 形试样，应力超过屈服强度；

② P 为无应力腐蚀；

③ F 为有应力腐蚀。

在地下水、锅炉水和工业水中，304、304L、316 和 316L 奥氏体不锈钢的耐应力腐蚀性能如图 3-120 所示。可以看出，约含 2%Mo 的 316 和 316L 奥氏体不锈钢的耐应力腐蚀性能优于不含 Mo 的 304 和 304L 奥氏体不锈钢。这与 Mo 提高钢的耐点腐蚀性能有关，因为点蚀常常是应力腐蚀的起源。但在 50 ℃以上的几种水中，304 和 316 奥氏体不锈钢的 Cl^- 浓度界限不能超过 2×10^{-6} 和 $(8\sim10)\times10^{-6}$，这与使用过程中 Cl^- 的富集和浓缩有关。国内外的工程实践均证明，在许多条件下水中 Cl^- 富集和浓缩可达几个数量级。因此，水管用奥氏体不锈钢从设计到使用过程都要严格防止水中 Cl^- 的富集和浓缩。

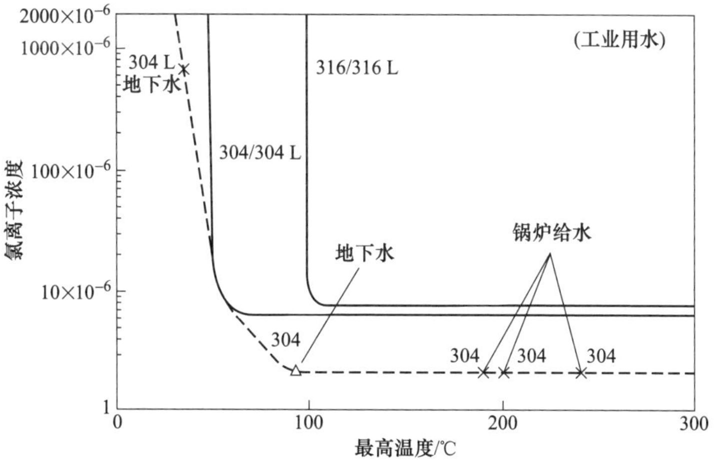

图 3-120 水中 Cl^- 浓度和温度对几种铬镍系奥氏体不锈钢耐应力腐蚀性能的影响

前面已提到，430、444 等铁素体不锈钢具有优异的耐 Cl^- 应力腐蚀性能，因此，Cl^- 易富集浓缩的热水器等工况环境多选用铁素体不锈钢。工业用热交换器等具有换热条件的设备也选用双相不锈钢。

d 耐点腐蚀和耐缝隙腐蚀性能

前面已提到，为了保证钢的耐点腐蚀和耐缝隙腐蚀性能，提高钢中 Cr、Mo 或 Cr、Mo、N 含量具有显著效果。耐点腐蚀性能按点蚀当量值（PREN）公式 $w(Cr)+3.3w(Mo)+16w(N)$ 进行计算。因此，耐点腐蚀性能优劣遵从以下顺序：430<304、304L<316、316L、444。图 3-121 给出了质量分数为 3%的 NaCl 溶液中 430、304 和 316 不锈钢的点蚀电位结果。

耐缝隙腐蚀按临界缝隙腐蚀指数（CCI）公式 $w(Cr)+4.1w(Mo)+21w(N)$ 进行计算，也可得出耐缝隙腐蚀性能优劣顺序：430 < 304、304L < 316、316L、444。

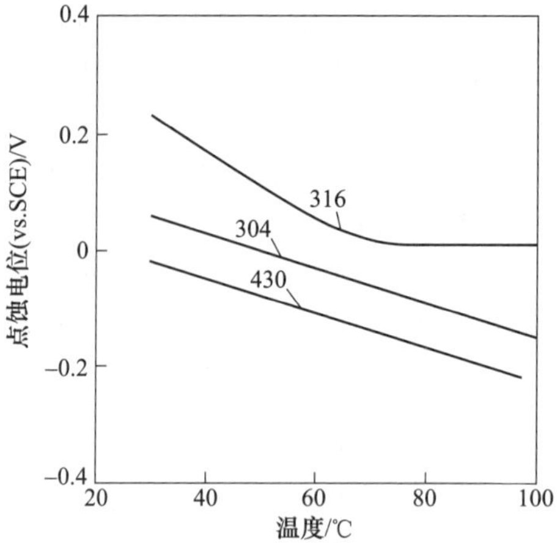

图 3-121　不同温度下 3%（质量分数）NaCl 溶液中 430、304 和 316 不锈钢的点蚀电位

3.6.2.3　材料选择原则

（1）根据几种常用不锈钢的综合性能和国外已有的试验结果以及实际使用经验，水管用不锈钢可考虑将 304 和 304L 奥氏体不锈钢作为首选，在苛刻使用条件下也可选用 316 和 316L 奥氏体不锈钢，对 Cl^- 应力腐蚀更为敏感的使用条件（如热水器等）可考虑选用 444 铁素体不锈钢。

00Cr22Mo1NbTi(445J1）铁素体不锈钢是近年来新开发出的节 Mo 型高耐蚀铁素体不锈钢，其耐点腐蚀性能与 316L 奥氏体不锈钢相当，并且对应力腐蚀不敏感（见表 3-64），是一种在含 Cl^- 水溶液中能取代 316 奥氏体不锈钢的价廉高耐蚀不锈钢材料。作为一种性价比很高的材料，该钢已在太阳能热水器行业得到了广泛应用，在水管行业的应用前景也非常广阔。

表 3-64　445J1 和 316 不锈钢在氯化物溶液中的耐应力腐蚀开裂性能

中国标准牌号	美国标准牌号	试验方法		
		42%沸腾 $MgCl_2$	40%沸腾 $CaCl_2$	26%沸腾 NaCl
00Cr22Mo1NbTi	445J1	1700 h，未断裂	1000 h，未断裂	1000 h，未断裂
0Cr17Ni12Mo2	316	10 h，SCC	12 h，SCC	120 h，SCC

（2）在美国、日本等国 1996 年颁布的不锈钢标准中，304 奥氏体不锈钢的 Cr 含量范围由过去的 17%～19%变更为 18%～20%，国内的不锈钢标准也已变更 Cr 含量范围，因此水管用 0Cr18Ni9 奥氏体不锈钢可变更为 0Cr19Ni9 奥氏体不锈钢，以提高钢的耐腐蚀性能。

（3）不锈钢纯净度和带材表面质量（粗糙度、处理条件等）对不锈钢焊管的性能和质量也有重要影响，因此要加以重视和检测。

3.6.2.4 焊管连接和热处理工艺

（1）采用先进的焊管冷轧、冷拔和热处理工艺。焊管焊缝组织实际上是铸态组织，与母材的变形+固溶态组织有很大差别，致使焊接接头的力学性能和耐腐蚀性能等明显低于母材，服役过程中常常成为易产生破坏的薄弱环节。若焊后仅经过固溶处理，也无法从根本上消除铸态组织和热影响区的某些不足。因此，国外工业用不锈钢焊管焊后再进行一次冷加工（冷轧、冷拔等），使铸态组织经过一定程度的冷加工变形，随后再经过适宜的热处理（包括保护气氛光亮热处理），不仅使焊缝组织与母材基本一致，而且还可消除焊接后所产生的氧化层和贫 Cr 区。

（2）焊管焊接过程要用保护气体（氩气）进行充分保护，这是防止焊缝和热影响区产生氧化层和贫 Cr 层的根本措施。与此同时，还可采取适宜的焊接工艺和冷却速度控制，尽量使与水介质相接触的内表面处于压应力状态。焊后可清除焊缝和热影响区的氧化层和贫 Cr 区。不锈钢的焊接技术要求高，对焊工要培训和考核，持证上岗。

（3）设计上要避免结构缝隙的存在，防止焊管焊缝和接头连接处形成缝隙，降低或消除焊管接头连接处存在的残余应力。在焊管使用过程中，防止管内有污垢的堆积和存在水流不畅的死区。

3.7 热交换器用含铌不锈钢

热交换器是石油精炼、化工、电力、船舶、海水淡化、冶金、集中供热、空调等众多行业的关键部件，在过程控制中起着至关重要的作用。含高 Cr、Mo 的高耐腐蚀铁素体不锈钢，具有高的热传导率、低的热膨胀系数、良好的耐点腐蚀、耐缝隙腐蚀、耐应力腐蚀性能以及价格优势，非常适用于各种水环境，包括以海水作为冷却介质的换热设备。本节简要介绍近年来开发的几种典型 Nb 稳定化高耐蚀铁素体不锈钢的主要特性及其在发电、化工等行业换热设备中的应用情况。

3.7.1 海水冷凝器用含铌超级铁素体不锈钢

冷凝器是火力发电及原子能发电的重要设备之一。长期以来，电站冷凝器的换热管以铜和铜合金为首选材料，而在以半咸水和海水作为冷却介质的条件下，铜和铜合金的耐腐蚀性能已不能满足使用要求，尤其是近年来海水被严重污染，导致选用铜合金管的滨海电站凝汽器的冷却管相继发生严重的腐蚀泄漏，其使用寿命仅 8 年左右，难以满足电站的运行要求。钛材虽然具有优异的耐海水腐蚀性能和高的比强度，但因价格较贵并存在焊接性能差、刚性低等缺点，并不是一种最佳选择。为了提供性价比良好的适用于海水作为冷却介质的换热器管材，美国、德国和日本等相继开发出高 Cr、Mo 超级铁素体不锈钢，如 00Cr25Ni4Mo4TiNb（MONIT）、00Cr29Mo4TiNb（AL29-4C）和 00Cr27Mo3Ni2TiNb（SEA-CURE）等，其中应用最广泛和用量最大的是 SEA-CURE，即 S44660，该牌号成为能取代钛材且价格最便宜的超级铁素体不锈钢材料。

3.7.1.1　化学成分

SEA-CURE 铁素体不锈钢是在 AL29-4C 钢的基础上采用 Nb、Ti 复合稳定化策略发展起来的，目的是提高钢的塑韧性、焊接性、热稳定性和抗氢脆性。与 AL29-4C 钢一样，该钢种也是目前应用于发电厂海水冷凝器传热管最著名的一种超级铁素体不锈钢。长期应用表明，该钢的性能不仅优于 304、316 等传统奥氏体不锈钢，而且优于铜合金、铜镍合金，甚至可与钛合金相媲美。SEA-CURE 铁素体不锈钢的化学成分见表 3-65。可以看出，该钢采用 Nb+Ti 复合稳定化措施，以防止敏化后耐腐蚀性能降低，并且该钢可采用通用不锈钢装备生产。向钢中加入 Ni 是为了降低钢的韧脆转变温度，从而改善钢的韧性。

表 3-65　SEA-CURE 铁素体不锈钢的化学成分　（质量分数,%）

C	Si	Mn	Cr	Ni	Mo	S	P	Ti+Nb
≤0.03	≤1.0	≤1.0	25~28	1.0~3.5	3.0~4.0	≤0.03	≤0.04	0.02~1.0

3.7.1.2　性能特点

A　力学性能

表 3-66 列出了 SEA-CURE 铁素体不锈钢的室温和高温力学性能以及热交换器用钢的许用应力。由此可以看出，热交换器用钢最高试验温度是 260 ℃，若超过此温度长期使用会析出 α′相，导致钢发生 475 ℃脆化。

表 3-66　SEA-CURE 铁素体不锈钢的力学性能和许用应力

温度/℃	R_m/MPa	$R_{p0.2}$/MPa	A/%	许用应力/MPa
23	620	517	25	121.1
93	572	455	24	124.1
149	538	392	23	124.1
204	517	365	21	122.7
260	517	345	21	122.0

B　耐腐蚀性能

a　全面腐蚀

304、316 奥氏体不锈钢和 SEA-CURE 铁素体不锈钢在苛刻酸性介质中的耐腐蚀性能见表 3-67。可见，在所有试验介质中，SEA-CURE 铁素体不锈钢的耐腐蚀性能显著优于 304 和 316 奥氏体不锈钢。

表 3-67 在苛刻酸介质中 SEA-CURE 铁素体不锈钢的耐腐蚀性能 (mpy)①

介质	温度/℃	304	316	SEA-CURE
0.1%HCl	100B②	17.4	2.08	0.28
1%HCl	99B	—	—	6.68
1%HCl+3%$FeCl_3$	75	—	—	2.27
10%H_2SO_4	102B	—	—	105
60%H_2SO_4	118B	—	—	>1000
93%H_2SO_4	77	—	78	100
50%H_3PO_4	109B	7.46	3.87	1.78
10%HNO_3	104B	0.37	0.96	0.46
65%HNO_3	116B	3.34	3.95	1.20
60%HNO_3+2%HCl	113B	—	—	4.18
80%醋酸	103B	17.0	—	0.02
100%醋酸	100B	0.39	0.54	0.44
50%甲酸	105B	—	—	0.89
10%草酸	102B	—	—	1.31
50%NaOH	143	—	—	1.0

① 1 mpy=0.0254 mm/a。

② 试验时间超过 96 h，沸腾温度。

b 点腐蚀和缝隙腐蚀

SEA-CURE 铁素体不锈钢中 Cr、Mo 含量较高，其 PREN 值达 42，因此，该钢有良好的耐氯化物点腐蚀和缝隙腐蚀性能。图 3-122 是部分铁素体、奥氏体和双相三大类不锈钢的临界缝隙腐蚀温度、热交换器使用时最高氯离子浓度和钢的耐点蚀当量值之间的关系。由此可以明显看出，当 PREN 值相当时，超级铁素体不锈钢较超级奥氏体不锈钢和超级双相不锈钢具有更高的临界缝隙腐蚀温度，并能适用于更高的 Cl^-浓度水平。同时，从图 3-122 还可以明显看出，SEA-CURE 铁素体不锈钢在含 Cl^-的水中，甚至在海水中其最高临界缝隙腐蚀温度可达 50 ℃。

表 3-68 是 SEA-CURE 铁素体不锈钢最高临界缝隙腐蚀温度和耐氧化物腐蚀最高 Cl^-含量。可以看出，在所有试验的不锈钢材料中，SEA-CURE 铁素体不锈钢的耐缝隙腐蚀性能最好，这与图 3-122 的结果是一致的。根据这些试验结果可以认为，在点蚀当量值相当的条件下，超级铁素体不锈钢比超级奥氏体不锈钢耐缝隙腐蚀性能更好，甚至 PREN 值较低的超级铁素体不锈钢可代替 PREN 值较高的超级奥氏体不锈钢。当然，考虑到力学性能（塑韧性）、加工成型性能和焊接

性能，超级铁素体不锈钢只能用于薄截面尺寸的条件下。

表 3-68　几种不锈钢的 PREN 值、CCT 和耐氯化物腐蚀的最高氯化物浓度

中国标准牌号	美国标准牌号	UNS 编号	点蚀当量指数（PREN）	临界缝隙腐蚀温度（CCT）/℃	最高氯化物浓度
0Cr18Ti	439	S43045	18	<-2(-28)	10^{-4}
00Cr18Ni10	304L	S30403	19	<-2(-28)	10^{-4}
00Cr17Ni14Mo2	316L	S31603	24	<-2(-28)	5×10^{-4}
0Cr19Ni13Mo3	317L	S31703	28	2(36)	10^{-3}
00Cr22Ni5Mo3N	2205	S32205	34	24(75)	7.5×10^{-3}
00Cr20Ni25Mo6.5N	AL-6XN	N08367	45	45(113)	1.8×10^{-4}
00Cr27Mo3Ni2TiNb	SEA-CURE	S44660	46	52(125)	2×10^{-4}

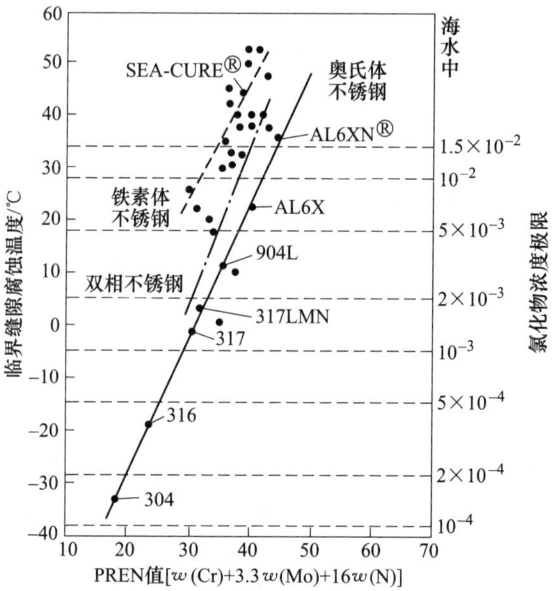

图 3-122　几种不锈钢的 PREN 值和在不同氯化物介质中的临界缝隙腐蚀温度

（热交换环境，室温，中性；试验介质按 ASTM G48）

在室温海水中长达 10 年的腐蚀试验表明，SEA-CURE 铁素体不锈钢并未受到腐蚀破坏。许多采用 SEA-CURE 铁素体不锈钢制造的发电厂冷凝器已安全使用 25 年，而 316 奥氏体不锈钢却因产生 0.975 mm 的缝隙腐蚀而破坏。表 3-69 列出了不同材料冷凝器传热管的最薄壁厚。显然，在海水和含氯化物的环境中，SEA-CURE 铁素体不锈钢管壁最薄，传热管能长期使用且不发生腐蚀破坏，充分表明了该钢具有优异的耐腐蚀性能。

表 3-69 不同材料冷凝器传热管的最薄壁厚

牌号	SEA-CURE	304、316	90-10Cu-Ni 合金	钛	黄铜	锆
最薄壁厚/mm	0.48	0.56	0.86	0.97	1.04	1.17

c 应力腐蚀

沸腾 42%（质量分数）$MgCl_2$ 的试验表明，Ni 含量大于 0.5%的铁素体不锈钢和超级铁素体不锈钢在一些介质中对氯化物的应力腐蚀是敏感的，但在实际含氯化物环境（如 NaCl、$CaCl_2$ 等水介质、海水）中，SEA-CURE 铁素体不锈钢对应力腐蚀是“免疫”的。例如，在 100 ℃、质量分数为 40%的 $CaCl_2$ 溶液中且受力高达 $\sigma_{0.2}$的 90%时，SEA-CURE 铁素体不锈钢经 5000 h 试验后并未发生应力腐蚀开裂，而 316 不锈钢仅经 400 h 就出现破裂。在 100 ℃含 1500×10^{-4}%NaCl 的水溶液中，SEA-CURE 铁素体不锈钢的 U 形试样也未发生应力腐蚀开裂。冷凝器等传热管使用的铜合金对氨或水腐蚀（全面腐蚀、点腐蚀、应力腐蚀等）很敏感，但 SEA-CURE 铁素体不锈钢与其他不锈钢一样非常耐腐蚀。表 3-70 是在含不同 Cl^-浓度的高温（121~232 ℃）水中，SEA-CURE 铁素体不锈钢的耐应力腐蚀性能。显然，在该试验的条件下，除 Ni 含量仅 0.4%的 439 铁素体不锈钢性能最佳外，SEA-CURE 铁素体不锈钢的耐应力腐蚀性能是最好的。在 232 ℃、100×10^{-4}%Cl^-条件下，其耐应力腐蚀性能优于超级奥氏体不锈钢 254SMO 和 AL-6XN。

表 3-70 SEA-CURE 铁素体不锈钢和其他不锈钢的耐应力腐蚀性能

中国标准牌号	美国标准牌号	w(Ni)/%	试验温度/℃						
			121			177		232	
			氯化物浓度						
			10^{-4}	10^{-3}	10^{-2}	10^{-4}	10^{-3}	10^{-4}	10^{-3}
0Cr18Ti	TP439	0.4	—	—	—	—	○	○	○
00Cr27Mo3Ni2TiNb	SEA-CURE	2.0	—	—	—	—	○	○	×
00Cr22Ni5Mo3N	2205	5.0	—	—	—	—	○	×	—
00Cr18Ni10	TP304L	8.0	○	○	×*	×	×	×	×
00Cr18Ni10N	TP304LN	8.0	○	×	×*	×	×	×	—
00Cr17Ni14Mo2	TP316L	11.0	○	○	○*	×	×	×	—
00Cr20Ni18Mo6CuN	254SMO	18.0	—	—	—	—	○	×	×
00Cr20Ni25Mo6.5N	AL-6XN	25.0	—	—	—	○	○	×	×

注：U 形试验，试验 28 天；×为有应力腐蚀，○为无应力腐蚀；* 为试验 15 天，TP 管材。

d 磨蚀

一般认为，不锈钢的耐磨蚀性能与不锈钢基体表面保护层（如钝化膜）的特性、保护层下基体的强度以及不锈钢本身耐腐蚀性能有关。表 3-71 为几种合金在水中合格的耐磨蚀性的最大水流速度。可以看出，超级铁素体不锈钢是最好的耐磨蚀材料。表 3-72 是根据水滴冲击试验获得的几种合金的相对耐磨性。可以看出，SEA-CURE 超级铁素体不锈钢的相对耐磨蚀性能优于 2507（00Cr25Ni7Mo4）超级双相不锈钢以外的所有试验材料。在有石英砂和水冲刷条件下进行的磨蚀试验结果也表明，SEA-CURE 铁素体不锈钢的磨蚀失重仅为 316 奥氏体不锈钢的 25%。

表 3-71　几种合金在水中合格耐磨性的最大水流速　（ft/s）

海军黄铜	90/10Cu/Ni 合金	70/30Cu/Ni 合金	304/316 不锈钢	Ti2	超级铁素体不锈钢
6	8	10	>30	30+	100+

注：1 ft/s = 0.3048 m/s。

表 3-72　水滴试验的耐磨性

合金	硬度（HV）	相对耐磨性
海军黄铜	60	0.4
90/10Cu/Ni 合金	135	0.8
Ti2	145	1.0
304/316 管材	165	2.0
254SMO/AL-6XN	200	7.0
Ti9	215	6.2
SEA-CURE	240	7.2
2507	290	9.4

e　氢脆和电偶（异金属）腐蚀

氢气保护热处理（退火）或酸洗等过程中有单原子氢存在，这可导致超级铁素体不锈钢吸收氢而产生氢脆，因此要予以避免。研究表明，在水系统中（如海水），氢脆的产生是由阴极保护控制不当所致。如果对水系统阴极保护进行适当控制，使电压保持在−750 mV 较正的情况下，便可防止超级铁素体不锈钢发生氢脆。为了降低 446 超级铁素体不锈钢对氢脆的敏感性，早在 1993 年就有研究人员对该钢的化学成分加以改进：使 $w(C) \leqslant 0.02\%$、$w(N) \leqslant 0.02\%$，并用稳定化元素 Nb 替代原来钢中的 Ti。

当热交换器和水冷凝器的传热管材质与管板材质不同时，在一些水介质中极易产生电偶（异金属）腐蚀。在海水中，虽然 SEA-CURE 铁素体不锈钢的电极电位稍低于 Ti、Au、Pt，却高于 Cu、铜镍合金和碳钢。例如，在海水介质中，传热管为 SEA-CURE 铁素体不锈钢，而管板为四-六黄铜，为防止四-六黄铜的腐蚀需要采取必要的防护措施。

C 冷加工性能

由于 SEA-CURE 铁素体不锈钢的强度比一般奥氏体不锈钢高，因此冷加工和冷成型需较大的外力。又因为 SEA-CURE 铁素体不锈钢的冷加工硬化倾向小，故可减少甚至可不进行冷变形后的退火处理。由于该钢多用于冷凝器等热交换设备的传热管，因而要选用适宜的管和管板焊、胀连接工艺。

D 焊接性能

SEA-CURE 铁素体不锈钢焊接性能良好，可采用不锈钢通用的焊接方法，如 GTAW、GMAW、SMAW 等。为了获得良好的焊后韧性和耐腐蚀性能，焊前准备、焊丝材料选用、焊接工艺和焊后清理等均需注意。

E 物理性能

SEA-CURE 铁素体不锈钢的物理性能见表 3-73。

表 3-73 SEA-CURE 铁素体不锈钢的物理性能

密度 ρ/g·cm^{-3}	线膨胀系数 α/K^{-1}			导热系数 λ/W·(m·K)$^{-1}$			比热容 c/J·(kg·K)$^{-1}$
	20~100 ℃	20~150 ℃	20~250 ℃	20 ℃	150 ℃	200 ℃	—
7.8	9.68×10^{-6}	9.77×10^{-6}	10.66×10^{-6}	15.9	19.5	20.6	500

图 3-123 是在实际冷凝器传热管运行中 SEA-CURE 铁素体不锈钢与其他不锈

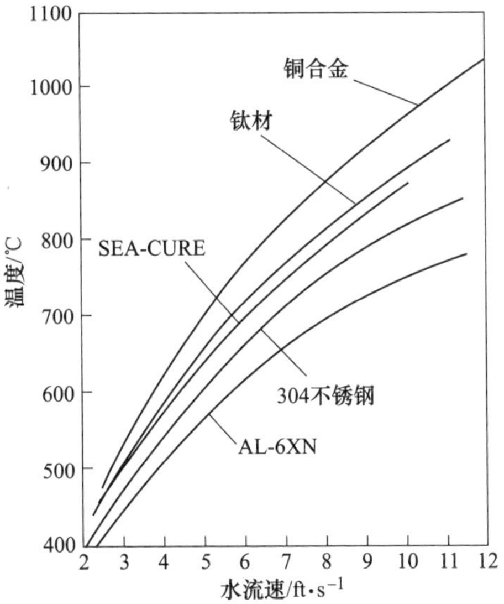

图 3-123 SEA-CURE 等材料的导热率

(1 ft/s=0.3048 m/s)

钢和合金的导热率。可以看出，SEA-CURE 铁素体不锈钢的导热率高于 304 奥氏体不锈钢和 AL-6XN 超级奥氏体不锈钢，但低于海军黄铜和钛材。但是，SEA-CURE 铁素体不锈钢的高强度、低线胀系数以及表面可形成有助于导热的钝化膜都是其作为传热管材料的优势所在。

3.7.1.3　推广应用

SEA-CURE 超级铁素体不锈钢具有良好的耐点腐蚀、耐缝隙腐蚀和耐应力腐蚀性能，已成功应用于各种水环境，包括以海水作为冷却介质的换热设备。长达 30 年的发电厂海水冷凝器使用结果表明，SEA-CURE 超级铁素体不锈钢的性能可与钛合金相媲美。

A　在发电厂冷凝器中的应用

表 3-74 列出了发电厂冷却水系统中应用的各种耐腐蚀材料的综合评级（1 代表最佳，5 代表最差）。显然，除氢脆外（可有效控制），SEA-CURE 铁素体不锈钢具有明显优势。为此，这种超级铁素体不锈钢主要用于耐海水腐蚀的管线、海水冷凝器、热交换器等，而且价格还低于 Cu、铜合金和钛材。欧美等地大量选用该钢（包括 00Cr29Mo4Ni2、00Cr29Mo4TiNb 等）的薄壁焊管用于制造海水冷凝器管，至今已广泛使用，效果良好，并成为铜合金和钛材的有力竞争者。同样地，我国发电厂海水冷凝器也已开始使用太钢产的同类铁素体不锈钢焊管。

表 3-74　用于发电厂不同环境中材料的性能评级

牌号	UNS 编号	氯化物点蚀	蒸汽水滴腐蚀	磨蚀	氨应力腐蚀	氯化物应力腐蚀	抗震性	耐硫微生物腐蚀	耐 Fe/Mn 微生物腐蚀	氢脆
黄铜	C44400	4	5	5	5	1	5	5	3	1
90/10Cu/Ni	C70600	3	4	4	4	1	4	5	3	1
70/30Cu/Ni	C71500	3	3	3	3	1	4	4	2	1
304L	S30403	5	2	2	1	5	2	3	5	1
304N	S30451	5	2	2	1	5	2	3	5	1
316L	S31603	4	2	2	1	5	2	3	4	1
317L	S31703	3	2	2	1	4	2	2	3	1
439	S43035	5	2	2	1	1	2	4	5	1
2205	S32205	2	1	1	1	3	2	2	3	1
904L	N08904	2	1	1	1	3	2	1	3	1
254SMO	S31254	1	1	1	1	3	2	1	2	1
AL-6XN	N08367	1	1	1	1	3	2	1	1	1
SEA-CURE	S44660	1	1	1	1	2	1	1	1	4
Ti2	R50400	1	3	2	1	1	5	1	1	5

注：表中 1 为最佳，5 为最差。

B 在化学工业中的应用

在电站各种水质中的成功应用使该钢在以海水、半咸水作为冷却剂的换热装置中具有很强的竞争力。据报道，2009 年美国能源部将战备原油存储于沿得克萨斯州和路易斯安那州海岸线的岩洞中，在需要时从岩洞中将原油抽出。为运输方便将原油通过热交换器冷却至适当温度，由于当地水源具有苛刻的腐蚀性，碳钢热交换管不得不每 6 个月更换一次，后来经试验研究和小型换热器实际运行考核，决定用 SEA-CURE 焊管。从 2002—2005 年共用 66.4 万米的 SEA-CURE 管更新了 34 台原油冷却器的碳钢管，更新至今未出现破坏和堵塞事故。

3.7.2 淡水冷凝器用含铌超纯铁素体不锈钢

对于以淡水（通常 Cl^- 离子浓度不超过 $1000\times10^{-4}\%$）作为冷却介质的内陆电站冷凝器而言，主要选用含 Mo 的 316 奥氏体不锈钢，但由于 316 奥氏体不锈钢耐氯化物应力腐蚀性能差，在实际运行中经常会遇到严重腐蚀泄漏问题。如果选用适用于海水条件的 SEA-CURE 铁素体不锈钢，可完全满足服役要求，但成本相对较高。因此，迫切需要开发一种成本比 SEA-CURE 铁素体不锈钢更为低廉且适用于以淡水作为冷却介质的电站冷凝器用的经济型高耐蚀不锈钢材料。

3.7.2.1 化学成分

00Cr22Mo2TiNb（445J2）铁素体不锈钢是太钢近年来开发出的一种含 22%Cr、2%Mo 的新型超纯铁素体不锈钢（化学成分见表 3-75），其耐点腐蚀和耐缝隙腐蚀性能均优于 316 奥氏体不锈钢。此外，该钢对应力腐蚀具有免疫性，并具有高的导热性能、高的弹性模量和低的热膨胀特性。与奥氏体不锈钢相比，该钢在以淡水为冷却介质的发电厂冷凝管和热交换器管中应用具有明显优势，加之无镍元素，其价格也相对便宜，竞争力很强。

表 3-75 445J2 铁素体不锈钢的化学成分 （质量分数，%）

C	Si	Mn	P	S	Cr	Ni	Mo	N	w(Ti+Nb)①/w(C+N)
≤0.01	≤0.5	≤0.5	≤0.04	≤0.03	22~24	≤0.6	1.5~2.0	≤0.015	≥16

① 采用 Nb+Ti 复合稳定化措施，既保证钢的韧性又可使焊后韧性不降低太多。

3.7.2.2 性能特点

A 力学性能

445J2 铁素体不锈钢的室温力学性能见表 3-76，其室温冲击韧性和 DBTT 如图 3-124 所示。可见，Mo 含量从下限到上限，对钢的冲击韧性和 DBTT 无明显影响。

表 3-76　445J2 铁素体不锈钢的室温力学性能

参数	R_m/MPa	$R_{p0.2}$/MPa	A/%	硬度（HV）	弯曲（D=1.0t）
标准要求	≥470	≥295	≥22	≤200	180°，不裂
典型值	516	370	30	175	180°，不裂

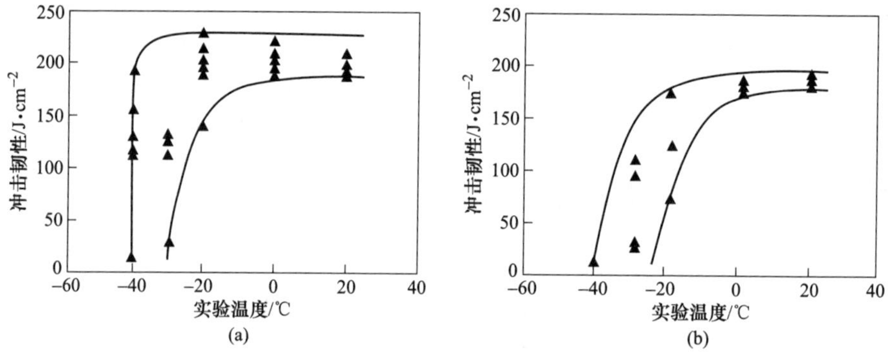

图 3-124　温度对不同 Mo 含量的 445J2 铁素体不锈钢的室温冲击韧性的影响
（a）00Cr22Mo1.5TiNb；（b）00Cr22Mo2TiNb
（2 mm V 形缺口，试样经 870 ℃×10 mm，AC 处理）

B　冷成型性能

445J2 铁素体不锈钢冷轧退火板具有优良的冷成型性能，主要得益于钢中低 C、N 含量，0.9 mm 钢板的冷成型参数见表 3-77。

表 3-77　445J2 铁素体不锈钢的冷成型性能

板厚/mm	n	平均值 n	A/%	r	平均值 r	Δr	E_r
0.9	0.223	0.21	40.3	1.43	1.63	0.08	9.28~9.36
	0.207		41.7	1.58			
	0.204		42.9	1.89			

C　耐腐蚀性能

a　全面腐蚀

在加速喷雾实验中，445J2 铁素体不锈钢的耐腐蚀性能远优于 316L 奥氏体不锈钢，如图 3-125 所示。

b　点腐蚀、缝隙腐蚀和应力腐蚀

445J2 铁素体不锈钢的耐点腐蚀和耐应力腐蚀性能分别如图 3-126、图 3-127 和表 3-78 所示。这些数据均表明，445J2 铁素体不锈钢的耐点腐蚀和耐应力腐蚀性能明显优于 316L 奥氏体不锈钢，其耐缝隙腐蚀性能也优于 316L 奥氏体不锈钢，如图 3-128 所示。

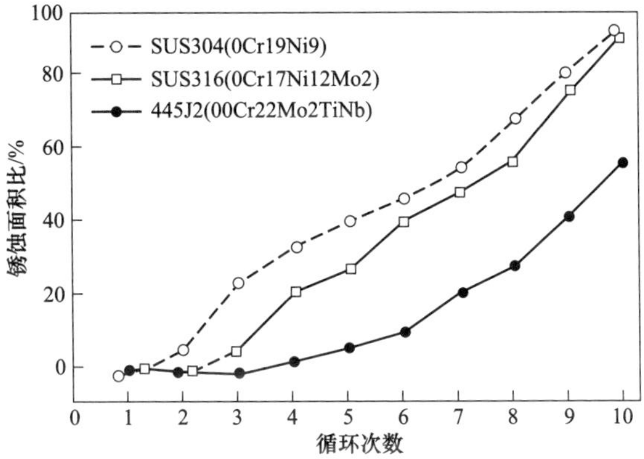

图 3-125 445J2 铁素体不锈钢在海水循环喷雾、干燥和湿润试验中的耐腐蚀性能
（室温海水中喷雾→60 ℃干燥 30 min→50 ℃RH 湿润 30 min）

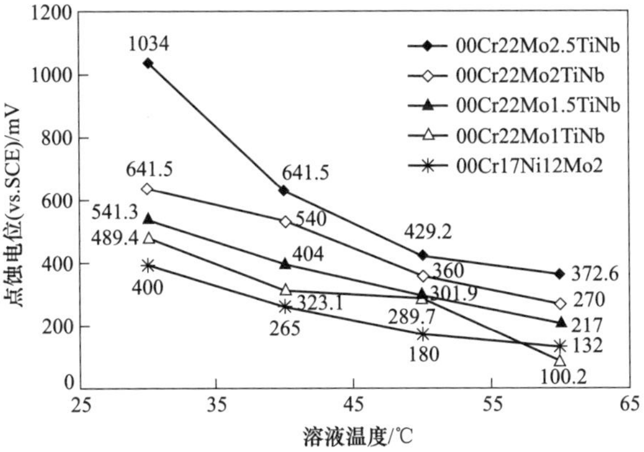

图 3-126 不同温度下 3.5%（质量分数）NaCl 溶液中不同 Mo 含量 445 系列不锈钢的点蚀电位

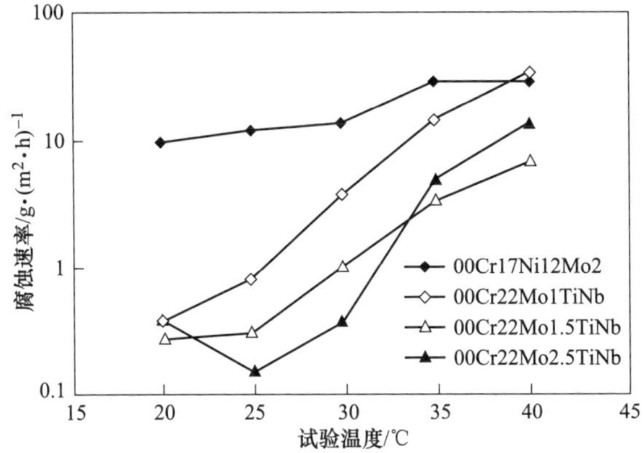

图 3-127 10%（质量分数）$FeCl_3 \cdot 6H_2O$ 溶液中不同 Mo 含量 445 系列不锈钢的腐蚀速率

表 3-78　三种不锈钢在氯溶液中的耐应力腐蚀破裂性能

牌号	沸腾 42% $MgCl_2$	沸腾 40% $CaCl_2$	沸腾 26% NaCl
00Cr22Mo1TiNb	1700 h，未断裂	1000 h，未断裂	1000 h，未断裂
00Cr22Mo2TiNb	1700 h，未断裂	1000 h，未断裂	1000 h，未断裂
00Cr17Ni14Mo2（316L）	10 h，SCC	12 h，SCC	120 h，SCC

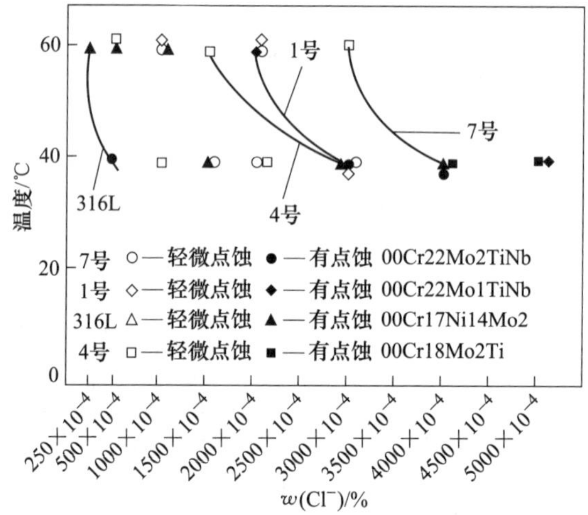

图 3-128　00Cr22Mo2TiNb 铁素体不锈钢在 pH 值为 2 的盐水中的耐缝隙腐蚀性能
（每条曲线左下方为无缝隙腐蚀区，右上方为产生缝隙腐蚀区）

c　晶间腐蚀

将 445J2 铁素体不锈钢和 316L 奥氏体不锈钢在 1200 ℃下固溶处理 2 h，然后分别在 550 ℃、650 ℃和 750 ℃下时效处理 2 h，根据美国材料试验标准 ASTM A763 和 A262，对经不同温度时效处理后的样品进行晶间腐蚀测试，结果如图 3-129 所示。由该图可见，445J2 铁素体不锈钢的腐蚀速率远小于 316L 奥氏体不锈钢，说明 445J2 铁素体不锈钢的耐晶间腐蚀性能显著优于 316L 奥氏体不锈钢；随着敏化温度提高（550~750 ℃），316L 奥氏体不锈钢的晶间腐蚀敏感性逐渐增强，耐晶间腐蚀性能逐渐减弱。

D　焊接性能

0.9 mm 厚的冷轧退火板经 TIG 焊后的性能良好，自身 TIG 焊接接头力学性能列于表 3-79。

表 3-79　445J2 铁素体不锈钢冷轧退火板（0.9 mm）TIG 焊焊接接头的室温力学性能

TIG 焊接电流	R_m/MPa	$R_{p0.2}$/MPa	A/%	冷弯 180°
20A	405~425	310~315	11.0~11.5	无裂纹

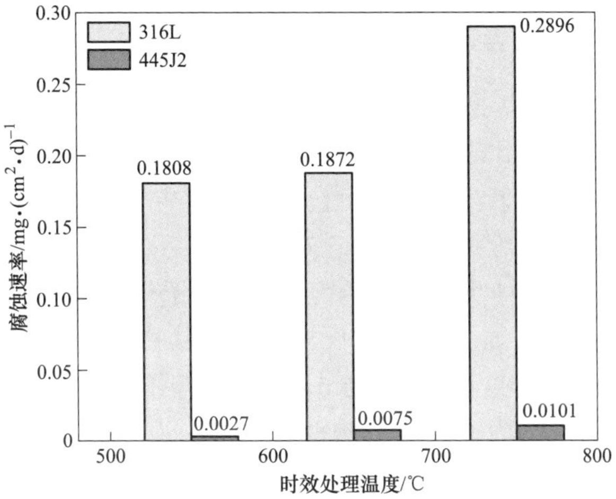

图 3-129　445J2 和 316L 奥氏体不锈钢晶间腐蚀测试结果
（实验方法：ASTM A763（16% H_2SO_4+6% $CuSO_4$））

3.7.2.3　推广应用

445J2 铁素体不锈钢的耐腐蚀性能优于 316L 奥氏体不锈钢，在奥氏体不锈钢产生应力腐蚀的环境中，该钢对应力腐蚀不敏感，已成功应用于以淡水为冷却介质的内陆电站冷凝器以及其他含 Cl^-水的热交换器中。此外，与 316L 奥氏体不锈钢相比，445J2 铁素体不锈钢在溴化锂溶液中具有更为优异的耐腐蚀性能（见图 3-130），已被广泛用于集中供热住宅小区换热站溴化锂吸收式换热机组和溴化锂空调换热管。

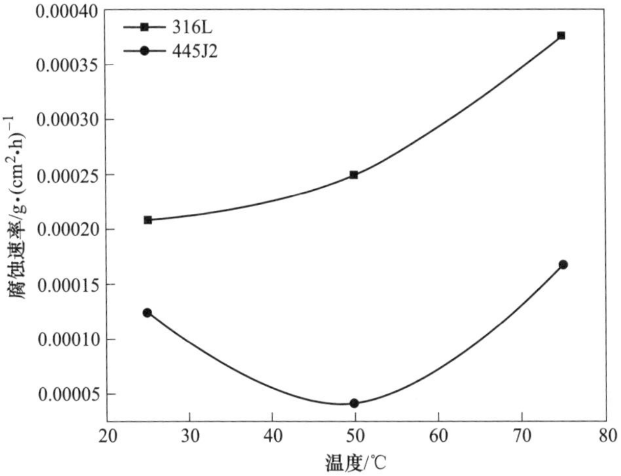

图 3-130　316L 和 445J2 铁素体不锈钢在不同温度
850 g/L 溴化锂溶液中浸泡 72 h 的腐蚀速率

3.7.3　换热器用高韧性含铌铁素体不锈钢

当前市场上热交换器壳体（厚度 6~10 mm）材质通常为 304、316L 奥氏体不锈钢，也有少部分采用碳钢衬铜。碳钢衬铜因造价相对较低，在 20 世纪 60 年代应用广泛，但其制造工艺复杂，而且铜在热水中容易氧化导致电化学腐蚀，一旦出现衬铜泄漏较难维护。20 世纪 70 年代以后，304 奥氏体不锈钢逐渐替代碳钢衬铜材质，但 304 奥氏体不锈钢在含氯离子较高的市政给水环境中应用 2~3 年即会出现轻微腐蚀。316L 奥氏体不锈钢具有比 304 奥氏体不锈钢更好的耐氯离子腐蚀性能，然而，304 与 316L 奥氏体不锈钢均存在镍用量大、成本高、热交换率低（约为铁素体不锈钢的 70%~80%）、应力腐蚀敏感、应力腐蚀开裂风险高等问题。444 铁素体不锈钢是一种超低碳氮，含 18%Cr、2% Mo 的高耐腐蚀超纯铁素体不锈钢，与 304 和 316L 奥氏体不锈钢相比，其成本低、导热率高，且具有优异的耐氯离子应力腐蚀性能。同时，该钢的耐氯离子点腐蚀性能优于 304 奥氏体不锈钢，与 316L 奥氏体不锈钢相当，特别适用于换热器行业。

但与奥氏体不锈钢相比，铁素体不锈钢的 DBTT 高，且室温韧性低、对缺口敏感，并具有非常明显的厚度效应，即成品板的规格越厚，DBTT 越高。传统观点认为，铁素体不锈钢超过 6 mm 厚时，其韧性和焊接性极差，难以用于结构件。针对这一问题，国外部分企业（NSSC、Columbus 等）研究和开发了超低碳氮铁素体不锈钢中板（厚度 6~10 mm），韧性和焊接性得到大幅改善，满足了容器封头冲压和焊接等加工要求，并批量应用于民用换热器、法兰、机械制造等领域。但国内铁素体不锈钢的研究和应用基本集中于厚度 3.0 mm 以下薄板。与国外同类产品相比，国内 444 铁素体不锈钢中板存在室温冲击功低、DBTT 高（通常在 20 ℃及以上），易出现冲压开裂、分层、焊接后韧性大幅降低等问题，尤其当板厚超过 6 mm 时，此类问题更加突出，影响用户使用和市场推广。因此，中信金属联合东北大学、太钢等单位组建产学研团队，开发出了高韧性铁素体不锈钢中板。

3.7.3.1　合金设计

研究发现，在铁素体不锈钢的冲击断裂过程中，微裂纹优先在形变孪晶的尖端萌生，并择优沿孪晶界扩展，导致微裂纹的相互连接、聚合及主裂纹的形成。随后，主裂纹将通过尖端附近微裂纹的增长和聚合实现自身扩展，最终导致韧脆转变的发生。图 3-131 是铁素体不锈钢退火板冲击后脆性断裂断口附近形变孪晶的 EBSD 形貌，以及脆性裂纹在形变孪晶上萌生和扩展的 SEM 形貌。研究表明，抑制形变孪晶的形成将改善铁素体不锈钢的韧脆转变温度。Nb 可细化铁素体不锈钢的显微组织，从而抑制形变孪晶的形成，改善韧性。但 Nb 也易在晶界偏析引起界面脆化，同时过量的 Nb 还将导致钢板在冷却过程中易形成 Laves 相等，从而恶化冲击韧性。因此，亟需探索合理的 Nb 添加量。

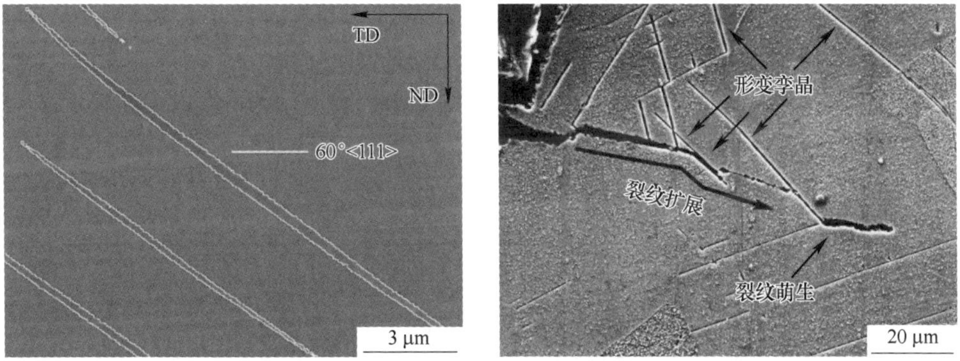

(a) (b)

图 3-131 铁素体不锈钢退火板冲击后脆性断裂断口附近形变孪晶的 EBSD 形貌（a）与脆性裂纹在形变孪晶上萌生和扩展的 SEM 图（b）

从抑制孪晶的角度考虑，Ni、Cu、Al、Mn 等均可增加层错能，抑制形变孪晶的形成。Ni 确实可提高不锈钢的室温韧性并降低 DBTT，但作为强的奥氏体形成元素，Ni 还会增加铁素体不锈钢的应力腐蚀敏感性。为保证新设计的 444 铁素体不锈钢具有单一的铁素体组织和良好的耐应力腐蚀性能，Ni 含量应控制在 0.5%~0.8%。Al 作为脱氧剂在铁素体不锈钢生产中得到广泛应用，适量的 Al 既可达到脱氧效果，又可使 DBTT 下降。但 Al 含量过量时，易形成粗大 AlN，恶化韧性，Al 含量应小于 0.2%。Mn 易与 S 形成 MnS，降低冲击韧性和耐腐蚀性能，Mn 含量越低越好，即低 Mn 设计。Cu 不仅可降低 DBTT，还可提高耐腐蚀性能，并赋予钢抗菌性能。但过量的 Cu 对热加工性能将产生不利影响，Cu 含量应控制在约 0.5%。

稳定化元素 Ti 极易与 N 形成粗大的 TiN，恶化韧性。因此，新设计的 444 铁素体不锈钢采用单 Nb 稳定化，最终确定高韧性 444 铁素体不锈钢的合金设计思路是：单 Nb 稳定化，超低含量 Mn，并添加 0.5%~0.8%的 Ni，约 0.5%的 Cu，小于 0.2%的 Al。

基于上述合金设计思路，东北大学与中信金属和太钢合作开展了高韧性铁素体不锈钢中板的合金优化设计，明晰了 Nb 等合金元素对组织性能的影响机理，探明了高韧化合金设计思路，成功制备出高韧性 444 铁素体不锈钢中板，冲击韧性优于国外同类产品，为高韧性铁素体不锈钢中板工业化生产奠定了坚实基础。

研究发现，随着 Nb 含量提高，444 铁素体不锈钢铸锭中等轴晶比率有所增加、尺寸有所减小，柱状晶宽度变窄、区域明显减少，凝固组织得到细化。这主要是由于 Nb 可以使 444 铁素体不锈钢的结晶区间变宽，从而拓宽浇铸过程中的糊状区，有助于提高柱状晶前沿过冷度，增大非均质形核概率，促进等轴晶生成，进而使得铸态组织中等轴晶比例提高，晶粒尺寸减小。图 3-132 是不同 Nb 含量铁素体不锈钢凝固组织的宏观形貌，图 3-133 是不同 Nb 含量铁素体不锈钢凝固组织中等轴晶比例与尺寸的变化规律。

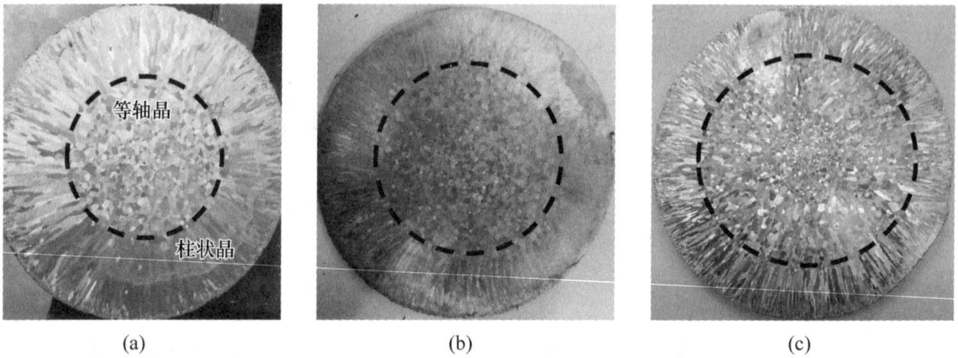

图 3-132　不同 Nb 含量铁素体不锈钢凝固组织的宏观形貌
（a）0.07%Nb；（b）0.26%Nb；（c）0.46%Nb

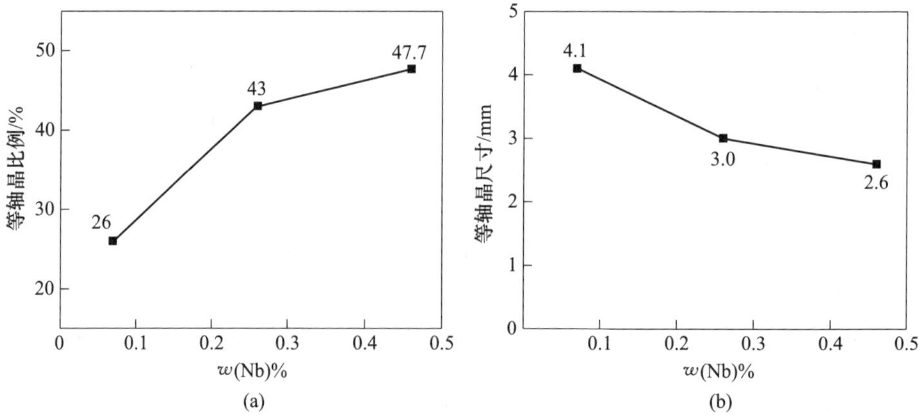

图 3-133　不同 Nb 含量铁素体不锈钢凝固组织中等轴晶比例与尺寸
（a）等轴晶比例；（b）等轴晶尺寸

在相同的热轧工艺及退火工艺下，随着 Nb 含量提高，444 铁素体不锈钢中板的组织逐渐细化。这主要有以下原因：其一，Nb 含量越高，铸态组织越细；其二，随着 Nb 含量提高，钢中固溶铌和含 Nb 析出相增多，对晶界的钉扎和阻碍作用增强，使得晶粒逐渐变小；其三，Nb 能增加变形金属的储存能，热轧态实验钢储存能越高，再结晶驱动力越大，再结晶后的晶粒越细。

随着 Nb 含量提高，444 铁素体不锈钢的 DBTT 先降低后升高；当 Nb 含量为 0.16%时，8 mm 厚 444 铁素体不锈钢的 DBTT 在-50 ℃左右，优于日本 NSC 等同类产品。图 3-134 是不同 Nb 含量 444 铁素体不锈钢的脆性转变曲线。由此可以看出，当 Nb 含量从 0.07%提高到 0.16%时，该钢的 DBTT 降低。这主要由于随着 Nb 含量提高，晶粒尺寸变小，并且 Nb 的稳定化作用使得钢中固溶 C、N 含量降低，从而导致韧性提高。

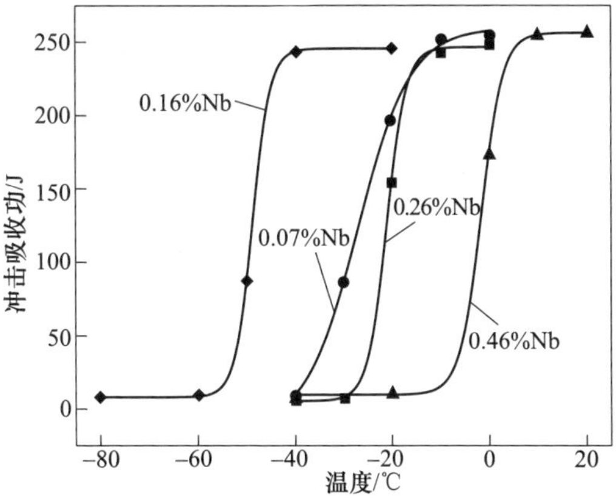

图 3-134 不同 Nb 含量铁素体不锈钢的 DBTT

当 Nb 含量从 0.16%提高到 0.46%时，该钢的 DBTT 逐渐升高。这是由于随着 Nb 含量的继续提高，一方面偏聚于晶界处的固溶铌含量提高，另一方面基体中的析出相增多。合金元素在晶界处的偏聚，以及析出相的增多，均明显降低形成断裂的有效表面能，增加脆性断裂倾向。

上述 Nb 对组织和韧性的影响已在 2.2.1 节和 2.2.4 节中详细说明，此处不再赘述。

3.7.3.2 加工工艺

明确热轧及热轧退火工艺对 444 铁素体不锈钢组织、织构和韧性的影响规律，可为高韧性铁素体不锈钢中板的加工工艺制定提供理论与技术指导。研究发现，随着精轧温度降低，钢的退火组织逐渐细化。与高温精轧相比，低温精轧时热轧退火板中心层的 α 纤维织构弱化、γ 纤维织构强化、λ 纤维织构弱化，如图 3-135 所示。随着精轧温度降低，铁素体不锈钢的冲击韧性得到改善，DBTT 降低，如图 3-136（a）所示。这主要是由于随着精轧温度降低，铁素体不锈钢晶粒细化，断裂面上｛001｝面的体积分数降低的缘故，如图 3-137 所示。

(a)　　(b)

图 3-135　不同热轧工艺下 444 铁素体不锈钢中板纵截面的晶粒取向图

（a）高温精轧；（b）低温精轧

图 3-135 彩图

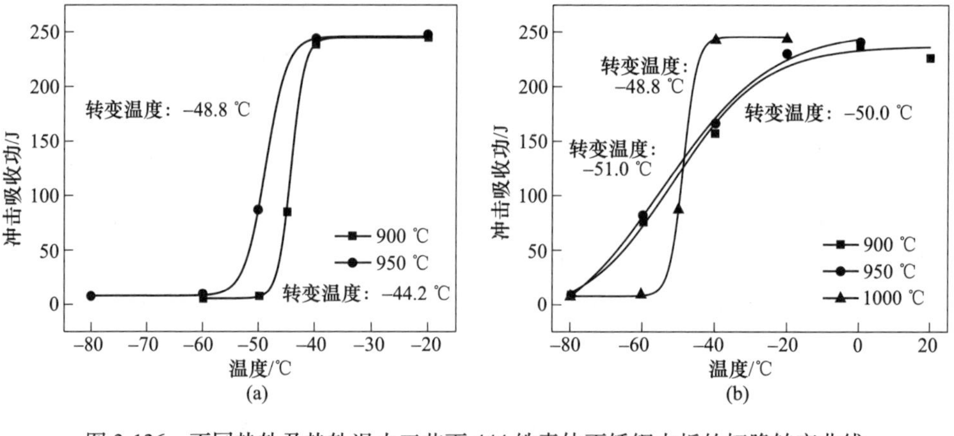

(a)　　(b)

图 3-136　不同热轧及热轧退火工艺下 444 铁素体不锈钢中板的韧脆转变曲线

（a）热轧工艺的影响；（b）退火温度的影响

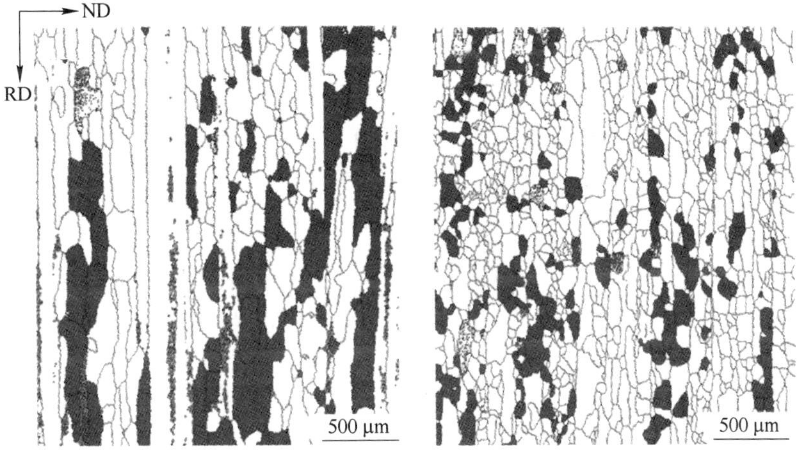

(a)　(b)

图 3-137　不同热轧工艺下 444 铁素体不锈钢中板的<001>//RD 取向晶粒分布
（a）高温精轧；（b）低温精轧

图 3-137 彩图

随着退火温度降低，晶粒尺寸变小，退火板断裂面上｛001｝面体积分数升高，如图 3-138 和图 3-139 所示；退火温度对 444 铁素体不锈钢的韧性影响较小，如图 3-136（b）所示。这主要是由于随着退火温度变化，晶粒尺寸变化对韧性的影响和｛001｝面体积分数变化对韧性的影响作用正好相反，两者相互抵消，最终导致退火温度对韧性的影响较小。

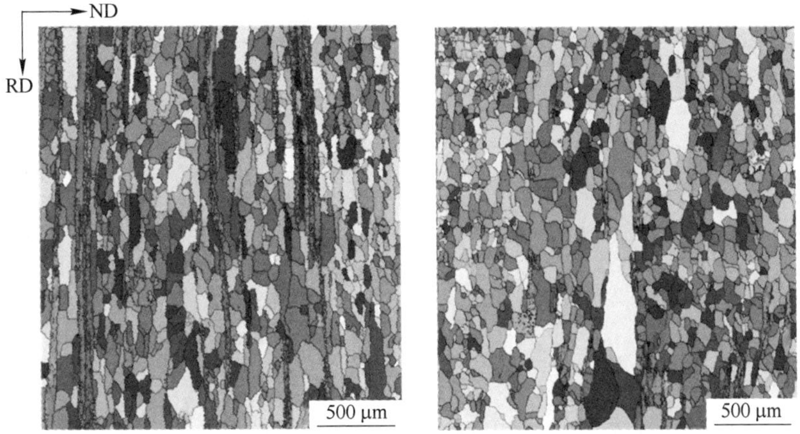

(a)　(b)

(c)

图 3-138 彩图

图 3-138　不同热轧退火工艺下 444 铁素体不锈钢中板纵截面的晶粒取向图

（a）900 ℃；（b）950 ℃；（c）1000 ℃

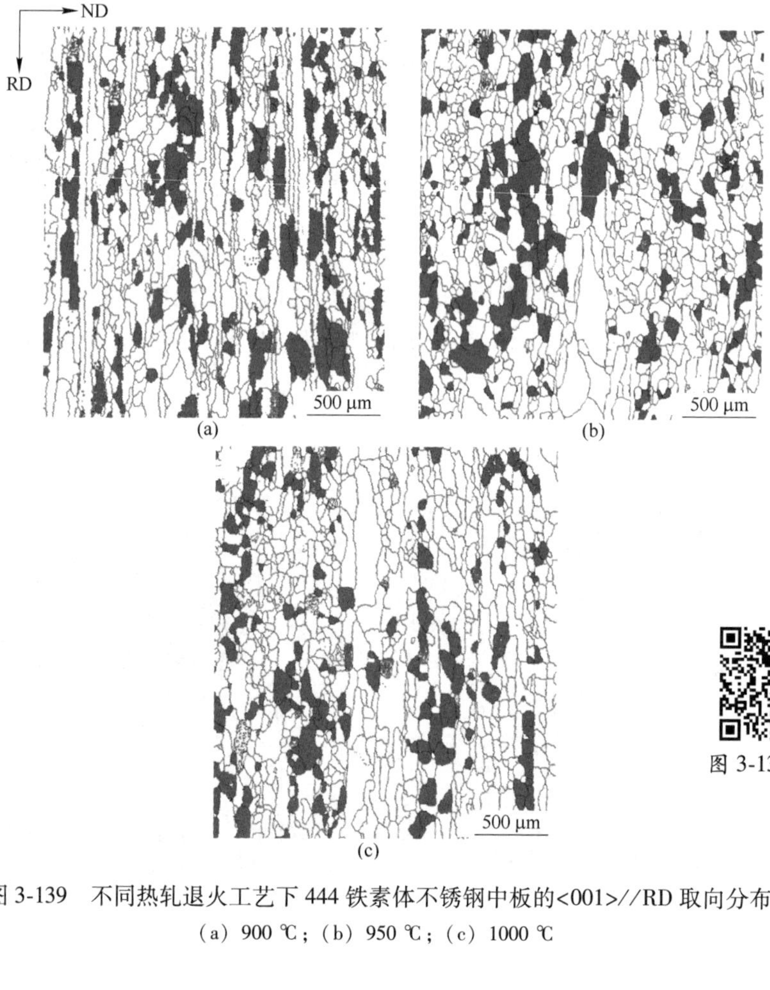

(c)

图 3-139 彩图

图 3-139　不同热轧退火工艺下 444 铁素体不锈钢中板的<001>//RD 取向分布

（a）900 ℃；（b）950 ℃；（c）1000 ℃

3.7.3.3 性能特点

在中试条件下，明确了650~900 ℃时效处理过程中444铁素体不锈钢中析出相的变化规律，绘制了铁素体不锈钢在该温度范围内的TTT曲线，揭示了析出相对冲击韧性的影响规律，为高韧性铁素体不锈钢中析出相调控指出明确方向。研究发现，444铁素体不锈钢在650~900 ℃范围内等温时效处理时，铁素体晶粒尺寸没有发生明显变化。随着时效时间延长，析出相含量呈“S”曲线变化，析出相尺寸逐渐增大，且晶界处析出相逐渐变大，到后期析出相含量基本不再发生变化。当时效处理时间一定时，在650~750 ℃之间，随着时效处理温度升高，析出相含量呈逐渐提高趋势。在750~900 ℃之间，随着时效处理温度升高，析出相含量呈逐渐降低的趋势。图3-140是444铁素体不锈钢中析出相体积分数随等温时效处理时间的变化曲线。

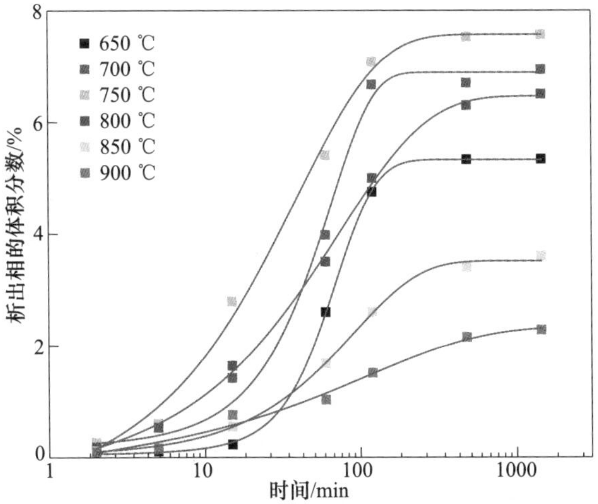

图3-140彩图

图3-140 444铁素体不锈钢中析出相体积分数随等温时效处理时间的变化曲线

通过TEM和XRD分析，析出相主要为（Nb,V)(C,N）和呈棒状或块状的Laves相（Fe_2Nb），如图3-141和图3-142所示。第二相析出过程遵循JMAK方程，从而建立了实验钢在650~900 ℃温度范围内析出相的TTT曲线（见图3-143），该曲线是这两种析出相析出动力学曲线的叠加。可以看出，750 ℃是0.46%Nb的444铁素体不锈钢中板脆化的最敏感温度。

图3-144是冲击功随析出相体积分数的变化关系曲线。可以看出，随着等温时效过程中析出相体积分数增加，钢的冲击功先迅速降低之后逐渐平缓。退火处理后钢的室温冲击功为253 J，当析出相的体积分数达到1%时，冲击功降低到25 J，相对于退火处理态降低了88%，说明少量的析出相会导致冲击功的急剧降低，引起严重脆化。这主要是因为析出相在晶内和晶界析出，特别是晶界析出相

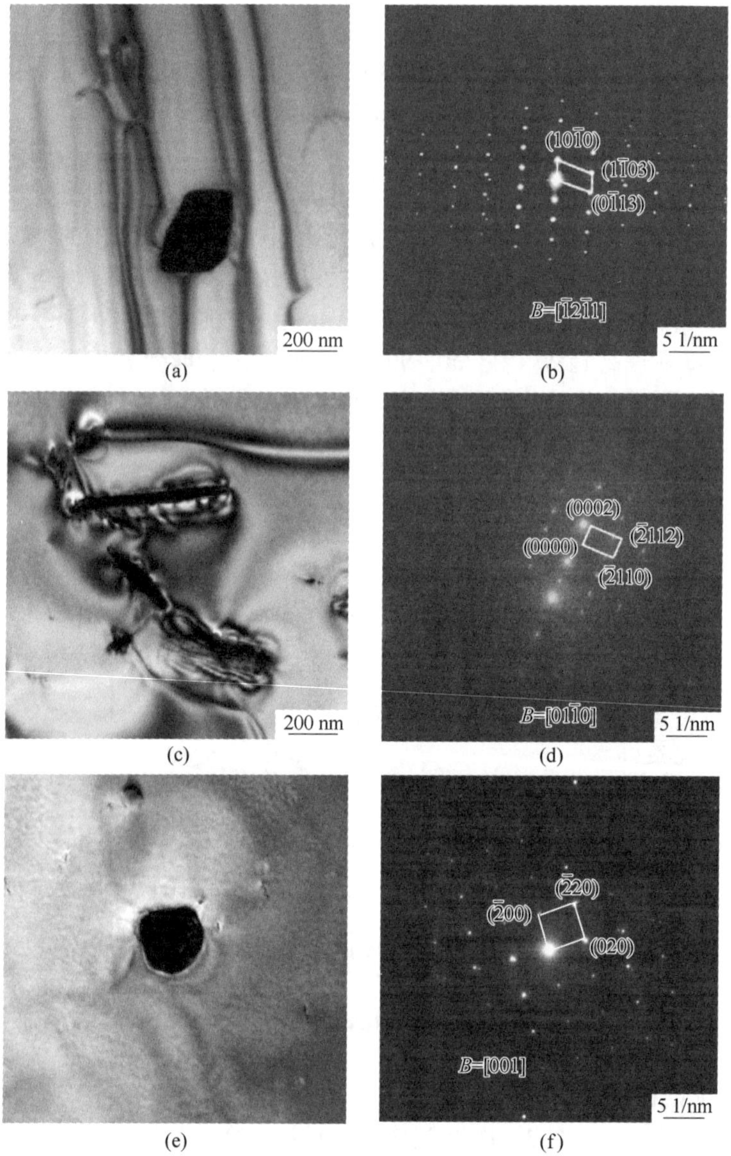

图 3-141　444 铁素体不锈钢时效处理后典型析出相的 TEM 图

（a）（Nb,V)(C,N)；（b）（Nb,V)(C,N）衍射斑点；（c）棒状 Laves 相（Fe_2Nb）；（d）棒状 Laves 相（Fe_2Nb）衍射斑点；（e）块状 Laves 相（Fe_2Nb）；（f）块状 Laves 相（Fe_2Nb）衍射斑点

会阻碍位错运动，位错容易在析出相处发生塞积，形成应力集中。根据铁素体不锈钢产生脆性裂纹临界条件的 Cottrell-Petch 关系式（2-14）可知，析出相可增加脆性断裂倾向，降低韧性。

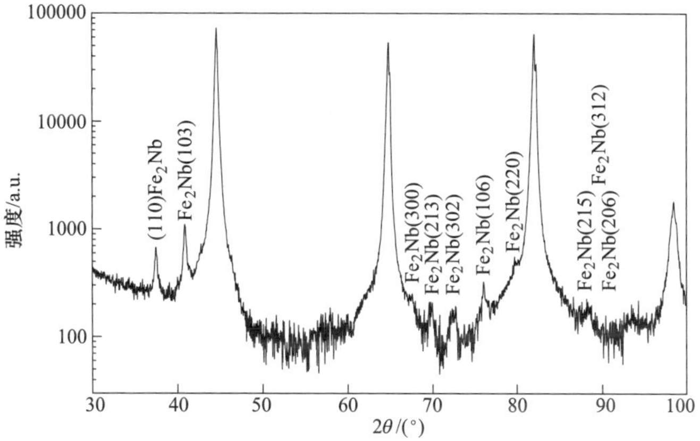

图 3-142　444 铁素体不锈钢时效处理后的典型 XRD 谱图（750 ℃时效处理 24 h）

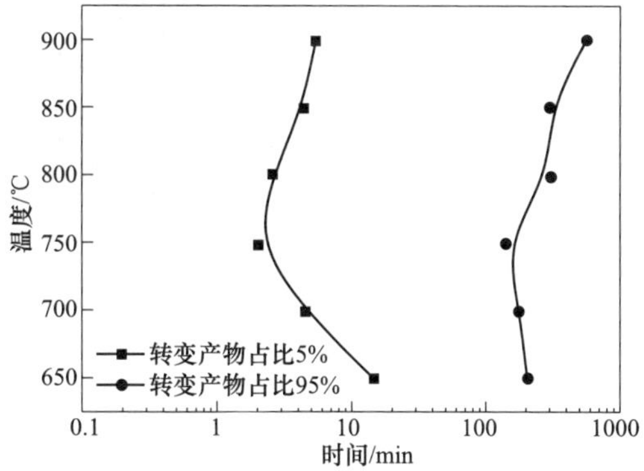

图 3-143　444 铁素体不锈钢的 TTT 曲线

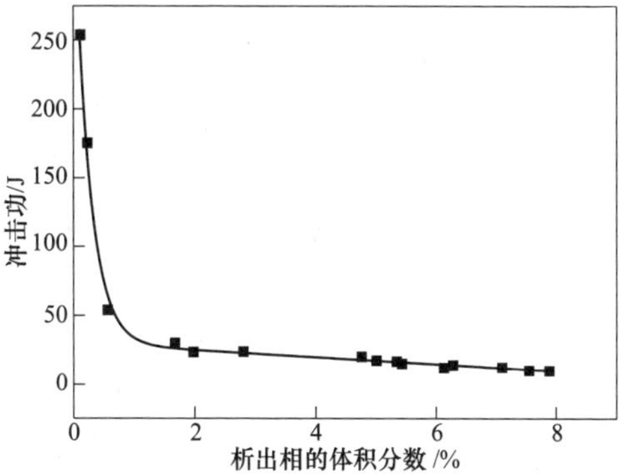

图 3-144　444 铁素体不锈钢室温冲击功随析出相体积分数的变化曲线

3.7.3.4　推广应用

基于上述实验室研究成果，太钢进行了 8 mm 厚 444 铁素体不锈钢中板的工业化试制（图 3-145），其工艺流程为：铁水预处理→转炉→LF→VOD→连铸→修磨→热轧初轧→热轧精轧→热处理→矫直→酸洗→表面修磨，并与上海通华不锈钢压力容器工程有限公司合作开发了 444 铁素体不锈钢中板的冲压及焊接技术。目前，国内 444 铁素体不锈钢中板主要应用领域为换热器，包括换热器的筒体和封头。其中，封头的制造工艺流程为：首先采用 MIG 焊焊接方式将两张 444 铁素体不锈钢中板进行拼焊，焊丝为 316 材质，然后用乙炔火焰喷枪将拼焊后的中板加热至 200～300 ℃后进行封头冲压。

图 3-145　太钢工业生产的 8 mm 厚 444 铁素体不锈钢中板（退火后）

图 3-146（a）为 8 mm 和 6 mm 厚的 444 铁素体不锈钢中板冲压后的封头，图 3-146（b）为筒体和封头全部采用 444 材质的换热器。上海国际金融中心总共

图 3-146　444 铁素体不锈钢中板冲压后的封头（a）和
全 444 铁素体不锈钢壳体制造的换热器（b）

112 台容积式换热器壳体均采用 444 铁素体不锈钢制造，最大设备直径 1800 mm，最大壳体厚度 8 mm，这也是太钢 444 铁素体不锈钢中板在国内生活热水供给系统中的首次批量应用。

3.8 核电用含铌不锈钢

核裂变蕴藏着大量能量，1 kg U235 裂变产生的能量相当于 2000 t 煤燃烧产生的热量，而且无碳排放。因此，核电是我国调整能源结构、减少碳排放的重要手段，是我国能源战略和发展的必由之路。然而，核安全是世界各国最关心和最需要解决的重要问题。不锈钢作为核反应堆主体设备制造的关键材料，是反应堆制造之骨，其质量是核电运行的安全基础。目前，我国核电技术已发展至三代、四代甚至在聚变堆领域也有探索。当前，只有美国、法国、俄罗斯等少数核电发达国家掌握了四代钠冷快堆等先进核电技术，且技术封锁不转让。在当前复杂的国际环境下，我国的快堆发展深受限制，只能依靠自主创新推进相关技术的研发。为实现我国核电的快速、健康和可持续发展，迫切需要解决材料的技术瓶颈问题。快堆和聚变堆在我国是一个全新的概念，同时面临着奥氏体不锈钢在高温、低温、强中子辐照、强磁场环境下的特殊性能需求和材料制造技术问题。

各种核电技术原理不同，对材料的需求也不尽相同。以钠冷快堆为代表的四代核电技术，向着高温化（最高达 650 ℃）方向发展，需要材料具有良好的高温性能；以 ITER 计划为代表的聚变核电技术则需要-269 ℃的极低温性能；以“华龙一号”为代表的大型压水堆向着大型化方向发展，在材料厚度、单重方面增加了制造难度。我国核电堆型多，对材料的技术要求复杂，但总体来讲，对有害因素最小化和有利因素最大化、提高材料质量、保证核电安全是材料制造的追求目标，从而在纯净度、组织稳定性和均匀性、耐腐蚀性能和力学性能等方面提出了较高要求。

近年来，太钢等单位以钠冷快堆等新一代核电技术的高温环境（最高达 650 ℃）为背景，针对奥氏体不锈钢材料在性能、制造工艺成熟度、稳定性和质量可靠性方面的高要求，依靠自主创新，系统解决了高纯净度冶炼、组织稳定性和均匀性控制，以及高耐蚀性与高强韧性协同等关键技术难题，开发出系列高品质不锈钢产品，满足了当今最为先进的压水堆、快堆等不同核电技术对不锈钢材料的需求，实现了我国核电用关键不锈钢材料从进口到自主、从堆外到堆内、从常规到尖端、从竞争到唯一的转变，保障我国核电工程的快速建设和安全运行，促进了我国核电技术和事业的健康发展，为我国能源结构调整和低碳减排夯实了基础。

3.8.1　核电用含铌不锈钢的冶炼工艺

在核电用不锈钢中，快堆316H不锈钢对核有害元素和夹杂物的控制要求最高。对此，研究和开发超低氢含量控制、深脱氧和夹杂物含量控制以及核有害元素控制等多项冶炼工艺技术，成为高品质核电不锈钢生产的基本条件。

3.8.1.1　超低氢含量控制技术

利用太钢的生产条件和装备能力，针对连铸和模铸两条产线，分别开发了VD和RH两种超低氢精炼技术，其中将RH真空处理用于不锈钢脱氢尚属首次，两种工艺的脱氢率均达到80%以上。

（1）模铸产线VOD+VD双真空超低氢精炼工艺。针对单VOD脱氢效果差、适应性差的问题，开发了双真空脱氢工艺进行模铸钢锭生产，工艺流程为：铁水三脱预处理→K-OBM-S→VOD→LF→VD→LF→模铸。

（2）连铸产线RH真空脱气超低氢工艺。采用VOD+VD工艺可满足氢含量要求，但脱气时间长、步骤多、生产组织难度大。为了实现连铸生产和多炉连浇，开发了更高效的RH精炼脱氢工艺，工艺流程为：铁水三脱预处理→AOD→LF→RH→LF→连铸。

3.8.1.2　超低氧和夹杂物细小弥散精炼技术

为达到快堆316H不锈钢对氧含量和夹杂物的高要求，研究人员开发了超低氧和夹杂物细小弥散精炼技术。该技术主要特点是AOD/VOD采用硅脱氧工艺，一次LF配制高含量$MgO+Al_2O_3$渣系并使用铝强化脱氧。

通过该技术的实施，铸坯中夹杂物尺寸控制在15 μm以下且数量明显减少，消除了大尺寸夹杂物，夹杂物成分由复合夹杂物变成纯镁铝尖晶石夹杂物；钢中全氧含量由$30\times10^{-4}\%$以上降低到$15\times10^{-4}\%$以下。

3.8.1.3　核有害元素控制技术

普通奥氏体不锈钢采用废钢等作为原料，钢中$w(Co)\approx0.25\%$、$w(V)\approx0.15\%$、$w(Cu)\approx0.10\%$、$w(P)\approx0.045\%$，远高于快堆316H不锈钢的规定值。

以铁水为主原料，开发“三脱铁水预处理+低杂质元素合金”的原料纯净化技术和流程，并根据需要开发出了“三脱铁水→K-OBM-S→VOD”和“三脱铁水+中频炉预溶液→AOD→RH”两条精炼工艺路线，实现了不锈钢纯净度控制的突破，将不锈钢中P、V、Cu、Co有害金属元素降低了60%以上，Co元素的降低率高达到93%。目前，太钢是世界范围唯一采用优质“三脱铁水”为原料生产核电用不锈钢的企业。

通过开发RH、VOD高效脱氢、强铝脱氧、高碱度高氧化镁渣系、弱钙处理技术，实现了不锈钢脱氢率大于80%、锭坯中$w([H])\leqslant2\times10^{-4}\%$、$w([T.O])$

≤15×10^{-4}%、夹杂物细化且弥散分布，将 H、O 元素和非金属夹杂物对材料的危害降至行业最低水平。

3.8.2 核电用含铌不锈钢的组织性能控制

3.8.2.1 快堆 316H 不锈钢高温强度和抗敏化态晶间腐蚀性能匹配控制

快堆 316H 不锈钢服役环境温度最高可达 650 ℃，其高温力学性能是主要性能指标。同时，考虑到后续设备制造中需要焊接，焊接热影响区会产生敏化，因而要求钢板具备抗 650 ℃×2 h 敏化态晶间腐蚀的能力。

按照经典理论，一般采用降低 C 含量或添加稳定化元素 Nb、Ti 两种方式提高钢的耐晶间腐蚀性能。降低 C 含量会降低钢的强度，按比例加入 Nb、Ti 元素可提高钢的抗晶间腐蚀性能，但核电产品规范中规定 Nb 含量不能超过 0.15%，而 Ti 元素的加入会形成夹杂物。因此，要想既提高快堆 316H 不锈钢抗晶间腐蚀性能又满足高温强度的要求，只能从 C 元素和 Nb 元素的含量控制和匹配方面入手进行研究。对此，研究人员开发了冶炼过程碳含量精确控制技术，碳含量控制精度达到±0.002%。通过 C 元素和 Nb 元素的合理匹配控制，将 316H 不锈钢的抗晶间腐蚀性能提高到与超低碳钢 316L 同等水平，高度统一了快堆 316H 不锈钢对抗晶间腐蚀性能和高温强度之间的矛盾关系，实现了钢种性能的突破。

3.8.2.2 残余铁素体超低含量控制

18-10 型不锈钢为亚稳态奥氏体不锈钢，在其凝固组织中必然存在一定量的高温铁素体。随着锭坯尺寸增大，厚度中心位置处的铁素体量和尺寸也随之增加。通过分析钢液非平衡凝固过程中铁素体相的析出行为和固态下铁素体相的高温扩散行为，研究人员开发了锭坯凝固过程均匀性控制和固态下均质化处理的双控技术，实现了 316 不锈钢残余铁素体含量的超低控制。

根据铁素体在锭坯中的分布特点，可以确定铁素体的析出和锭坯的冷却密切相关。锭坯表面冷却强度大，铁素体含量低且尺寸小，锭坯中心受传热条件的限制造成其冷却强度低于表面，铁素体含量高且尺寸大。据此，从提高锭坯浇铸过程的凝固速度方面入手，解决铁素体的控制问题。

通过优化控制连铸工艺钢水过热度、二冷段冷却强度和电渣结晶器冷却水流量，使得连铸坯和电渣锭的铁素体含量明显降低。连铸坯中心处的铁素体含量由 15%左右降低到 9%左右，电渣锭中心处的铁素体含量由 20%左右降低到 11%左右。该措施能够满足部分钢种对于铁素体含量的要求，但无法满足快堆产品对铁素体含量低于 0.5%的要求，继而研究开发了固态下铁素体相的高温热处理回溶技术，彻底消除了锭坯/钢板中残余的铁素体，实现了快堆 316H、ITER316L 产品中不含铁素体，提高了材料性能稳定性，满足了核电特殊环境对特殊性能的要求。

3.8.2.3　钢板全厚度组织和性能高均匀性、高稳定性控制

由于核电站服役安全性的要求，对钢板全厚度组织、性能均匀性和稳定性提出了较高的要求。快堆 316H 不锈钢板要求所有厚度范围内任意位置的晶粒度都要控制在 4~6 级；压水堆和 ITER 项目用不锈钢要求晶粒度控制在不小于 4 级，级差不超过 2 级。目前，核电不锈钢钢板需求厚度范围为 6~150 mm，由于钢板规格的差异性，热加工和热处理均会改变晶粒的尺寸和均匀性，很容易出现晶粒尺寸不合格或“混晶”的问题，晶粒度控制成为钢板制造的要点和难点。为解决晶粒度控制问题，研究人员针对不同厚度钢板开发出不同的晶粒度控制技术：薄规格（6~14 mm）钢板的为控温轧制+固溶处理工艺的晶粒度控制技术；厚规格（≥30 mm）钢板的为控变形量轧制+固溶处理工艺的晶粒度控制技术；中等厚度（15~29 mm）钢板的为复合制坯+控变形量轧制+固溶处理工艺的晶粒度控制技术。上述控制技术的开发和实施，实现了晶粒度的精准调控，使太钢成为国内首家具备 6~150 mm 全厚度规格范围高品质核电钢板制造技术的厂家，具备了全厚度范围晶粒度级差不超过 2 级的工艺技术水平，满足了核电产品对材料组织均匀性的要求。

2011 年至今，太钢自主开发的核电用高品质不锈钢制造技术在全流程生产过程中工艺稳定，生产技术持续优化，关键指标稳中向好，形成系列化高端产品。2011 年至 2020 年期间，太钢为重大工程项目提供 304 型、316 型高品质不锈钢核电材料达 6 万余吨，解决了核电重点工程不锈钢材料的技术瓶颈难题。

参 考 文 献

[1] 尚成嘉，张伟，王学林．汽车排气系统用铁素体不锈钢的研究进展［C］//中国汽车工程学会汽车材料分会第 21 届学术年会．中国汽车工程学会，2018：158-176.

[2] SATO E, TANOUE T. Present and future trends of materials for automotive exhaust system [J]. Nippon Steel Technical Report, 1995, 64: 13-19.

[3] 张文茹，杨成义，谢建国．汽车排气系统用铁素体不锈钢的发展［J］．机械管理开发，1999, 56 (4): 46-48.

[4] MIYAZAKI A, HIRASAWA J, SATOH S. Advanced stainless steels for stricter regulations of automotive exhaust gas [J]. Kawasaki Steel Technical Report, 2000, 43: 21-28.

[5] POTGIETER J H, SEPHTON M, NKOSI Z W. Corrosion of hot end automotive exhaust components [J]. Anti-Corrosion Methods and Materials, 2007, 54 (3): 180-187.

[6] OKU M. Development of heat-resistant ferritic stainless steels for exhaust lines at Nisshin Steel [J]. World Iron Steel, 2011, 11 (5): 10-16.

[7] FAIVRE L, SANTACREU P O, ACHER A. A new ferritic stainless steel with improved thermo-

mechanical fatigue resistance for exhaust parts [J]. Corrosion Science, 2003, 30 (1): 36-42.
[8] HUNTZ A M, RECKMANN A, HAUT C, et al. Oxidation of AISI304 and AISI439 stainlesssteels [J]. Materials Science and Engineering A, 2007, 447: 266-276.
[9] SALGADO M F, RODRIGUES S C S, SANTOS D M, et al. Cyclic oxidation resistance of ferritic stainless steels used in mufflers of automobiles [J]. Engineering Failure Analysis, 2017, 79: 89-97.
[10] 陈二虎．乘用车消声器用铁素体不锈钢应用性能研究 [D]. 北京：北京科技大学，2014.
[11] UJIRO T, KITAZAWA M, TOGASHI F. Corrosion of muffler materials in automotive exhaust gas condensates [J]. Materials Performance, 1994, 33: 49-53.
[12] 张宏伟. 汽车排气系统用不锈钢耐腐蚀性能研究 [D]. 北京：北京科技大学，2013.
[13] FUJITA N. New ferritic stainless steels in automotive exhaust system for clean environment [J]. Nippon Steel Technical Report, 2000, 81: 29-33.
[14] 毕洪运，潘国强，李鑫．宝钢汽车排气系统用铁素体不锈钢产品开发 [J]. 宝钢技术，2011，2：6-11.
[15] 翁建寅．汽车排气系统用铁素体不锈钢冷凝液点蚀评价研究 [D]. 北京：北京科技大学，2008.
[16] CHEN C, ZHENG Y, ZHANG Y, et al. Life prediction of newly developed ferritic stainless steel for automotive muffler [J]. Journal of Iron and Steel Research (International), 2014, 21 (1): 125-130.
[17] CHEN C, SHANG C J, SONG X, et al. Condensate corrosion behavior of new style ferritic stainless steels usedin automotive exhaust system [J]. Iron and Steel, 2009, 44 (10): 78-81.
[18] 石林，郑志军，高岩．不锈钢的点蚀机理及研究方法 [J]. 材料导报，2015，29 (12)：79-85.
[19] FANTANA M G, GREEN N D. 腐蚀工程 [M]. 北京：化学工业出版社，1982.
[20] ADACHI T. Development of corrosion-resistance steel for automotive muffler. 2. Corrosion-resistance of Cr containing steel in simulated corrosion test for automotive muffler [J]. Tetsu to Hagane Journal of the Iron and Steel Institute of Japan, 1985, 71: 1426.
[21] FUJITA S. Development of corrosion-resistance steel for automotive muffler. 3. Property of CR-Steel in corrosion test simulating wet corrosion of automobile muffler combined with high-temperature heating process [J]. Tetsu to Hagane Journal of the Iron and Steel Institute of Japan, 1985, 71: 1427.
[22] ADACHI T. Development of laboratory corrosion test for evaluating automobile muffler [J]. Tetsu to Hagane Journal of the Iron and Steel Institute of Japan, 1985, 71 (5): 670-671.
[23] 陈超．合金化和纳米化对钝化材料耐腐蚀性能的影响 [D]. 北京：北京科技大学，2009.
[24] NOCKERT J, NORELL M. Corrosion at the urea injection in SCR-system during component test [J]. Materials and Corrosion, 2013, 64 (1): 34-42.

[25] 孟繁茂，付俊岩．现代含铌不锈钢 [M]．北京：冶金工业出版社，2004.

[26] KEOWN S R. Niobium in ferritic stainless steels [R]. CBMM Niobium Technical Report, 1986.

[27] CHEN C, LU X H, ZHENG Y, et al. Influence of precipitate behavior on condensate corrosion resistance for type 439 ferritic stainless steels [J]. Journal of Iron and Steel Research, 2011, 23 (11): 47-53.

[28] VUILLEMIN B, PHILIPPE X, OLTRA R, et al. SVET, AFM and AES study of pitting corrosion initiated on MnS inclusions by microinjection [J]. Corrosion Science, 2003, 45 (6): 1143-1159.

[29] AHN J C, SIM G M, LEE K S. Effect of aging treatment on high temperature strength of Nb added ferritic stainless steels [J]. Materials Science Forum, 2005, 475 (1): 191-194.

[30] MIYAZAKI A, TAKAO K, FURUKIMI O. Effects of Nb on the proof strength of ferritic stainless steels at elevated temperature [J]. ISIJ International, 2002, 42 (8): 916-920.

[31] NADARAJAH S. Sums, products, and ratios for the bivariate Gumbel distribution [J]. Mathematical and Computer Modelling, 2005, 49 (1): 109-129.

[32] SAEDLOU S, SANTACREU P, LESEUX J. Suitable stainless steel selection for exhaust line containing a selective catalytic reduction (SCR) system [J]. SAE 2011 World Congress and Exhibition, 2011.

[33] FLOYD R, KOTRBA A, MARTIN S, et al. Material corrosion investigations for urea SCR diesel exhaust systems [J]. SAE 2009 Commercial Vehicle Engineering Congress and Exhibition, 2009.

[34] NOCKERT J, NYBORG L, NORELL M. Corrosion of stainless steels in simulated diesel exhaust environment with urea [J]. Materials and Corrosion, 2012, 63 (5): 388-395.

[35] KIM J K, KIM Y H, KIM K Y. Influence of Cr, C and Ni on intergranular segregation and precipitation in Ti-stabilized stainless steels [J]. Scr. Mater., 2010, 63: 449-451.

[36] JEON S H, KIM H J, PARK Y S. Effects of inclusions on the precipitation of chi phases and intergranularcorrosion resistance of hyper duplex stainless steel [J]. Corros. Sci., 2014, 87: 1-5.

[37] 罗兴宏，易红德，董文卜，等．高端电梯用含铌铁素体不锈钢关键工艺研究 [N]．世界金属导报，2017.

4 展　　望

自近代以降，饱经沧桑、历经磨难的中华民族在历史的洪流中顽强奋进，实现了从站起来、富起来到强起来的伟大跨越，向着中华民族伟大复兴的光明前景大步迈进。生于盛世，何其有幸。

我国不锈钢工业，既是这段历史的见证者、参与者和贡献者，也是我国从站起来到富起来这一伟大发展历程的生动缩影。近几十年来，我国不锈钢工业乘着时代发展的东风一路高歌猛进，生产设备高端完备，生产工艺先进高效，产品覆盖全品类、全系列，应用技术实用且适用，充分满足了下游用户的多元需求，积累了丰厚的生产、技术、市场和人才资源，实现了从无到有、从小到大的历史性跨越。

当下，站在世界百年未有之大变局与中华民族伟大复兴的关键历史交汇点，我国不锈钢工业如何实现更高层次的发展，如何更有力地支撑国民经济的高质量发展，更高效地服务于民族复兴的伟大历史使命，成为亟待我们深入思索和研究的重要课题。

在作者看来，与普通不锈钢相比，含铌不锈钢因铌元素在提升耐腐蚀性、高温性能和加工性能等方面的独特物理冶金特性，以及其在经济性、特殊环境适应性方面的优势，已成为不锈钢工业中不可或缺的高端材料，在汽车、家电、建筑等多个领域展现出了广阔的应用前景。未来，随着全球对高性能不锈钢材料需求的增长，以及绿色制造、智能装备的技术迭代，其应用范围有望进一步拓展，并在多个层面实现重大突破。

在基础理论研究方面，关于铌在不锈钢中的赋存形态、作用机制以及应用效果等方面的内容，虽已通过系统研究得到了清晰的阐释，并且这些研究成果在业内获得了广泛的认可，但当前研究在揭示铌与其他元素的协同效应方面仍存在不足。例如，铌钛复合的最佳配比尚未明确，铌与稀土元素的协同效应以及铌钒复合应用的可行性等方面的研究也相对较少。因此，深入全面地探究铌与其他合金化元素的复合添加对不锈钢组织、性能的影响及作用机制，具有重要的理论和实用意义，将为不锈钢行业的创新发展筑牢根基。

在新产品开发方面，应当紧密围绕“以客户需求为导向、引导客户应用”这一核心思想展开，全力推动含铌不锈钢向高性能、高功能方向进阶。研发人员需深入挖掘铌在不锈钢中的潜在价值，通过优化合金成分设计和工艺参数，充分发挥铌的有益作用。在工艺技术上，应重点攻克高纯净冶炼、连铸偏析抑制等关键技术，不断提升含铌和高铌铁素体不锈钢的品质。同时，应持续关注产品在用户端的实际性能表现，直面问题、优化改进，打造出兼具经济性、实用性与适用性的含铌不锈钢产品。此外，还应将铌合金化与产品高纯化的创新思路拓展到耐蚀合金等领域，以满足更多特殊场景的需求，不断突破材料性能的技术边界。

在应用领域拓展方面，除了现有的应用领域，含铌不锈钢有望在一些新兴领域得到应用。以新能源领域为例，随着太阳能、氢能等产业的发展，含铌不锈钢有望在熔盐光热电站、氢电堆、锂电池等相关设备的制造中发挥积极作用。在汽车行业，轻量化与新能源转型的趋势也为其带来诸多机遇。乘用车的电池包、承压油箱、装饰条，商用车的 CNG、LNG 燃气罐、高强耐蚀大梁钢等，都对含铌不锈钢有着持续增长的需求。随着锌资源的日趋紧张，高强化不锈钢在汽车白车身上的应用也将不断拓展。此外，在制品领域，高深冲、低褶皱、经济型的含铌铁素体不锈钢能满足消费者对高品质产品的追求。在建筑领域，经济型不锈钢的高强化趋势也将为含铌不锈钢创造新的应用场景，提升建筑的安全性与耐久性。因此，无论是传统行业，还是新兴领域，都将成为含铌不锈钢“大显身手”的广阔天地。

与此同时，“产学研用”全产业链合作模式也需进一步深化与升级。中信金属多年来坚持开展“产学研用”合作，凝聚科研院所、钢铁企业、终端客户、协会学会等各方力量，精准探寻需求，开展针对性研究，开发实用产品，进行适用性验证并推广应用，成果斐然。然而，下游用户对不锈钢的认知仍较为有限。这就需要全产业链齐心协力，通过举办技术研讨会、产品展示会等活动，扩大受众范围，普及含铌不锈钢的性能优势与应用案例，提升产品知名度与认可度。产业链上下游企业更应紧密合作，构建从研发、生产到应用的协同创新机制，携手应对市场挑战，打造“产学研用”一体化创新模式的 2.0 版本。

含铌不锈钢的绿色低碳特性也亟待进一步彰显。绿色低碳与智能制造已逐渐成为我国钢铁工业发展的两大方向。不锈钢作为钢铁产品的重要组成部分，含铌不锈钢作为其中的先进代表，携绿色基因而生，凭借高强度、高耐蚀的优良特性，有望在下游行业实现用材轻量化、减量化、长寿命的目标中发挥关键作用。另外，主流铌铁产品的二氧化碳排放量已低至每吨钢 1.66 t，在铁合金产品中排放量最少，预计将于 2040 年实现零排放。铌铁产品的广泛应用，势必助力我国钢铁工业的绿色转型与高质量发展。

生逢盛世，当不负盛世！为推动含铌不锈钢的深入发展，作者提出如下建议：科研人员应持续深耕基础理论研究与新产品开发，深入钻研铌与其他元素的协同奥秘，勇攀技术高峰，铸就卓越产品；企业应加强“产学研用”合作，与上下游伙伴紧密协作、协同创新，积极推广含铌不锈钢；行业协会可充分发挥组织优势，举办各类活动，提升产品的行业影响力与社会认知度。让我们携手并肩，深度挖掘含铌不锈钢的无限潜力，以绿色低碳为底色，以创新发展为引擎，助力我国不锈钢工业迈向新的高度，推动我国钢铁工业高质量发展，在时代的壮阔浪潮中书写含铌不锈钢的灿烂华章，为实现中华民族伟大复兴的中国梦贡献磅礴力量。